21世纪全国高职高专农林园艺类规划教材

# 土壤与肥料


郑宝仁　赵静夫　主编

黄瑞海　解贺桥　副主编

张红燕　马建华　杜俊卿　参编

## 内容简介

本书主要阐述土壤的基础知识与改良措施，各种肥料的基本性质、特点与施用技术的应用等。通过理论讲授、实验、教学实训，使学生掌握土壤肥料的基本理论知识、基本操作技能；能利用土壤肥料知识解决农林业生产过程中有关土壤与肥料方面的问题。本教材共分为两大部分。第一部分为理论教学，包括绪论、土壤的物质组成、土壤的物理性质、土壤的化学性质、土壤的肥力因素、我国主要土壤类型、化学肥料、有机肥料和无土栽培等内容。第二部分为实践教学内容，包括实验和实训指导。

本教材适合于高职高专农业、林业专业使用，也可作为相关专业的基础课教材。

**图书在版编目(CIP)数据**

土壤与肥料/郑宝仁，赵静夫主编. —北京：北京大学出版社，2007.8

(21世纪全国高职高专农林园艺类规划教材)

ISBN 978-7-301-12569-4

Ⅰ.土… Ⅱ.①郑… ②赵… Ⅲ.①土壤学—高等学校：技术学校—教材 ②肥料学—高等学校：技术学校—教材 Ⅳ.S158

中国版本图书馆CIP数据核字(2007)第114444号

书　　名　土壤与肥料
　　　　　TURANG YU FEILIAO
著作责任者　郑宝仁　赵静夫　主编
责任编辑　葛昊晗
标准书号　ISBN 978-7-301-12569-4
出版发行　北京大学出版社
地　　址　北京市海淀区成府路205号　100871
网　　址　http://www.pup.cn　新浪微博：@北京大学出版社
电子邮箱　编辑部 zyjy@pup.cn　总编室 zpup@pup.cn
电　　话　邮购部 010-62752015　发行部 010-62750672　编辑部 010-62754934
印 刷 者　河北博文科技印务有限公司
经 销 者　新华书店
　　　　　787毫米×980毫米　16开本　19印张　415千字
　　　　　2007年8月第1版　2025年1月第7次印刷
定　　价　35.00元

---

# 前　　言

土壤与肥料是高等职业教育农业、林业类专业的一门重要的专业基础课程。本教材的编写主要依据当前高等职业教育的实际需要，吸纳了国内同类教材的精华和近几年来土壤与肥料科研及教学方面的最新研究成果，详细介绍了土壤与肥料的基本知识。在编写过程中力求概念明确、文字简练，体现实用性、创新性，注重培养学生的实践操作能力。理论教学部分主要包括土壤的物质组成、土壤的物理性质、土壤的化学性质、土壤肥力因素、我国主要土壤类型、化学肥料、有机肥料、施肥技术及施肥原理和无土栽培等内容。实践教学部分有教学实验和实训等内容。

本教材由郑宝仁、赵静夫任主编，黄瑞海、解贺桥任副主编。全书共分10章。其中绪论、第四章和第五章由郑宝仁编写；第二章、第三章由赵静夫编写；第六章由解贺桥、马建华编写；第七章由解贺桥编写；第八章由杜俊卿编写；第九章由马建华编写；实验实训由黄瑞海、张红燕编写。全书由郑宝仁统稿。

本教材在编写过程中得到了北京大学出版社、黑龙江生态工程职业学院、黑龙江农垦林业职业技术学院、黑龙江农业经济职业学院、保定职业技术学院、黑龙江农业工程职业学院、内蒙古农业大学职业技术学院、呼和浩特职业学院的大力支持和协助，并参与引用了国内一些编著及材料，在此特向上述单位和编写者表示衷心的感谢。

由于作者水平有限，在编写过程中错误和疏漏在所难免，敬请各使用院校和读者给予批评指正。

编　者

2007年5月

# 目　　录

# 绪　论

**【学习目的和要求】**　本章主要讲授土壤、土壤肥力和肥料的基本概念，土壤肥料在植物生产中的作用。目的在于加深学生对土壤和肥料的内涵及植物生产中重要作用的深刻理解，了解本学科的发展状况，掌握本学科的研究方法。

土壤是植物赖以生存的基础，是绿色植物生命的源泉，也是农林业生产所必需的重要资源。在植物的整个生长发育过程中，对植物生长的影响，除了光照以外，可以看作是土壤各生态因子的综合作用。因植物生长的环境条件随着地球纬度而改变，与植物生长的地理位置具有相关性，人为决定和改变的因素很小，而土壤中的水分、空气和养分主要决定于土壤的物理、化学性质。因此，土壤环境对于植物生长发育的影响显得尤为重要。除了其他因素以外，土壤对植物的分布、生长、繁殖也有着重大的影响，如何合理利用土壤资源和改善土壤条件是农林业生产的重要措施。

土壤环境条件对植物生长影响的重要性是显而易见的，但在土壤中养分条件却更为重要。德国化学家李比希提出了“植物矿质营养学说”和“养分归还学说”，认为植物的营养主要依赖于土壤中经岩石风化所产生及土壤有机质经分解后所产生的矿物质养分，但经过植物生长发育过程中的不断消耗，使土壤中的养分物质逐渐减少，只有不断向土壤中归还和供给矿质养分，才能维持土壤的肥力状况。虽然李比希所提出的观点对土壤肥力的影响具有一定的片面性，但他的观点提出对肥料的产生和发展具有一定的促进作用。

土壤与肥料是农学、林学类各专业所必修的一门专业基础课程，在开始学习这门课程时，有必要先对土壤、土壤肥力以及土壤肥料的内容有一个基本了解。

## 0.1　土壤、土壤肥力及肥料的概念

### 0.1.1　什么是土壤

土壤的概念，是土壤学的基本理论问题。什么是土壤呢？在历史上从不同的角度出发所概括的土壤概念有所不同。

从岩石风化的地质学观点来认识土壤，认为土壤是破碎了的陈旧岩石，或者是坚实地壳的最表风化层，其观点是将土壤当作岩石的形态变化来认识的。

从土壤发生学观点，认为土壤是通过岩石的风化、腐殖质化、矿质化所形成的疏松部分，或认为土壤是自然成土因素（母质、生物、气候、地形及时间）综合作用下的结果。

从土壤与植物的关系上来认识土壤，认为土壤是能生长植物的那一部分疏松表层，或者认为是植物生长的自然介质。

从物质和能量转化的观点认识土壤，认为土壤能生长植物，是土壤内在物质和能量通过植物转化的外在表现，凡是具有这种物质和能量转化形式的地表物质，均称之为土壤。

前苏联土壤学家土壤发生学派威廉斯提出的土壤概念，认为土壤是地球陆地上能够生产植物收获物的那一疏松表层。这个土壤概念概括了土壤的特性和基本功能，曾在我国过去的一些土壤学中得到广泛的应用。

1988 年全国科学技术名词审定委员会公布的土壤定义为：土壤是陆地表面由矿物质、有机质、水、空气和生物组成，具有肥力，能生长植物的未固结层。

土壤是由固体、液体和气体三相物质所组成，三相物质的组成因环境条件的差异而有所变化，生产中要适当调节土壤中三相物质的组成比例，以满足植物正常生长发育的需求。

### 0.1.2 什么是土壤肥力

土壤之所以能够生长植物，是由于土壤具有肥力，土壤肥力是土壤最基本的特性。什么是土壤肥力呢？

土壤肥力是指土壤能够经常不断地供给和协调植物正常生长发育所需要养分、水分、空气和热量的能力。

土壤之所以能够生长植物是因为土壤具有四大肥力因素，即土壤能为植物提供养分、水分、空气和热量。当然这种能力的大小因土壤的种类、特性的不同而产生差异，也同植物生长对环境的要求不同有关。那么如何理解和认识土壤肥力呢？

首先，土壤肥力的各要素不是孤立的，而是相互联系相互制约的。如土壤孔隙中存在着水分和空气，在孔隙度不变的情况下，水分含量的增加会使空气数量减少，土壤通气性降低。同时因为水的热容量较大，也会使土壤温度下降，影响土壤中养分的转化。而土壤温度较高，水分蒸发的速度较快，水分含量降低，土壤矿质化速度加快，养分不易在土壤中储存。因此，土壤的养分、水分、空气和热量它们之间是相互联系和相互制约的。

其次，土壤肥力总是在不断的变化中。土壤的水、肥、气、热各因素总是存在着昼夜变化和季节变化。这就要求我们在进行植物栽培时，要对土壤的肥力因素进行适当的调整，以满足植物正常生长发育的需求。同时对相对肥力较高的土壤要进行合理的管理，否则会使土壤的物理性质和化学性质恶化，土壤肥力不断下降。因此合理利用和管理土壤对植物生产也是非常重要的。

在理解土壤肥力的概念时还应当注意一个非常重要的问题，那就是土壤肥力的生态相对性，什么是土壤肥力的生态相对性呢？

土壤肥力的高低只是针对于某一种植物而言，并不是对所有植物来说的，这就是土壤肥力的生态相对性。任何一种植物相对于土壤来说都有自己的生态特性，也就是说对土壤的水、肥、气、热状况及其他生活条件都有一定的适应范围，当土壤条件能够满足或接近于这个范围，植物才能很好的生长发育。例如，虽然大多数植物对酸碱性的要求是在中性范围内，但植物种类不同对土壤酸碱性的要求也有差异，有的植物（如茶花、杜鹃、红松、马尾松等）喜欢在酸性土壤环境中生长，有的植物（如菊花、牡丹、石榴、柽柳、紫穗槐、沙棘等）喜欢在碱性土壤中生长。再比如，绿化植物中垂柳喜欢生长在低湿的河岸边；而水杉、落叶松、冷杉、赤扬等喜欢在水湿地的环境中生长；雪松、樟子松则要求在排水良好的高燥地方。因此我们在栽培植物时要根据土壤的条件和植物生长要求来合理的安排，做到“宜林则林”和“宜农则农”。

土壤肥力根据形成的原因不同可分为自然肥力和人为肥力，自然肥力是在自然因素条件下形成的土壤肥力，其高低决定于土壤形成过程中各因素的相互作用，如原始森林土壤。人为肥力是在人类生产活动影响下所形成的肥力，决定于人类的耕作、施肥、灌溉和改土等因素，如农业土壤、部分林业土壤等。人为肥力的形成往往是在自然肥力形成基础上而形成的。

根据肥力的效力可将土壤肥力分为有效肥力和潜在肥力。有效肥力是指土壤肥力在植物生产中能够反映出的肥力，潜在肥力是在生产中不能直接表现出来的肥力。潜在肥力一定条件下能够转化为有效肥力。

### 0.1.3 肥料的概念

肥料是指在植物生产过程中能够为植物直接或间接提供养分的物料。

按照肥料的作用可将肥料分为直接肥料和间接肥料，直接肥料首先是用来满足植物生长中所需要的养分，间接肥料是指优先用于土壤物理性质和化学性质的改良。但一般情况下，主要是按照肥料的不同性质和不同特点来划分肥料的种类。一是化学肥料，即我们常说的化肥，又称为无机肥料，是人们用物理和化学方法生产的肥料，如尿素、过磷酸钙、磷酸铵、硫酸钾等。化学肥料一般属于直接肥料；二是有机肥料，又称农家肥料，是指含有大量有机物质的肥料，主要来源于动植物的有机残体、生活垃圾等经过处理以后而形成的肥料，如人粪尿、家畜粪尿、厩肥、堆肥、沤肥、绿肥等。有机肥料因含有大量有机物质，能改良土壤的物理和化学性质，其具有来源广泛、廉价易得的优点。但有机肥料中的养分多为潜在性养分，必须经微生物分解转化为有效养分后才能被植物吸收利用；三是生物肥料，又称菌肥。是由一种或数种有益微生物活细胞制备而成的肥料，主要有根瘤菌剂、磷细菌剂、复合菌剂等，是一种间接肥料。

## 0.2 土壤肥料在植物生产和环境中的重要性

土壤是植物生产的基本物质，植物在生长的过程中需要光照、热量、空气、水分和养分等各个要素，在这些要素中，光照是利用光能进行植物的光合作用将空气中的二氧化碳和水合成自身的有机物质，将光能转化为化学能。水分和养分主要通过植物根系从土壤中吸收，土壤是植物生长的水分、养分的提供者。土壤的空气和热量（土壤的温度）为植物生长提供必要的环境条件。同时，土壤为植物生长进行了固定和机械支撑，因此土壤是植物生产的最基本物质，也是植物生产中物质与能量循环的枢纽。

肥料是植物高产优质的保证，是植物的粮食，在植物生产中起重要的作用。肥料首先为植物提供养分，满足植物对养分的需求。其次，有机肥料可以改良土壤理化性质和生物学特性，有利于提高土壤肥力。因此，肥料可以提高植物单位面积的产量，改善植物品质。在肥料为植物提供养分的同时，可以增强植物的抗逆性，促进植物早熟，满足植物正常生长发育的需要。

土壤是生态系统的重要组成部分，生态系统是指植物、动物、微生物以及它们生存环境的集合体。在地球表层系统中有大气圈、水圈、土壤圈、岩石圈和生物圈等五个圈层。其中土壤圈处于其他圈层相互紧密交接的地带，构成了结合无机界和有机界的中心环节。土壤是生态系统中重要组成，是生物与非生物环境的分界面，是生物与非生物体进行物质与能量移动，转化的重要介质和枢纽。

## 0.3 本课程的内容和学习方法

土壤肥料是农、林类专业的专业基础课，通过本课程的学习可以为后续的专业课程提供必要的土壤肥料学基础知识。

本课程包括理论教学、实验和教学实训。理论教学内容由 3 个部分组成，共 10 章。第一部分是有关土壤的基本物质组成、土壤的理化性质的综合说明，着重于基本概念、影响因子、相互关系及其对植物生长影响的分析；第二部分是土壤的肥力因素、我国土壤形成和分布规律，以及我国主要的土壤类型；第三部分是肥料知识、施肥技术及无土栽培，主要阐述肥料的种类特性、施肥原理和方法。本书还包括室内实验、实训项目的指导书，供各校结合本地区实际情况和实验设备条件选用。

理论教学部分，要求学生系统掌握土壤各种性质和状况的基本概念、它们之间的相互影响及其与植物生长的关系、主要土壤类型的形成特点、分布、性状及其农林业利用问题，并要求掌握常用肥料的性质及施肥原理和方法。

实验和教学实训部分，要求学生掌握土壤一些重要理化性质的常规分析方法，并能对基本分析数据进行整理和应用。初步判别土壤类型及其分布规律，掌握肥料三要素用量和配方施肥栽培实验的基本方法，能够论证生产上的一些问题。

学习本课程要注意以下几个方面：

（1）基本概念要搞清楚。例如，土壤肥力概念，学习时要搞清楚什么叫做土壤肥力，它包括哪些肥力要素，注意区别与它意思相近而容易混淆的概念，如土壤生产力、肥料等。

（2）要抓住重点。每一章、每一节都有其侧重点，需要按照课程设置的目的和要求，确定它们的重点。在学习每一章的内容时，都应将土壤与肥力的概念联系起来考虑，以便能融会贯通和实际应用。只有在学习时抓住重点，才能够较深入地理解该章内容，不要死记硬背。

（3）要注意整个课程内部的纵向和横向联系。教材总是分章节讲述的，但各章节所提及的基本知识、基本概念和基本理论，常常是相互联系的。因此，每学习一章之后，要将该章内容联系起来思考，并与前面学过的章节联系起来复习和考虑问题。

（4）要做到理论联系实际。理论部分的学习和目的是为了在生产实践中的应用，在学习中要不断地和实践联系起来，认真完成实验、实训任务，积极参与有关的课外活动。同时要学好与土壤肥料有关的课程，如物理学、化学、气象学、植物及植物生理学以及植物栽培学等课程。以扩大知识面，扩展土壤肥料学知识的深度和广度，使各学科之间的知识融会贯通，达到学以至用的目的。

总之，本课程的理论教学和实验实训是一个整体中的几个环节，缺一不可。要求学生在学习本课程时，既要掌握理论知识，又要学会实验实训的基本技能，以便为学习后续专业课打好基础，并能在今后的工作中加以应用。

## 0.4 复习思考题

1．什么是土壤、土壤肥力及肥料。

2．土壤肥力按其有效性可以分为哪两种类型，如何理解土壤肥力的概念？

3．土壤肥料在植物生产中和环境中具有哪些重要性？

4．在学习土壤与肥料课程时要注意哪些问题？

# 第 1 章　土壤的物质组成

**【学习目的和要求】**　通过对本章的学习，要重点掌握主要矿物及岩石的名称，土壤颗粒分级，土壤有机质的转化与土壤供肥和保肥的关系，土壤腐殖质的重要作用，自然土壤的剖面层次，真正理解土壤在人类生活中的重要作用。要求理论联系实际，对本地区的成土岩石及矿物、土壤质地类型、自然土壤剖面等有关内容进行实地考察，从而加深对本章内容的理解和掌握。

## 1.1　土壤固相物质

自然界中的土壤都是由固体、液体和气体三相物质组成。固体部分包括矿物质土粒和土壤有机质以及生活在土壤中的微生物和动物。土壤矿物质约占固体部分的95%以上，有机质的质量百分数多数不到 5%。有机质常包被在矿物质土粒外面。固体部分含有植物需要的各种养分并构成支撑植物的骨架，土壤液体和气体共同存在于土壤孔隙中。土壤液体是土壤水分，因溶解着多种养分物质，实际上是稀簿的土壤溶液。气体是土壤空气，土壤三相物质的体积比因环境条件的差异而不同，一般情况下土壤固体占 50%，液体和气体占 50%；气体和液体不稳定，其比例占 15%～35%，具体组成概况如图 1-1 所示。

土壤的固相物质具体组成如图 1-2 所示。

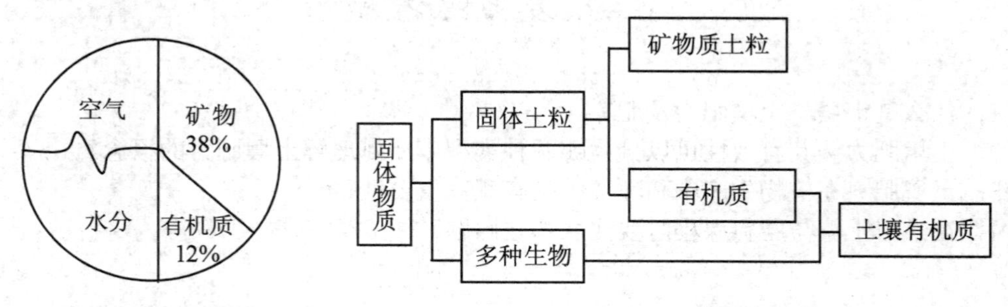


**图 1-1　土壤三相物质的组成示意图**

**图 1-2　土壤固相物质**

对于不同类型的土壤，其三相物质的比率差异较大。水与空气的变化，则更为频繁，它们存在于粒间空隙之中呈互为消长的关系，影响土壤温度状况。

# 1.2　土壤矿物质土粒及其形成过程

土壤矿物质是土壤的主要组成物质，构成了土壤的“骨骼”，一般占土壤固相部分质量的 95%～98%。土壤矿物质的组成、结构和性质，对土壤物理性质、化学性质、生物及生物化学性质有深刻影响。土壤是由岩石经风化作用形成的成土母质，又经成土作用最后形成的产物，所以对土壤的研究必须从研究成土母质开始。

## 形成成土母质的矿物、岩石

土壤是由裸露于地表的岩石，在较长的时间中，经过极其复杂的风化过程和成土过程而形成的。它经历了由岩石→母质→土壤的阶段。因此，了解成土矿物和岩石的组成、性质及其风化过程对加深认识土壤具有重要的作用。

### 1. 主要的成土矿物

（1）矿物的概念。矿物是一类天然产生于地壳中具有一定的化学组成、物理特性和内部构造的化合物或单质。绝大多数矿物是由两种或两种以上元素组成的化合物，并且多数呈固态结晶形式存在；也有少数矿物呈气态或液态，如天然气、汞等。

（2）矿物的类型。矿物按起源可分为原生矿物和次生矿物两大类。地球内部的岩浆冷凝时存在于岩浆岩中的矿物，叫原生矿物。原生矿物经过风化，改变其化学成分和性质而形成的新矿物，叫次生矿物。地球上的矿物有三千多种，下面只介绍与土壤形成有关的成土矿物。

① 原生矿物。常见的土壤原生矿物有四类：硅酸盐类，主要有长石类（包括正长石、斜长石），云母类（包括白云母、黑云母等），角闪石和辉石类；氧化物类，主要是石英，其次是赤铁矿、磁铁矿；硫化物类，主要有黄铁矿；磷化物类，主要是磷灰石等。

② 次生矿物。常见的土壤次生矿物有三大类：层状次生铝硅酸盐矿物，又称黏土矿物，是土壤中黏粒的主要成分，主要有高岭石、蒙脱石和伊利石等；氧化物类，有针铁矿，褐铁矿、三水铝石等；简单盐类，土壤中常见的简单盐类矿物有碳酸盐类矿物（如方解石、白云石）和硫酸盐类矿物（如硬石膏、石膏）。

（3）主要成土矿物的性质。不同成土矿物的化学成分、物理性质不同，因而其风化特点及风化产物也不同（见表 1-1）。

### 2. 主要的成土岩石

成土母岩及其矿物成分、结构、构造和风化特点都与土壤的理化性质等有直接关系 。了解和认识主要成土岩石，有助于理解土壤理化性质的变化规律。

（1）岩石的概念。岩石是指由一种或几种矿物组成的天然集合体。

**表 1-1 主要成土矿物的性质**

| 矿物名称 | | 化学成分 | 物理性质 | 风化特点与风化产物 |
|---|---|---|---|---|
| 石英 | | $SiO_2$ | 无色、乳白色或灰色，硬度大 | 不易风化，更难分解，当岩石中其他矿物分解后，石英常以碎屑状或粗粒状残留下来，是土壤中砂粒的主要来源 |
| 长石 | 正长石 | $K(AlSi_3O_8)$ | 均为浅色矿物，正长石呈肉红色，斜长石多为灰色，硬度次于石英 | 化学稳定性较低，风化较易，化学风化后产生高岭土、二氧化硅和盐基物质，特别是正长石含钾素较多，是土壤钾素和黏粒的主要来源 |
| | 斜长石 | $Na(AlSi_3O_8)$ $Ca(Al_2Si_2O_8)$ | | |
| 云母 | 白云母 | $KAl[AlSi_3O_{10}](OH)_2$ | 白云母无色或浅黄色，黑云母呈黑色或黑褐色，除颜色外其他特性相同。均呈片状，有弹性，硬度低 | 白云母抗风化分解能力较黑云母强，风化后，均能形成黏粒，并释放钾素，是土壤中钾素和黏粒来源之一 |
| | 黑云母 | $K(Mg,Fe)_3[AlSi_3O_{10}](OH \cdot F)_2$ | | |
| 角闪石 | | $Ca_2Na(Mg,Fe)_4(Al,Fe)[(Si,Al)_8O_{22}](OH)_2$ | 为深色矿物，一般呈黑色、墨绿色或棕色，硬度次于长石。角闪石为长柱状，辉石为短柱状 | 容易风化，风化分解后产生含水氧化铁、含水氧化硅及黏粒，并释放出少量钙、镁元素 |
| 辉石 | | $Ca(Mg,Fe,Al)[(Si,Al)_2O_6]$ | | |
| 橄榄石 | | $(Mg,Fe)_2[SiO_4]$ | 含有铁、镁硅酸盐、颜色黄绿 | 容易风化，风化后形成褐铁矿、二氧化硅以及蛇纹石等次生矿物 |
| 方解石 | | $CaCO_3$ | 为碳酸盐类矿物，方解石一般呈白色或米黄色，菱面斜方体。白云石色灰白，有时稍带黄褐色 | 容易风化，易受碳酸作用溶解移动。但白云石稍比方解石稳定，风化后释放出钙、镁元素，是土壤中碳酸盐和钙、镁的主要来源 |
| 白云石 | | $CaMg(CO_3)_2$ | | |
| 磷灰石 | | $Ca_5[PO_4]_3(F,Cl_2)$ | 常为致密状块体，颜色多样，灰白、黄绿、浅紫、深色甚至黑色 | 风化后是土壤中磷素营养的主要来源 |
| 铁矿 | 赤铁矿 | $Fe_2O_3$ | 赤铁矿呈红色或黑色，褐铁矿为褐色、黄色或棕色；磁铁矿色铁黑，黄铁矿呈浅黄铜色 | 赤铁矿、褐铁矿分布很广，特别在热带土壤中最为常见，是土壤的染色剂。磁铁矿难以风化，但也可氧化成赤铁矿和褐铁矿。黄铁矿分解形成的硫酸盐是土壤中硫的主要来源 |
| | 褐铁矿 | $Fe_2O_3 \cdot nH_2O$ | | |
| | 磁铁矿 | $Fe_3O_4$ 或 $Fe0 \cdot Fe_2O_3$ | | |
| | 黄铁矿 | $FeS_2$ | | |
| 黏土矿物 | 高岭石 | $Al_4[Si_4O_{10}](OH)_8$ | 均为细小的片状结晶，易粉碎，干时为粉状滑腻，易吸水呈糊状 | 是长石云母风化形成的次生矿物，颗粒细小，是土壤中黏粒的主要来源 |
| | 蒙脱石 | $Al_2[Si_4O_{20}](OH)_2 \cdot nH_2O$ | | |

（2）岩石的类型。自然界的岩石按成因可分为岩浆岩、沉积岩、变质岩三大类。

① 岩浆岩。岩浆岩又称火成岩，指地球内部岩浆侵入地壳或喷出地面冷凝形成的岩石。岩浆上升并未穿出地表，在一定深度凝固而成的岩石，叫侵入岩。分为两种：地壳深处形成的叫深成岩，接近地表形成的叫浅成岩。岩浆上升喷出地表冷凝而成的岩浆岩叫喷出岩。

② 沉积岩。由地壳早期形成的岩石，经风化、搬运、沉积、胶结、硬化而成的岩石。一般分为机械沉积岩、化学沉积岩、生物沉积岩三类。

③ 变质岩。原有岩石在新的地壳运动或受到岩浆活动产生的高温高压影响下，岩石内部矿物重新结晶或重新排列，化学成分发生剧烈的变化而形成新的岩石。

（3）主要的成土岩石。主要成土岩石的矿物组成及风化特点和风化产物见表 1-2。

**表 1-2　主要成土岩石的特征**

| 类别 | 名称 | 矿物成分 | 风化特点和风化产物 |
|---|---|---|---|
| 岩浆岩 | 花岗岩 | 主要由长石、石英、云母组成 | 抗化学风化能力强，易发生物理风化，风化后石英变成砂粒，长石变成黏粒，且钾素来源也丰富。故形成的土壤母质砂黏比例适中 |
| | 流纹岩 | | |
| | 闪长岩 | 主要由斜长石、角闪石组成 | 易风化，风化后形成的土壤母质为粉砂质 |
| | 安山岩 | | |
| | 辉长岩 | 主要由斜长石和辉石组成 | 易风化，生成的土壤母质富含黏粒，养分丰富 |
| | 玄武岩 | | |
| 沉积岩 | 砾岩 | 由直径＞2 mm 的岩石碎屑经胶结而成。矿物成分多石英，胶结物也大多是硅质的 | 坚硬，难以风化，风化后形成砾质或砂质母质，养分贫乏 |
| | 砂岩 | 由直径 2～0.1 mm 的砂粒经胶结而成，砂粒大多为石英颗粒，也有长石、云母等 | 风化难易视胶结物而定，硅质胶结的最坚硬，难以风化，泥质胶结者硬度小，容易风化，含石英多的砂岩风化后，形成的母质和土粒一般砂性重，营养元素贫乏 |
| | 页岩 | 由直径＜0.01 mm 的颗粒经压实脱水和胶结硬化而成，矿物成分多为黏土矿物 | 硬度低，风化容易，其风化产物黏粒多，质地细，养分含量丰富 |
| | 石灰岩 | 由 $CaCO_3$ 沉积而成，矿物成分主要为方解石 | 易受碳酸水的溶解而风化，风化产物质地黏重，富含钙质 |
| 变质岩 | 片麻岩 | 由花岗岩经高温高压变质而成，矿物成分同花岗岩 | 风化特点与花岗岩相似 |
| | 千枚岩 | 由黏土矿物变质而成，矿物含云母较多 | 容易风化，风化后形成的母质和土壤较黏重，并含钾素较多 |

（续表）

| 类别 | 名称 | 矿 物 成 分 | 风化特点和风化产物 |
| --- | --- | --- | --- |
| 变质岩 | 板岩 | 由黏土矿物变质而成 | 比页岩坚硬而较难风化，风化后形成的母质和土壤与页岩相似 |
| | 石英岩 | 由硅质砂岩变质而成，矿物成分多为石英 | 质坚硬，极难风化，风化后形成砾质母质 |
| | 大理岩 | 由石灰岩、白云岩变质而成，矿物成分多为方解石 | 风化特点与石灰岩相似 |

## 1.3 岩石的风化作用与成土母质

土壤是在岩石风化形成的母质上发育起来的，土壤的许多性质与成土岩石、矿物和母质类型有关。

### 1.3.1 风化作用的概念和类型

1. 风化作用概念

风化作用是指地壳表面或近地球表面的岩石在空气、水、温度和生物活动的影响下，发生破碎和分解的过程。

2. 风化作用的类型

根据风化作用的因子和特点的不同，风化作用可分为三种类型。

（1）物理风化作用。是指岩石因受冰冻作用、膨胀收缩作用、温度变化等物理因素作用而逐渐崩解破碎的过程。

① 热力作用。岩石受季节和昼夜温度变化的影响，岩石本身对热传导不良，岩石表面热胀冷缩变化大，而内部变化小，使表层破碎剥落。

② 冰劈作用。岩石裂隙中的水结冰时体积增大，对岩石产生的压力达 $960kg/cm^2$，水在岩石裂隙中反复冻融，使石缝不断扩大，最后崩裂破碎。

③ 风和流水作用。风和流水主要是把岩石表层剥落的碎屑带走，露出新的岩面，以便风化作用继续进行。还可携带泥沙，对岩石表面进行磨蚀。

④ 冰川作用。冰川在陆地上缓缓移动，其底部携带石块，使底部和两侧所接触的岩石因受摩擦和挤压而粉碎。

物理风化只能引起岩石形状大小的改变，而不改变其矿物组成和化学成分。物理风化的结果，岩石由大块变成小块再变为细粒，虽然岩石的矿物组成和化学成分没有发生改变，但却获得了原来岩石所没有的对水和空气的通透性。

（2）化学风化作用。是指岩石在化学因素作用下，发生的矿物组成的变化，叫化学风化。引起化学风化的因素有水、二氧化碳和氧气等大气因素。化学风化主要包括以下四种：

① 溶解作用。指岩石中的矿物溶解于水中的作用。岩石中的矿物或多或少均可溶解于水中，自然界中的水都含有一定的矿物质。如 1 份石英可溶于 1 万份水中，云母在常温下的溶解度为 0.00029%。

② 水化作用。指水分子与矿物化合成为含水矿物的化学作用。如赤铁矿与水结合而成褐铁矿，其反应式如下：

$$2Fe_2O_3\text{（赤铁矿）}+nH_2O \rightarrow 2Fe_2O_3 \cdot nH_2O\text{（褐铁矿）}$$

经过水化后的矿物，往往体积增大，硬度降低，成为易于崩解的疏松状态，因而促进了岩石风化作用的进行。

③ 水解作用。水解作用是指水分子解离出的氢离子，与矿物中盐基离子进行交换，而使岩石矿物遭受破坏，形成次生矿物。另外，二氧化碳和各种酸类物质可加强水的解离作用，增加水中的 $H^+$浓度，从而增强水解作用。

水解作用能使岩石中的矿物发生分解，将封闭的养分释放出来，生成可溶性盐类，因此，水解作用被认为是化学风化中最重要的作用。例如，正长石经过水解作用，形成次生黏土矿物高岭石、胶体物质氧化硅、可溶性盐分碳酸钾。

$$K_2O \cdot Al_2O_3 \cdot 6SiO_2+2H_2O+CO_2 \rightarrow Al_2O_3 \cdot 2SiO_2 \cdot 2H_2O+4SiO_2+K_2CO_3$$

④ 氧化作用。氧是自然界中最普遍的氧化剂，特别是在潮湿的条件下，氧化作用更加强烈，岩石中的很多矿物都能被氧化生成新的矿物，如黄铁矿的氧化：

$$4FeS_2\text{（黄铁矿）}+14H_2O+15O_2 \rightarrow 2(Fe_2O_3 \cdot 3H_2O)+8H_2SO_4$$

氧化作用不仅使矿物、岩石体积增大而疏松，而且产生各种酸，特别是硫酸腐蚀很强，可继续对其他矿物进行分解而加速岩石的风化。

上述各种作用很少单独进行，常为两种以上同时发生。化学风化的结果，使岩石进一步分解，彻底改变了原来的岩石内部矿物的组成和性质，产生一批新的次生黏土矿物，它们颗粒很细，一般＜0.001 mm，呈胶体分散状态，使母质开始具有吸附能力、黏结性和可塑性，并出现毛管现象，有一定的蓄水性。同时也释放出一些简单的可溶性盐物质，成为植物养料的最初来源。

（3）生物风化作用。岩石和矿物在生物影响下发生的物理和化学变化叫生物风化。生物风化作用主要有三种：

① 生物的机械破碎作用。是指由生物的生命活动引起的岩石机械破碎作用。例如根对岩石的劈裂作用。植物的根系伸入岩石裂隙中，由于根的不断增粗，使岩石的裂隙不断扩大，根系会继续向下伸展，时间长了，岩石就会被根劈开。

② 生物化学分解作用。生物在活动过程中，能分泌出各种无机酸和有机酸，对岩石有

分解作用。例如地衣能分泌地衣酸来溶解岩石。硝化细菌把氨氧化成硝酸，硫化细菌把硫化氢氧化成硫酸，都能破坏岩石。生物呼吸产生的二氧化碳、植物光合作用产生的氧，都是岩石风化的重要因素。

③ 人类活动的影响。人类活动如开矿、筑路、平整土地、开山造田、兴修水利等，都能使岩石遭受破坏，加速其风化过程。

生物风化作用的结果，使岩石风化物更加细小，同时产生次生矿物、胶体物质，释放养分，产生有机质。

### 1.3.2 成土母质及成土母质类型

#### 1. 成土母质

岩石经风化作用后形成疏松的、粗细不同的矿物碎屑，经成土过程可以形成土壤，故称为母质。成土母质有别于岩石，其颗粒小，单位体积或单位质量的表面积增大。颗粒间多孔隙，疏松有一定的透水性、通气性及吸附性能。

#### 2. 成土母质类型

成土母质按风化产物搬运动力与沉积特点的不同，可分为残积母质和运积母质两大类。岩石经风化作用所形成的母质，很少能残留在原来形成的地方，大多数情况下，被各种自然动力（如水、风、冰川、重力等）搬运到其他地方，形成各种沉积物。

（1）残积母质。是指未经外力搬运迁移而残留于原地的风化物，分布于山地与丘陵顶部较高的部位。没有明显的层次性，其颗粒大小不均匀。其特点是面积小，层薄，质地疏松，通气性好。形成的土壤养分少，肥力低。

（2）运积母质。是指经过各种搬运力的作用沉积下来的风化产物。

① 坡积物。是在重力和雨水冲刷下，山坡上部的风化产物被搬运到坡脚或谷地堆积而成。其特点是搬运距离不远，分选性差，层次不明显，粗细粒混存，通气透水性良好。因受上部来的养分、水分以及较细土粒的影响，形成的土壤肥力较高。

② 洪积物。是由山洪暴发，夹带岩石碎屑、砂粒等沿山坡下泻至山前平缓地带沉积而成，沿山麓成带状分布，其外形是以山谷出口为尖端向四处分散的扇状锥，分选性差。在山谷出口处沉积的主要是碎石、巨砾和粗砂粒等，沉积厚度深，层次不明显；在洪积扇边缘沉积的物质较细，多为细砂、粉砂或黏粒，厚度渐减，层次也较明显。因此，由洪积扇顶部向扇缘推移，形成的土壤由粗变细，肥力逐渐提高。

③ 冲积物。岩石风化产物受河流侵蚀、搬运，在流速减缓时沉积于河谷地区的沉积物。因所处地势不同，沉积物的性质也不同。在河谷地区一般多为砾石和砂粒，分选性差。而在开阔的平原河谷，沉积物的物质较细，主要为粉砂、细砂、黏粒。此类沉积物分布范围

大、面积广，在江河的中、下游一带都有这类沉积物分布。

④ 湖积物。是由湖水泛滥沉积而成的沉积物，分布在大湖的周围。沉积物质地较细，有分选性，常出现不同质地层次，形成的土壤肥力较高。

⑤ 海积物。为浅海沉积物。因海岸上升或江河入海携带的泥沙在海岸边淤积露出水面而成。海积物质地粗细不一，多为砂质或黏质，砂质的养分低；黏质的养分高。但均含有较多的盐分。

⑥ 风积物。经风搬运而堆积的物质，为砂质沉积物。质地粗，砂性大，水分和养分缺乏，形成的土壤肥力很低。

⑦ 黄土及黄土状沉积物。黄土是由风搬运沉积的第四纪陆相土状沉积物，以粉砂粒为主，大小均一，疏松多孔，呈灰黄或棕黄色，多属低产土壤。

黄土状沉积物为第四纪黄土经冰水、洪水作用再移运的沉积物。其特征与黄土基本相似，上层具有棱柱状结构，含有铁锰结核及胶膜，底部有钙质结核。

⑧ 冰碛物及第四纪红色黏土。由冰川夹带的物质搬运沉积而成。其特点是无成层性和分选性，岩石碎块与大小颗粒混存。冰碛物也可能是由于冰川融化的流水运积作用而形成的冰水沉积物。第四纪红色黏土，就属冰水沉积物，其特点是母质层深厚，质地黏细，呈棕红色，酸性强，养分较缺乏，是南方红壤重要母质类型之一。

# 1.4　土壤矿物质土粒

## 矿物质土粒的分级

### 1. 矿物质土粒及其种类

土壤中的各种固体颗粒简称土粒，土粒又可分单粒和复粒两种。前者主要是岩石矿物风化的碎片、屑粒，完全分散时可单独存在，常称之为矿质颗粒或矿质土粒；后者是各种单粒在物理化学和生物化学作用下复合而成的有机矿质复合体和微团聚体。

### 2. 粒级的概念

土壤矿质颗粒体积上相差很大，通常根据矿质土粒粒径大小及其性质上的变化，将其划分为若干组，称为土壤粒级。同一粒级矿质土粒在成分和性质上基本一致，不同粒级矿质土粒之间则有较明显的差别。

### 3. 粒级的分类

粒级分类常用的标准有以下三种：

（1）国际制。国际制矿质土粒分级标准（见表 1-3）是十进位制，分级少而便于记忆，但分级界线的人为性太强。

表 1-3　国际制矿质土粒分级标准

| 粒级名称 | | 粒径（mm） |
|---|---|---|
| 石　砾 | | ＞2 |
| 砂　粒 | 粗砂粒 | 2～0.2 |
| | 细砂粒 | 0.2～0.02 |
| 粉砂粒 | | 0.02～0.002 |
| 黏　粒 | | ＜0.002 |

（2）卡庆斯基制。由前苏联土壤科学家卡庆斯基提出的（见表 1-4），以 0.01mm 为界限，将＞1 mm 的划为石砾，<1 mm 的划为细土部分，其中 1～0.05 mm 的粒级称为砂粒，0.05～0.01 mm 的粒级称为粉粒，<0.001 mm 的粒级称为黏粒，在上述粒级中又可分别细分为粗、中、细三级（黏粒级分为粗黏粒、细黏粒和胶粒）。在大于 1mm 的石砾部分中，将 1～3 mm 的称为小圆砾，作为细土粒向石块过渡的部分。

表 1-4　卡庆斯基制矿质土粒分级标准

| 粒级名称 | | | 粒径（mm） |
|---|---|---|---|
| 详制 | 石块 | | ＞3 |
| | 小圆砾 | | 3～1 |
| | 砂粒 | 粗砂粒 | 1～0.5 |
| | | 中砂粒 | 0.5～0.25 |
| | | 细砂粒 | 0.25～0.05 |
| | 粉粒 | 粗粉粒 | 0.05～0.01 |
| | | 中粉粒 | 0.01～0.005 |
| | | 细粉粒 | 0.005～0.001 |
| | 黏粒 | 粗黏粒 | 0.001～0.0005 |
| | | 中黏粒 | 0.0005～0.0001 |
| | | 胶　粒 | ＜0.0001 |
| 简制 | 物理性砂粒 | | 1～0.01 |
| | 物理性黏粒 | | ＜0.01 |

在工作中广泛使用的是卡庆斯基简易分级，即将 1～0.01 mm 的粒级划为物理性砂粒，小于 0.01 mm 的粒级则划为物理性黏粒。与我国农民所称的“砂”和“泥”的概念相近。

（3）中国制。由中国科学院南京土壤研究所于 1978 年提出（见表 1-5），它是按我国习惯用标准，结合群众意见综合而成的土粒分级标准。

表 1-5　中国制矿质土粒分级标准

| 粒级名称 | | 粒径（mm） |
|---|---|---|
| 石块 | | ＞10 |
| 石砾 | 粗砾 | 10～3 |
| | 细砾 | 3～1 |
| 砂粒 | 粗砂粒 | 1～0.25 |
| | 细砂粒 | 0.25～0.05 |
| 粉粒 | 粗粉粒 | 0.05～0.01 |
| | 中粉粒 | 0.01～0.005 |
| | 细粉粒 | 0.005～0.002 |
| 黏粒 | 粗黏粒 | 0.002～0.001 |
| | 黏粒 | ＜0.001 |

## 1.5　土壤有机质

土壤有机质是土壤的重要组成部分，是土壤肥力的物质基础。有机质含量在不同的土壤中差异很大。在土壤学中，一般把耕层含有机质 200g/kg 以上的土壤，称为有机质土壤，含 200g/kg 以下的称为矿质土壤。有机质在土壤中的作用是十分重要的。

### 1.5.1　土壤有机质的来源及类型

动物、植物、微生物的残体和有机肥料是土壤有机质的基本来源，各种动、植物和微生物的残体，每年进入土壤表层的有机质总量，每公顷为 3.5 吨左右。因此，自然界每年进入土壤中的有机质的数量是有限的。

人类生产活动所增加的土壤有机质数量是最重要的。农业生产中，向土壤中增施有机肥料，使土壤有机质的成分、数量受到深刻的影响。

进入土壤的有机质可分三类：新鲜的有机质、有机残余物及简单有机化合物（即腐殖质）。新鲜的有机质是土壤中未分解的生物遗体；有机残余物是新鲜有机质经微生物的部分分解作用，已破坏了原始形态和结构。以上两者都可用机械方法把它们从土壤中完全分离出来，在一般土壤中占有机质总量的 10%～15%，是土壤有机质的基本组成部分和作物养分的重要来源，也是形成土壤腐殖质的原料。简单有机化合物是有机质经过微生物分解和再合成的一种胶体物质，它与矿物质土粒紧密结合，不能用机械方法分离，是有机质的主要成分，在一般土壤中占有机质总量的 85%～90%。土壤腐殖质是改良土壤性质，供给作物营养的主要物质，也是土壤肥力水平的主要标志之一。

## 1.5.2　土壤有机质的组成及性质

土壤有机质主要由下列物质组成：

（1）糖类、有机酸、醛、醇、酮类以及相近的化合物。糖类包括单糖、双糖和多糖三大类，如葡萄糖、蔗糖和淀粉等。酸类有葡萄糖酸、柠檬酸、酒石酸、草酸等；另外还有一些乙醛、乙醇和丙酮等。

以上各类物质都可溶于水，在植物遗体被破坏时，能被水淋洗流失。这类有机质被微生物分解后产生 $CO_2$、$H_2O$；在空气不足的情况下，可能产生 $H_2$、$CH_4$ 等还原性气体。

（2）纤维素和半纤维素。半纤维素在酸和碱的稀溶液处理下，易于水解，纤维素则在较强的酸和碱的处理下，才可以水解。它们均能被微生物所分解。

（3）木质素。木质素是复杂的有机化合物，是木质纤维的主要成分，比较稳定，不易被细菌和化学物质分解，但可被真菌、放线菌所分解，分解后的成分随植物不同而异。

（4）脂肪、蜡质、树脂和单宁等。不溶于水而溶于醇、醚及苯中，是十分复杂的化合物，在土壤中除脂肪分解较快外，一般都很难彻底分解。

（5）含氮化合物。含氮化合物很容易被微生物所分解。生物体中主要的含氮物质为蛋白质，各种蛋白质经过水解以后，一般可产生许多种不同的氨基酸，还含有 S、P 和 Fe 等植物营养元素等。

（6）灰分物质。植物残留体燃烧后所留下的灰称为灰分物质。

## 1.5.3　土壤有机质的转化过程

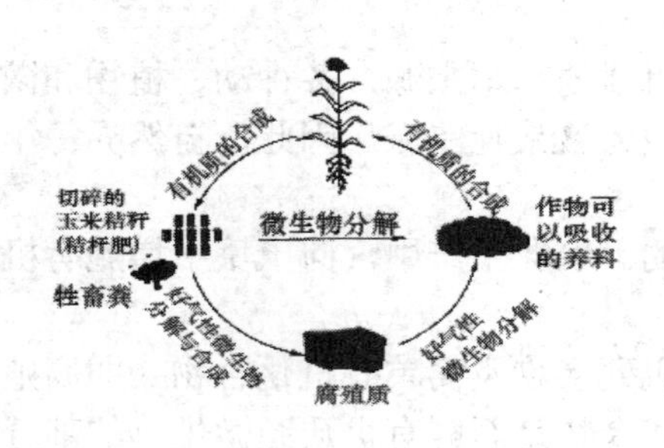


图 1-3　土壤有机质的分解与合成示意图

进入土壤的有机质在微生物的作用下，发生了两个方面转化，即有机质的矿质化过程和腐殖化过程。矿质化过程就是有机质被分解成简单的无机化合物（$CO_2$，$H_2O$ 和 $NH_3$ 等），并释放出矿质养分的过程。腐殖化过程则使简单的有机化合物形成新的、较稳定的有机化合物，使有机质及其养分保蓄起来的过程，它是土壤所特有的（如图 1-3 所示）。

这两个过程是不可分割和互相联系的，随条件的改变而互相转化。矿质化过程的中间产物又是形成腐殖质的基本材料，腐殖化过程中产生的腐殖质并不是永远不变的，它可以再经过矿化分解释放其养分。对于生产而言，矿质化作用为作物生长提供充足的养分，但过强的矿质化作用，会使有机质分解过快，造成养分的大量损失，腐殖质难于形成，使土壤肥力水平下降。因此适当的调控土壤有机质的矿质化速度，促进腐殖化作用的进行，有利于改善土壤的理化性质和提高土壤的肥沃度。

1. 土壤有机质的矿质化过程

（1）含碳有机物质的转化。在通气良好的条件下葡萄糖彻底分解，并放出大量的能量。在通气不良缺氧的条件下，分解的不彻底，形成很多有机酸类的中间产物，并产生还原性物质，如 $CH_4$、$H_2$ 等，放出少量的能量。

（2）含氮有机物质的转化。土壤中的氮素，主要是以有机化合物的形态存在着。但植物利用的氮主要是无机态氮化合物，而土壤中无机态氮的质量分数很少，必须依靠含氮有机物的不断分解转化才能满足植物的需要。在转化过程中，微生物起着非常重要的作用。

① 水解过程。蛋白质在蛋白质水解酶的作用下，分解成简单的氨基酸一类的含氮物质。

② 氨化过程。蛋白质水解生成的氨基酸，在多种微生物及其所分泌酶的作用下，进一步分解成氨的作用，称为氨化作用。氨化作用在好气或嫌气条件下均可进行。

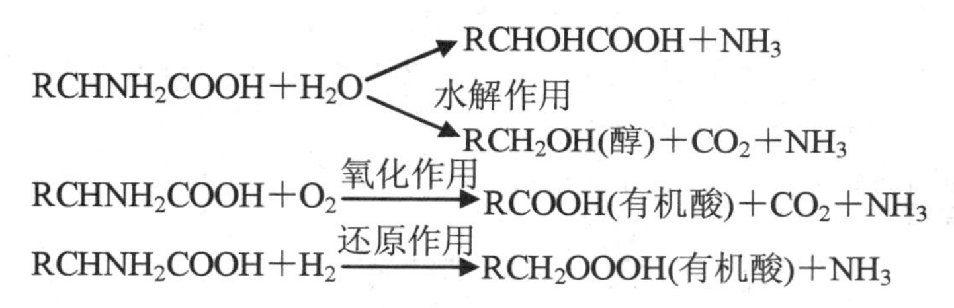


③ 硝化过程。氨化过程所生成的氨或铵盐，可被微生物利用以组成其体细胞，也可被植物利用作为氮素养料的来源。氨或铵盐的另一部分，在微生物的作用下，经过亚硝酸的中间阶段，进一步氧化为硝酸的过程，称硝化过程。硝酸与土壤中的盐基结合成硝酸盐，也是植物和微生物可以直接利用的氮素养料。

④ 反硝化过程。硝酸盐在反硝化菌作用下还原为 $N_2O$ 或 $N_2$ 的过程称为反硝化过程。硝酸盐的还原作用虽要经亚硝酸盐阶段，但是亚硝酸盐在正常情况下不在土壤中累积，而直接变为一氧化二氮或氮气。

（3）含磷有机物质的转化。土壤中的含磷有机化合物，在多种腐生性微生物的作用下，形成磷酸，成为植物能够吸收利用的养料。含磷有机物质在细菌的作用下，经过水解而产生磷酸。

在嫌气条件下，许多微生物能引起磷酸的还原，产生亚磷酸和次磷酸。在有机质丰富的情况下，进一步还原成磷化氢。同时土壤中的生物活动与有机质分解所产生的 $CO_2$，可以促进不溶性无机磷化合物的溶解，改善植物的磷营养。

（4）含硫有机物质的转化。土壤中含硫的有机物，经过微生物的作用产生硫化氢。在通气良好的条件下，硫化氢在硫细菌的作用下氧化成硫酸，并和土壤中的盐基作用形成硫酸盐，不仅消除了硫化氢的毒害作用，并成为植物能吸收的硫素养料。

在通气不良的情况下，硫化氢在嫌气环境中易积累，即发生反硫化作用，使硫酸转变为 $H_2S$ 散失．并对植物和微生物产生毒害。因此在农林业生产上采取相应的技术措施，改善土壤的通气性，就能消除反硫化作用。

2. 土壤有机质的腐殖化过程

土壤有机质的腐殖化过程是一个相当复杂的过程。一般认为腐殖质的形成要经过两个阶段：

第一阶段是微生物将动植物残体转化为腐殖质的组成成分，如芳香族化合物和含氮化合物等。

第二阶段是在微生物的作用下，各组成成分合成（缩合作用）腐殖质。腐殖质形成的生物学过程可用图 1-4 表示。

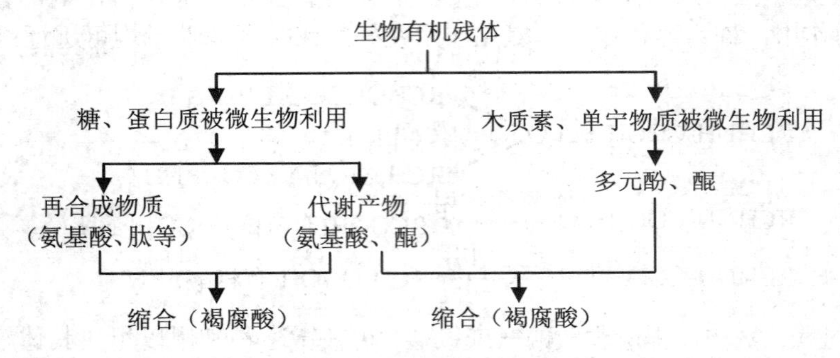


图 1-4 腐殖质形成的生物学过程

腐殖质形成后很难分解，具有相当的稳定性。但当形成条件变化后，微生物种群也发生改变，新的微生物种群就会促进腐殖质的分解，并将其贮藏的营养物质释放出来，为植物利用。所以腐殖质的形成和分解两种对立的过程与土壤肥力都有密切的关系，协调和控制这两种作用是农业生产中调节土壤肥力的重要问题。

### 1.5.4 影响土壤有机质转化的因素

土壤有机质的转化受各种外界环境条件的影响，凡是能影响微生物活动及其生理作用的因素都会影响有机质的分解和转化。

1. 有机残体的特性

新鲜多汁的有机质比干枯秸秆易于分解，细碎的有机质与外界接触面大，矿化速度快。

有机质组成中的碳氮比对分解速度影响很大。氮是组成微生物体细胞的要素，而有机质中的碳则既是微生物活动的能源，又是构成体细胞的主要成分。一般来说，微生物组成自身的细胞需要吸收 1 份氮和 5 份碳，同时还需 20 份碳作为生命活动的能源，即微生物在生命活动过程中，需要有机质的碳氮比约为 25∶1，当有机残体的碳氮比在 25∶1 左右时，微生物活动最旺盛，分解速度也最快。如果被分解有机质的碳氮比小于 25∶1，对微生物的活动有利，有机质分解快，分解释放出的无机氮除被微生物吸收构成自己的身体外，还有多余的氮素存留在土壤中，可供植物吸收。如果碳氮比大于 25∶1，微生物就缺乏氮素营养，使微生物的发育受到限制，不仅有机质分解慢，而且有可能使微生物和植物争夺土壤中原有的有效氮素养分，使植物处于暂时缺氮的状态。所以有机残体的碳氮比大小，会影响它的分解速度和土壤有效氮的供应。但无论有机物质的碳氮比大小如何，当它进入土壤后，经过微生物的反复作用，在一定条件下，它的碳氮比迟早都会稳定在一定的数值上。一般耕作土壤表层有机质的碳氮比在 8∶1～15∶1，平均在 10∶1～12∶1 之间。

#### 2. 土壤的水分和通气状况

有机质的分解强度与土壤含水量有关。当土壤在干燥状态时，微生物因缺水而活动能力降低，有机质分解缓慢；当土壤湿润时，微生物活动旺盛，分解作用加强。但若水分太多，使土壤空气缺乏，又会降低分解速度。

另外土壤有机质的分解转化也受土壤干湿交替作用的影响，干湿交替一方面可使土壤的呼吸作用短时间内大幅度提高，并使其在几天内保持稳定的土壤呼吸强度，从而增强土壤有机质的矿化作用。另一方面会引起土壤胶体，尤其是黏土矿物的收缩和膨胀，使土壤团聚体破碎，结果是使其内部不能被分解的有机物质因团聚体的破碎暴露于外界而分解；另外干操会引起部分土壤微生物死亡。

土壤通气良好时，好气性微生物活跃，这时有机质进行好气分解，分解速度快，较完全，有利于植物的吸收利用，但不利于土壤有机质的累积和保存；反之，有机质分解的速度慢，分解不完全，会产生甲烷和氢气等对植物生长有毒害影响的还原性气体，但有利于有机质的积累和保存。

#### 3. 温度

土温在 0℃以下，土壤有机质的分解较慢。在 0～35℃范围内，有机质的分解速度随温度升高而加快。温度每升高 10℃，土壤有机质的分解速度可提高 2～3 倍，土壤微生物活动的最适宜温度范围为 25～35℃。超出这个范围，微生物活性就会明显受到抑制。另外土壤中有机质能否积累和消失，也要看湿度及其他条件。在高温干燥条件下，植物生长差，有机物质产量低，而微生物在好气条件下分解迅速，因而土壤中有机质积累少；在低温高湿的条件下，有机质因为嫌气分解，故一般趋于累积。当温度更低、有机质来源少时，微生物活性低，则土壤中有机质同样也不会积累。

#### 4. 土壤特性

土壤质地会影响土壤有机质的含量。黏质和粉砂质土壤通常比砂质土壤含有更多的有机质。

土壤 pH 值影响微生物的活性，因而也影响有机质的分解。大多数细菌的最适 pH 值在中性范围（pH 6.5～7.5）。土壤 pH 值适中，微生物活动旺盛，有机质的分解速度快，反之速度就慢。

### 1.5.5 土壤腐殖质

1. 腐殖质的分离与组成

腐殖质是一类组成和结构都很复杂的高分子聚合物，是各种腐殖酸与金属离子相结合的盐类，它与土壤矿物质结合形成有机无机复合体，难溶于水。研究土壤腐殖酸的性质，首先用适当的溶剂把它从土壤中分离提取出来。采用的方法是：先把土壤中未分解或部分分解的动植物残体分离掉，然后用不同的溶剂来浸提土壤，把腐殖酸划分为三个组分：富里酸、胡敏酸与胡敏素，具体步骤如图 1-5 所示。

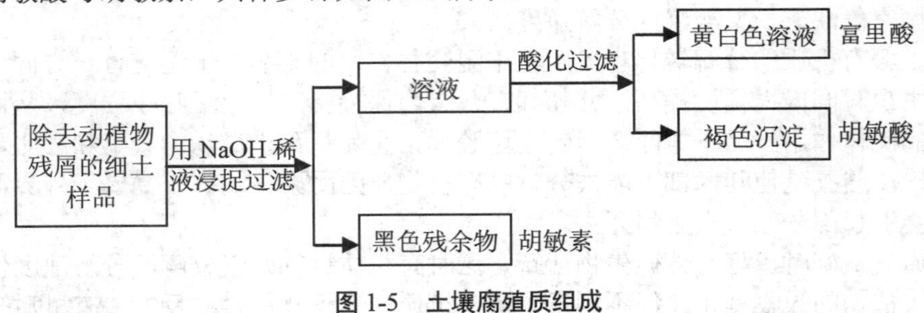


图 1-5 土壤腐殖质组成

2. 腐殖质在土壤中存在的形态

土壤中腐殖质存在的形态大致有四种：

（1）游离态腐殖质：在土壤中占极少部分。

（2）与矿物成分中的强盐基化合成稳定的盐类：主要为腐殖酸钙和镁，常见于黑土中。

（3）与含水三氧化物化合成复杂的凝胶体。

（4）与黏粒结合成有机无机复合体。

在上述四种形态中，以第四种最为重要，它常占土壤腐殖质中的大部分。总之，腐殖质在土壤中主要是与矿物质胶体结合，以有机无机复合体状态存在。

3. 腐殖酸的性质

腐殖质的组成是基本结构相似的同一类物质，它们之间既有共同的特征，又有许多不同之处。

（1）腐殖质元素组成。腐殖质是由 C、H、O、N、P、S 等主要元素及少量的灰分元素如 K、Mg、Fe、Si 等组成。胡敏酸碳氮比的含量高于富里酸，O 和 S 的含量较富里酸低。

（2）腐殖质的功能团和电性。腐殖酸的组分中有许多种功能团，重要的有羧基（-COOH），酚羟 基（$-C_6 H_4 OH$），羰基（>C=0），甲氧基（$-OCH_3$），氨基（$-NH_2$），醇羟基（-OH）等。

腐殖物质属于两性胶体，它表面既带正电荷，又带负电荷，而通常以带负电荷为主。电性的来源主要是分子表面的羧基和酚羟基的氢离子解离以及氨基的质子化，这些电荷的数量也随着溶液 pH 值的变化而不同。

带有电荷的腐殖质胶体从土壤溶液中吸附相反电荷离子，并以阳离子为主。

（3）腐殖质的溶解度和凝聚性。胡敏酸不溶于水、呈酸性，它与 $K^+$、$Na^+$、$NH_4^+$等一价金属离子形成的盐溶于水，而与 $Ca^{2+}$、$Mg^{2+}$、$Fe^{3+}$、$Al^{3+}$等多价离子形成的盐，其溶解度就小。富里酸有相当大的水溶性，其溶液的酸性很强，它和一价及二价金属离子形成的盐类均能溶于水。

腐殖质的凝聚与分散主要决定于分子的大小。分子较小，分散性大，难于被电解质絮凝，对土壤结构形成作用不大；分子较大，只要少量电解质就可以完全絮凝，可促进土壤团粒结构的形成。

（4）腐殖质的颜色。腐殖质的整体呈黑色，不同腐殖酸的颜色略有不同，这是由于各自的分子量大小和发色基团组成比例不同而引起的。

（5）腐殖质的吸水性。腐殖质是一种亲水胶体，有强大的吸水能力，最大吸水量可超过 500%，从饱和大气中的吸水量可达到本身质量的 1 倍以上，比一般矿物质胶体要大得多。

（6）腐殖质的稳定性。腐殖质不同于土壤中动、植物残体的有机成分，它对微生物分解的抵抗力较大，要使它彻底分解，需要上百年或更长。这说明在自然土壤中腐殖质的矿化率是很低的，但一经开垦有机质的矿化率就大大增加。例如，我国东北的黑土，经开垦种植后，腐殖质含量迅速下降。

### 1.5.6 土壤有机质的作用及其调节

1. 土壤有机质的作用

土壤有机质在土壤肥力和植物营养中具有多方面的重要作用，主要包括以下几个方面：

（1）提供植物需要的各种养分。土壤有机质不仅是一种稳定而长效的氮源物质，而且含有植物和微生物所需要的各种营养元素。我国主要土壤表土中大约 80%以上的氮、20%～70%的磷以有机态存在，随着有机质的矿质化作用，这些养分都成为矿质盐类（如铵盐、硫酸盐、磷酸盐等），以一定的速率不断地释放出来，供植物和微生物利用。

此外，土壤有机质在分解过程中，还可产生多种有机酸（包括腐殖酸本身），这对土壤矿质部分有一定溶解能力，促进风化，有利于某些养分的有效化，还能络合一些多价金属离子，使之在土壤溶液中不致沉淀而增加了有效性。

（2）增强土壤的保水保肥能力和缓冲性。腐殖质疏松多孔，是亲水胶体，能吸持大量水分，提高土壤的保水能力。此外腐殖质改善了土壤渗透性，可减少水分的蒸发等，为植物提供更多的有效水。

腐殖质因带有正负两种电荷，故可吸附阴、阳离子，又因其所带电性以负电荷为主，所以它具有较强的吸附阳离子的能力，其中作为养料的 $K^+$、$NH_4^+$、$Ca^{2+}$、$Mg^{2+}$等阳离子一旦被吸附后，就可避免随水流失，而且能随时被根系附近的其他阳离子交换出来，供作物吸收，仍不失其有效性。

腐殖质保存阳离子养分的能力，要比无机胶体大。因此，保肥力很弱的砂土中增施有机肥料后，不仅增加了土壤中养分质量分数，改良砂土的物理性质，还可提高其保肥能力。腐殖质是一种含有多种功能团的弱酸，其盐类具有两性胶体的作用，因此有很强的缓冲酸碱变化的能力。所以提高土壤腐殖质质量分数，可增强土壤缓冲酸碱变化的性能。

（3）改善土壤的物理性质。腐殖质在土壤中主要以胶膜形式包被在矿质土粒的外表。由于它是一种胶体，黏结力和黏着力都大于砂粒，施于砂土后能增加砂土的黏性，可促进团粒结构的形成。由于它松软、絮状、多孔，黏结力又比黏粒小 11 倍，黏着力比黏粒小一半，所以黏粒被它包被后，易形成散碎的团粒，使土壤变得比较松软而不再结成硬块。表明有机质能使砂土变紧，黏土变松，土壤的保水、透水性以及通气性都有所改变。同时使土壤耕性也得到改善，耕翻省力，适耕期长，耕作质量也相应的提高。

腐殖质对土壤的热量状况也有一定影响。主要因为腐殖质是一种暗褐色的物质，它的存在能明显地加深土壤颜色，从而提高了土壤的吸热性。同时腐殖质热容量比空气、矿物质大，而比水小，而导热性质居中。因此在同样日照条件下，腐殖质质量分数高的土壤土温相对较高，且变幅不大，利于保温和春播作物的早发速长。

（4）促进土壤微生物的活动。土壤微生物生命活动所需的能量物质和营养物质均直接和间接来自土壤有机质，并且腐殖质能调节土壤的酸碱反应，促进土壤结构等物理性质的改善，使之有利于微生物的活动，这样就促进了各种微生物对物质的转化能力。土壤微生物数量随着土壤有机质含量增加而增大，但因土壤有机质矿化率低，不会对微生物产生迅猛的激发效应，而是持久稳定地向微生物提供能源。因此，含有机质多的土壤肥力平稳而持久，不易产生作物猛发或脱肥等现象。

（5）促进植物的生理活性。腐殖酸在一定浓度下可促进植物的生理活性。

① 腐殖酸盐的稀溶液能改变植物体内糖类代谢，促进还原糖的积累，提高细胞渗透压，从而增强了作物的抗旱能力。黄腐酸还是某些抗旱剂的主要成分。

② 能提高过氧化氢酶的活性，加速种子发芽和养分吸收，从而增加生长速度。

③ 能加强植物的呼吸作用，增加细胞膜的透性，从而提高其对养分的吸收能力，并加速细胞分裂，增强根系的发育。

（6）减少农药和重金属的污染。腐殖质有助于消除土壤中的农药残毒和重金属污染以及酸性介质中 Al、Mn、Fe 的毒性。特别是褐腐酸能使残留在土壤中的某些农药，如 DDT、三氮杂苯等的溶解度增大，加速其排出土体，减少污染和毒害。腐殖酸还能和某些金属离子络合，由于络合物的水溶性，而使有毒的金属离子有可能随水排出土体，减少对作物的危害和对土壤的污染。

### 2. 土壤有机质的调节

（1）调节原则。土壤有机质和腐殖质含量的多少，是土壤肥力高低的一项重要标志。在一定的有机质含量范围内，土壤肥力随有机质含量增加而提高，但土壤有机质含量超过一定范围时，这种相关性就不明显。而有机质过多既不经济，也不会明显提高土壤肥力。

① 生态平衡原则。土壤有机质含量的动态平衡是一个极为复杂的问题，它涉及土壤有机质的积累与消耗，受环境因素和土壤因素的双重制约。在环境状态相对稳定时，土壤有机质的含量一般比较稳定，这也是土壤有机质的矿质化和腐殖化处于相对平衡的结果。如果有机质的分解快于合成，则有机质含量会下降；反之，有机质含量则会增加。在一定的生态环境条件下，土壤有机质累积到一定数量后，则会保持一个稳定的数值。但渍水、嫌气、低温等环境条件下，土壤有机质的分解会受到抑制，使土壤有机质不断累积，达到较高水平。因此，提高一个地区土壤中的有机质含量是有限制的，一般不会超过当地最肥沃土壤的有机质水平。

② 经济原则。土壤有机质的含量不仅受气候条件、植被状况和土壤类型等诸多因素的影响，农田土壤有机质的动态变化还与其初始水平以及干扰历史有关。在一定条件下，随着加入土壤中的有机物数量的增多，土壤微生物的数量也相应的大量增加，分解的有机物质也就越多，从而造成超量施用的有机物质大量被分解，使养分受到浪费，所以超量施用有机肥或其他大量的有机物质都是不现实的，更是不经济的。因此，在培肥土壤和提高土壤有机质含量方面，按照经济效益的规律，合理控制有机物的施用量。

（2）增加土壤有机质的措施。我国农业土壤的有机质含量大多偏低，特别是华北平原和黄土高原。提高这些地区土壤的有机质含量将可有效地提高土壤的肥力。生产中可采取以下措施增加土壤有机质：

① 种植绿肥作物。种植绿肥，实行绿肥与粮食作物轮作，是农业生产中补给土壤有机质的一种重要肥源。绿肥产量高，有机质含量高，养分丰富，分解较快，形成腐殖质较迅速，可不断的更新土壤腐殖质。

与单一作物连作相比，实行绿肥或牧草与作物轮作可显著提高土壤有机质的含量。但土壤肥力不同，其积累有机质的效果有较大差异。在肥力高的土壤上，绿肥一般只能起到维持土壤有机质水平的作用；而在肥力低的土壤上，绿肥则有明显增加土壤有机质含量的良好效果。

为了防止土壤中有机质的大量消耗及绿肥分解时可能产生的有毒物质，可以采用沤肥办法，先把绿肥和稻草、河泥等一起沤腐，然后再施入土中，或用换肥办法，把一部分绿肥割出作为饲料，再以一部分厩肥代替绿肥使用。

② 增施有机肥料。有机肥的种类和数量很多，如：粪肥、厩肥、堆肥、青草、幼嫩枝叶、饼肥、蚕沙、鱼肥等，其中粪肥和厩肥是普遍使用的主要有机肥。

③ 秸秆还田。秸秆还田是增加土壤有机质含量的一项有效措施。作物秸秆含纤维素、木质素较多，在腐解过程中，腐殖化作用比豆科植物进行慢，但能形成较多的腐殖质。对于含氮较多的土壤，秸秆还田的效果较好；瘦田采用秸秆还田时，应适当施入速效性氮肥，否则会产生秸秆分解迟缓或虽分解而作物却产生黄苗缺氮现象。在秸秆还田时，最好采用禾本科植物秸秆与豆科植物秸秆或厩肥等混合使用，这样可起到调节碳氮比率，加速残体分解、多积累腐殖质及防止作物发生缺氮，比单用禾本科秸秆或豆科秸秆的增产效果为好。

(3)调节土壤有机质的分解速度。土壤有机质的分解速度和土壤微生物活动有密切关系，因此我们可以通过控制影响微生物活动的因素，来调节土壤有机质分解速度。调节途径主要有以下几方面：

① 调节土壤水、气、热状况，控制有机质的转化。土壤水、气、热状况影响到有机质转化的方向与速度。在生产中常通过灌排、耕作等措施，改善土壤水、气、热状况，从而达到促进或调节土壤有机质转化的效果。

② 合理的耕作和轮作。合理耕作和轮作，既能调节进入土壤中的有机质种类、数量及其在不同深度土层中的分布，又能调节有机质转化的水、气、热条件。在保持和增加土壤有机质的质和量上往往是影响全局的有力措施。良好的粮肥轮作、水旱轮作等，都是用地养地良好的农业耕作措施，既利于提高土壤的生产力，又增加了有机质含量，培肥了土壤。

③ 调节碳氮比率和土壤酸碱度。根据有机质的成分，调节其碳氮比来调节土壤有机质的矿质化和腐殖化过程。在施用碳氮比大的有机肥时，可同时适当加入一些含氮量高的腐熟有机肥和化学氮肥，以缩小碳氮比，加速有机质转化。土壤微生物一般适宜在中性范围生活，通过改良土壤酸碱性，以增强微生物的活性，改善土壤有机质转化的条件。

## 1.6 土 壤 生 物

土壤生物是土壤具有生命力的主要成分，在土壤形成和发育过程中起主导作用。也是评价土壤质量的重要指标之一。

### 1.6.1 土壤生物多样性

#### 1. 土壤生物类型的多样性

土壤生物有多细胞的后生动物，单细胞的原生动物，真核细胞的真菌和藻类，原核细胞的细菌、放线菌和蓝细菌及没有细胞结构的分子生物（如病毒）等。

（1）后生动物。后生动物是指小的土居性的多细胞动物，如线虫、蠕虫、蚯蚓、蛞蝓 蜗牛、千足虫、蜈蚣、轮虫、蚂蚁、螨、环节动物、蜘蛛和昆虫等混合组成。线虫是土壤后生动物中最多的种类，许多种寄生于高等植物和动物体上，常常引起多种植物根部的线虫病。蚯蚓是土壤中无脊椎动物，能分解枯枝落叶和有机质。蚯蚓、蚂蚁、白蚁可破碎并转移有机质进入深层土壤。后生动物对植物残体的破碎作用，使得这些物质有利于原生动物的取食和微生物的进一步分解。

（2）原生动物。原生动物为单细胞真核生物，简称原虫，其细胞结构简单，数量多、分布广。土壤表土中最多，下层土壤中少。鞭毛虫以取食细菌作为食料，变形虫在酸性土壤上层以动、植物的碎屑作为食料，纤毛虫以细菌和小型的鞭毛虫为食料。

原生动物在土壤中的作用有：①调节细菌数量；②增进某些土壤的生物活性；③参与土壤植物残体的分解。

（3）微生物。土壤中微生物分布广、数量大、种类多，是土壤生物中最活跃的部分。它们参与土壤有机质分解，腐殖质合成，养分转化和推动土壤的发育和形成。

土壤微生物主要作用表现为，调节植物生长的养分循环；产生并消耗 $CO_2$、$CH_4$、NO、$N_2O$、CO 和 $H_2$ 等气体，影响全球气候的变化；分解有机废弃物；是新物种和基因材料的主要来源。土壤还包含有使动、植物和人类致病的病原微生物。

2. 土壤微生物种群的多样性

土壤中微生物是一个庞大的类群，经典的方法只能检测出微生物数量的 10%左右。

（1）原核微生物。原核微生物主要有细菌、放线菌、蓝细菌和黏细菌等。

① 古细菌。古细菌包括甲烷产生菌、极端嗜酸热菌和极端嗜盐菌，这三个类型的细菌都生活在特殊的极端环境，对物质转化担负着重要的角色

② 细菌。土壤细菌占土壤微生物总数的 70%～90%，主要是能分解各种有机质的种类。其数量很大，但生物量并不很高。因为细菌个体小、代谢强、繁殖快与土壤接触的表面积大，是土壤中最活跃的因素。

③ 放线菌。放线菌广泛分布在土壤、堆肥等各种自然生境中，土壤中数量及种类最多。一般肥土比瘦土多，农田比森林土壤多，春季、秋季比夏季、冬季多。放线菌以孢子或菌丝片段存在于土壤中。

放线菌最适宜生长在中性、偏碱性、通气良好的土壤中，能转化土壤有机质，产生抗生素，对其他有害菌能起拮抗作用。高温型的放线菌在堆肥中对其养分转化起着重要作用。

④ 蓝细菌。是光合微生物，过去称为蓝（绿）藻，由于原核特征现改称为蓝细菌，与真核藻类区分开来。

⑤ 黏细菌。黏细菌在土壤中的数量不多，是已知的最高级的原核生物，具备形成子实体和黏孢子的形态发生过程。子实体含有许多黏孢子，条件合适萌发为营养细胞。黏孢子

具有很强的抗旱性、耐温性，对超声波、紫外线辐射也有一定抗性，因此，黏孢子有助于黏细菌在不良环境中，特别在干旱、低温和贫瘠的土壤中存活。

（2）真核微生物。真核微生物包括真菌、藻类和地衣。

① 真菌。真菌是常见的土壤微生物之一，尤其在森林土壤和酸性土壤中，往往是真菌占优势或起主要作用。

② 藻类。藻类为单细胞或多细胞的真核原生生物。土壤中藻类的数量多，是构成土壤生物群落的重要成分。藻类是土壤生物的先行者，对土壤的形成和熟化起重要作用，是土壤有机质的最先制造者。肥沃土壤中，藻类生长旺盛，土表常出现黄褐色或黄绿色的薄藻层，硅藻多则是土壤营养丰富的表现。

③ 地衣。地衣是真菌和藻类形成的不可分离的共生体。地衣广泛分布在荒凉的岩石、土壤和其他物体表面，地衣通常是裸露岩石和土壤母质的最早定居者。因此，地衣在土壤发生的早期起重要作用。

（3）非细胞型生物即分子生物——病毒。病毒是一类超显微的非细胞生物，它们能以无生命的化学大分子状态长期存在并保持其侵染活性。病毒是一种活细胞内的寄生物，凡有生物生存之处，都有其相应的病毒存在。病毒在控制杂草及有害昆虫的生物防治方面已显示出良好的应用前景。

### 3. 土壤微生物营养类型的多样性

根据微生物对营养和能源的要求，一般可将其分为四大类型。

（1）化能有机营养型。化能有机营养型又称为化能异养型，需要有机化合物作为碳源，并从氧化有机化合物的过程中获得能量。土壤中该类型微生物的数量或种类是最多的，包括绝大多数细菌和几乎全部真菌和原生动物，是土壤中起重要作用的微生物，分为腐生和寄生两类。前者利用无生命的有机物，包括死亡的动、植物残体；后者寄生于其他生物，从寄主中吸收营养物质，离开寄主便不能生长繁殖。

（2）化能无机营养型。化能无机营养型又称化能自养型，以 $CO_2$ 作为碳源，从氧化无机化合物中取得能量。这种类型微生物数量、种类不多，但在土壤物质转化中起重要作用。

（3）光能有机营养型。光能有机营养型又称光能异养型，其能源来自光，但需要有机化合物作为供氢体以还原 $CO_2$，并合成细胞物质。

（4）光能无机营养型。光能无机营养型又称光能自养型，利用光能进行光合作用，以无机物作供氢体以还原 $CO_2$，合成细胞物质。藻类和大多数光合细菌都属光能自养微生物。

上述营养型的划分都是相对的。在异养型和自养型之间，光能型和化能型之间都有中间类型存在，而在土壤中都可以找到。土壤具有适宜各类型微生物生长繁殖的环境条件。

### 4. 土壤微生物呼吸类型的多样性

微生物的呼吸作用，因其对氧气的要求不同，可分为有氧呼吸和无氧呼吸。进行有氧呼吸的称为好气性微生物，进行无氧呼吸的称为厌气性微生物，能进行有氧呼吸又能进行无氧呼吸的称之为兼厌气性微生物。

（1）好气性微生物。土壤中大多数细菌属好气性微生物。它们以氧气为呼吸基质氧化时的最终受氢体。由于来自空气中的氧能不断供应，使基质彻底氧化，释放出全部能量。

在通气良好的土壤中，或有氧的土壤微环境里，好气微生物进行的有氧呼吸转化着土壤中有机质，获得能量、构建细胞物质，各自行使生理功能。好气性化能自养型细菌，以还原态无机化合物为呼吸基质，依赖它特殊的氧化酶系，活化分子态氧去氧化相应的无机物质而获得能量。

（2）厌气性生物的无氧呼吸。厌气性微生物，在缺氧的环境中生长发育，进行不需氧的呼吸过程，基质的氧化不彻底，产生一些比基质更为还原的最终产物，释放的能量也少。

（3）兼厌气性微生物的兼性呼吸。兼厌气性微生物能在有氧和无氧环境中生长发育，但在两种环境中呼吸产物不同。在有氧环境中，与其他好氧性细菌一样进行有氧呼吸。在缺氧环境中，能将呼吸基质彻底氧化，以硝酸或硫酸中的氧作为受氢体，使硝酸还原为亚硝酸或分子氮，使硫酸还原为硫或硫化氢。

### 1.6.2　影响土壤微生物活性的环境因素

不同的微生物类群需要各自的适宜环境条件，环境条件变化，则会影响微生物生长繁殖，或改变代谢途径，还可引起微生物的基因突变。

（1）温度。温度是影响微生物生长和代谢最重要的环境因素。微生物生长需要一定的温度，温度超过最低和最高限度时，即停止生长或死亡。根据微生物的最适生长温度，将微生物划分为高温型、中温型和低温型 3 种类型。高温型微生物的最适生长温度为 45～60℃，温泉、堆肥、厩肥、干草堆和土壤中均有高温菌存在，它们参与厩肥、堆肥、干草堆等高温阶段有机质的分解作用。土壤中绝大多数微生物均属中温型菌，最适生长温度 25～40℃。其中腐生性微生物的最适生长温度为 25～30℃，它们在土壤有机质分解和养分转化起重要作用。低温型微生物的最适生长温度在 10～15℃，冷藏食品的变质是这类微生物参与的结果。

在最适温度范围内，随温度升高，生长速度加快，代谢活性增强；超过最适温度时，生命活动减慢，甚至细胞中有些质粒不能复制而被消除；温度超过最高界限后，生长和代谢停止、死亡。低温效应则不同，温度在最低界限以下时，微生物虽停止生长和代谢，但无致死作用。

（2）水分及其有效性。水是微生物细胞生命活动的基本条件之一。水分对微生物的影响不仅决定它的含量，更决定水的有效性。如果溶液中溶质浓度过高，渗透压过大，水活度很小，对于微生物失去了可给性，甚至使细胞脱水，造成生理干燥，引起质壁分离，细胞停止生命活动。

（3）土壤酸碱度。土壤酸碱度（pH）对微生物生命活动有很大影响。每种微生物都有其最适宜的 pH 和一定的 pH 适应范围。大多数细菌、藻类和原生动物的最适宜的 pH 为中性，只有少数的微生物能适应偏酸或偏碱的环境。

（4）土壤通气性。土壤通气状况的好坏对微生物生长有一定影响。好气性微生物需要在有氧气的条件下生长，最适 *Eh* 值（氧化还原电位）为 300～400mV。厌气性微生物必须在缺氧的条件下生长。兼厌气性微生物适应范围广，在有氧或无氧的环境中都能生长。因此，结构、通气良好的旱作土壤中有较丰富的好氧性微生物生长发育。淹水下层土壤、覆盖作物秸秆土壤或土壤施用新鲜有机肥时，通常厌氧性微生物占优势。

（5）生物因素。土壤中微生物按来源不同，可分为土居性和客居性两种类型。土居性微生物由于长期生活在当地土壤中，对土壤环境有较强的适应性，当土壤环境变恶劣时，能存活下来，环境好转时又重新繁殖。而客居性微生物在土壤只能短时间生长、繁殖，由于适应性、竞争性差而不能在土壤中持久存在。若客居性微生物和土居性微生物有互生互利关系，则客居性微生物存活时间变长或可定居，这涉及微生物肥料和农药有效性问题。土居性微生物本身也存在互生、共生、竞争现象，它们间互相依存、互相制约使土壤微生物产生多样性。

（6）土壤管理措施。任何能改变土壤性质的管理措施就可能影响到微生物的生长发育。

① 土壤耕作。常规耕作、减耕和免耕等耕作措施对土壤微生物的影响程度是不同的。减耕和免耕增强土壤表层与表层附近的微生物活性。

② 杀虫剂和其他化学制剂。大田施用的除草剂和叶面杀虫剂的剂量很少会达到足以直接伤害土壤微生物。硝化细菌对杀生物剂敏感。除草剂的正常用量，对根瘤菌没有直接伤害，但对豆科植物有伤害或矮化作用，因此，对结瘤数和固氮作用产生不良影响。杀菌剂、熏蒸剂及其杀伤力强的化学剂可造成土壤微生物区系的破坏，应禁用或慎用。

## 1.7 土壤的重要作用及形态描述

土壤不仅是人类赖以生存的物质基础和宝贵财富的源泉，又是人类最早开发利用的生产资料。在人类历史上，由于土壤质量衰退曾给人类文明和社会发展留下了惨痛的教训。但是，长期以来居住在我们这个地球上的人们，对土壤在维持地球上多种生命的生息繁衍，保持生物多样性的重要性并未引起注意。随着全球人口的增长和耕地锐减，资源耗竭，人类活动对自然系统的影响迅速扩大，人们对土壤的认识才不断加深，土壤与水、空气一样，既是生产食物、纤维及林产品不可替代或缺乏的自然资源，又是保持地球系统的生命活性，维护整个人类社会和生物圈共同繁荣的基础。因此，保护土壤，特别是保护耕地土壤数量和质量，理所当然成为一个国家的重要方针。

## 土壤是人类农业生产的基地

“民以食为天，食以土为本”，精辟地概括了人类—农业—土壤之间的关系。农业是人类生存的基础，而土壤是农业的基础。

### 1. 土壤是植物生长繁育和生物生活的基础

农业生产的基本特点是生产生物有机体。其中最基本的任务是发展人类赖以生存的绿色植物的生产。绿色植物生长发育的五个基本要素，即日光（光能）、热量（热能）、空气（氧及二氧化碳）、水分和养分。其中养分和水分通过根系从土壤中吸取。植物能立足自然界，能经受风雨的袭击，不倒伏，则是由于根系伸展在土壤中，获得土壤的机械支撑。好的土壤体系应该为植物提供充足养料、水分、空气、温度和根系伸展开、机械支撑的空间。归纳起来，土壤在植物生长繁育中有下列不可取代的特殊作用：

（1）提供营养作用。植物需要的营养元素除 $CO_2$ 主要来自空气外，氮、磷、钾及中量、微量营养元素和水分则主要来自土壤。土壤是陆地生物所必需的营养物质的重要来源。

（2）促进养分转化和循环作用。土壤中存在一系列的物理、化学、生物和生物化学作用，在养分元素的转化中，既包括无机物的腐殖化，又包含有机质的矿质化。既有营养元素的释放和散失，又有元素的结合、固定和归还。在地球表层系统中通过土壤养分元素的转化，实现了营养元素与生物之间的循环，保持了生物生命周期的延续。

（3）涵养雨水作用。土壤是地球陆地表面具有生物活性和多孔结构的介质，具有很强的吸水和持水能力。土壤的雨水涵养功能与土壤的总孔隙度、有机质含量等土壤理化性质和植被覆盖率有密切的关系。植物枝叶对雨水的截留和对地表径流的阻滞，根系的穿插和腐殖质层形成，能大大增加雨水涵养、防止水土流失的能力。

（4）对生物的支撑作用。土壤是绿色植物在土壤中生根发芽，根系伸展和穿插的基础，由于土壤的机械支撑，才使得绿色植物地上部分能直立于自然中。在土壤中还拥有种类繁多，数量巨大的生物群，地下微生物在这里生活和繁育。

（5）稳定和缓冲环境变化的作用。土壤处于大气圈、水圈、岩石圈及生物圈的交界面，是地球表面各种物理、化学、生物化学过程的反应界面，是物质与能量交换、迁移等过程最复杂、最频繁的地带。这种特殊的空间位置，使得土壤具有抗外界温度、湿度、酸碱性、氧化还原性变化的缓冲能力。对进入土壤的污染物能通过土壤生物、进行代谢、降解、转化、清除或降低毒性，起着“过滤器”和“净化器”的作用，为地上部分的植物和地下部分的微生物的生长繁衍提供一个相对稳定的环境。

### 2. 土壤是地球表层系统自然地理环境的重要组成部分

在地球陆地表面，人类或生物生存的环境称为自然环境。通常把地球表层系统中的大气圈、生物圈、岩石圈、水圈和土壤圈作为构成自然地理环境的五大要素。其中，土壤圈覆盖于地球陆地的表面，处于其他圈层的交接面上，成为它们连接的纽带，构成了结合无机界和有机界—即生命和非生命联系的中心环境（如图 1-6 所示）。

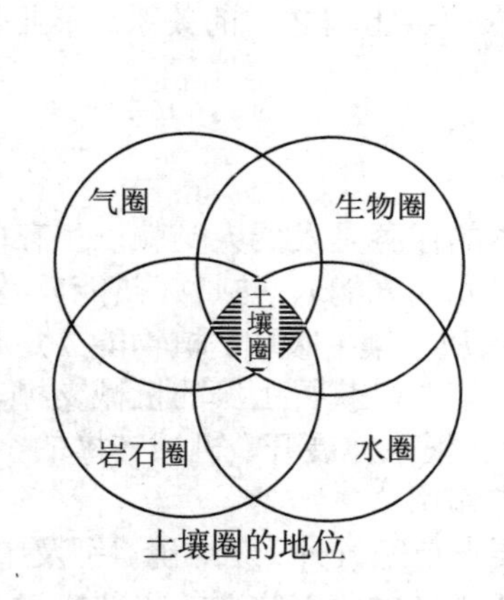

土壤圈的地位

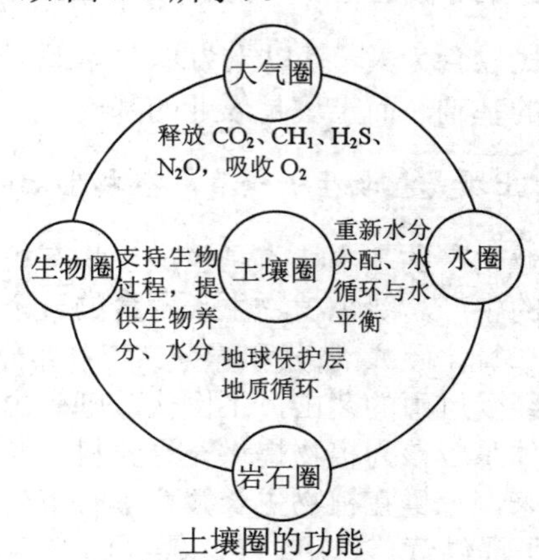

土壤圈的功能

**图 1-6　土壤圈在地球表层系统中的地位和作用**

在地球表面系统中，土壤圈与各圈层间存在着错综复杂而又十分密切的联系制约关系。

（1）土壤与大气圈的关系。土壤与大气间在近地球表层进行着频繁的水、热、气的交换和平衡。土壤庞大复杂的多孔系统，能接收大气降水以供生物生命需要，并能向大气释放 $CO_2$ 和某些痕量气体，如 $CH_4$ 和 NO，$NO_2$ 等。这些为温室效应气体，是导致全球范围内气候变暖的重要原因。温室气体释放与人类的耕作、施肥、灌溉等土壤管理活动有密切关系。

（2）土壤与生物圈的关系。地球上所有的生物群落组成了生物圈。而地球表面的土壤，不仅是高等动植物乃至人类生存的基础，也是地下微生物的栖息场所。土壤为绿色植物生长提供养分、水分和物理、化学条件。由于土壤肥力的特殊功能，使陆地生物与人类协调共存，生生不息。不同类型土壤养育着不同类型的生物群落，形成了生物的多样性，为人类提供各种可开发利用的资源。

（3）土壤与水圈的关系。水是地球系统中联结各圈层物质迁移的介质，也是地球表层一切生命生存的源泉。由于土壤的高度非均质性，影响降雨在地球陆地和水体的重新分配。除湖泊、江河外，土壤是能保持淡水的最大贮库。

（4）土壤与岩石圈的关系。土壤是岩石经过风化过程和成土作用的产物。从地球的圈层位置看，土壤位于岩圈和生物圈之间，属于风化壳的一部分。虽然土壤的厚度只有 1～2m 左右，但它作为地球“保护层”，对岩石圈起着一定的保护作用，以减少其遭受各种外营力的破坏。

### 3. 土壤是地球陆地生态系统的基础

生态系统包含着一个广泛的概念。任何生物群体与其所处的环境组成的统一体，都形成不同类型的生态系统。在陆地生态系统中，土壤作为最活跃的生命层，事实上，是一个相对独立的子系统。在土壤生态系统组成中，绿色植物是其主要生产者，它通过光合作用，把太阳能转化为有机形态的贮藏潜能。同时又从环境中吸收养分、水分和二氧化碳，合成并转化为有机形态的贮存物质。消费者，主要是食草或食肉动物，它们有现有的有机质作食料，经过机械破碎、生物转化，这部分有机质除小部分的物质和能量在破碎和转化中消耗外，大部分物质和能量则仍以有机形态残留在土壤动物中。土壤生态系统的分解者，主要指生活在土壤中的微生物和低等动物，它们以绿色植物与动物的残留有机体为食料从中吸取养分和能量，并将它们分解为无机化合物或改造成土壤腐殖质。土壤在陆地生态系统中起着极重要作用，主要包括：

（1）保持生物活性、多样性和生产性；

（2）对水体和溶质流动起调节作用；

（3）对有机、无机污染物具有过滤、缓冲、降解、固定和解毒作用；

（4）具有贮存并循环生物圈及地表的养分和其他元素的功能。

#### 4. 土壤是最珍贵的自然资源

资源是自然界能被人类利用的物质和能量基础，是可供人类开发利用并具有应用前景和价值的物质。土壤资源可以定义为具有农、林、牧业生产力的各种类型土壤的总称。在人类赖以生存的物质生活中，人类消耗约 80%以上的热量、75%以上的蛋白质和大部分的纤维都直接来自土壤。所以土壤资源和水资源、大气资源一样，是维持人类生存与发展的必要条件，是社会经济发展最基本的物质基础。

土壤和土壤资源作为一个深受人类长期生产实践影响的独立的历史自然体，它具有一系列的自然—经济特点。

（1）土壤资源数量的有限性。土壤资源与光、热、水、气资源一样被称之为可再生资源。但从土壤的数量来看又是不可再生的，是有限的自然资源，地球表面形成 1cm 厚的土壤，约需要 300 年或更长的时间。我国的土壤资源由于受海陆分布、地形地势、气候、水分配和人口增加、工业化扩展的影响，耕地土壤资源短缺，后备耕地土壤资源不足，人均耕地持续下降。土壤资源的有限性已成为制约经济、社会发展的重要特性，有限的土壤资源供应能力与人类对土壤（地）总需求之间的矛盾将日趋尖锐。

（2）土体资源质量的可变性。土壤质地特征是肥力。土壤肥力是由母质向土壤演化过程中，在自然成土因素，或自然因素和人为因素共同作用下形成的。在成土过程中，植物、动物和微生物，可以不断地繁衍与死亡；土壤腐殖质可以不断的合成和分解；土壤养分及其元素随着土壤水的运转，可以积聚或淋洗，这些过程（生物、物理、化学的过程）都处于周而复始的动态平衡中。土壤肥力就是在这些周而复始的循环和平衡中不断获得发育和提高。只要科学的对土壤用养结合，不断补偿和投入，完全有可能保持土壤肥力的永续利用。随着科学技术进步，可使单位面积生物生产能力得到提高。从这一意义讲，土壤资源与不可再生的矿藏资源不同，越用越少，以至耗尽，而与大气、水、生物一样被称为可再生资源。

但从另一方面，在破坏性自然营力作用下，或人类违背自然规律，破坏生态环境，滥用土壤，高强度、无休止的向土壤索取，土壤肥力将逐渐下降和破坏，这就是土壤质量的退化。从全球范围看，存在着植被萎缩，物种减少，土壤侵蚀，肥力丧失，耕地过载的现象。在我国，由于人口的压力及不合理开发利用造成土壤资源的荒漠化、水土流失、土壤污染等问题严重。从这一意义上讲，土壤资源不仅仅数量是有限的，质量同样具“有限性”的特性。

（3）土壤资源空间分布上的固定性。由于气候、生物植被在地球表面表现出一定规律性，使土壤资源在地面空间分布表现其相应的规律性，即覆盖在地球表面各种不同类型的土壤，在地面空间位置上有相对的固定性，在不同生物气候带内分布着不同的地带性土壤，如热带雨林带分布着砖红壤，热带稀树草带分布着红棕壤，亚热带常绿阔叶林带分布着红壤和黄壤，在温带落叶阔叶林带分布着棕壤，干旱草源带分布着黑钙土和栗钙土，荒漠草原带分布着棕钙土、灰钙土，亚寒带针叶林带分布着灰化土，苔原带分布着冰沼土等。土壤的这种地带性分布表现为水平地带性（纬度和经度地带性）和垂直地带性。土壤资源的分布与生物气候带相适应，随生物气候地带性规律而更替。

人类的耕作活动改变了土壤的性状，也影响土壤的空间分布，如黄土高原长期使用土粪形成的䵅土，干旱与半干旱地区长期灌溉发育的淤土，各地长期水耕农田发育的水稻土，都是人为耕作活动的结果。

土壤资源空间分布上具有的这种特定的地带、地域分布规律，人们对地表土壤可按土壤资源类型的相似性划分为若干土壤区域。将相似土壤划在同一区，与其他土壤分开，并按照划分出的单位来探讨土壤组合的特征及其发生和分布规律性，因地制宜地合理配置农、林、牧业，充分利用土壤资源、发挥土壤生产潜力，进行土壤资源区划和土壤资源评价。

5. 自然土壤剖面的描述

（1）独立的历史自然体。土壤是生物、气候、母质、地形、时间等自然因素和人类活动综合作用下的产物。它不仅具有自己的发生发展的历史，而且是一个形态、组成、结构和功能上可以剖析的物质实体。地球表面土壤所以存在着性质的变异，就是因为在不同时间和空间位置上，上述成土因子的变异所造成的。例如土壤的厚度，可从几厘米到几米的差异，这取决于风化强度和成土时间的长短，取决于沉积、侵蚀过程强度，也与自然景观的演化过程有密切的关系。

（2）土壤剖面。由成土作用形成的层次称为土层（土壤发生层），而完整的垂直土层序列称之为土壤剖面（如图 1-7 所示）。土壤剖面的形成具体反映在土壤的成土过程，从而与地球表面其他形成物质的区别。

① 有机质层（O）：这层上部的有机质一般没有分解，下部已部分分解。

② 腐殖质层（A）：位于土壤表层，由于植物根系集中，加上地表残落物的影响，此层腐殖质含量高，土色较深，结构良好，疏松多孔，通透性好，养分丰富，是剖面中肥力最高的发育层次。

③ 淋溶层（E）：由于雨水的淋洗，这一层的可溶性盐和胶体受到淋溶而转移到下层，此层与腐殖质层的区别在于有机质含量少，颜色浅。

④ 淀积层（B）：是指接受由淋溶层淋溶下来的物质而积累起来的层次。其特色是坚实、通透性差、养分丰富。

⑤ 母质层（C）及母岩层（R）：是指未受淋溶作用影响的母质或母岩。严格说它不属于土壤发生层次，但作为土壤剖面的组成仍然是重要的。

### 6. 耕作土壤剖面的描述

耕作土壤的剖面是在自然土壤的基础上形成的。一般可以划分以下几个层次（如图 1-8 所示）。

（1）表土层。又称耕作层，是指在耕作影响下形成的土壤表层。一般深度为 0～20cm，由于耕作的影响，相对于下层表土层肥力较高。

（2）犁底层。经农耕具（耕犁）压紧结实，在耕作层的下层所形成的剖面层次，厚度约 10cm。此层呈片状结构，通气透水性不良，影响根系伸展，但具有保持土壤水分，防止水分下渗，减少养分淋失的作用，对于砂土的保水保肥具有重要意义。

（3）心土层。位于犁底层下层，厚度为 20～30cm。此层有保蓄水分和养分的作用。

（4）底土层。土壤剖面最下层的层次，一般为母质层。

| 国际代号 | 传统代号 | |
|---|---|---|
| O 层 | $A_0$ | 有机质 |
| A | $A_1$ | 腐殖质层 |
| E | $A_2$ | 淋溶层 |
| B | B | 淀积层 |
| C | C | 母质层 |
| R | D | 母岩 |

**图 1-7　自然土壤剖面**

| 耕作层 |
|---|
| 犁底层 |
| 心土层 |
| 底土层 |

**图 1-8　耕作土壤剖面**

## 1.8　复习思考题

1．按形态来说，土壤由哪几相物质组成？其中固相物质由什么物质构成？

2．岩石和矿物的区别与联系是什么？

3．指出下列物质哪些是矿物，哪些是岩石？
方解石、花岗岩、角闪石、页岩、白云母、玄武岩、长石、石英、辉石
4．什么叫风化作用？有哪些类型？试比较不同风化作用的特点。
5．土壤动物和微生物在有机质转化过程中有哪些主要作用？
6．有机质对土壤肥力的贡献有哪些？
7．农业生产实践中应采取哪些措施提高土壤有机质？
8．试述土壤有机质的矿质化过程及腐殖化过程及其影响条件。
9．土壤在人类生产、生活中有什么重要作用？
10．自然土壤剖面分为几个层次，各有什么特点？

# 第 2 章　土壤的物理性质

**【学习目的和要求】**　通过对本章的学习，要重点掌握土壤的物理性质，包括土壤质地、土壤孔隙、土壤结构、土壤耕性等基本内容，本章重点介绍了不同质地、孔隙、结构与土壤肥力的关系，掌握团粒结构对形成肥沃土壤的重要意义和土壤肥力培养的相关措施。要求理论联系实际，对本地区的耕作土壤质地、孔隙状况、结构、耕性及当地土壤肥力状况、应采取的改良措施等有关内容进行实地考察，并写出调查报告，从而加深对本章内容的理解和掌握。

## 2.1　土 壤 质 地

### 2.1.1　矿物质土粒的机械组成和质地分类

1. 机械组成和质地的概念

土壤中各粒级矿物质土粒所占的百分质量分数叫矿物质土粒的机械组成。土壤质地是根据机械组成的一定范围划分的土壤类型。土壤质地一般分为砂土、壤土和黏土三大类。质地是土壤的一种十分稳定的自然属性，反映母质来源及成土过程某些特征，对肥力有很大影响，因而在制定土壤利用规划、确定施肥用量及种类、进行土壤改良和管理时必须重视其质地特点。

2. 土壤质地分类制

常用的质地分类制有国际制、卡庆斯基制和中国制等三种土壤质地分类制。

（1）国际制土壤质地分类。国际制土壤质地分类是根据土壤中砂粒、粉粒和黏粒三种粒级质量分数的百分比，将土壤划分为砂土、壤土、黏壤土和黏土等四类 12 个质地级别，可从三角图上查质地名称。其要点为：以黏粒质量分数为主要标准，小于 15%者为砂土质地组和壤土质地组；15～25%者为黏壤组；大于 25%为黏土组。当土壤含粉粒大于 45%时，在各组质地的名称前均冠以“粉质”字样；当土壤砂粒质量分数在 55～85%时，则冠以“砂质”字样，当砂粒质量分数大于 85%时，则为壤砂土或砂土（见表 2-1）。

表 2-1　国际制土壤质地分类标准

| 土壤质地 | | 各有土粒重量（粒径：mm） | | |
|---|---|---|---|---|
| 类别 | 名称 | 黏粒<br>＜0.002 | 粉砂粒<br>0.02～0.002 | 砂粒<br>2～0.2 |
| 砂土类 | 砂土及壤质砂土 | 0～15 | 0～15 | 85～100 |
| 壤土类 | 砂质壤土 | 0～15 | 0～45 | 55～85 |
| | 壤土 | 0～15 | 35～45 | 40～55 |
| | 粉砂质壤土 | 0～15 | 45～100 | 0～55 |
| 黏壤土类 | 砂质黏壤土 | 15～25 | 0～30 | 55～85 |
| | 黏壤土 | 15～25 | 25～45 | 30～55 |
| | 粉砂黏壤土 | 15～25 | 45～85 | 0～40 |
| 黏土类 | 砂质黏土 | 25～45 | 0～20 | 55～75 |
| | 壤质黏土 | 25～45 | 0～45 | 10～55 |
| | 粉砂质黏土 | 25～45 | 45～75 | 0～30 |
| | 黏土 | 45～65 | 0～55 | 0～55 |
| | 重黏土 | 65～100 | 0～35 | 0～35 |

（2）卡庆斯基制土壤质地分类。卡庆斯基制土壤质地分类有简制和详制两种，其中简制应用较广泛。卡庆斯基简制是根据物理性砂粒与物理性黏粒的相对质量分数并按不同土壤类型，将土壤划分为砂土类、壤土类、黏土类等三类 9 级（见表 2-2）。

表 2-2　卡庆斯基制土壤质地分类

| 质地组 | 质地名称 | 不同土壤类型的＜0.01mm 粒级（物理性黏粒）质量分数（%） | | |
|---|---|---|---|---|
| | | 灰化土 | 草原土<br>红壤土 | 碱化土<br>碱土 |
| 砂土 | 松砂土 | 0～5 | 0～5 | 0～5 |
| | 紧砂土 | 5～10 | 5～10 | 5～10 |
| 壤土 | 砂壤土 | 10～20 | 10～20 | 10～15 |
| | 轻壤土 | 20～30 | 20～30 | 15～20 |
| | 中壤土 | 30～40 | 30～45 | 20～30 |
| | 重壤土 | 40～50 | 45～60 | 30～40 |
| 黏土 | 轻黏土 | 50～65 | 60～75 | 40～50 |
| | 中黏土 | 65～80 | 75～85 | 50～65 |
| | 重黏土 | ＞80 | ＞85 | ＞65 |

卡庆斯基质地分类详制是在简制的基础上，按照主要粒级而细分的，把质量分数最多和次多的粒级作为冠词，顺序放在简制名称前面，用于土壤基层分类及大比例尺制图。例如，某土壤黏粒 45%，粉粒（中、细）25%，粗粉粒 20%，砂粒 10%，占优势的粒级为黏粒和粉粒，质地名称定名为黏粉质中黏土。

（3）我国土壤质地分类。20 世纪 70 年代我国拟定了试行的“中国土壤质地分类”，载入《中国土壤》（第 1 版，1978），后经修改形成现行的中国土壤质地分类（见表 2-3）。

表 2-3　中国土壤质地分类

| 质地组 | 质地名称 | 颗粒组成（粒径 mm）（%） | | |
|---|---|---|---|---|
| | | 砂粒（1～0.05） | 粗粉粒（0.05～0.01） | 细黏粒（＜0.001） |
| 砂土 | 极重砂土 | ＞80 | | |
| | 重砂土 | 70～80 | | |
| | 中砂土 | 60～70 | | |
| | 轻砂土 | 50～60 | | ＜30 |
| 壤土 | 砂粉土 | ≥20 | | |
| | 粉土 | ＜20 | | |
| | 砂壤土 | ≥20 | | |
| | 壤土 | ＜20 | | |
| 黏土 | 轻黏土 | | 30～35 | |
| | 中黏土 | | 35～40 | |
| | 重黏土 | | 40～60 | |
| | 极重黏土 | | ＞60 | |

## 2.1.2　不同质地土壤的肥力特点和利用改良

### 1. 不同质地土壤的肥力特点和利用

（1）砂质土。砂质土含砂粒多，黏粒少，粒间多为大孔隙，土壤通透性良好，透水排水快，但缺乏毛管孔隙，土壤持水量小，蓄水保水抗旱能力差。砂质土主要矿物为石英，缺乏养分元素和胶体，土壤保蓄养分能力低，养分易流失，因而表现为养分贫乏，保肥耐肥性差，施肥时肥效来得快且猛，但不持久。砂质土水少气多，土温变幅大。昼夜温差大，早春土温上升快，称热性土。土表的高温不仅直接灼伤植物，也造成干热的近地层小气候，加剧土壤和植物的失水。砂质土疏松，结持力小，易耕作，但耕作质量差。

施肥时应多施未腐熟的有机肥，化肥施用则宜少量多次，后期脱肥早衰、结实率低、籽粒轻等问题。在作物种植上宜选种耐瘠、耐旱、生长期短、早熟的作物，以及块根、块茎和蔬菜类作物。

（2）黏质土。黏质土含砂粒少，黏粒多，毛管孔隙特别发达，大孔隙少，透水通气性差，排水不良，不耐涝。土壤持水量大，但水分损失快，保水抗旱能力差。因此，在雨水多的季节要注意沟道通畅以排除积水，夏季注意及时灌溉和采用抗旱保墒的耕作法。

这类土壤含矿质养分较丰富，但通气性差，有机质分解缓慢，腐殖质累积较多；土壤保肥能力强，养分不易淋失，肥效慢、稳而持久；此类土壤宜施用腐熟的有机肥，化肥一次用量可比砂质土多，苗期注意施用速效肥促早发。黏质土土温变幅小，早春土温上升缓慢，有冷性土之称。土壤胀缩性强，干时田面开大裂、深裂，易扯伤根系。适宜种植粮食作物以及果、桑、茶等多年生的深根植物。

（3）壤质土。壤质土由于所含砂粒、黏粒比例较适宜，它兼有砂土类和黏土类土壤的肥力优点，既有砂质土的良好通透性和耕性，发小苗等优点，又有黏土对水分、养分的保蓄性，肥效稳而长等优点，适种范围广，是农业生产较为理想的土壤质地。

### 2. 土壤质地层次性

除了土壤表层质地粗细有差别之外，在同一土壤的上下层之间的质地也可能有很大不同。有的土壤的质地层次表现为上黏下砂，也有的表现为上砂下黏，或砂黏相间。产生质地层次性的原因，主要有两个方面：一是自然条件；另一是人为耕作所造成。

（1）自然条件产生的层次性。最常见的是冲积性母质上发育的土壤质地层次性。由于不同时期的水流速率和母质来源不等，所以各个时期沉积物的粗细不一样。所谓"紧出砂，慢出淤，不紧不慢出两合（即壤土）"。此外，在土壤形成过程中，由于黏粒随渗漏水下移或因下层化学分解使黏粒增多，也会使土体各层具有不同的质地。

（2）耕作的作用。经常不断地耕作，犁的重压使土壤形成犁底层，不仅使这层土壤变得紧实，而且土壤质地也发生变化。耕地土壤上的串灌也可使表层中细土粒大量流失，造成上砂下黏的土层。质地层次对土壤肥力的影响，侧重在质地层次排列方式和层次厚度上，特别是土体 1 m 内的层次特点。一个良好的质地层次，应该易于协调供应作物整个生长过程中水、肥、气、热的需要，一般来讲，"上砂下黏"比"上黏下砂"好。

### 3. 不同质地土壤的改良

良好的土壤质地一般应是砂黏适中，有利于形成良好的土壤结构，具有适宜的通气透水性，保水保肥，土温稳定，适种植物广。而砂质土和黏质土，往往不同程度地制约了植物的正常生长，必须对其进行改良。常用的改良方法有：

（1）客土法。对过砂或过黏的土壤，可分别采用"泥掺砂"或"砂掺泥"的办法来调整土壤的黏砂比例，以达到改良质地，改善耕作，提高肥力的目的。这种搬运别地土壤（客土）的方法称为"客土法"。一般使黏砂比例以 3∶7 或 4∶6 为好，可在整块田进行，也可在播种行或播种穴中客土。

（2）耕翻法。也称"翻淤压砂"或"翻砂压淤"。是指对于砂土层下不深处有黏土层或黏土层下不深处有砂土层（隔砂地）者，可采用深翻，使之砂黏掺和，以达到合适的砂黏比例，改善土壤物理性质，从而提高土壤肥力。

（3）引洪漫淤法。对于沿江沿河的砂质土壤，可以采用引洪漫淤法改良。即通过有目的把洪水有控制地引入农田，使细泥沉积于砂质土壤中。就可以达到改良质地和增厚土层的目的。在实施过程中，要注意边灌边排，尽可能做到留泥不留水。为了让引入的洪水中少带砂粒，要注意提高进水口，截阻砂粒的进入。

（4）增施有机肥。通过增施有机肥，可以提高土壤中的有机质质量分数，改良土壤结构，从而消除过黏或过砂土壤所产生的不良物理性质。因为土壤有机质的黏结力比砂粒强，而比黏粒弱，增加有机质质量分数，对砂质土壤来说，可使土粒比较容易黏结成小土团，从而改变了它原先松散无结构的不良状况；对黏质土壤来说，可使黏结的大土块碎裂成大小适中土团。此外，通过种植绿肥也可以增加土壤有机质，创造良好的土壤结构。

## 2.2　土 壤 孔 隙

土壤是由固、液、气三相构成的多孔分散体系。在土粒之间，存在有复杂的粒间空隙，常称之为土壤孔隙，是液相和气相共同存在的空间。土壤孔隙状况如何直接关系到土壤水、气的流通、贮存以及对植物的供应是否充分、协调，并对土壤热状况及养分状况也有多方面的影响。

### 2.2.1　土壤孔隙性

常简称为土壤孔性，它是土壤孔（隙）度、大小孔隙搭配比例及其在土层中分布情况的综合反映。土壤水分与空气同时存在于土壤孔隙中，并呈互为消长的关系。土壤中孔隙所占的容积越大，水和空气的容量就越大，并总是被水和空气所占有，极少有真空的时候。土壤孔隙有大有小，各自功能不同，大的可以通气，小的可以蓄水。为了同时满足作物对水分和空气的需求以及利于植物根系的伸展，在生产实践中，不仅要求土壤中孔隙容积要适当，而且还要求大、小孔隙的搭配比例和土层分布亦要合适。

1. 孔隙度

又称总孔隙度，是指单位土壤总容积中的土壤孔隙容积，反映土壤孔隙总量的多少。通常用土壤孔隙容积占土壤容积（固相＋孔隙）的百分数或单位体积土壤中，孔隙所占的体积百分数来表示，即：

$$\text{土壤（总）孔隙度（\%）}=\frac{\text{孔隙容积}}{\text{土壤容积}}\times 100$$

2. 孔隙比

指单位体积土壤中孔隙的容积与土粒（固相）容积的比值。是反映土壤孔隙数量多少的又一种表示方式。

$$孔隙比=\frac{孔隙容积}{土粒容积}=\frac{孔隙度}{1-孔隙度}$$

无论是土壤孔隙度或孔隙比，都仅能反映土壤中全部孔隙容积（水和空气容积之和）所占的数量比例，即土壤能够贮存空气和水分的最大容量（总容量），而不能反映其中有多少孔隙可贮存水分，有多少孔隙被空气所充满，因此也就不能确切反映土壤的保水性和通气状况。

### 3. 孔隙的分级

孔隙需按其孔径大小及功能的不同，进行分级。按孔径大小及其作用可分为三类：

（1）无效孔隙。孔径在 0.002 mm 以下。是土壤孔隙中最细微的部分，保持在此间的水分由于被土粒强烈吸附，水分移动极慢，同时植物的根与根毛均难以伸入其内，故供水性极差。同时，微生物也极难入侵，使该孔隙内腐殖质很难分解，可保存数百年以上而不能为植物利用。因此，又称其为无效孔隙。土壤质地越黏，土粒越分散，结构性越差的土壤，非活性孔隙越多，无效水越多，通气透水性极差，根系伸展困难，耕作阻力也越大。

（2）毛管孔隙。孔径为 0.02～0.002 mm。一般土壤孔径小于 0.06 mm 时，已有较明显的毛管作用，当孔径为 0.02～0.002 mm 时，毛管作用强烈，水分易于贮存于其中，且毛管传导率大，毛管中所贮水分极易被植物利用，可保证持续供水，故又称之为贮水孔隙。并因根毛与细菌均可在其间活动，故也有利于养分的吸收和转化，对农业生产来说，在保证良好通气性的前提下，毛管孔隙越多越好。

（3）空气孔隙。孔径大于 0.02 mm。水分不受毛管力吸持作用，但受重力作用向下排出，因而成为通气的过道。下雨或灌溉时，它可以大量吸收水分，渗水性好，但供水时间短，停止降雨或灌溉后，水分不能贮存其间而让位于空气，成为空气贮存地，故又称其为空气孔隙。其中孔径 0.3～0.2 mm 为大孔，排水迅速，植物根可伸入；0.2～0.02 mm 为中孔，一般细根不能伸入，但根毛及某些原生动物和真菌可入内。通气孔的数量和大小是决定土壤通气性和渗水性好坏的重要因素之二，反映了土壤空气的（最大）容量。其数量多少常以通气孔度示之。

### 4. 孔隙在土壤中的分布

土壤的渗水性、保水性、通气性及植物根系的伸展，除受大小孔隙分配比例的影响外，往往还与孔隙在土壤不同层次的分布状况有关。在旱田中，土壤上层（0～15 cm）质地较轻，具有适当的通气孔度，通气透水性好；而下层 （15～30 cm）质地较重，毛管孔占有优势时，该地块保水保肥性好。这种上“虚”下“实”的孔隙层次分布，群众常称谓之“蒙金土”，是生产中较为理想的孔隙分布类型。反之，孔隙分布若呈上“实”下“虚”，则这种地块常易导致漏水、漏肥而不利于植物生长和肥料的有效利用，在生产中应予以避免。此外，犁底层土壤由于“压板”及黏粒的淀积作用，使之黏重而紧实，非活性孔多而通气孔很少，导致该层通气、透水性都很差，根系也难以下扎，限制了作物的营养面积，不利于深根作物及多年生经济林果生长。

### 2.2.2　土壤比重和容重

土壤孔性变化的度量一般无法直接测定，往往要借助于两个基本物理量—比重与容重来进行计算，同时在土壤其他性状的研究中，其应用也十分广泛。

#### 1.　土壤比重

土壤比重是指单位体积（不含孔隙）干燥土粒的质量与同体积标准状况水的质量之比，即：

$$\text{土壤比重}=\frac{\text{土粒密度}}{\text{水密度}}$$

在实际工作中，有时也可将土壤比重看做是单位体积固体土粒的干质量，单位是：$g \cdot cm^{-3}$，称之为土壤比重。其大小主要决定于构成固体土粒的各种矿物质与有机质的比重。

#### 2.　土壤容重

土壤容重是指田间自然状态下单位容积（含土粒及孔隙在内）干燥土壤的质量与标准状况下同体积水的质量之比。因该单位体积土壤与土壤比重相比较，含有孔隙在内，故又称假比重。土壤容重与土壤孔隙度呈反相关，即：土壤容重越小土壤孔度越大，土壤就越疏松多孔。所以它可以直接反映土壤的孔隙状况和松紧状况，是土壤松紧度的一个数量指标。

#### 3.　土壤容重在农业中的应用

目前最常见的应用可归纳为以下方面：

（1）计算土壤（总）孔隙度。用以判断土壤松紧状况。

$$\text{土壤（总）孔隙度}=\left(1-\frac{\text{土壤容重}}{\text{土壤比重}}\right)\times 100$$

（2）配合水分常数计算各级孔隙度。用以判断土壤水分有效状况及土壤通气、保水性。

（3）直接用于判断土壤松紧状况。在质地相近时，可作为机耕质量指标。

（4）计算土壤固、液、气三相容积比率，用以反映土壤自身调节肥力因素的功能。

固相（%）=1－(总)孔隙度(%)=1－(1－土壤容重 / 土壤比重)× 100

液相（%）=土壤含水量（质%）×容重

气相（%）=(总)孔隙度(%)－液相(容积含水量)(%)

（5）将土壤某些以重量为基础的数据换算为以容积为基础，反之亦可。

土壤容积热容量＝土壤重（质）量热容量×容重

土壤容积含水量＝土壤质量含水量×容重

（6）计算一定面积与深（厚）度的土壤质量（土方重）。

（7）计算一定土层内各种土壤成分的储量。

### 2.2.3　土壤孔隙性的影响因素及其调控

土壤孔隙性主要受来自于外部环境条件和土壤本身某些属性的影响，而其中则以内因为主导，自然因素与人为因素都是通过影响土壤本身属性而影响土壤孔性的。

1. 影响土壤孔隙性的内因及其调控

（1）土壤有机质含量。有机物质本身疏松多孔，腐殖质亦是呈网状（蜂窝）结构，因此富含有机质的土壤其孔度大，容重小，通气孔较多，可以改善土壤的通气透水性。

（2）土壤结构。一般结构体（土团）内部较紧实，多小孔隙，而结构体间则为大孔隙。故土壤结构性的好坏可以影响土壤的总孔隙度、大小孔隙的分配比例及其分布状况。

（3）土粒的排列方式。“理想土壤”（假设土粒为大小相等的刚性光滑球体）的土粒排列方式通常有两种类型，当土粒呈正立方体型排列时，其孔度为47.64%，而同样数量的土粒为三斜方体型排列时，其孔度仅为25.95%（如图 2-1 所示）。真实土壤中的土粒远较上述复杂多样，不仅土粒和土团的大小形状不同，而且它们还可相互镶嵌，此外还有根孔、虫穴、裂隙等存在，使土体内土粒的排列状况更为复杂，但总的趋势与“理想土壤”一致。可以通过土壤磨片了解到土粒（或土团）这种排列及孔隙状况。

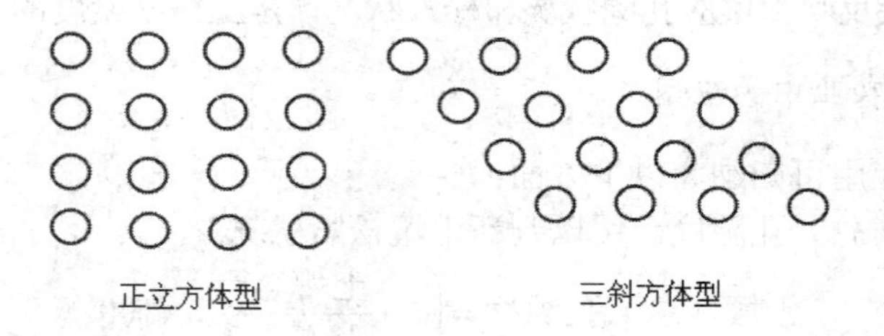


**图 2-1　土粒的排列方式**

（4）土壤质地。在其他（上述）条件相近的情况下，不同质地土壤的孔度相差很大。一般砂质土孔度为33%～45%，孔径均一，通气孔居多；壤质土孔度为45%～52%，各类孔隙搭配适宜，水、气较为协调；黏质土孔度大，为45%～60%，孔径很小，以毛管孔及微孔隙为主，通气不良。

2. 影响土壤孔隙性的外因

土壤孔隙性除受土壤本身性状：质地、土粒排列方式、结构性、有机质质量分数等影响外，还受诸多外部因素如降雨、灌溉、施肥、耕作等影响。因此，也利于人们对其进行调控，如耕作前后；施肥前后；灌溉（降雨）前后；及其他土壤田间管理措施（耙、锄、镇压等）前后，孔度和容重都会发生较大的变化。

## 2.3 土壤结构

土壤中固、液、气三相的比例关系是调节土壤水、肥、气、热的基础，反映了土壤自身调节各肥力因素的能力。而“土壤结构”则是最能体现土壤自身对各肥力因素调节能力的物理性状。它通常包括两个方面的含义：一是作为土壤物理性质之一的“土壤结构性”；二是指“土壤结构体”。它是指单粒和复粒的排列组合形式。因此，凡是土壤皆有一定结构，只是其“好”、“坏”程度不同罢了。

自然土壤大多都是一些在内外因素综合作用下形成的大小不一、形状各异、性质不同的团聚体。这些团聚体统称为土壤结构体。这些结构体在土壤中的类型、数量、排列（结合）形式、孔隙状况以及其稳定性的综合特性即为土壤结构性。由于结构体的存在状态与排列松紧的不同，改变了土壤孔隙性，而孔隙性的变化又带来了土壤水、肥、气、热以及耕性的一系列变化，是一项重要的土壤物理性质。

### 2.3.1 土壤结构的类型及其特性

土壤结构体的类型，可按其形态、大小和特性区分，应用最广的为形态分类，可以分为四大类型（如图 2-2 所示）。

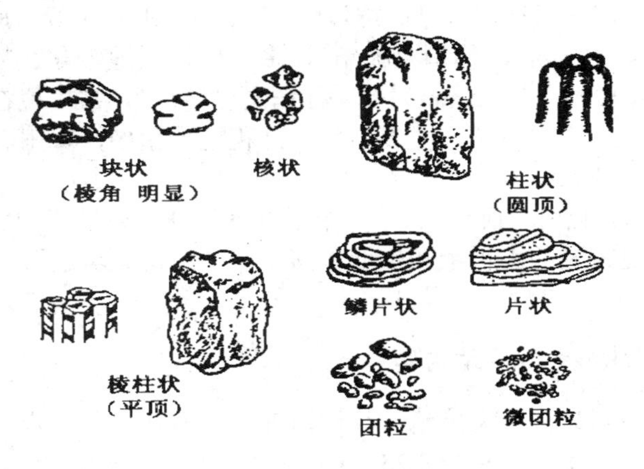


图 2-2　土壤结构类型示意图

### 1. 结构单元为长、宽、高三轴平均发展的似立方体型

属于这一类型常见的结构体有：

（1）块状结构体。俗称“坷垃”。按其大小又可分为大块状（3～5cm）、块状及碎块状（0.5～5mm）。总体特征表现为边面不明显，但棱角明显，呈不规则无定形，内部较紧实，在缺乏有机质、质地黏重的土壤中，尤为过干过湿耕作时最易形成。表土层多为大块状及块状，心土和底土中多为块状及碎块状。

（2）核状结构体。俗称“鸡粪土”、“蒜瓣土”。一般小于 3 cm，多棱角，边面也较明显，内部十分紧实，具水稳性、力稳性。通常由石灰质或 $Fe(OH)_3$ 胶结而成，常出现在石灰性土壤与缺乏有机质的黏重心土、底土层中。

### 2. 结构单元为垂直轴方向发达的条柱型

常见的这类结构体有两种：

（1）柱状结构体。俗称“立土”、“竖土”。棱角边面不明显，顶圆而底平，于土体中直立，干时坚硬、易龟裂。多出现于半干旱地带的心、底土中，尤以柱状碱土的碱化层中最为典型。

（2）棱柱状结构体。俗称“直塥土”。棱角边面明显，有定形，外部有铁质胶膜包被，内部常见于质地黏重而干湿交替频繁的心土和底土层中（如潴育层）。干湿交替越频繁，棱柱体越小。这两种结构体又可按其横轴长度，分为大（大于 5 cm）、中（3～5 cm）和小（小于 3cm）等。

### 3. 结构单元为水平轴发达的扁平型（或薄片型）

常见的有两种结构体：

（1）片状结构体。俗称“结皮”、“板结”。结构体间呈水平裂开，成层排列，内部结构紧实，厚度较大者（3～5 mm），称谓“板结”，多出现在质地较黏，粉砂粒较多（中壤以上）的土壤表层；厚度较薄（1～2 mm）者，称谓之“结皮”，常出现在砂壤至轻壤质地的土壤表层。均为流水沉积作用所致，故多出现于冲积性土壤中，降雨、灌水后所形成的地表结壳和板结层亦属于片状结构。

（2）鳞片状结构体。俗称“卧土”。结构单元厚度较薄，略呈弯曲状，内部结构坚实紧密。多出现于耕作历史较长的水稻土和长期耕深不变的旱地土壤的犁底层中。皆因农耕机具长期压实所造成的。

### 4. 结构单元近似球形的粒状结构体

此类结构体边面不明显，也无棱角，结构内部疏松多孔，具一定的稳定性，多为腐殖质作用下形成的小土团。其中直径为 0.25～10 mm 的叫团粒结构，在有机质含量丰富、肥力较高的耕层中多见；小于 0.25 mm 者，叫微团粒结构。

## 2.3.2　土壤结构与土壤肥力的关系

### 1. 团粒结构对土壤肥力的调节作用

在团粒结构发达的土壤中，具有多级孔隙（如图 2-3 所示）。团粒之间排列疏松，多为通气孔隙，而团粒内部微团粒之间以及微团粒内部则为毛管孔隙，团粒越大，总孔度及通气孔也越大。当土壤中 1～3mm 水稳性团粒结构体较多时，其大小孔隙比最符合干旱地区种植业的最适要求，而冷湿地区则以 10mm 团粒较多时更适合当地植物生长。同时，因团粒结构具有一定稳定性，可使其良好的孔隙状况得以保持，当降雨与灌溉时，水分通过团粒间大孔隙迅速下渗，在经过团粒表面时，被逐层团粒内部的毛管孔隙吸收保持，避免了地表形成积水或径流（渗水性良好）；当降雨灌溉停止后，粒间大孔隙迅速被外界新鲜空气所占据，保证了良好的通气状况；当土壤水分蒸发时，土壤表层团粒因脱水而迅速干燥、收缩，形成自然疏松层，切断了与下层毛管孔隙的连通，使下层水分不致上升至地表蒸发而保蓄在土体内部（保水、蓄水、供水性良好）。据试验表明，不同土壤于不同环境条件下，在团粒结构的土壤中，从表层可蒸发的最大水量不超过总降水或灌水量的 15%，而 85%以上均被保持在土壤中。故可将团粒结构誉为“小水库”。

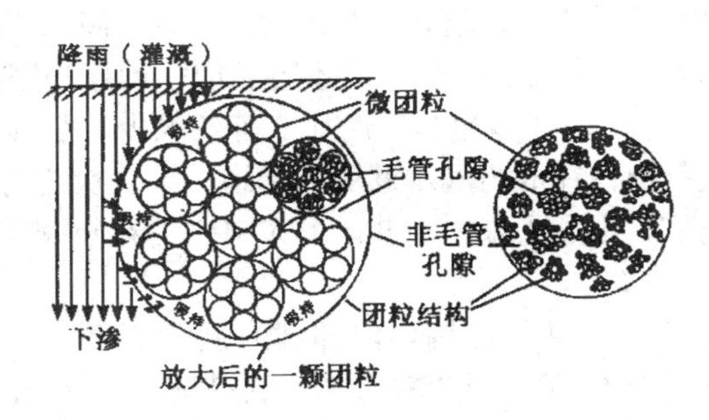


图 2-3　团粒结构的土壤孔隙状况示意图

由于团粒结构本身的构造特点，决定了其具有恰当的大小孔隙比，而空气与水分是互为消长的关系。良好的水分状况也就保证了好的空气状况，并因空气与水的热容量不同，适宜的水汽比例，必然导致土壤的温热状况适中，既利于升温而又具有稳温性，不会产生骤冷骤热或长期高温低温的现象。

土壤养分状况又与空气状况密切相关。在大多数情况下（未使用人工合成结构改良剂），团粒结构是由有机和无机胶体经多次相互团聚而成，腐殖质及养分质量分数较高，因团粒间大孔隙中经常充满空气，使团粒表面处于好气状态，因而有机质矿化过程快，养分转化迅速，成为植物营养重要来源（供肥性好）；而团粒内部因水多气少，则呈嫌气状态，故有机质分解缓慢，利于养分贮藏（保肥性好），并因养分由外向内逐渐释放保证了持续、稳定的供肥，使每一个团粒成为一个“小肥料库”。

此外，因团粒之间接触面积减少而大大减弱了土壤的黏结性与黏着性，改善了土壤耕性并因团粒间疏松多孔，利于根系伸展，而团粒内部，孔隙小又利于根系的固着和支撑。

由此可知，团粒结构发达的土壤，水、肥、气、热比较协调，耕性及扎根条件也好，故又常将水稳性的团粒结构称之为土壤肥力“调节器”。

2. 其他结构与土壤肥力

（1）块状与核状结构。块状结构体间孔隙过大，大孔隙数量远多于小孔隙，不利于蓄水保水，易透风跑墒，出苗难；出苗后根不着土造成“吊根”现象，影响水、肥的吸收；耕层下部的暗“坷垃”因其内部紧实，还会影响扎根，而致使根系发育不良。故民间有“麦子不怕草，就怕坷垃咬”的说法。虽有一定稳定性，但因孔性不良，水气不协调也无益于生产。

核状结构也具较强的水稳及力稳性，但因其坚硬紧实，小孔隙（尤为非活性孔）过多，不能改善孔性。如某些红壤、黄棕壤，质地黏而有机质质量分数低，虽有大量水稳性核状结构，但其土性并不好。

（2）片状与鳞片状结构。片状结构多在土壤表层形成板结，不仅影响耕作与播种质量，且还影响土壤与大气间的气、热交换，阻碍水分运动。当表层脱水收缩即与下层土壤脱离而形成“结皮”，并同时出现数厘米深的裂缝，严重时裂成大而厚的坚实板结土块，俗称“龟裂”。此时，结构体内部十分致密，多为非活性孔，有效水少，空气也难以流通，而结构体间又因裂隙太大，虽能通气但往往成为漏水漏肥的通道。鳞片状结构多见于犁底层，再加之其内部较片状结构更为坚实，不利于根系下扎，大大限制了养分吸收面积，而使作物生长发育不良。

（3）柱状、棱柱状结构。此两种结构体内部甚为坚硬，孔隙小而少，通气不良，根系难以伸入，结构体间于干旱时收缩，形成较大的垂直裂缝，成为水、肥下渗的通道，造成跑水跑肥，虽其水稳性、力稳性皆好，但也于生产无益。

总的看来，这三类结构都是农业生产中应予以改良和避免的。

### 2.3.3 土壤团粒结构的形成

1. 土壤团粒结构的形成过程

团粒结构形成过程可分为两个阶段。

第一阶段，是由单粒（或黏粒）在胶体凝聚、水膜黏结以及胶结作用下形成初级复粒（或黏团）或致密的小土团（微凝聚体）。它们一般稳定性差，易重新分散。

第二阶段，各种胶结物质在成型动力作用下，使初级复粒（或黏团、微凝聚体）进一步相互逐级黏合、胶结、团聚，依次形成第二级、第三级……微团聚体，再经多次团聚，使若干微团聚体胶结起来，成为各种大小形状不同的团粒结构体。因此，团粒结构不仅孔度大而且具有大小不同的多级孔隙而似立方体型、条柱型、薄片型的结构体则多由单粒直接黏结而成，或由土粒黏结成土体后，在机械作用下沿一定方向破裂而成，没有经过多次复合和团聚作用，故其孔性不良。

2. 团粒结构形成的必备条件

由单粒（或黏粒）最后形成具有多级孔隙的团粒结构体，必须具备下列条件：

（1）胶结物质（成型内力）。指能将单个土粒（或黏粒）胶结成微团粒（黏团）或由微团粒胶结成团粒的物质。不同类型的胶结物质对团粒结构稳定性的影响不同。土壤中的胶结物质主要有以下三类：

① 有机胶体　包括腐殖质（主要为褐腐酸）、多糖类、木质素、蛋白质、微生物菌丝（嫌气优于好气）及其分泌物以及根系分泌物、蚯蚓肠道黏液等。其中腐殖质、多糖是形成水稳性团粒的最重要胶结剂。有机胶结物质易被微生物分解，生物稳定性差，需不断补充才能保持其胶结作用

② 无机胶体。主要为黏土矿物、铁铝氧化物等，前者胶结的团粒不具稳定性，而后者胶结的团粒稳定性较强。胶体凝聚物质，属金属盐类，主要为 $Ca^{2+}$，所形成的团粒水稳性好。$Na^{+}$所形成的凝聚是可逆凝聚，为非水稳性，而 $Al^{3+}$ 在土壤中一般不成离子态。

（2）成型动力（成型外力）。在团粒结构形成的第二阶段，除需上述各种胶结物质外，还必须有外力推动作用，才能使第一阶段形成的初级复粒（或微凝聚体）及被胶结物质渗透的各级微团聚体紧密结合而成为较大的团粒结构体，这些推动成型的外力主要有：

① 土壤生物的作用。包括植物根系在生长过程中产生的穿插挤压力，使土粒紧密接触，胶结成团；以及土壤中穴居动物（蚯蚓、蚁类、昆虫等）对土壤的搅动和松动力。

② 干湿交替、冻融交替和晒垡作用。干湿交替过程中，土体各部分及各种胶体脱水、吸水程度和速率不同，造成干缩湿涨不均匀、导致土块受挤压而碎裂成小土团。而在冻融交替时则因水结冰时，体积要增大 9%，对其周围土粒产生挤压力，促进团聚作用。不同孔径中的土壤水所受吸力不同，冰点也不同，在缓慢降温时，对周围土壤产生不均匀的挤压力，一方面增进了土粒间的黏结力，促进了团聚作用，另一方面又可使土块形成裂隙，一旦融化，即沿裂隙碎散。这样一冻一融交替进行，就起到了“酥土”的作用，利于团粒的形成但，过于频繁，也会产生破坏团粒的作用。

③ 在适宜的土壤含水量条件下进行耕作。在适耕条件下进行耕翻、耙、锄、镇压等，可以破除表土结皮和板结、疏松土壤、破碎垡片和大坷垃，有利于形成暂时性的非水稳性团粒结构。

### 2.3.4　土壤结构的改善与恢复

已形成的团粒结构，无论怎样稳定，但在农业生产过程中，由于不断受到自然和人为

因素的影响，土壤的结构状况总是在不断发生变化，或原结构被破坏，或形成新的结构。

团粒结构（含微团粒结构）是旱田土壤的最理想结构。因此，恢复和促进团粒结构的形成，改良不良结构性状是土壤管理中的重要任务之一。根据团粒结构的形成过程及条件，农业生产中常采用的改善与恢复措施有：

（1）增施有机肥。是补充土壤中有机胶结物质的重要措施。土壤有机质含量与土壤团粒结构的数量有正相关，特别是新鲜有机物料直接还田（秸秆还田），对水稳性团粒结构的形成和恢复效果更佳。

（2）扩种绿肥牧草，实行合理轮作。在作物根系生长发育过程中，既可提供根分泌物，可供分解的有机残体，以及根际维持的庞大的微生物群等这些有机胶结物质，又能产生一定的成型动力，对团粒结构的形成有着良好的作用。

（3）科学的农田土壤管理。漫灌及串畦灌溉极易破坏团粒结构，并导致土壤板结等不良结构。细流沟灌，小畦灌溉可以减轻破坏作用；喷灌、滴灌则是保持团粒结构的最佳灌水方式，但应注意控制供水强度和水滴大小。伏耕晒垡、秋耕冬灌和冬犁晒垡，可充分发挥干湿交替和冻融交替，促进团粒结构的形成；在适耕期内进行深耕及时耙、耱，降（灌）水后及时中耕、锄地均可使被破坏的团粒迅速得以恢复。酸性土施用石灰，碱性土施用石膏，生土施用黑矾，能调节土壤的酸碱度，并通过影响有机质腐殖化过程和增加 $Ca^{2+}$可以有效地改善土壤的孔隙性、结构性。

（4）施用土壤结构改良剂。早期使用的土壤结构改良剂，多为由天然有机物和无机矿物提取、加工而成的。但所用原料多、施用量大、费工费时，且形成的团聚体稳定性较差、持续时间短，价格昂贵，施用技术要求高，生产中一般不用。

## 2.4 土壤物理机械性与耕性

土壤物理机械性是黏结性、黏着性和可塑性的统称，是土壤受内外力作用后产生的性质。土壤耕作是农田土壤管理的主要技术措施之一，其目的是通过调节和改良土壤的机械物理性质，以利于植物生长，促进土壤肥力的恢复与提高。了解和研究两者之间的关系是正确实施土壤管理的基础。

### 2.4.1 土壤的物理机械性

#### 1. 土壤黏结性

土粒通过各种引力黏结在一起的性质叫土壤黏结性，其强弱用单位面积上的黏结力表示。黏结力使土壤有抵抗外力破坏的能力，是造成耕作阻力的重要原因。

（1）土壤黏结力的起因。使土壤中的土粒黏结在一起的引力主要有：①范德华力，是分子间的相互作用力；②氢键；③库仑力，带相反电荷的土粒靠静电引力，带负电荷的土粒之间靠阳离子“桥”连接；④水膜的表面张力；⑤土壤黏粒、胶粒和化学胶结剂类的黏结力。

（2）影响土壤黏结性的因素。直接影响土壤黏结性的主要因素是土壤活性表面大小和含水量。

① 土壤的比表面。黏结性发生在土粒的表面，土壤的比表面越大，黏结性也越大。

② 土壤含水量。在适度的含水量时土壤的黏结性最强。但是，含水量的增加与减少过程对土壤黏结性的影响却不同。完全分散而干燥的土粒几乎无黏结力，加入少量水后，水膜的黏结作用使土壤出现黏结性，继续加水，当所有土粒的接触点上都均匀出现弯月面水膜时，土壤的黏结力最大。再加水，土粒之间的水膜逐渐增厚，由于水分子间的范德华力很弱，使土粒之间的黏结力逐渐减弱，甚至消失与上述相反，湿土变干，水膜渐薄，黏结力渐增，并使土粒定向排列，干至土粒相接，黏结力大增。因此，湿润的黏土在一定含水量范围内变干，黏结力急剧增加。

### 2. 土壤黏着性

土壤黏着性是指土壤在一定含水情况下，土粒黏附在外物上的性质。是影响耕作难易程度的重要因素之一。影响黏着性大小的因素，主要也是活性表面及含水量。前者的影响与黏结性完全相同。就含水量而言，当含水量低时，水膜很薄，主要表现为黏结性，只有当含水量增加到一定程度时，随着水膜加厚，水分子除能为土粒吸引外，尚能被各种外物所吸引，即表现出黏着性。开始出现黏着性的含水量（又称“黏着点”）要比开始出现黏结性的含水量大，为全蓄水量的 40%～50%，而无黏结性的土壤（如砂土）也无黏着性。当含水量增加到全蓄水量 80%左右时，黏着性最大，再增加水分，由于水膜过厚，黏着性又渐次减弱，直至土壤呈现流体状时，黏着性完全消失，此时的含水量又称“脱黏点”。

### 3. 土壤可塑性

土壤可塑性是指土壤在一定含水量范围，可被外力塑成任何形状，并当外力消失或干燥后，仍能保持变化了的形状的性能。产生塑性的原因是由于土壤中的片状黏粒彼此接触面很大，当有一定量水分时，黏粒表面被包上一层水膜，在外力作用下，黏粒沿外力方向滑动，使原有排列改变成平行定向排列而互相黏结固定（如图 2-4 所示）。当失水干燥后，由于土粒间存在有黏结力，仍能保持其形变，由此可知，塑性除必须在一定含水量范围才能表现出来外，还必须具有一定的黏结性，完全不具黏结性的砂土也就不具塑性，而黏结性很弱的土壤其塑性也很小。因此，凡是影响黏结性的因素均同样影响塑性。

土壤塑性是影响耕作质量的重要因素之一，也是确定宜耕期的重要依据。生产中可以通过塑性范围与塑性指数来评价土壤的塑性。土壤通过加水，由干到湿，开始显现可塑性时的含水量（显现塑性的最小含水量），称为“下塑限”，是旱地适耕期的上限，下塑限越大，适耕期越长。当继续加水致使土壤开始失去塑性呈流体状（开始形成泥浆）时的土壤含水量，称为“上塑限”（显现塑性的最大含水量），是水田适耕的下限，上塑限越小，水田适耕期越长。上下塑限间的含水量范围即呈现塑性的含水量范围，称为“塑性范围”，是土壤塑性的容量指标上下塑限值之差，称为塑性指数，又称“塑性值”，是土壤塑性的强度指标，塑性值越大，塑性越强，越不利于耕作。除含水量外，影响塑性的土壤固相组成因素中，以土壤质地与有机质质量分数对其影响较大。

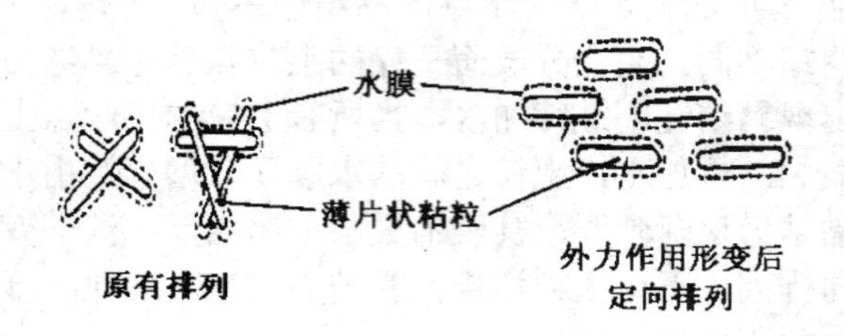


图 2-4 土壤可塑性示意图

有机质本身塑性差，但吸水性强，增加有机质质量分数可以提高土壤上下塑限值，但其塑性值无变化。对于有机质质量分数高的土壤，要等有机质吸足水分后才开始形成塑性水膜，故显现塑性较慢，却对耕作无不良影响。但因为有机质可以提高下塑限，故可以通过增施有机肥达到延长旱地宜耕期，改善土壤耕性的目的。

4. 土壤涨缩性

具有塑性的土壤也有涨缩性，湿时膨胀，干时收缩，给土壤的水汽状况和根系生长都造成不良影响。膨胀时土体密实，难以透水透气；收缩时土壤出现龟裂，造成跑风、脱水、热交换过快，并拉断根系。涨缩性是由于片状黏粒水化膜的厚薄变化引起的，因此，土壤质地越黏重，黏粒矿物含量高，钠离子饱和度高的土壤涨缩性强。

5. 土壤压实

在土粒本身重量、雨雪冲压、人畜践踏、机具挤压等作用下，土壤由松变实的过程叫压实。压实的特点是总孔隙度和大孔隙度下降，无效孔隙和土壤容重增加，使土壤通透性、生物活性和养分转化率下降，根系伸展受阻。当压实使土壤通气透水性强烈下降，甚至消失时，称为土壤黏闭现象。土壤压实的本质是结构体破碎为单粒和定向排列的结果。单粒和水几乎是不能压缩的，土壤受到荷载时，团聚体等结构体能被压碎，逐渐分散成单粒土粒，单粒受荷载力与水膜拉力共同作用产生滑动，并平行排列，结果使土壤由松变实。在土壤含水量很低时，土粒之间的黏结力和内聚力都很强，土壤不易被压缩。水分增加，土粒水膜变厚，润滑作用增强，土粒间可以滑动和定向排列。土壤变干时，土粒间的黏结力使定向排列保存下来。土壤水分过大，由于土粒间的距离增大，加之水的不可压缩性而出现的支撑作用，土壤又不易被压实了。在塑性含水量范围内，土壤最容易压实。

防止压实的途径有两个：一是增强土壤本身的抗压缩性；二是减少外力对土壤的压强。前者可通过改良土壤本身性状入手；后者可从改进农机具设计及其使用方法入手。从耕作角度出发。少耕和免耕是近年来为防止土壤压实而提出的一种新的耕作方法。其基本特点是以播代耕，减少耕作面积和次数来减少对土壤的压实作用。其主要技术环节：①利用牧草、秸秆（留茬覆盖）覆盖地面；②使用集耕、锄、耙、耱、镇压、施肥、施药、播种为一体的免耕播种机，并保证耕作质量；③使用除草剂灭杀杂草。其适用范围：一是干旱、半干旱地区及湿润区的丘陵缓坡地；二是适于质地较砂、排水良好的耕地。

### 2.4.2　土壤耕性

#### 1. 耕性的概念

土壤耕性是土壤在耕作时及耕作后一系列物理性质及物理机械性的综合反映。它包括了两方面的特征：一方面为含水量不同时土壤所表现的结持状态（黏结性、黏着性、可塑性的综合表现）；另一方面为耕作时土壤对农机具所表现的机械阻力，是土壤的一项重要的生产性状，常与四大肥力因素并列来评价土壤的生产性能。

耕作的难易程度（耕作阻力的大小）；耕作质量的好坏（容重、孔度、孔隙比适度与否）以及宜（适）耕期（适宜耕作的一定含水量范围）的长短是评价耕性好坏的三项标准。　耕作阻力小，耕作时省工、省劲、易耕，便于作业、节约能源，俗称之为“口松”。凡耕后土垡松散易耙碎形成小团粒结构，松紧状况适中，便于根系穿扎，利于保温、保墒、保肥、通气者，叫耕作质量好；“干好耕，湿好耕，不干不湿更好耕”是为适耕期的表现。反之，为耕性不良。

#### 2. 土壤对耕作的阻力

进行耕作时会对土壤产生一系列影响，除与土壤黏结性有关外，还与土壤对耕作的阻力有关。来自土壤的阻力主要有抗压、抗楔入和抗位移的阻力。土壤抗压性是指土体对外来挤压力的反应，又称抗压缩阻力，用压缩每单位体积土壤所需的力（坚实度）来表示。由于土壤在压缩过程中孔隙容积的变化最明显，也可用孔隙度或容重反映抗缩程度，所以土壤坚实度不仅与黏结性有关，与孔隙性也有关。

土壤抗楔入性是指土壤在受到尖利外物楔入（或切入）挤压时与垂直应力相应的土壤阻力。可用楔入阻力或抗压强度来表示。前者指外物插入土壤一定深度所需的力；后者是指原状土为抵抗外力使之破碎的阻力。此两者均仅与土壤黏结性有关，与孔隙性无关。

土壤的抗位移阻力通常用抗剪强度来表示。当土壤所受的剪应力超过一定值时，土壤便被剪断而发生位移，此定值即称谓抗剪强度。通常黏土的抗剪强度大于砂性土。耕作时引起的土垡破碎主要是靠剪力的作用。但若在塑性范围内进行耕作，则土垡在犁壁的压缩和剪力作用下常会产生“黏闭”现象。此时的土垡外观上常具明亮光泽，土垡紧实，干后坚硬不透气，使耕作质量降低，应予以重视。

### 2.4.3 耕作对土壤的影响

1. 对土壤耕作的基本要求

耕作的目的在于为作物创造一个理想的“温床”和根系发育的良好环境。为此，生产中对耕作提出下列基本要求：①打破犁底层，加深耕层，扩大根系伸展范围；②使耕层具有合适的固、液、气三相比；③恢复和改善耕层团粒结构，创造非水稳性微团粒；④翻压绿肥及其他有机、无机肥料，使土肥相融，提高养分有效度和肥料利用率；⑤清除杂草，掩埋虫卵，消灭病虫的“温床”；⑥平整田面，防止水土流失。

2. 旱地耕作的基本作业及其作用

（1）深耕。一般耕深到 22～24 cm 以下，称谓深耕。其作用主要是：扩大活土层，增加总孔度，增大蓄水能力，改善通气透水性，扩大根系营养范围，促进好气微生物活动，加速矿物养分有效化。但深耕不当亦会引起减产。故应注意：①不要打乱生、熟土层；②耕后及时耙耱保墒；③在适耕期内进行耕作；④深耕结合施肥（尤为有机肥）；⑤及早深耕延长风化时间；⑥适当镇压或灌溉以塌实土层防止“吊根”、“拉根”。

（2）耙、耱。其主要作用在于破碎表土土块，平整地面，轻度压实，破除表土板结，防止龟裂，减少水分蒸发，创造上“虚”下“实”的孔隙分布状况。

（3）镇压。通常只能在土壤较干时进行。其作用为可以压碎土块，填实裂缝，防止透风跑墒。当土壤干旱时则具有提墒作用。播种时，镇压时间因具体情况而异，当土壤疏松偶有大土块存在时，如作物种子较小，易播前镇压；若作物种子较大又易于出苗，宜播后镇压。此外，土壤很干时，易重压；而土壤较湿时则宜轻压。

（4）中耕　是在作物生长期间所进行的田间作业。其主要任务是破除灌（降）水后表土板结，提高表土土温，减少底土水分蒸发，增加土壤渗水性以及清除杂草等。

## 2.5 复习思考题

1. 什么是土壤密度、容重、孔隙度、结构性、黏结性、黏着性和塑性？

2．团粒结构对土壤肥力的贡献有哪些？

3．什么叫土壤质地？土壤质地与土壤肥力有什么关系？

4．砂土、黏土和壤土有何不同的肥力特点？

5．什么是土壤结构性与结构体？主要的结构体类型及其如何评价？

6．良好的土壤结构是如何形成的？

7．为什么增加土壤有机质既能改良黏土，又能改良砂土？

8．土壤的黏结性、黏着性和可塑性是如何产生的？它们受哪些因素的影响？

9．什么叫土壤的宜耕性？

10．为什么说团粒结构是肥沃土壤的标志之一？

11．土壤质地改良的方法有几种？

12．对当地主要土壤类型在物理、化学及耕性方面进行评价，并提出改良利用的关键措施。

# 第 3 章　土壤的化学性质

**【学习目的和要求】** 本章包括土壤胶体、土壤保肥性和供肥性、土壤的酸碱性及缓冲性、土壤的氧化还原反应等土壤的主要化学性质。它是组成土壤的物质在土壤溶液和土壤胶体表面的化学反应及与此相关的养分吸收和保蓄过程。通过学习本章内容，要求学生掌握土壤化学性质及其变化规律，能运用这些知识正确指导农林业生产。

## 3.1　土 壤 胶 体

土壤胶体是土壤中最活跃的部分。它们的质与量对土壤的理化性质和肥力水平具有明显的影响和作用。特别是土壤的离子交换吸附作用是土壤胶体特有的性能，对土壤保肥能力的大小和供肥能力的强弱，起着决定性的作用。

### 3.1.1　土壤胶体的概念和种类

1. 土壤胶体的概念

胶体是指直径在 1～100nm 的物质颗粒。土壤胶体是指直径 1～1000nm（长、宽、高三个方面至少有一个方向在此范围内）的土壤颗粒。土壤胶体分散系是由土壤胶粒为分散相和土壤溶液为分散介质所组成。

2. 土壤胶体的种类

一般土壤胶体按其成分和来源可分为三大类，即无机胶体、有机胶体、有机无机复合胶体。

（1）无机胶体。无机胶体包括成分简单的晶质和非晶质的硅、铁、铝的含水氧化物，成分复杂的各种类型的层状硅酸盐（主要是铝硅酸盐）矿物。土壤工作者常将它们统称为黏粒矿物（或称黏土矿物）。

（2）有机胶体。主要是土壤腐殖质，还有少量的木质素、蛋白质、纤维素等。其活性比无机胶体强，但它占土壤胶体的比例并不高，且在土壤中容易被土壤微生物分解。

（3）有机无机复合胶体。一般来讲，土壤有机胶体很少单独存在于土壤中，绝大部分与无机胶体紧密结合而形成有机无机复合胶体。土壤中无机胶体和有机胶体可以通过多种方式进行结合，但大多数是通过二、三价阳离子（如钙、镁、铁、铝等）或功能团（如羧基、醇羟基等）将带负电荷的黏粒矿物和腐殖质连接起来。有机胶体主要以薄膜状紧密覆盖于黏粒矿物的表面上，还可能进入黏粒矿物的晶层之间。通过这样的结合，可形成良好的团粒结构，改善土壤的保肥供肥性能和多种理化性质。

由于土壤腐殖质绝大部分与土壤黏粒矿物较紧密地结合在一起，所以腐殖质从土壤中的分离、提取过程比较复杂。一般来讲，越是肥沃的土壤，有机无机复合胶体的比例越高。有关腐殖质与土壤矿质颗粒的结合方式，目前了解不多。

### 3.1.2 胶体的构造

无论是带正电荷的胶体，还是带负电荷的胶体，其微粒的构造均相似（如图 3-1 所示），仅是在组成成分、大小及所带电荷的种类和数量上有所区别。从胶体微粒的结构内部到外部的构造如下。

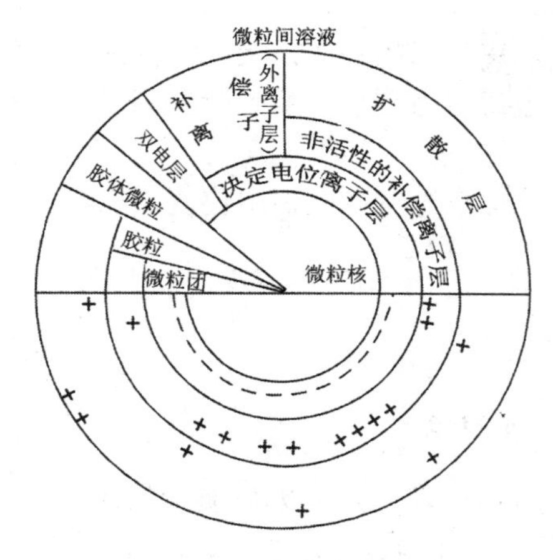


**图 3-1　土壤胶体构造图**

1. 微粒核

也称胶核，是胶体微粒的核心，其成分依胶体不同而异，主要由腐殖质、无定形的含水氧化硅、含水氧化铁、含水氧化铝、层状硅酸盐晶体物质、蛋白质分子以及有机－无机胶体的分子群等所组成。

在土壤中是根据微粒核的物质种类对土壤胶体进行分类的。

2. 决定电位离子层

位于胶体微粒核表面电荷层，此层决定微粒核所带的电性。若带正电荷，则该种胶体为正电荷的胶体；反之，为负电荷的胶体。土壤胶粒电荷主要来源于微粒核性质和溶液性质。例如，次生层状硅酸盐矿物中的同晶替代通常使其带上负电荷，而这些矿物表面的羟基（—OH）等的解离，也可使其带上负电荷。一般来讲，绝大部分土壤都是负电荷胶体，只有在 pH 较低时才可能有部分胶体带上正电荷，且是由于胶体微粒的内部结构变化或者表面基团解离带上电荷的。所以，它是紧贴在微粒核表面的一个层次。

3. 补偿电位离子层

由于胶粒表面带有电荷，必须要吸附带相反电荷的质点以平衡其电荷，形成补偿离子层。在胶体溶液中，带相反电荷的质点通常是各种离子。如果胶粒带的正电荷，则吸附阴离子；如带负电荷，则吸附阳离子。

根据微粒核内部电荷层吸附的紧密程度，又可分为两个亚层：

（1）非活性补偿离子层。是指紧贴着决定电位离子层的补偿离子层，由于两者间的距离较近，电荷引力较大，带相反电荷离子的移动性较小，通常随微粒的移动而运动，因此称为非活性补偿电位离子层。

（2）扩散层。非活性补偿离子层的外层，属于补偿离子层的范围。该层的特点是，由于距决定电位离子层较远，电荷引力较小，所吸附的离子运动性较强，并能与土壤溶液中的阴、阳离子发生交换反应。

胶体微粒核表面的决定电位离子层和补偿电位离子层合称为双电层，因为它是由两层带相反电荷的结构组成的。

### 3.1.3 土壤胶体的特性

1. 具有巨大的比表面和表面能

土壤胶体的比表面大，所谓比表面是指单位质量物质的表面积总和，单位为 $cm^2/g$。一定质量的物体，颗粒愈细，总比表面愈大。如直径为 1mm 的粗砂粒，其比表面是 $22.6cm^2/g$；直径 0.01mm 的中粉粒，其比表面是 $2264cm^2/g$；直径 0.001mm（1 000nm）的粗黏粒，其比表面为 $22641cm^2/g$，直径 0.000 05mm（50nm）的胶粒，其比表面为 452 $830cm^2/g$。土壤有机胶体也有巨大的比表面，如土壤腐殖质的比表面可高达 1 $000m^2/g$。土壤胶体具有较大的比表面，不仅仅在于颗粒极细而且因为胶体的主要成分铝硅酸盐具有层状构造，还具有极大的内表面，它也对土壤的各种性质产生巨大的影响。

土壤胶体巨大的比表面，可产生巨大的表面能。所谓表面能是指界面上的物质分子（表面分子）所具有的多余的不饱和能量。表面能是由于物体表面分子所处的条件特殊引起的。物体内部分子处在周围相同分子之间，在各个方向上受到的吸引力相等而相互抵消；表面分子与外界的液体或气体介质相接触，因而在内、外方面受到的是不同分子的吸引力，不能相互抵消，所以具有多余的表面能。这种能量产生于物体的表面，故称表面能。胶体表面能的存在使土壤能吸附有机化合物分子（如尿素、氨基酸、醇类、有机碱以及农药制剂中的一些分子），同时也能吸附水汽、$CO_2$、$NH_3$等气体分子，从而保持一部分养分，其保持能力是有限的。胶体数量愈多，比表面愈大，表面能也愈大，吸附能力也就愈强。

2. 土壤胶体具有带电性

所有土壤胶体都带电荷，根据土壤胶体电荷产生的原因，可将电荷分为永久电荷和可变电荷两种。

（1）永久电荷。由黏粒矿物晶体内发生的同晶替代作用所产生的电荷称为永久电荷。由于同晶替代绝大部分是低价阳离子取代高价阳离子，所以，其产生的电荷为负电荷。该种电荷的数量主要决定于同晶替代的多少，即主要与矿物类型及其化学结构有关，而与土壤溶液的 pH 高低没有直接关系，故称为永久电荷。对于次生层状铝硅酸盐矿物而言，蒙脱石所带电荷最多，高岭石最少，水云母介于两者之间。

（2）可变电荷。土壤胶体中电荷数量和性质随溶液 pH 变化而变化，这部分电荷称为可变电荷。不同 pH 时，该电荷可以是负电荷，也可以是正电荷，并且电荷的数量也相应的发生变化。在正电荷数量与负电荷数量相同时，即净可变电荷为零时的土壤 pH 称为等电点。当土壤溶液的 pH 大于等电点时，胶体带负电荷；小于等电点时带正电荷。

产生可变电荷的主要原因是胶核表面分子（或原子团）的解离，例如：

① 黏粒矿物晶面上 OH 基的解离。某些层状硅酸盐晶层表面有很多 OH 基，它们可以解离婚 $H^+$，而使晶粒带负电荷，介质的 pH 愈高，$H^+$愈易解离，晶体所带负电荷愈多。如高岭石的等电点为 5，当介质的 pH＞5 时，OH 基解离出 $H^+$而使胶体带负电。一个高岭石黏粒有数千个 OH 基，因而产生的电荷数量也相当可观。

② 含水铁、铝氧化物的解离。如三水铝石的等电点为 4.8，当土壤 pH 低于 4.8 时，$Al_2O_3 \cdot 3H_2O \rightarrow 2Al(OH)_2^+ + 2OH^-$，显正电性；高于 4.8 时，$Al_2O_3 \cdot 3H_2O \rightarrow 2Al(OH)_2O^- + 2H^+$，显负电性。

③ 腐殖质上某些原子团的解离。在高 pH 条件下，其中的羧基和酚羟基可解离出 $H^+$而带负电荷，在低 pH 条件下，其氨基可以吸附 $H^+$而带正电荷。

④ 含水氧化硅的解离。$SiO_2 \cdot H_2O$（或 $H_2SiO_3$）的等电点为 2，在土壤中一般不产生正电荷，土壤 pH 值愈高，硅酸的解离度愈大，所带负电荷也愈多。

大部分土壤的净可变电荷为负电荷，因为一般土壤胶体的等电点均在 pH5 左右，而土壤 pH 很少低于 5。且土壤 pH 如小于 5，则大部分作物生长不良。由于同晶替代产生的电荷属于负电荷，土壤产生的少量正电荷也会被其中和，使得土壤的净电荷为负电荷。但对于一些酸性土壤，由于其铁铝的含水氧化物含量较高，这些土壤的 pH 很容易小于 5，甚至达到 3 或 4。因此，它们可能带一定的正电荷。所以，对于绝大部分土壤来讲，均带负电荷。

3. 土壤胶体具有凝聚和分散作用

土壤胶体有两种状态，一种是溶胶，即胶体颗粒均匀地分散在介质中；另一种是凝胶，即胶体颗粒相互团聚在一起而呈絮状沉淀。

胶体的两种状态在一定条件下可以相互转化。由溶胶变成凝胶的过程称为胶体的凝聚作用；反之，由凝胶变成溶胶的过程称为胶体的分散作用。胶体的凝聚和分散作用主要取决于胶体微粒表面的电荷状况的变化。影响电荷状况变化的因素主要有电解质的种类、电解质的浓度等。

由于绝大部分土壤胶体是带负电，因此引起土壤胶体凝聚作用的电解质应是阳离子。不同阳离子化合价不同，水化程度大小也不同，如一价离子 $Na^+$ 、$K^+$等水化度大，而高价离子及 $H^+$水化度都小。水化度大的胶粒，因外部有很厚的水膜，胶粒彼此不易接触，易于成为分散状态。故水化度愈高者，溶胶状态也愈稳定，当水化度变小或水膜变薄，胶粒彼此愈加接近，溶胶即可变为凝胶状态。一般来讲，对土壤胶体的凝聚能力是一价阳离子＜二价阳离子＜三价阳离子。按照凝聚力的大小，土壤溶液中最常见的阳离子的排列顺序如下：

$$Fe^{3+} > Al^{3+} > Ca^{2+} > Mg^{2+} > H^+ > NH_4^+ > K^+ > Na^+$$

除了溶液中电解质种类外，电解质的浓度对凝聚也有很大的影响。即使凝聚力弱的一价离子，其浓度大时，也可使溶胶变为凝胶。反之，即使是三价阳离子，如果浓度太小，也不能起到使溶胶变为凝胶的作用。所以，农业生产上常用冻融、晒垡等措施，增加土壤溶液中的电解质的浓度，从而促进土壤胶体的凝聚作用。

胶体处于凝胶状态，可以形成团粒，当胶体成为溶胶状态时，不仅不能形成团粒，而且增加土壤的黏结性、黏着性和可塑性，缩短宜耕期，降低耕作质量。

胶体的凝聚作用有的是可逆的，有的是不可逆的。由一价阳离子所引起的凝聚作用是可逆的，形成的土壤结构不稳固。由二价、三价阳离子所引起的凝聚作用是可逆的，可形成水稳性团聚体。如果土壤含有带相反电荷的两种胶体也可发生凝聚作用。

## 3.2 土壤的保肥性和供肥性

### 3.2.1 土壤的保肥性

土壤能吸收保持分子态、离子态、或气态、固态养分的能力和特性，称为保肥性。如混浊的水通过土壤会变清；往地里施用粪尿后，随即盖土，臭味会变淡或消失；化肥施入土壤后，并不完全随雨水或灌溉水流失，大部分仍能保留在土壤中；海水通过土壤后会变淡等。这些现象都说明了土壤具有吸收某些物质的能力，所以土壤里的养分和施入土壤中的肥料才不流失。

### 1. 土壤吸收性能的类型

按照土壤吸收作用产生的机制，可将其分为以下五种类型：

（1）机械吸收性能。是指土壤对进入其内部固态物质的机械阻留作用，使这部分物质保留在表层土壤中。如有机残体、粪便残渣、磷矿粉以及其他的颗粒状肥料等，其中大小不等的颗粒在通过土壤这个多孔体时，就被小于这些颗粒的孔隙或孔隙的弯曲处阻留下来以免淋失。这种吸收能力的大小决定于土壤的孔隙状况，孔隙过粗，阻留物少，过细又造成下渗困难，易于形成地面径流和土壤冲刷。这种吸收作用只能保持不溶性物质，而不能保持可溶性物质。阻留在土层中的物质可被土壤转化利用，起到保肥的作用。这些物质中的所含的养分在一定条件下可以转化为植物吸收利用的养分。

（2）物理吸收性能。是指由于土粒巨大的表面积对分子态物质的保持能力。它表现在某种养分聚集在胶体表面，其浓度比在溶液中为大，另一些物质则胶体表面吸附较少而溶液中浓度较大。前者为正吸附，后者为负吸附。许多肥料中的有机分子都因有正吸附作用而被保留在土壤中，如尿酸、马尿酸、氨基酸等。土壤质地越是黏重，腐殖质含量越多，物理吸收作用越明显；反之则弱。物理吸收保蓄的养分能被作物直接吸收利用。

（3）化学吸收性能。是指水溶性养分在土壤溶液中与其他物质反应生成难溶性化合物而保存在土壤中的过程，也称为化学固定作用。如可溶性的磷酸一钙与石灰性土壤中的碳酸钙反应，生成难溶性的磷酸钙盐或与酸性土壤中的铁、铝离子生成磷酸铁或磷酸铝沉淀。通过化学吸收保留的养分一般对当季作物无效，但可缓慢释放出来供以后的作物吸收利用。

（4）物理化学吸收性能（又称离子交换吸收作用）。是指带有电荷的土壤胶粒能吸附土壤溶液中带相反电荷的离子，这些被吸附的离子又能与土壤溶液中带同号电荷的离子相互交换。它包括两个相反的过程，一方面是溶液中的阳离子或阴离子进入扩散层，称为吸附过程，是保肥过程；同时，另一方面扩散层中其他的阳离子或阴离子进入土壤溶液，称为解吸过程，是供肥过程。土壤胶体愈多，电性愈强，离子交换吸收作用愈强，则土壤保肥性和供肥性就愈好。所以，物理化学吸收性能是土壤保肥性最重要的方式，它包括阳离子交换吸收作用和阴离子交换吸收作用两种，绝大部分土壤发生交换的主要是阳离子，因大部分土壤胶粒带负电荷。

（5）生物吸收性能。是指土壤中的各种生物（如微生物和植物根等）对植物营养元素的吸收、保存和积累的过程。是无机养分的有机化。保存在生物体中的养分，虽然暂时失去了有效性，但却可以通过其残体重新回到土壤中，且经土壤微生物的转化可被作物吸收利用。所以这部分养分是缓效性的。生物吸收的特点是有选择性和创造性，能为土壤富集养分。生物吸收性能是土壤肥力形成和发展的动力，人们常常利用这种作用来改良土壤，培肥地力，如种植绿肥、施用菌肥、轮作倒茬等。不同的土壤，由于生物量的不同，通过生物吸收保留的养分数量不等。一般来讲，温暖潮湿地区的土壤，生物吸收量较大，而寒冷干燥地区的土壤保留的养分少。

2. 土壤阳离子交换吸收作用

阳离子交换吸收作用是指带负电的土壤胶体吸附的阳离子（主要是扩散层中的阳离子）与土壤溶液中的阳离子之间的交换。一般用下式表示：

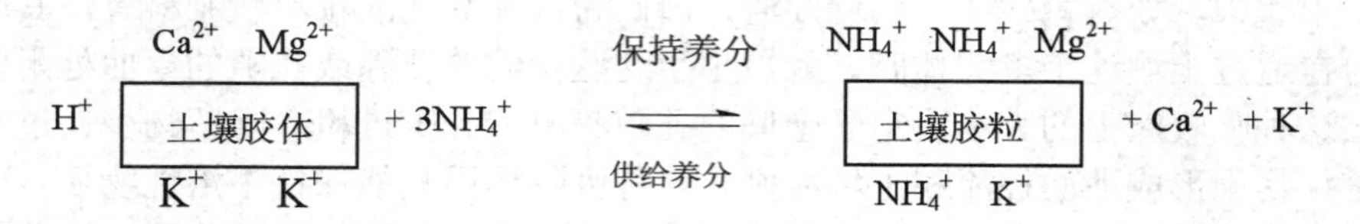


（1）阳离子交换吸收作用的特点。阳离子交换具有以下特点：

① 可逆反应，迅速达到平衡。阳离子交换作用是一种可逆反应，一般能迅速达到动态平衡，这种平衡是相对的。施肥和植物根系对养分的吸收，甚至土壤含水量的变化，都会使这种平衡被打破，产生逆向交换或新的交换。上式反应中，$NH_4^+$由土壤溶液转移到土壤表面，是对 $NH_4^+$的吸附，即保肥过程；而胶体表面吸附的 $Ca^{2+}$、$K^+$转入土壤溶液，则为 $Ca^{2+}$、$K^+$的解吸，即供肥过程。

② 等电荷交换。交换是等量电荷对等量电荷的反应。如一个二价阳离子可以交换两个一价的阳离子。即以相等单价电荷摩尔（＋）相互交换，如 l mol $Na^+$离子可以交换 l mol 的 $K^+$离子或 $NH_4^+$离子，或交换 1 / 2mol 的 $Ca^{2+}$离子或 $Mg^{2+}$离子，或 1 / 3mol 的 $Al^{3+}$离子等。换句话说，胶粒上吸附一个正电荷，必须等量地解吸一个正电荷，如果由于施用铵态氮肥使胶体扩散层中吸附了 l mol 的 $NH_4^+$离子，则必须从胶粒扩散层中解吸 0.5mol 的 $Ca^{2+}$离子。

③ 遵守质量作用定律。价数较低、交换力弱的离子，若是提高其在土壤溶液中的离子浓度，也可交换出价数高、交换力强的离子。

（2）阳离子交换能力。阳离子交换能力是指某种阳离子将另一种阳离子从胶体上交换出来的能力。阳离子交换力是阳离子被胶粒的吸附之力，或称阳离子与胶体的结合强度。土壤中主要阳离子交换能力的顺序为：

$$Fe^{3+} > Al^{3+} > H^+ > Ca^{2+} > Mg^{2+} > NH_4^+ > K^+ > Na^+$$

影响阳离子交换能力大小的因素有：

① 离子价数。一般价数愈高，交换力愈大。因为价数愈高的阳离子，受胶粒的引力愈大，容易将那些价数较低的被胶粒吸附较松的阳离子交换下来，基本遵守库仑定律。

② 离子半径及其水化半径。对同价离子而言，离子半径愈大，其水化半径趋于减小，则交换能力愈强。因为同价离子半径增大，其单位面积的电荷量（即电荷密度）减小，电场强度减弱，对极性水分子的吸力减小，使离子外水膜变薄（即水化半径小），距负电胶粒近，受静电引力大，交换力强。但 $H^+$比较特殊，它虽是一价离子，其交换力却超过二价的

钙离子和镁离子。这是因为 $H^+$的运动速度快，水化度也很弱，通常只带一个水分子（以$H_3O^+$的形态）参与交换。

（3）阳离子交换量（CEC）。土壤阳离子交换量是指在中性条件下，每千克干土可能吸收的全部交换性阳离子的厘摩尔数，用 cmol（+）/kg 表示。它是衡量土壤保持养分性能的指标。交换量大的土壤，保持养分能力强，在植物生育过程中不易脱肥，一次的施肥量可以多些；交换量小的土壤，为避免养分流失和脱肥，应按照少量多次的原则施用肥料。通常认为，土壤阳离子交换量大于 20cmol（+）/kg 的土壤，保持养分能力强；10～20cmol（+）/kg 的土壤，保持养分的能力中等；小于 10cmol（+）/kg 的土壤，保持养分的能力弱。

影响阳离子交换量大小的因素主要是：

① 土壤胶体的数量。土壤中带电的颗粒主要是土壤中的矿物胶体即黏粒部分，因此，土壤质地愈黏重，土壤黏粒含量愈高，土壤带负电荷量愈多，土壤的阳离子交换量愈大（见表 3-1）。

**表 3-1　不同质地土壤的阳离子交换量范围[cmol(+)/kg]**

| 质地 | 砂　土 | 砂壤土 | 壤　土 | 黏　土 |
|---|---|---|---|---|
| 阳离子交换量 | 1～5 | 7～8 | 7～18 | 25～30 |

② 土壤胶体的类型。不类型的土壤胶体，所带负电荷差异很大，因此阳离子交换量也明显不同。由表 3-2 可知含腐殖质和 2∶1 型黏土矿物较多的土壤，其阳离子交换量较大，而含高岭石和氧化物较多的土壤，其阳离子交换量较小。

③ 土壤酸碱度。由于 pH 是影响可变电荷的重要因素，因此土壤 pH 的改变会导致土壤阳离子交换量的变化。在一般情况下，随着土壤 pH 的升高，土壤可变负电荷增加，土壤阳离子交换量增大。

**表 3-2　不同类型土壤胶体的阳离子交换量**

| 土 壤 胶 体 | CEC〔cmol(+)/kg〕 |
|---|---|
| 腐殖质 | 200 |
| 蛭石 | 100～150 |
| 蒙脱石 | 70～95 |
| 伊利石 | 10～40 |
| 高岭石 | 3～15 |
| 含水氧化物 | 2～4 |

（4）盐基饱和度。土壤中交换性阳离子主要有 $Ca^{2+}$、$Mg^{2+}$、$K^+$、$Na^+$、$NH_4^+$、$Fe^{2+}$、$Fe^{3+}$、$Al^{3+}$和 $H^+$等，其中 $Al^{3+}$和 $H^+$称为致酸离子。除 $Al^{3+}$和 $H^+$以外的阳离子，传统上称为盐基离子。所谓盐基饱和度是指土壤胶体上交换性盐基离子占全部交换性阳离子的百分

数。可用下式表示：

$$盐基饱和度=\frac{交换性盐基离子量}{阳离子交换量}\times 100\%$$

南方土壤的盐基饱和度小，北方土壤盐基饱和度大。当土壤胶体吸附的阳离子都属于盐基离子时，则土壤呈盐基饱和状态，称之为盐基饱和土壤。当土壤胶体所吸附的阳离子仅部分为盐基离子，而其余的为 $Al^{3+}$和 $H^{+}$时，则称之为盐基不饱和土壤。盐基饱和的土壤呈中性或碱性，而盐基不饱和的土壤则呈酸性。土壤盐基饱和度的高低主要反映土壤的保肥能力和成土作用的强度。一般来讲，盐基饱和度高，则土壤的保肥能力强，成土作用的强度弱；反之，保肥能力弱，而成土作用的强度大。不同地区的土壤，在阳离子组成上有很大的差异，而阳离子的组成对土壤的酸碱性、缓冲性和养分的有效性都有很大的影响。

3. 阴离子交换吸收作用

阴离子交换吸收作用是指土壤中带正电荷的胶体吸附的阴离子与土壤溶液中阴离子相互交换的作用。它同阳离子交换吸收作用一样，服从质量作用定律。但是土壤中的阴离子交换吸收作用往往和化学固定作用交织在一起，很难截然分开。

土壤中的阴离子，依其被土壤胶体吸附的难易可分为三类：

（1）易被土壤吸附的阴离子。如磷酸根离子（$H_2PO_4^-$、$HPO_4^{2-}$、$PO_4^{3-}$）、硅酸根离子（$HSiO_3^-$、$SiO_4^{2-}$）以及部分有机酸根（如草酸根、柠檬酸根等）等阴离子。通常这些酸根离子常与阳离子反应，形成难溶性化合物而沉淀在土粒表面，并不是真正的离子交换作用。

（2）极少被吸附或根本不被吸附的阴离子。如氯离子（$Cl^-$）、硝酸根离子（$NO_3^-$）、亚硝酸根离子（$NO_2^-$）等，它们基本不被土壤胶体吸收，与土壤中大部分阳离子作用生成的盐也易溶于水而随水淋失，所以硝态氮肥一般不在水田施用，否则易造成氮素损失。

（3）介于上述两者之间的阴离子。如硫酸根离子（$SO_4^{2-}$）、碳酸根离子（$CO_3^{2-}$）及部分有机酸离子。这部分阴离子通常与部分阳离子生成可溶性化合物，而与另一些阳离子生成难溶性化合物。

常见的阴离子交换吸附大小的顺序是：

$F^-$＞草酸根＞柠檬酸根＞$H_2PO_4^-$＞$HCO_3^-$＞$H_2BO_3^-$＞$CH_3COO^-$＞$SO_4^-$＞$Cl^-$＞$NO_3^-$

## 3.2.2 土壤供肥性

土壤在作物整个生育期内，持续不断地供应作物生长发育所必需的各种速效养分的能力和特性，称为土壤供肥性。土壤供肥能力的大小直接影响到植物的生长，它是土壤的重要属性，是评价土壤肥力的重要指标。一般来讲，能够直接被植物吸收利用的养分主要有土壤溶液中的养分和吸附在土壤胶体颗粒表面的养分等。土壤供肥特性主要受土壤的基本性质、气候特点和作物根系特性等因素的影响。

### 1. 迟效性养分的转化速率

迟效性养分是指土壤养分必须经过一定的转化后才能被作物吸收利用的养分。它包括矿物态养分和有机态养分。

（1）矿物态养分的释放。一是指原生矿物经过风化作用释放多种可溶性矿质养分，可供作物吸收利用；二是指层状硅酸盐矿物晶层间离子的释放。

（2）有机态养分的有效化。是土壤中的有机态养分在微生物作用下的矿质化过程。

反映土壤养分供给能力的指标有两个：一是养分的供应容量，是指土壤中某种养分的总量，反映土壤供应养分潜在能力的大小；二是养分的供应强度，是指土壤某种速效性养分的数量占土壤养分总量的百分数，它显示土壤养分转化供应的能力。如果供应容量大，供应强度也大，表示当前和今后养分的供应都可能较为充足而不致脱肥。如果两者都小，则表明当前和今后都必须考虑及时追肥。如果供应容量大，而供应强度小，说明养分转化能力差，则应采取措施来促进养分的转化。如果供应容量小而供应强度大，则考虑在以后一个阶段可能脱肥，要准备在今后补充肥料，以免脱肥。

### 2. 交换性离子的有效性

交换性离子对植物的有效性，在很大程度上取决于它们从胶体上解吸或交换的难易，影响这些过程的因素有离子饱和度、陪补离子种类等。

（1）交换性阳离子的饱和度。被土壤吸附的某种交换性阳离子的数量占土壤阳离子交换量的百分数，称为该离子的饱和度。在一定范围内（临界饱和度以上），某种离子的饱和度越高，被交换解吸的机会愈多，则该离子的有效性越高；反之则低。离子有效性与饱和度的这种关系，称为饱和度效应。

由表 3-3 可见，虽然甲土壤中的钙含量低于乙土壤，但由于甲土壤中交换性钙的饱和度（75%）要远大于乙土壤（33%）。因此，钙离子在甲土壤中的有效度要大于其在乙土壤中的有效度，若种植同一种植物于甲土和乙土，则乙土更需要施钙肥。这一例子告诉我们，在施肥上，采用集中施肥的方法，如根系附近的条施、穴施等，可以增加养分离子在土壤中的饱和度，提高其对植物的有效性。另一方面，同样数量的某种化肥，分别施入砂质土地和黏质土，结果砂质土的肥效快，而黏质土的肥效较慢。原因是由于施肥后砂质土的离子饱和度一般比黏土的高，所以其有效性也较高。

**表 3-3　土壤交换性离子饱和度对其有效性的影响**

| 土　壤 | 阳离子交换量〔cmol(+)/kg〕 | 交换性钙量〔cmol(+)/kg〕 | 交换性钙的饱和度（%） | 钙的有效度 |
|---|---|---|---|---|
| 甲 | 8 | 6 | 75 | 大 |
| 乙 | 30 | 10 | 33 | 小 |

（2）陪补离子效应。土壤胶粒表面同时存在多种离子，对其中任何一种离来讲，其他离子都是陪补离子。如果陪补离子与胶体之间的结合强度大于该种离子与胶体之间的结合强度时，则该种离子被代换到土壤溶液中的几率就多。反之，当陪补离子与胶体之间的结合强度弱时，则会抑制该种离子的有效性，这就是陪补离子效应。所以，生产上要求各种离子之间应该有适当的比例。

肥沃的土壤应该具有良好的保持养分和供给养分的性能。施肥后，没有被植物及时吸收利用的养分离子，被胶体吸附，既可以减少养分的损失，又可以延长肥效，防止贪青疯长和脱肥。当植物吸收养分使土壤溶液中的养分浓度下降时，土壤胶体吸附的养分离子又可以被代换到土壤溶液中，源源不断地供给植物吸收。

（3）植物根系的作用。由于植物在生命活动过程中不断向根际内分泌有机酸，从而降低根际土壤的 pH，增强了土壤中的某些养分的溶解作用。也有部分植物的根系分泌一些激素类物质，通过促进微生物的活动，增加对有机养分的矿化量。因此土壤供肥能力的强弱不但受土壤性质的影响，同时也与植物根系的生长活力有关。

## 3.3 土壤的酸碱性和缓冲性

土壤酸碱性是土壤重要的化学性质，是土壤在形成过程中受气候、植被、母质等因素综合作用所产生的属性，它不但直接作用于土壤养分的转化和供应，还直接作用于作物的生长发育。土壤缓冲性主要通过土壤酸碱性影响到土壤肥力。

### 3.3.1 土壤酸碱性

#### 1. 土壤酸碱性概念与分级

（1）概念。土壤酸碱性是土壤溶液中的 $H^+$和 $OH^-$浓度比例不同所表现的酸碱性质，通常用 pH 表示。土壤的 pH 是指土壤溶液中氢离子$[H^+]$浓度的负对数，即 $pH=-lg[H^+]$。

由于土壤溶液中 $H^+$和 $OH^-$浓度是与土壤固相之间相互作用达到动态平衡的一种表现，因此，它的酸碱反应要比纯溶液复杂得多。实际上土壤酸碱性并不仅仅决定于土壤反应（pH），而主要决定于土壤胶体上吸附的致酸离子（$H^+$、$Al^{3+}$）或碱性离子（$Na^+$）的数量。所以，必须联系土壤胶体和阳离子交换吸收作用，才能全面理解土壤的酸碱变化情况。

（2）土壤酸碱性的分级。根据我国土壤的酸碱的变化情况及其与土壤肥力的关系，通常把土壤酸碱性划分为以下几个等级（见表 3-4）。

表 3-4　土壤酸碱性的分级

| 酸　性 | pH | 中性和碱性 | pH |
|---|---|---|---|
| 超强酸性 | ＜3.5 | 中　性 | 6.5～7.5 |
| 极强酸性 | 3.5～4.5 | 碱　性 | 7.5～8.5 |
| 强酸性 | 4.5～5.5 | 强碱性 | 8.5～9.5 |
| 酸　性 | 5.5～6.5 | 极强碱性 | ＞9.5 |

中国土壤的酸碱反应，大多数 pH 值在 4～9 之间，在地理分布上有“东南酸西北碱”的规律性。即由南向北，pH 值逐渐增大。大致以长江（北纬 33°）为界，长江以南的土壤多为酸性或强酸性，长江以北的土壤多为中性、偏碱性和强碱性。

2. 土壤酸性

（1）酸性的产生。土壤酸性与土壤溶液中 $H^+$相关，更多的是与土壤胶体上吸附的 $H^+$、$Al^{3+}$数量有密切的关系。土壤中酸性主要来源有：①胶体上吸附的 $H^+$、$Al^{3+}$；②$CO_2$ 溶于水形成的碳酸；③有机质分解产生的有机酸、氧化作用产生的少量无机酸；④施肥带入的酸性物质等。可见，土壤溶液中存在的 $H^+$、$Al^{3+}$是土壤产生酸度的本质。

（2）土壤酸度的类型。根据 $H^+$在土壤中存在的状态和测定方法的不同，可将土壤酸度分为活性酸度和潜性酸度。

① 活性酸度。指土壤溶液中游离的 $H^+$所直接显示的酸度，通常用 pH 值表示。活性酸度对土壤的理化性质、植物的生长发育和微生物的活动等有直接的影响，故又称为实际酸度或有效酸度，它是土壤酸度的强度指标。

② 潜性酸度。指土壤胶体上吸附的致酸离子（$H^+$和 $Al^{3+}$）所引起的酸度。$H^+$、$Al^{3+}$只有被代换到土壤溶液中，才会显示酸性，故称为潜性酸度。通常用每千克烘干土中氢离子的厘摩尔数（cmol(+)/kg）表示。它是土壤酸性的容量指标。

潜性酸度与活性酸处于动态平衡之中，可以相互转化。根据潜性酸度在测定时所使用的浸提剂不同，又分为交换性酸度和水解性酸度。

交换性酸度，又称代换性酸度，用过量的中性盐溶液，如 1mol/L 的 KCl、NaCl 或 $BaCl_2$ 与土壤作用，将胶体上交换性 $H^+$、$Al^{3+}$代换到溶液中，然后，再用酸碱滴定法测得溶液的酸度，这样测得的酸度称为交换性酸度。

$$\boxed{\text{土壤胶粒}}\begin{matrix}H^+\\H^+\end{matrix} + 2KCl \rightleftharpoons \boxed{\text{土壤胶粒}}\begin{matrix}K^+\\K^+\end{matrix} + 2HCl$$

$$\boxed{\text{土壤胶粒}}Al^{3+} + 3KCl \rightleftharpoons \boxed{\text{土壤胶粒}}\begin{matrix}K^+\\K^+\\K^+\end{matrix} + AlCl_3$$

$$Al^{3+} + 3H_2O \longrightarrow Al(OH)_3 + 3H^+$$

上述反应是可逆的阳离子交换平衡关系，实践中不可能把土壤胶体上的$H^+$全部交换出来，因此所测的交换性酸度，只是潜性酸量的大部，而不是全部。

水解性酸度　用弱酸强碱盐溶液从土壤中交换出来的$H^+$、$Al^{3+}$离子所产生的酸度称为水解性酸度。通常所用的弱酸强碱盐为1mol/L醋酸钠溶液，浸提后用碱溶液滴定溶液中醋酸的总量即是水解性酸的量。

$$CH_3COONa + H_2O \rightleftharpoons CH_3COOH + NaOH$$

水解产物醋酸几乎不解离，而氢氧化钠则完全解离，交换性$H^+$、$Al^{3+}$的绝大部分可能被$Na^+$交换进入溶液。

$$\boxed{土壤胶粒}{}^{H^+}_{Al^{3+}} + 4CH_3COONa + 3H_2O \rightleftharpoons \boxed{土壤胶粒}{}^{Na^+Na^+Na^+Na^+} + Al(OH)_3 + 4CH_3COOH$$

上述生成物中，$Al(OH)_3$在中性至碱性介质中沉淀，而$CH_3COOH$的解离度很小，反应向右进行，直至交换性$H^+$、$Al^{3+}$被$Na^+$较完全地交换下来。因此，水解性酸度一般要比交换性酸度大得多，但两者的酸是同一来源，本质上是相同的，都是潜性酸，只是交换作用的程度不同而已。

### 3. 土壤碱性

（1）碱性的产生。土壤碱性的产生主要有三个方面：

一是土壤中碱性盐的水解。土壤碱性主要来自土壤中存在的大量的碱金属和碱土金属如$Na^+$、$K^+$、$Ca^{2+}$、$Mg^{2+}$的碳酸盐和重碳酸盐，其中$Na_2CO_3$和$NaHCO_3$的水解性能较强，产生的碱性也较大，可使土壤pH值高达8.5以上。反应如下：

$$Na_2CO_3 + 2H_2O = 2NaOH + H_2CO_3$$

$$NaHCO_3 + H_2O = NaOH + H_2CO_3$$

碱土金属的碳酸盐和重碳酸盐如$CaCO_3$、$MgCO_3$等，其溶解度很小，在正常情况下，它们在土壤溶液中的浓度很低，故pH值不可能很高，一般为7.5～8.5。

$$CaCO_3 + 2H_2O = Ca(OH)_2 + H_2CO_3$$

$$CaCO_3 + CO_2 + H_2O = Ca(HCO_3)_2$$

二是土壤交换性钠的水解。土壤胶体吸附的交换性钠达到一定饱和度时，会引起水解作用，使土壤呈碱性：

$$\boxed{土壤胶粒}\,Na^+ + H_2O \rightleftharpoons \boxed{土壤胶粒}\,H^+ + NaOH$$

三是硫酸钠被还原产生$OH^-$。在土壤中含有$Na_2SO_4$和较多的有机质，而又处于嫌气状态时，土壤中的$Na_2SO_4$被还原成$Na_2S$，$Na_2S$再与$CaCO_3$作用形成$Na_2CO_3$，$Na_2CO_3$水解产生大量的$OH^-$，使土壤致碱。

（2）土壤碱化度。土壤碱性除了用pH值表示外，还可以用碱化度表示。碱化度是指土壤胶体上吸附的交换性钠（$Na^+$）的数量占土壤阳离子交换量的百分数。碱化度是衡量土壤碱化程度的指标，一般碱化度在 5%～10%之间，则该土壤称为弱碱化性土壤；若碱化度在 15%～20%称为碱化土；若碱化度大于 20%，则为碱性土。

4. 土壤酸碱性对作物生长及土壤肥力的影响

（1）土壤酸碱性对植物生长的影响。由于长期自然选择和人工选择的结果，不同植物适应不同的 pH 范围。有些植物适应的酸碱反应范围较窄，如柑橘、茶树、杜鹃只能生长在酸性土壤上，而甜菜、紫花苜蓿则适宜生长在中性至微碱性土壤上。有些植物对酸碱性有特殊的偏好，只能在一定的酸性或碱性范围内生长，称之为指示植物。例如，映山红、石榴等只能在酸性土壤上生长；盐蒿、碱蓬、柽柳、牛毛草只能在盐碱土上生长。一般植物对土壤酸碱性的适应范围都比较广，如马铃薯在 pH4～8 的范围内均可以生长，但以 pH5 左右最适宜。大多数植物适应的酸碱范围较广，但以 pH6.0～7.5 为宜（见表 3-5）。

表 3-5　主要园艺植物生长适宜的 pH 范围

| 植物名称 | 适宜 pH | 植物名称 | 适宜 pH | 植物名称 | 适宜 pH |
|---|---|---|---|---|---|
| 豌　豆 | 6.0～8.0 | 马铃薯 | 4.8～6.5 | 苹果、梨 | 6.0～8.0 |
| 蚕　豆 | 6.0～8.0 | 芹　菜 | 6.0～6.5 | 杏、桃、桑 | 6.0～8.0 |
| 甘　蓝 | 6.0～7.0 | 西　瓜 | 6.0～7.0 | 柑橘 | 5.0～7.0 |
| 油　菜 | 6.0～8.0 | 南　瓜 | 6.0～8.0 | 栗 | 5.0～6.0 |
| 胡萝卜 | 5.3～6.0 | 黄　瓜 | 6.0～8.0 | 茶 | 5.0～5.5 |
| 番　茄 | 6.0～7.0 | 草　莓 | 5.0～6.5 | 菠萝 | 5.0～6.0 |

（2）土壤酸碱性对土壤养分的影响。土壤养分无论是通过微生物转化的，还是依靠物理化学过程转化的都与土壤 pH 的高低有关（如图 3-2 所示）。

图 3-2 中的条带越宽，说明其有效性越高；反之有效性越低。对于氮、钾、硫来讲，其有效性的高低与细菌的变化趋势一致；而磷素，只有在中性范围内（pH 6～7）有效性最高，无论是酸性或碱性条件都使其有效性显著下降；至于铁、锰、锌、铜等元素，在 pH<5 时有效性最高，随着土壤 pH 的增加，它们的有效性下降。

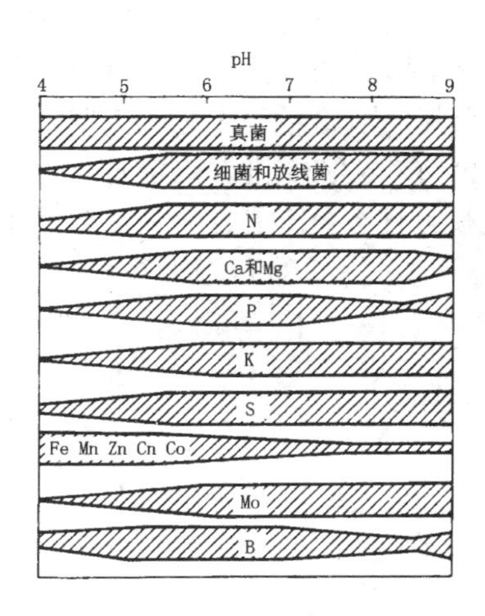

图 3-2　土壤 pH 与微生物活性及养分有效度的关系

（3）土壤酸碱性对微生物的影响。土壤酸碱性主要影响微生物对有机质的转化。由图 3-2 可见，细菌、放线菌不适应酸性环境，真菌活性受 pH 影响小。因此，在中性至微碱性条件下，真菌、细菌、放线菌共同发挥作用，固氮菌活性强，有机质矿化较快，土壤有效氮的供应较好。而在 pH<5.5 的强酸性土壤中，细菌、放线菌活性逐渐降低，而真菌在强酸性土壤中占优势。由于真菌的作用，在强酸性土壤中仍可发生有机质的矿质化。一般情况下，铵化作用适宜的 pH 范围为 6.5～7.5，硝化作用为 5.0～8.0，固氮作用为 6.5～7.8。如果土壤 pH 不适应其要求，必将降低它们的生物活动，从而降低了养分转化的速率。

（4）土壤酸碱性对土壤结构性影响。在碱土中，交换性 $Na^+$多，土粒分散，结构易破坏，土壤物理性质变坏，湿时泥泞，不透水，不通气，紧实坚硬，不利于植物生长发育。在酸性土中，交换性 $H^+$、$Al^{3+}$多，黏土矿物易被分解，盐基离子淋失，不利于团粒结构的形成。在中性土中，$Ca^{2+}$、$Mg^{2+}$较多，土壤结构性好。

## 3.3.2 土壤缓冲性

### 1. 土壤缓冲性的概念

土壤缓冲性：土壤具有抵抗外来物质引起酸碱反应剧烈变化的性能称为土壤缓冲性或缓冲作用。即在土壤中加入一定量的酸性或碱性物质之后，土壤 pH 值并不相应的上升或降低，仍能保持其相对稳定性。

### 2. 土壤具有缓冲作用的原因

土壤的缓冲性有赖于多种因素的和，它们共同组成了土壤的缓冲体系。土壤具有缓冲性的原因主要有以下三种。

（1）土壤胶体吸附的交换性离子的缓冲作用。由于土壤胶体吸附有盐基离子和致酸离子，当土壤因加入酸而使土壤溶液中 $H^+$浓度增加时，部分 $H^+$通过阳离子交换作用进入胶粒表面，而其他阳离子解吸进入土壤溶液中，生成中性盐，这样土壤溶液中的 $H^+$浓度并没有增加；而当碱性物质进入土壤时，土溶液中其他阳离子进入胶粒表面，而土壤胶粒上的部分 $H^+$进入溶液与 $OH^-$结合成水，溶液中的 $OH^-$浓度并没有增加。具体的反应可参考下列示意图：

$$\boxed{\text{土壤胶粒}}\begin{matrix}Ca^{2+}\\K^+\end{matrix} + HCl \rightleftharpoons \boxed{\text{土壤胶粒}}\begin{matrix}Ca^{2+}\\H^+\end{matrix} + KCl$$

$$\boxed{\text{土壤胶粒}}\begin{matrix}K^+\\Ca^{2+}\\H^+\end{matrix} + NaOH \rightleftharpoons \boxed{\text{土壤胶粒}}\begin{matrix}K^+\\Ca^{2+}\\Na^+\end{matrix} + H_2O$$

由此可见：一方面，土壤缓冲能力的大小和它的阳离子交换量有关，交换量愈大，缓冲性愈强；另一方面，不同的盐基饱和度表现出对酸碱的缓冲能力不同，如果两种土壤的阳离子交换量相同，则盐基饱和度愈大的，对酸的缓冲能力愈强，而对碱的缓冲能力愈弱。

（2）土壤溶液中的弱酸及其盐类组成的缓冲体系。土壤溶液中含有多种无机和有机弱酸及与它们组成的盐，如碳酸及碳酸盐、磷酸及磷酸盐、硅酸及硅酸盐、腐殖酸及腐殖酸盐等构成了良好的缓冲体系。如醋酸及醋酸钠盐的缓冲作用如下：

$$CH_3COONa + H^+ \rightarrow CH_3COOH + Na^+ \quad (1)$$

$$CH_3COOH + OH^- \rightarrow CH_3COO^- + H_2O \quad (2)$$

在反应式（1）中，当外来的酸性物质进入土壤，与醋酸钠反应，使得溶液中的 $H^+$浓度不至于上升太高；而在反应式（2）中，外来的碱性物质与醋酸反应，中和了碱性物质。

土壤中的其他弱酸与它们的盐也有上述类似的反应，从而使土壤 pH 不至于发生太大的变化。

（3）土壤中两性物质的作用。两性物质是指在一个分子中既可带正电荷，也可以带负电荷的物质，通常是一些高分子有机化合物，如蛋白质、氨基酸、胡敏酸等，即可中和酸，又可中和碱。两性物质的存在，使带正电荷的基团可以与酸结合，而带负电荷的基团可以与碱结合，起到了稳定土壤的 pH 的作用。以氨基酸为例：

$$R-\underset{\displaystyle NH_2}{\underset{|}{CH}}-COOH + NaOH \rightleftharpoons R-\underset{\displaystyle NH_2}{\underset{|}{CH}}-COONa + H_2O$$

对碱起缓冲作用

$$R-\underset{\displaystyle NH_2}{\underset{|}{CH}}-COOH + HCl \rightleftharpoons R-\underset{\displaystyle NH_2 \cdot HCl}{\underset{|}{CH}}-COOH$$

对酸起缓冲作用

3. 土壤缓冲性的意义

土壤具有缓冲性，可以使土壤溶液的酸碱度稳定在一定范围，而不致因施肥、根系呼吸、有机质的分解等引起土壤反应的剧烈变化，同时也不致造成养分状态的变化，影响养分的有效性，从而为植物生长和微生物的活动创造一个稳定良好的土壤环境条件，所以土壤缓冲性是影响土壤肥力的一个重要性质。高产肥沃的土壤有机质多，土壤缓冲性强，土壤具有较强的自调能力，能为作物高产协调土壤环境，抵制不利因素的发展。而有机质贫乏的砂土，土壤缓冲性弱，自动调节能力低，对此应多施有机肥，掺黏改砂等办法，以提高其缓冲性，达到培肥地力的目的。

## 3.4　土壤的氧化还原状况

### 3.4.1　土壤氧化还原体系

氧化还原反应实质是电子转移的过程。土壤中有一系列参与氧化还原反应的物质及氧化还原反应。它们一方面影响到部分养分的转化，另一方面也影响到养分的形态和养分的有效性。

氧化还原反应中氧化剂（电子供体）和还原剂（电子受体）构成了氧化还原体系，是氧化还原反应中得电子物质和失电子物质共同组成的反应体系。某一物质的氧化，必然伴随着另一物质的还原。土壤中常见的氧化还原反应体系有以下几种。

氧体系 $O_2 + 4H^+ + 4e == 2H_2O$

硝酸盐体系 $NO_3^- + H_2O + 2e == OH^- + NO_3^-$

铁体系 $Fe^{3+} + e = Fe^{2+}$

锰体系 $MnO_2 + 4H^+ + 2e = Mn^{2+} + 2H_2O$

硫体系 $SO_4^{2-} + H_2O + 2e = SO_3^{2-} + 2OH^-$

$SO_3^{2-} + 3H_2O + 6 = S^{2-} + 6OH^-$

氢体系 $2H^+ + 2e = H_2$

有机体系。包括能引起氧化还原反应的有机酸类、酚类、醛类和糖类等化合物。

在一个氧化还原体系中，一种物质失去电子，通常称为该种物质被氧化，另一种物质必然得到电子，得到电子的物质被还原，这两个过程必须同时进行。

土壤中产生的氧化剂是大气中氧气进入土壤中，与土壤中的化合物发生作用后，得到两个电子而还原为 $O^{2-}$，土壤的生物化学过程的方向与强度，在很大程度上决定于土壤空气和溶液中氧的含量。当土壤中的氧被消耗掉，其他氧化态物质如 $NO_3^-$ 、$Fe^{3+}$ 、$Mn^{4+}$ 、$SO_4^{2-}$依次作为电子受体。土壤中的还原剂主要是有机质，尤其是新鲜的未分解的有机质，它们在适宜的温度、水分和 pH 条件下还原能力极强。

### 3.4.2 土壤氧化还原电位

1. 概念

土壤溶液中氧化物质和还原物质的相对比例，决定着土壤的氧化还原状况。当土壤中某一氧化态物质向还原态物质转化时，土壤溶液中这种氧化态物质浓度减少，而还原态物质浓度增加。随着这种浓度的变化，溶液电位也就相应的改变。其改变幅度视体系性质和浓度比的具体数值而定，这种由于溶液氧化态物质和还原态物质的浓度关系的变化而产生的电位称为氧化还原电位，用 *Eh* 表示，单位为毫伏（mV）。氧化还原电位可用下式表示：

$$Eh = E_0 + \frac{59}{n}\log\frac{〔氧化态〕}{〔还原态〕}$$

式中：$E_0$——标准氧化还原电位，它是指在体系中氧化剂浓度和还原剂浓度相等时的电位。各体系的 $E_0$ 可在化学手册中查到。

$n$——氧化还原反应转移的电子数；

[氧化态]和[还原态]——分别表示它们各自的摩尔浓度。

从方程式可以看出，氧化态物质的含量越高，则 *Eh* 越高，体系处于强氧化状态；如 *Eh* 越低，则体系的还原性越强。

#### 2. 土壤 *Eh* 的变化范围

旱地土壤的 *Eh* 变动在 200～700mV 之间，在这个范围内，养分供应正常，根系发育良好。当大于 700mV，以至于大于 750mV，则土壤处于完全好气状态，有机质迅速分解，营养物质趋于贫乏，铁、锰氧化析出，植物常患缺绿症，如低于 350 mV，则反硝化作用开始发生，低于 200mV 时，土壤就进行强烈的还原过程，破坏了氮素营养，并积累许多还原性物质，如有机酸、甲烷、硫化氢、低价铁锰等，氧气缺乏，植物根系呼吸受阻，根毛减少，甚至发黑腐烂。

水田土壤 *Eh* 变动较大。在排水种植旱作物期间，其 *Eh* 可达 500mV 以上，在淹水期间，其值可低于-150mV 以下。一般水稻适宜在 *Eh* 值为 200～400mV 的条件下生长。土壤脱水时，可升至 400mV 以上。水稻适宜的 *Eh* 值在 100～400mV 之间，如果土壤 *Eh* 经常处在 180mV 以下或低于 100mV，水稻分蘖就会停止，发育受阻，如果长期处于-100mV，水稻甚至会死亡。

#### 3. 影响氧化还原电位的因素

（1）土壤通气性。土壤通气状况决定土壤空气中氧的浓度，在排水良好的土壤中，土壤与大气之间气体交换迅速，使得土壤中氧浓度增高，*Eh* 值较高。在排水不良的土壤中，通气孔隙少，大气与土壤气体交换缓慢，氧的浓度降低，再加上微生物活动消耗氧，*Eh* 值下降。所以对于同一种土壤，*Eh* 可作为土壤通气状况的相对指标。

（2）土壤中易分解有机质。土壤中有许多易分解的有机质，这些有机物质可作为微生物需要的营养和能量来源。在嫌气分解过程中，微生物夺取有机质中所含的氧，形成大量各种各样的还原性物质。所以，在淹水条件下施用新鲜的有机肥料，土壤 *Eh* 值剧烈下降。

（3）土壤中易氧化物质或易还原物质。土壤中易氧化物质如 $Fe^{2+}$ 、$Mn^{2+}$等含量多，说明该土壤还原性强；反之，易还原物质如 $Fe^{3+}$、$Mn^{4+}$较多，抗还能力也大。

（4）植物根系的代谢作用。植物根系的分泌物可影响到根际的氧化还原电位，能分泌氧，则使根际土壤的 *Eh* 值反较根际外土壤为高。

### 3.4.3　土壤氧化还原状况与养分的关系

土壤氧化还原状况可直接和间接地影响到养分转化和养分形态及其对作物的有效性。

对于铁、锰等变价元素来讲，当土壤处于氧化态时，则以溶解度较小的高价离子存在；在还原态时，则以溶解度较大的亚铁锰离子为主。由于它们之间的化合价的变化使土壤带上各种颜色。

在土壤水分含量较高的还原态时，有机质矿化率较小，养分释放慢，但易于保存土壤有机质；而在含水量较小的氧化态时，则有机质矿化速率较快，养分释放快，但不利于保存有机质。

## 3.5 复习思考题

1．解释概念：

土壤胶体　土壤保肥性与供肥性　土壤阳离子交换吸收作用　土壤阳离子交换量与盐基饱和度　饱和度与饱和度效应　陪补离子效应　活性酸度与潜性酸度　土壤缓冲性　土壤氧化还原电位

2．列表比较五种吸收性能。

3．简述土壤胶体类型、构造。

4．土壤阳离子交换吸收作用的特点及影响因素有哪些？

5．为什么说“施肥一大片，不如一条线”？

6．土壤酸碱度及土壤缓冲性产生的原因有哪些？

7．简述土壤酸碱度与土壤肥力和作物生长的关系。

8．说明氧化还原电位高低与土壤含水量的关系。

# 第4章　土壤肥力因素

**【学习目的和要求】**　通过本章介绍，目的掌握土壤水的类型、性质以及土壤水的运动特点，要求学生掌握土壤水分运移的基本规律及调节措施，以便有效地指导生产实践。了解土壤空气的组成特点、土壤空气的更新过程及其机制；阐述土壤热来源、热性质、土壤的热平衡以及土壤空气对植物生长、土壤肥力的影响，掌握植物生长发育所需要营养元素的形态、转化，土壤水、肥、气、热状况的调节。

土壤水分、养分、空气和热量都是土壤肥力的重要因素，也是植物正常生长发育所必需的条件。任何土壤的形成，土壤的性质及植物的生长都与土壤水、肥、气、热状况密切相关，它们之间是相互联系、相互制约的。因此土壤的水分、养分、空气和热量的协调关系对土壤肥力和植物生长都具有十分重要的意义。

## 4.1　土壤水分

土壤水分是植物生活的基本条件，也是土壤的重要组成部分，在土壤肥力因素中是最为活跃的因素。“有收无收在于水，多收少收在于肥”，这说明了水在植物生产中的重要作用。植物中的水分含量大约在60%～70%，这些水分主要来源于土壤中，通过植物根系进行吸收利用。此外，土壤中矿物质的风化、有机质的合成与分解以及土壤中一切物质的转化和营养元素的溶解与吸收都必须有水分参与。

### 4.1.1　土壤水分的形态及性质

1. 吸湿水

土粒表面靠分子引力从空气中吸附的气态水并保持在土粒表面的水分，称为吸湿水。是干土从空气中吸着水汽所保持的水分。吸湿水是由于土壤颗粒表面分子的巨大引力对水分子的吸附形成的，其吸力较大，大约为3～1000MPa，所以吸湿水不能移动，无溶解能力，不能被植物吸收，属无效水分。

在室内风干的土壤，表面看来没有水分，是干燥的，但实际上其中含有一定量的水分，这部分水分就是吸湿水，如果将风干土放在烘干箱内在 105℃条件下烘干 8 小时，所失去的质量即是吸湿水的质量，这时土壤才是完全干燥的，我们将烘干后的土壤称为烘干土。

影响吸湿水水分含量大小的因素有土壤的质地、有机质含量及空气相对湿度。土壤质地越黏重、有机质含量越高，吸湿能力就会越大；空气相对湿度越大，吸湿水含量也会越高。

2. 膜状水

是指土壤颗粒表面的吸附所保持的水层，主要是因为吸湿水外层剩余的分子引力从液态水中吸附一层极薄的水膜。由于膜状水受到引力比吸湿水小，一般在 600～3000kPa，而植物根系的吸水力在 1500kPa，因此有一部分膜状水可被植物利用。膜状水在土壤中可以进行移动，但它的移动速度极其缓慢，每小时不超过 0.3mm 左右，一般由水层较厚处向较薄处移动（如图 4-1 所示）。

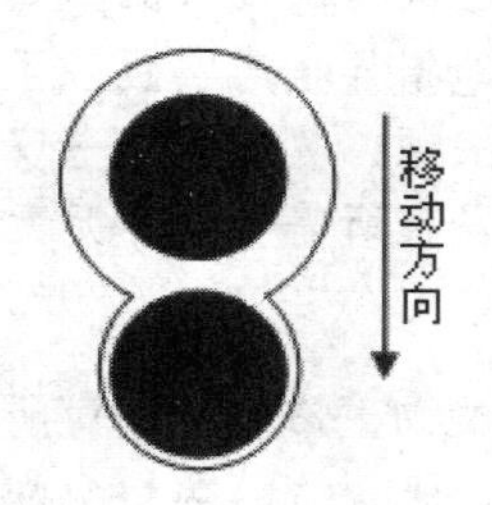


图 4-1 膜状水移动示意图

膜状水的含量决定于土壤质地、腐殖质含量等。黏重土壤，腐殖质含量较高土壤，膜状水的含量较高，反之则低。膜状水达到最大量时的土壤含水量，称为最大分子持水量。

3. 毛管水

毛管水是指存在于土粒之间所形成的毛管孔隙中的水分。土壤是依靠毛管引力的作用将水分保持在毛管孔隙中。毛管水的特点是在土壤中可以进行移动，并且移动的速度很快。一般由毛管力较大的地方向毛管力小的地方进行移动，或由粗毛管向细毛管移动，但必须保证毛管中的水分具有连续性，毛管水才能快速移动。当土壤中含水量降低到某一含量时，毛管水多处断裂呈不连续状态的现象，此时土壤中毛管水的移动就会受到一定阻碍，运动的速度大大降低，将此时的含水量称为毛管断裂含水量，这时一般应及时灌水。在土壤中毛管水的数量多，并能溶解可溶性养分，能为植物提供大量的速效性养分，也是植物利用土壤水分的主要形态，是有效性水分。

根据毛管水在土壤中存在的位置不同，可以将毛管水分为毛管悬着水和毛管上升水。

（1）毛管悬着水。当降水或灌溉时，多余的水分下渗后，土壤毛管孔隙中所吸持的液态水即是毛管悬着水。这一部分水被“悬挂”在土壤上层毛细管中，因此称为“悬着水”。毛管悬着水是植物根系从土壤中吸收水分的主要形态。

（2）毛管上升水。又称支持毛管水。是指地下水沿毛管孔隙从地下上升到一定高度的毛管水。一般随地下水位高低变化而变化。

4. 重力水

当土壤中的水分超过毛管最大持水量时，多余的水分受重力作用的影响，沿着非毛管孔隙（空气孔隙）自上而下（或侧向）渗漏的水分，叫重力水。重力水虽然能被植物吸收利用，但在流动或下渗的过程中速度较快，实际上能够被植物吸收利用的数量很少。在移动的过程中，重力水可以转化为毛管水。

5. 地下水

当重力水下渗过程中遇到不透水层时，就会在该层上面聚积形成地下水。地下水的上层水面距地表的深度称为地下水位。地下水一般总是在不断流动着，最后进入河流或海洋。地下水位的高低与当地降水量、地形地势及植被情况密切相关，总是在不断变化中，变幅较大。地下水位高低往往会影响土壤的形成过程，如地势低洼，水位较高，则容易形成沼泽化的现象。地下水通过毛管上升的作用可以形成毛管上升水。

### 4.1.2 土壤水分能量

土壤水分能量一般用水势来表示。将单位数量的水，由力场中的一已知点，移到另一相应点（参比点）所做的功称为水势。通常将在同一大气压下温度相同的自由水面作为参比点，其水势为零。由于水分在土壤中要受到各种力的作用，如分子间的相互引力、毛管力、重力等，所以将土壤水移到自由水面时的时候，必须要克服各种引力对水分做功，因自由水面的水势为零，所以土壤水势一般为负值。

事实上，水分在土壤中的被保持以及水分在土壤中的运动，都是因为水分受到了土壤中各种力的作用结果。土壤水势就代表了土壤水分在各种力的作用下所处的一种势能水平，是土壤水受力状况的一个量度。根据土壤水所受的各种作用力，土壤水势（$\Psi$）包括以下几个分势。

（1）基质势 $\Psi m$ 。基质势是土壤固相物质对水分影响的结果，包括固相物质对水所产生的全部作用力，如分子引力、毛管力等。基质势是限制水分自由运动的，所以是负值。土壤含水量愈低，基质势愈低，基质势愈低，其负值就愈大；相反，当土壤水分含量增高时，其势能值增加，负值变小。当土壤完全被水饱和时，和纯自由水的势能相等，此时的土壤水势达到最高，水势为零。

（2）渗透势 $\Psi s$ 。渗透势又称溶质势，是由于溶液中可溶性盐分所产生的水势，它的大小等于土壤溶液的渗透压。溶质势是限制水分自由运动的，故也是负值。溶质可以是离子，也可以是分子，都能降低土壤水分自由能的水平，它对植物吸收水分影响很大，在盐渍土或施肥过量的土壤更为重要，但对水分运动影响不十分明显。

（3）压力势 $\Psi p$。土壤空气给土壤水分一个大气压，称为气压势。土壤积水时，上层水对下层水会有一个静水压力，由此产生静水压力势。压力势能够促进土壤水分运动，因此压力势都是正值。压力势包括气压势和静水压势，气压势是指封闭在土壤水分内部空气所产生的势能，静水压势是土壤中的水分承受水体的压力，土层愈深的水分，受到的压力愈大，静水压势愈高，静水压势是压力势的主体。

（4）重力势 $\Psi g$。土壤水都受重力的作用，由于重力的影响所产生的水势称为重力势。如果参照水面（自由水面）为地下水位或地势较低处的自由水面，那么，土壤水的重力势有正值和负值。其势值取决于参比标准的高低。一般以地下水为参比标准时，其势值为负值，以地势较低处的自由水面为参比标准时，其势值为正值。

以上各种分势的总和称为土壤的总水势 $\Psi$，即：

$$\Psi=\Psi m+\Psi s+\Psi p+\Psi g。$$

其中，重力势的大小与基质势相比，往往是很小的，故大多数情况下可以忽略。除盐渍土外，土壤水的渗透势也可以忽略不计。土壤水的气压势与参比标准相同（都是一个大气压），所以互相抵消，而静水压力在不积水的情况下是不存在的，故一般土壤不会有静水压力势。由此可见，土壤的总水势在一般情况下就基本上由基质势决定了。基质势的高低往往决定着土壤水分对植物的有效性。基质势负值越大，说明土壤含水量越低，植物吸水也就越困难；基质势为零时，说明土壤水分饱和（或近饱和）。只有在积水的情况下，土壤水势（总水势）才可能是正值。

土壤水势目前多采用气压单位来表示，标准单位为 kPa 或 MPa。土壤水势也可以厘米水柱高表示，但数字太大，用起来很不方便，故人们把厘米水柱换算成对数的形式，称为 pF 值。pF 值即能反应土壤水吸力能量大小，又能表示出各种水分常数以及与含水量的关系。

### 4.1.3 土壤含水量的表示方法

土壤水分含量的表示方法有很多种，常用的有以下几种。

1. 土壤质量含水量（%）

土壤质量含水量，是指土壤水分质量占烘干土壤质量的百分数。一般也称为土壤自然含水量。

$$土壤含水量（质量\%）=\frac{水分质量}{烘干土质量}\times 100$$

这里为什么要用烘干土质量而不用湿土质量呢?因为湿土质量本身是变化的，故不能以它为基数来计算土壤含水量，只有以烘干土为基数，才能得到土壤水变化的清晰概念。此外，测定土壤养分含量进行计算时，因为以湿土为基数其养分含量大小往往随土壤含水量的变化而不同。为了表示土壤养分含量不受土壤水分含量的影响，便于土壤相互之间养分含量比较，所以要以烘干土为基数进行土壤含水量的计算。

土壤自然含水量是表示土壤水分含量最常用的一种方法，一般在没有特殊说明的情况下，所说的土壤含水量就是指的质量含水量。

### 2. 土壤容积含水量（%）

为了说明土壤水分占孔隙容积的比例，了解土壤水分与空气的相互关系，可用土壤水分体积占土壤体积的百分数表示：

$$土壤含水量（容积\%）=\frac{水分体积}{土壤体积}\times 100$$

土壤容积含水量与质量含水量的关系是：

土壤容积含水量（%）=土壤质量含水量（%）×土壤容重

### 3. 相对含水量（%）

是栽培学上常用的含水量。主要是为了避开不同土壤质地对水分含量的影响，能更好地说明土壤水分的饱和程度、有效性及水、气状况。土壤相对含水量是以土壤实际含水量占该土壤田间持水量的百分数来表示：

$$土壤相对含水量（\%）=\frac{土壤实际含水量}{土壤田间持水量}\times 100$$

例：某土壤的田间持水量为 40%，今测得该土壤的实际水量为 20%，则土壤相对含水量为 50%。

一般认为，土壤含水量以田间持水量的 60%时，或土壤相对含水量为 60%～80%时最适宜植物生长。

### 4. 土壤蓄水量（贮水量）

主要是为了便于比较和计算土壤含水量与降水量、灌水量与排水量之间的关系，常将土壤含水量换算为水层厚度，即以土壤蓄水量或贮水量来表示。

水层厚度=土层厚度×土壤含水量（容积%）。

例：某土层深为 1m，土壤含水量（质量%）为 20%，容重为 1.2，则水层厚度为：

$$1000\times 20\%\times 1.2=240（mm）$$

说明在 1m 深的土层中土壤蓄水量（贮水量）为 240mm。如果以一定面积计算则可以算出一定面积、一定土层厚度土壤蓄水量。上例中如要计算 1 公顷、1 米深土层中的蓄水量则：

$$土壤蓄水量（m^3/hm^2）=240\times 10^{-3}\times 10000=2400（m^3）$$

## 4.1.4 土壤水分的有效性

### 1. 土壤水分常数

土壤水分常数不仅反映了土壤水分的数量和能量水平，也反映了土壤的吸持和运动的状态以及可被植物利用的难易程度。

（1）吸湿系数。又称为最大吸湿量，是指干土在近于水汽饱和的大气中吸附水汽，并在土粒表面凝结成液态水的数量。以吸湿水占烘干土的质量百分率来表示。吸湿系数的大小主要与土壤质地和有机质含量有关。土壤质地愈细，表面积愈大，吸湿系数愈大，有机质含量高的土壤，吸湿系数也大。当土壤的水分含量等于吸湿系数时，pF 值一般为 4.5，或 3141kPa。

（2）凋萎系数。凋萎系数又称萎蔫含水量或凋萎含水量。当土壤含水量降低到一定程度时，植物会产生永久性萎蔫，此时土壤含水量称为凋萎系数。土壤含水量等于萎蔫含水量时，植物细胞因缺水不能维持它的膨压，以致产生永久萎蔫。此时，土壤中的水分形态为全部吸湿水和部分膜状水。凋萎系数是土壤有效水分的下限，也是一般植物吸水能力的底线，约是吸湿系数含水量的 1.5 倍。此时的 pF 值 4.2，或 1520kPa。

（3）田间持水量。在降雨或灌溉后，多余的重力水已全部排走，此时土壤毛管孔隙吸持水分的最大量称田间持水量。一般为田间水饱和后，在防止蒸发条件下 2～3 天内自由水排除至可忽略不计时的含水量。常以干土质量或容积的百分量来表示。田间持水量相当于土壤吸湿水、膜状水和悬着水的全部，一般为土壤吸湿系数的 3 倍。田间持水量与土壤质地、结构及有机质含量有关。质地黏重，富含有机质的土壤田间持水量较大。此时 pF 值 2.7，或 50kPa。

田间持水量为土壤有效水的上限。当悬着水的连续状态即告断裂，此时植物因水分的运动受阻而不能及时吸收到所需要的水分，植物生长将受到阻碍，此时的土壤含水量称为植物生长阻滞含水量。此时 pF 值为 3.9。

（4）全容水量。全容水量是指土壤完全为水所饱和时的含水量，因此又称为饱和含水量。以干土质量或容积的百分数表示。这时土壤孔隙基本上充满了水分，pF 值等于零，水分的有效性高，但土壤通气性差，大多数植物的生长发育受阻，必须及时排水。全容水量包括全部吸湿水、膜状水、毛管水和重力水。

### 2. 土壤水分的有效性

在土壤所保持的水分中，可以被植物吸收利用的水分，称为有效水；不能被植物吸收利用的水分，称为无效水。土壤水分对植物是否有效，主要取决于土壤对水分的保持力与植物根系的吸水力。当植物根系的吸水力大于土壤水分的保持力时，土壤水分就能被植物利用；反之，植物就不能从土壤中吸水。土壤水在不同保持力、不同水分常数状况下的有效性不同，如图 4-2 所示。

图 4-2 说明，超过土壤凋萎系数的水分，才是植物根系能吸收利用的有效水。对旱地土壤来说，土壤所能保持的最大水量是田间持水量，而大于田间持水量的土壤水分则是重力水，这部分水分因重力作用下渗的速度很快，有效性非常低。因此土壤有效水的范围可以用下式表示：

$$A=F-W$$

式中：$A$——有效水范围；

$F$——田间持水量；

$W$——凋萎系数。

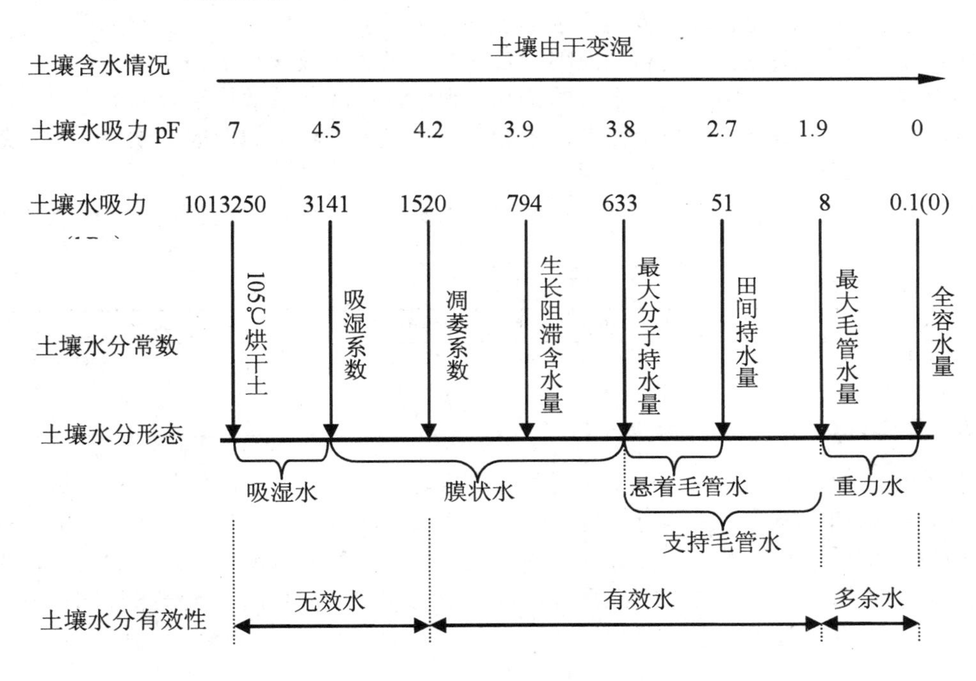


图 4-2　土壤水有效性图解

土壤水分并非全部都能被植物吸收利用，土壤含水量在大于凋萎系数，但又低于毛管断裂含水量，因水的运动比较缓慢，难于及时满足植物的需求量，则属难有效水。在毛管断裂含水量至田间持水量之间的土壤水，因运动速度快，供水量大，能及时满足植物的需要，属速效水。土壤有效水的范围一般与下列土壤因素有密切关系。

（1）土壤质地。土壤质地的不同，土壤的表面积和孔隙状况有很大差异。砂质土壤田间持水量和凋萎系数都很低，有效水范围小，黏土虽然毛管孔隙数量较多，田间持水量较大，但凋萎系数较高，有效水范围也较小。壤土的有效水范围最大，主要因为壤土的孔隙状况最好，田间持水量较大，而凋萎系数较小（见表 4-1）。

表 4-1　土壤质地对土壤有效水范围的影响

| 土壤质地 | 田间持水量（%） | 凋萎系数（%） | 有效水范围（%） |
|---|---|---|---|
| 松砂土 | 4.5 | 1.8 | 2.7 |
| 中壤土 | 20.7 | 7.8 | 12.9 |
| 轻黏土 | 23.8 | 17.4 | 6.4 |

（2）土壤结构。土壤结构对土壤总孔隙度及毛管孔隙度大小影响很大，田间持水量不同。具有良好结构的土壤，由于田间持水量较大，故有效水分含量高。如团聚体发育好的东北黑土，土壤孔隙度达60%左右，其中持水孔隙度可达40%，因此田间持水量可高达40%，并且凋萎系数较小，因而有效水范围可达20%～30%以上。结构不良，质地黏重，有机质含量低的黏质土壤，虽然孔隙度高，但因无效孔隙较多而有效含水范围却很小。

（3）有机质含量。土壤有机质本身的持水量很大，但凋萎系数较高，因此有机质本身对提高有效水范围不明显。但是土壤有机质能促进良好土壤结构的形成，改善土壤有效水的供应状况，可以间接扩大有效水范围。

（4）土壤层位。表层土壤结构良好，田间持水量较大，有效水范围较大（见表4-2）。

表4-2 黑土不同层次的有效水范围

| 层次深度（cm） | 田间持水量（%） | 凋萎系数（%） | 有效水范围（%） |
|---|---|---|---|
| 0～10 | 48.0 | 14.2 | 33.8 |
| 40～50 | 29.5 | 12.3 | 17.2 |
| 200～210 | 20.3 | 9.2 | 11.1 |

土壤水分有效性范围主要是由上面四个因素决定的，改善土壤质地和促进土壤良好结构的形成，是增加土壤持水量和有效含水范围的有效方法。增加土壤有机质含量的目的也是为了改善土壤质地和促进土壤良好结构的形成。此外，若地下水处于适宜深度时，由于支持毛管水的补给，土壤水的供应不受有效水范围的限制。在有良好灌溉条件的地方，土壤水的供应也不受有效水范围的限制。

### 4.1.5 土壤水分平衡因素

1. 土壤水分收支途径

（1）土壤水分的来源与消耗。土壤水的来源主要有大气降水、地下水、径流输入、凝结水和人工灌溉等。在地下水位很深的情况下，通常大气降水是土壤水的主要来源；地下水位较高时，经过毛管上升的作用，使地下水成为土壤水分的重要来源。地势较低处的土壤水分可能明显受到径流输入的影响。由昼夜温差产生的凝结水在干旱、半干旱地区和粗质地土壤上也具有重要的意义。在有灌溉水补给的情况下，由于人为因素的影响，土壤含水量决定于灌水量和灌水频率。

（2）土壤水分的消耗。大气降水除了植被截留和地面径流外，其余部分便进入土壤中成为土壤水。土壤水的消耗主要有向下渗漏、侧向径流、地面蒸发、植物蒸腾等几条途径。

①入渗。入渗是指水分自土壤表层面进入土壤中的过程。通常分为两种情况，一种是：当土壤水分不饱和时，入渗速度较慢；另一种是：当土壤水分饱和时，入渗的实质则是“渗

漏”，是由于水分的重力所形成的。这两种情况在土壤学中均被称为“渗透”。土壤的入渗能力与土壤含水量、土壤物理性质（主要是孔隙状况）、土壤温度等因素有关。较干、质地较粗、结构良好的土壤，入渗能力强；相反，土壤越湿、质地越细、结构越紧密，入渗能力越弱。

土壤入渗能力是土壤的重要性质之一，它决定着降水和灌溉水进入土壤的速度和数量。渗透性差的土壤（如黏土），易产生滞水，从而导致通气不良；渗透性强的土壤（如砂土）则排水性能良好，一般不会产生积水现象，但会造成漏水、漏肥。

② 蒸发。蒸发是指土壤的液态水转变为气态而散于大气中的过程。影响蒸发的因素，有气象因素和土壤因素两个方面。气象因素，主要包括太阳辐射、温度和风力等因子。太阳热辐射量越大、气温越高、气候越干旱、风速越大，则土壤蒸发越强烈；土壤因素，包括土壤含水量、质地、结构、土温、地下水位等因子。土壤湿度越大、温度越高，水分蒸发越快。黏质、紧密的土壤，由于毛管水的连续性好，易蒸发失水，质地较轻和结构性良好的土壤，虽然毛管水的运动速度较快，但也易于断裂（造成毛管水不连续），因此在形成干燥表层后，水分就不易继续蒸发。在地下水位较高的情况下，支持毛管水的上升可大大增加地面蒸发量。

土壤表面水分蒸发的水量有以下三个明显阶段：一是大气蒸发力控制阶段；二是土壤导水率控制阶段；三是水汽扩散控制阶段。降水或灌溉后，土壤湿度很大，水分充足，蒸发速率主要受控于大气蒸发力。土壤失水到一定程度，土水势和土壤导水率都明显下降，这时的蒸发速率就主要靠土壤导水率控制了。当土面形成干土层后，上下层的毛管联系断裂，形成断裂毛管孔隙，土壤水向干土层的导水率几乎为零，因此蒸发速率就主要取决于水汽的扩散速率，这时的蒸发率已经很低。

③ 蒸腾。蒸腾是指土壤水分通过植物茎叶以气态形式散入大气中的过程。在生长着植被的土壤上，有效水的消耗主要是由于植物的蒸腾作用引起的，其耗水量往往远大于地面蒸发。不同的植物类型，其蒸腾水量差异很大。浅根系植物，蒸腾耗水仅限于土壤表层，耗水量也小些；深根系植物，蒸腾耗水范围可达地下 3 米以上的深度，且耗水量大。有时，蒸腾作用不仅能消耗根系附近范围内土壤的有效水，而且还能通过支持毛管水的输导而消耗地下水，对降低某些地区的地下水位有重要意义。

### 2. 影响土壤水分状况的因素

影响土壤水分状况的因素是多方面的，只有了解这些因素及其在特定情况下对土壤水分状况的影响，才能科学、合理地对土壤水分状况进行调节和控制。

（1）气候。降雨量和蒸发量决定土壤的水分状况，但这两个因素在一定的地区都是难以人工控制的。

（2）植被。植被的类型、组成及覆盖度对土壤水分状况都有较大影响。植被蒸腾消耗水分是其影响的一个方面，而植被通过降低地表径流增加土壤水分也是不可忽视的。

（3）地形和水文地质。地形会影响水的再分配，而地下水位的高低决定于地下水是否能够通过毛管上升的作用接近地面，地势低洼、地下水位较高很容易导致土壤的沼泽化。

（4）土壤物理性质。影响土壤水分状况的物理性质是土壤的质地、结构、松紧状况、有机质含量等因素，主要是对水的入渗、流动、分配、保持、排除以及蒸发等具有重要影响。人类通过一系列的生产活动改变土壤的物理性质，也就有效地改善了土壤的水分状况。

（5）人为影响。人为因素的影响主要是通过生产过程中的灌溉、排水等措施调节土壤的水分状况。

## 4.2 土 壤 空 气

土壤空气是土壤肥力又一重要因素，土壤空气和水分共同存在于土壤孔隙中，土壤空气的数量主要决定于土壤水分含量和土壤的孔隙状况，孔隙状况又受到土壤的质地、结构等土壤物理性质的影响，同时也受到耕作情况的影响。

### 4.2.1 土壤空气的组成

土壤空气和大气的成分基本相同，但所含各种气体的数量不同，有的差异很大，主要表现在：

（1）土壤空气中 $CO_2$ 含量高于大气。主要原因是土壤中动植物和微生物的呼吸作用和有机质分解时释放放出大量 $CO_2$，有时土壤中的碳酸盐遇到有机酸和无机酸时也会释放出 $CO_2$。土壤空气中 $CO_2$ 一般为大气的五至数十倍。

（2）土壤中 $O_2$ 含量低于大气。由于生物的消耗作用，使土壤中 $O_2$ 含量低于大气。

（3）土壤中水汽含量一般都高于大气。当土壤含水量超过最大吸湿量时，土壤空气就接近水汽饱和状态，因此土壤中的水汽经常呈现水汽饱和状态

（4）土壤空气中有时含有还原性气体。如甲烷（$CH_4$）、硫化氢（$H_2S$）、氢（$H_2$）等，这种情况多出现在渍水、表土严重板结和有机质嫌气分解的土壤中（见表 4-3）。

**表 4-3 土壤与近地面大气组成比较（体积%）**

| 种类 | $O_2$ | $CO_2$ | 水汽 | 还原性气体 |
|---|---|---|---|---|
| 近地面大气 | 20.96 | 0.03 | 不饱和 | 无 |
| 土壤空气 | <10.00～20.00 | 0.15～2.00 | 饱和 | 有时含有 $CH_4$、$H_2S$、$H_2$ 等 |

### 4.2.2 土壤空气交换

土壤空气交换又称土壤空气更新，是指土壤空气与大气不断进行气体的交换。

土壤是个多孔体，土粒间、土壤结构间有很多孔隙，因此大气气体能透过土壤与土壤空气进行气体交换。

1. 土壤空气的交换方式

（1）土壤空气扩散。土壤中气体分子因浓度梯度或分压不同而产生的移动，称土壤空气扩散。气体扩散是由组成空气的各种气体成分本身的分压导致的扩散运动。混合气体中某气体的分压等于这一气体在混合气体中所占的百分比。如土壤空气中的氧气分压总是低于大气，而 $CO_2$ 的分压高于大气，所以土壤中的 $CO_2$ 不断向大气扩散，大气中的氧气则不断地扩散进入土壤，直到大气和土壤中的 $O_2$ 和 $CO_2$ 浓度趋于平衡。气体扩散时需要一定的孔隙数量，即土壤孔隙度要超过50%，充气孔隙大于10%，而且孔隙质量更重要，并不是所有孔隙均可参与扩散运动，小孔隙、充水或堵塞的大孔隙均不能参与扩散过程。

（2）气体流动。气体流动是由于气候的变化，如气温、气压的变化、刮风、降雨、耕作、灌溉等作用影响而引起的，气体流动仅对土壤表层10cm左右的土壤空气更新起到某些作用，因而它不是大气与土壤空气交换的主要方式。

2. 土壤气体扩散速率

土壤气体扩散速率与扩散截面积中的孔隙部分面积及分压梯度成正比，而与空气通过的实际距离成反比。可以用土壤中的氧扩散率（单位时间通过单位土壤截面的氧的质量）表示，研究表明，氧扩散率下降到 $20\times10^{-8}g/cm^2\cdot min$ 时植物根系即停止生长，一般正常要求 $30\times10^{-8}$～$40\times10^{-8}g/cm^2\cdot min$ 以上，植物才能良好生长。

### 4.2.3 土壤通气性与植物生长关系

土壤通气性是指土壤空气与大气进行的气体交换以及允许土壤内部气体扩散的性能。

土壤通气性与植物生长有着密切关系，通气良好的土壤，土壤空气中氧气充足，才能满足植物正常生长发育的需要，土壤空气状况对植物生长的影响有以下几方面。

（1）影响植物根系发育。绿色植物的根系在土壤中生长，土壤空气必须为植物根系的呼吸作用提供氧气，一般土壤空气中氧气含量低于9%～10%时，植物根系的发育就受到影响；低于5%时，则绝大部分根系停止发育。多数植物在土壤通气良好的条件下，根系长、颜色浅、根毛多，根的生理活动旺盛，根系的吸收功能比较正常；缺氧时，植物根系表现短而粗，颜色较暗，根毛稀少，生理活动受阻，吸收功能大幅度下降。

（2）影响种子的萌发。种子发芽需要一定的水分、热量和氧气。土壤空气中氧气浓度提高可以促进种子发芽，在缺氧条件下会影响种子内部物质的转化。一般种子正常发芽需要氧气的浓度为10%以上，如果低于5%，种子萌发就会受到抑制。此外 $CO_2$ 的浓度也会影响种子萌发，如果 $CO_2$ 的浓度达到17%时，便会抑制种子萌发。在生产中，因种子播种过深、土壤板结等造成土壤通气不良，都会因缺少氧气而影响种子的萌发。

（3）影响土壤养分转化。土壤中大多数的微生物是好气性的。土壤通气良好，好气性微生物活动旺盛，土壤有机质分解速度较快，并为植物提供较多的速效养分；如果通气不良，好气性微生物活动受到抑制，不利于有机质的分解、养分的释放。此外土壤通气不良，土壤中固氮微生物的活动也会受到抑制，同时易发生反硝化作用，导致氮素的损失，不利于氮素的积累。

（4）易导致植物产生病害。土壤通气不良时，土壤中会产生较多还原性气体，如 $H_2S$、$CH_4$、$H_2$ 等，使植物容易产生病害。$CO_2$ 浓度过高，酸性增强，适宜于致病的霉菌发育。通气不良，植物不能正常生长发育，抗病能力下降，易感染病害。

## 4.3 土壤热量

土壤热量即土壤的温度是土壤肥力因素之一。土壤热量状况对植物生长的影响是多方面的，它直接影响种子发芽、植物生长、根系伸展及种子和果实的成熟，同时也影响土壤微生物活动、养分转化及植物对养分、水分的吸收。此外，还影响岩石、矿物的风化和土壤空气、水分的状况。

### 4.3.1 土壤热平衡

#### 1. 土壤热量来源

（1）太阳辐射能。土壤热量主要来源于太阳的辐射能量，太阳辐射对土壤的直接增温效果十分明显。太阳辐射到达地球部分极少（约 1/20 亿）。当然，土壤获得的辐射能量与气候因素有直接的关系，晴朗少云的干旱地区有 75%的太阳能到达地面，而在多云的湿润地区只有 35%～40%的太阳能到达地面。到达地面的太阳辐射能中又有 30%～45%反射到大气中或通过热量辐射损失掉。因此土壤吸收的太阳辐射能与太阳辐射能相比小的很多，尽管如此，太阳辐射能仍是土壤热量的最主要来源。

（2）生物热。土壤微生物在分解有机物质的时候，是放热的过程。所释放的热量，一部分被微生物作为同化作用的能源，其余大部分则用来提高土壤的温度，但与太阳辐射能相比是微不足道的。

生产实践中，在温度偏低的初春，为提高土壤温度，常用马粪、羊粪、驴粪等有机肥料作为温床的酿热材料进行育苗，利用生物热来提高苗床温度。

（3）地球内热。地球内部有大量的内能，可以通过地壳向地表面传递热量，但由于地壳导热能力很差，土壤获得地球内热极少，与太阳辐射能相比，对土壤温度的影响很小。

2. 影响土壤热量因素

（1）地理因素。如气候带、海拔高度、地形等因素。一般随着纬度增高，地面接受的辐射能减少，大气气温逐渐降低，土壤年平均温度也随之降低；海拔高度的不同主要通过温度和湿度的变化，影响土壤热量状况；在坡地上，阳坡接受的太阳辐射能量大于阴坡，所以阳坡土壤温度明显高于阴坡，故有“阳坡土”和“阴坡土”之称。

（2）土壤因素。土壤本身具有一定的热性质，如土壤吸热性、散热性、热容量和导热性等。这些土壤热性质的差异会改变土壤的温度变化情况。

（3）植被覆盖因素。植被覆盖对热量的辐射和传导有隔断作用。植被稀少和完全裸露的土壤因受太阳直射，白天温度升高较快，但夜晚散失热量也快，土壤温度容易降低，因此昼夜温差较大。有大量植被覆盖的情况与之相反。当然植物的种类不同，覆盖程度产生较大差异，也会影响土壤接受太阳辐射能的多少。

### 4.3.2　土壤的热学性质

1. 土壤吸热性与散热性

土壤吸热性是指土壤吸收太阳辐射能的性能。常用反射率来判断，即土壤表面所反射的能量与照射于土壤表面辐射能总量的比值。反射率愈大，土壤吸热性愈差，反之愈强。一般受土壤的颜色、地表状况等多种因素的影响。颜色较深、地面粗糙不平的土壤具有较强的吸热能力。土壤的散热性是指土壤向大气散失热量的性能。主要是通过土壤水分的蒸发和土壤表面向大气辐射进行的。土壤空气的相对湿度较高，大气相对湿度较低，土壤表面与大气产生气压梯度，会使土壤水分不断向大气蒸发而散失热量。在晴朗的夜晚，没有地面覆盖的情况下，土壤辐射较强，散热较多，土壤温度降低较快；而夜晚天空多云，或地面有覆盖物时，土壤散热较弱，降温较慢。在生产上常采用熏烟、盖草、覆灰等措施减少土壤散热，以保护幼苗，预防霜冻。

2. 土壤热容量

土壤热容量是指单位质量或单位容积的土壤每升高 1℃温度时所需要的热量，称土壤热容量。土壤热容量有质量热容量和容积热容量两种表示方法。质量热容量指单位质量土壤每升高 1℃温度时所需要的热量。单位用 J/kg·K，又称土壤比热。容积热容量指单位容积土壤每升高 1℃温度时所需要的热量，单位用 $J/m^3 \cdot K$。在干燥土壤中土壤容积热容量等于土壤质量热容量与土壤容重之积：

容积热容量＝质量热容量×土壤容重

土壤热容量的大小取决于土壤中固、液、气三相组成的比例，土壤中三相物质的热容量差异很大，见表 4-4。

表 4-4　土壤各组成物质的热容量

| 土壤成分 | 质量热容量（J/kg·K） | 容积热容量（$J/m^3·K$） |
| --- | --- | --- |
| 土壤空气 | 1004.832 | 1256.040 |
| 土壤水分 | 4186.800 | 4186.800 |
| 矿物质土粒 | 879.228 | 2329.954 |
| 土壤有机质 | 2009.664 | 2512.080 |

从表中可以看出土壤水分的热容量最大，约为矿质土粒的两倍，土壤空气的热容量最小。土壤中的水分和空气互为消长，因此土壤热容量的大小主要决定于土壤水分含量的多少，土壤水分愈多，空气数量愈少，土壤热容量就愈大，土壤升温缓慢；土壤水分愈少，空气数量愈多，土壤热容量愈小，土壤升温就愈快。一般说来，砂质土的孔隙大，气多水少，热容量小，土温易于升高，也易于下降，黏质土壤水多空气少，热容量大，温度变化小，土温低。在生产上常应用灌水和排水方法来增加或降低土壤热容量，以达到降低或提高土温的目的。

3. 土壤导热性

土壤导热性是指土壤从温度较高的土层向温度较低土层传热的能力。一般用热导率来表示，是单位温度梯度下单位时间内通过土壤截面的热量，单位为 W/m・K 土壤热导率反映土壤传导热量的难易，土壤热导率的大小，也决定于土壤中固、液、气物质的比例（见表 4-5）。

表 4-5　土壤三相物质的热导率

| 土壤成分 | 矿物质 | 水分 | 空气 |
| --- | --- | --- | --- |
| 热导率（W/m·K） | 1.6747～2.0984 | 0.5024 | 0.0209 |

由表 4-5 可以看出，在三相物质组成中，矿物质热导率最大，约为空气 100 倍，水的热导率比空气大 20 倍，空气的热导率最小。因此，影响土壤热导率的主要因素是土壤的松紧状况和土壤含水量。土壤疏松，空气数量大，导热性能较弱；土壤被压紧后，空气数量少，土壤导热性增强。由于水分热导率比空气大，所以水分含量增加，土壤导热性增加。砂土因空气数量多，水分含量少，白天土壤吸热后不易向下层土壤传递，表层土壤增温快，土壤温度较高；夜间表层土壤冷却快，土壤下层的热量又不易向表层传热，土温较低，因此砂土的昼夜温差很大。而保水能力较强的黏土，恰恰相反，白天表层土壤增温慢，土温低，夜间表层降温慢，昼夜温差较小。生产实践中，在冬季来临之前常采取镇压的方法，既可防止寒风袭击植物根部，又利于下层热量向上传导，可以保苗越冬。

# 4.4 土壤养分

植物在生长发育的过程中，必须要有足够的养分供应，这些养分对植物而言是不可缺少的，称为植物生长发育需要的营养元素。土壤养分是指依靠土壤来供给植物必需营养元素。土壤养分是土壤肥力最重要的指标，一般我们常说的土壤是否肥沃，主要是指土壤养分的含量多少。当然土壤养分并不是土壤肥力因素的唯一指标，还受到土壤的水分、空气和热量的制约。

## 4.4.1 土壤养分的种类、来源和形态

### 1. 土壤养分种类

植物正常生长需要的营养元素大约有 20 多种，但必需的营养元素只有 16 种。

（1）大量元素。植物需要量较大的营养元素，通常有碳（C）、氢（H）、氧（O）、氮（N）、磷（P）、钾（K）等 6 种营养元素。其中 C、H、O 约占植物的 90%以上，为最基本的营养元素，它们来自于空气的水，主要是经过绿色植物的光合作用而形成的碳水化合物，不属于土壤养分。N、P、K 三种营养元素来源于土壤，它们是土壤养分的核心，被称为植物营养“三要素”，又称为肥料“三要素”。因此对土壤养分来说 N、P、K 为大量营养元素。

（2）中量元素。土壤中钙（Ca）、镁（Mg）、硫（S）三种营养元素，与 N、P、K 相比，植物需要的相对数量较少，需要量属中等，因此人们称它们为中量元素。

（3）微量元素。土壤养分中除上述 6 种营养元素外，通常有铁（Fe）、硼（B）、锰（Mn）、铜（Cu）、锌（Zn）、钼（Mo）和氯（Cl）等 7 种元素。这些营养元素尽管植物需要的数量较少，但对植物的生理功能和其他营养元素具有同等和不可代替的作用，也是植物必需的营养元素，因此将它们称为微量元素。此外，有的资料表明认为植物需要的营养元素还有超微量元素，如 Na、Co、V、Si 等，但因植物个体种类不同需要量有所差异，有的植物需要，而有的植物却不需要，因此，不将其列为植物必需的营养元素之中。

### 2. 土壤养分来源

（1）来源于岩石矿物中的养分。岩石是由矿物组成，岩石矿物中含有大量营养元素，土壤是由岩石和矿物的风化作用形成的，在风化过程中特别是化学风化作用下，会使岩石矿物中的养分释放出来。岩石矿物中没有氮素，因此不能提供氮素养分，只能提供 P、K、Ca、Mg、Fe 等养分。如土壤的钾，主要是由正长岩、花岗岩、云母片岩在风化时产生的。不同岩石矿物养分的种类和数量不同，所以提供到土壤中的养分种类和数量也不同，如，石灰岩风化后提供钙素，玄武岩能提供铁和磷营养元素。

（2）来源于有机质的养分。微生物是土壤有机质的最初来源，当动植物出现以后，动

植物的有机物残体成为土壤有机物质的重要来源，有机物质含有植物必需的营养元素，养分全面。当有机质分解（矿质化作用）后，植物必需的营养元素又重新进入土壤成为土壤中养分的重要来源，因此土壤有机质的含量越多，土壤养分的供应能力越强。

（3）其他来源。岩石矿物风化和有机质分解是土壤养分的主要来源，岩石矿物的风化作用释放的养分比较缓慢，有机质分解速度较快，因此，在短期内是以有机质分解为土壤养分的主要来源。但土壤中的养分也有其他的来源：①生物的固氮作用。微生物中固氮菌的固氮作用通常为土壤提供大量氮素来源。如每年每公顷生物固氮作用的固氮量可达60～200kg，高的可达300 kg以上。因此，在生产中，将生物固氮菌制成菌剂施入土壤中，间接地增加土壤中氮素含量；②大气降水。工业的生产，排放到大气中各种氮、硫氧化物随着降雨和降雪进入土壤中，成为土壤养分来源又一重要途径；③人工施肥与灌溉。为补充土壤养分的消耗，在栽培植物时人工向土壤中施入大量的无机肥料和有机肥料可增加土壤养分含量；灌溉时，灌溉水可将可溶性的养分带入土壤中，使养分来源的范围不断扩大。

### 3. 土壤养分形态

土壤中养分存在的形态对植物养分的吸收是非常重要的。根据不同的划分方式，养分存在的形态不同。常见的是按照养分的溶解性及有效性划分，一般可将土壤中的养分划分为四种形态：

（1）水溶态养分。能直接溶于土壤水溶液中的养分为水溶态养分，主要是以离子形式存在。如：$NH_4^+$、$NO_3^+$ 、$PO_4^{3-}$、$HPO_4^{2-}$ 、$H_2PO_4^-$ 、$K^+$ 、$Ca^{2+}$ 、$Mg^{2+}$、$SO_4^{2-}$等。其次是少部分的分子量较小、结构简单的有机化合物，如：葡萄糖、氨基酸、尿素、磷脂等。植物吸收养分的形态主要是离子态，因此水溶态养分对于植物来说是速效性的养分。

（2）交换态养分。是指土壤胶体表面吸附的代换性阳离子和阴离子。这些被胶体吸附的离子不能直接被植物所吸收利用，但与土壤溶液中的离子构成一个交换体系。当胶体上吸附的离子被土壤溶液中的离子交换到土壤溶液中，就能够被植物吸收利用。被吸附到土壤胶体表面的离子称为交换态养分，这种交换过程在土壤中不断地进行，所以也将交换态养分看做是土壤速效养分。

（3）固定态（缓效态）养分。土壤矿物中或黏土矿物固定的养分，在一定条件下可释放到土壤中，这类养分为固定态或缓效态养分。如2∶1型黏土矿物中固定的钾、铵，在土壤温度、土壤湿度变化条件下，很容易释放出，成为水溶态或交换态养分可以被植物吸收利用。

（4）难溶性养分。不溶于水，也不能为植物所利用的养分称为难溶性养分，如存在于矿物中或有机物中的养分。这部分养分是土壤中主要养分存在形态，约占土壤养分含量的90%以上。它们需要经过缓慢的风化和分解作用才能释放到土壤中。

土壤中各种养分存在的形态可以相互转化，如水溶态养分能被胶体吸附转化为交换态养分；有机难溶性养分在微生物分解后转化为水溶态养分。

#### 4. 土壤养分的消耗

进入土壤中的养分，在土壤中以各种方式消耗。

（1）植物吸收。随着植物个体的生长发育，植物从土壤中吸收的养分会逐渐增加，不同植物消耗土壤养分的数量也有很大差异。当土壤中养分被植物收获物带走后，就要及时补充，以维持土壤养分的平衡。

（2）雨水淋失。在土壤中含有大量可溶性的养分，这些养分溶于水后，往往随着水分的运动而移动，水分进入地下后会将养分带到下层，甚至进入地下水中，结果使养分从表层土壤中被淋失掉。通常易被胶体吸附的离子不容易被淋失，而不易被吸附的离子，会很快淋失，这样会造成土壤养分，特别是速效养分的损失。

（3）气态逸出。在土壤养分转化过程中，有时会形成气体而从土壤中溢出，这也是土壤养分消耗的一个重要途径。如在通气不良条件下，土壤中的硝酸态氮，经过微生物作用下发生反硝化作用形成氮气而溢出土壤。

（4）土壤侵蚀流失。在坡度较大的地方，强降雨时很容易形成地表径流和侧向径流，也会使土壤养分随之流失。

### 4.4.2　土壤中的氮素

#### 1. 土壤中氮素含量及影响含量因素

我国土壤中氮素含量普遍偏低，而氮元素又是一般植物需要数量较多的一种必需营养元素，但我国大部分地区一般土壤的含氮量并不高，都在 0.2%以下，有的含量不到 0.1%。

土壤中氮素主要的形态为有机氮，所以土壤含氮量与有机质含量有良好的相关性。在相似气候条件下不同类型植被形成的土壤氮素含量不同，一般草本植物下的土壤含氮量大于木本植物；阔叶树种大于针叶树种下的土壤；豆科植物因含有固氮菌而大于非豆科植物。不同气候条件下土壤中氮素含量也不同，温度高、湿度大，微生物活动旺盛，氮元素很难在土壤中积累，土壤含氮量较低；温度较低，氮素容易在土壤中积累，土壤含氮量较高；土壤质地也会影响土壤含氮量，砂土中的含量小于黏土和壤土，主要是因为砂土的通气性较好，温度较高，有利于微生物的分解作用，氮素很难在土壤中积累，土壤含氮量较低；地形和地势对土壤含氮量的影响主要是通过土壤的温度和湿度来表现的。此外，人类在生产过程中会影响土壤的含氮量，如植物施肥、耕作等。

对同一土壤而言，氮在剖面不同层次中的分布也很不均匀，一般是表层含氮量最高，下层递减。

#### 2. 土壤氮素形态

土壤中氮素的形态大致可分为两大类，即无机态氮和有机态氮。

（1）无机态氮。无机态氮是指土壤中氮素以无机盐的形势存在，含量较低，占土壤全氮量的1%～2%。无机态氮的组成主要是铵态氮（$NH_4^+$–N）和硝态氮（$NO_3^-$–N），短期内也可能以亚硝态氮（$NO_2^-$–N）存在，或者以氨气（$NH_3$）的形式存在土壤中，但含量较少。土壤中无机态氮能直接溶于水，可被植物直接吸收利用，是植物从土壤中吸收氮素的主要形态，因此，无机态氮为速效态氮。

土壤的铵态氮因带有正电荷，容易被带负电性的土壤胶体吸附，在土壤中，转变为交换态的养分，不易流失，而硝态氮因带有负电性，在土壤中很少被土壤胶体所吸附，所以很容易被水淋失，并且硝态氮在通气不良的条件下，易发生反硝化作用，造成氮素损失。

（2）有机态氮。有机态氮是指土壤中与碳结合的含氮有机物质的总称，主要包括腐殖质、蛋白质、叶绿素等有机含氮化合物，一般占土壤全氮量的 95%以上。按照土壤中有机态氮的溶解度及水解的难易程度，将有机态氮分为三类：①水溶性有机态氮。含量不超过全氮量的 5%，易溶于水，其化学组成主要有：游离的氨基酸、胺盐、酰胺等，这部分氮素虽然溶于水，因分子量较大，不能被植物吸收利用，在土壤中极易水解成简单的铵离子，而被植物吸收利用；②水解性有机态氮。是指经酸碱处理后，能水解成简单的易溶性的化合物，或直接水解成氨化合物的有机态氮，一般占全氮量的 50%～70%。③非水解性有机态氮。即非水溶性也不能用酸碱处理后促使其水解的有机态氮，一般占全氮量的 30%～50%。

### 3. 衡量土壤氮素养分状况的指标

在土壤学中，常用一些化学指标来衡量土壤的氮素养分状况或土壤的供氮能力，它们取决于氮素的化学形态及形态转化，主要有全氮量、速效氮和碱解氮等。

（1）全氮量。全氮量是指土壤中所有氮素含量的总和，包括全部的无机态和有机态氮。一般以氮素占土壤干重的百分率来表示。全氮量是土壤氮素养分的贮备指标，可以在一定程度上说明土壤氮的供应能力，但土壤中的氮素形态主要以有机态氮为主，所以全氮量高却不一定表明短时期内土壤供氮能力较强。

（2）速效氮。速效氮包括铵态氮（$NH_4^+$–N）和硝态氮（$NO_3^-$ –N）的总和。其中，铵态氮包括土壤溶液中的 $NH_4^+$和胶体上吸附的代换性 $NH_4^+$。硝态氮因不易被胶体吸附，主要存在于土壤溶液中，在土壤中很容易被水淋失。速效氮含量虽然很低，不足全氮量的 1%，但是植物吸收利用的主要形态，因此对植物氮素供应具有重要意义。

（3）碱解氮。碱解氮一般是指植物在近期内（当季植物）可充分利用的氮素。含量介于全氮和速效氮之间，占全氮的 4%～7%，一般单位以 mg/kg 表示。碱解氮在形态上包括易水解的有机氮（如易水解的蛋白质、氨基酸、酰胺等）和速效氮的全部。由于碱解氮反映了土壤近期内氮素的供应情况，因此碱解氮是衡量土壤氮素养分供应状况的一个较好指标。一般认为土壤中碱解氮在 85mg/kg 以上，则反映土壤供氮能力较强。

4. 土壤氮素的循环

自然界中氮素主要是以氮气形式存在于大气当中，大气中的氮占地球氮素总量的 78%以上。大气中的氮素以各种不同途径进入土壤生态系统中，并在该系统进行各种转化，最后又以各种方式离开土壤环境系统。土壤中氮素的来源主要有生物的有机残体、生物固氮作用、大气降水与灌溉水、人工施肥等途径，而土壤生态系统中氮素的消耗一是被植物重新吸收利用；二是以气态的形式逸出进入大气；三是以硝态氮的形式被淋（见图 4-3）。

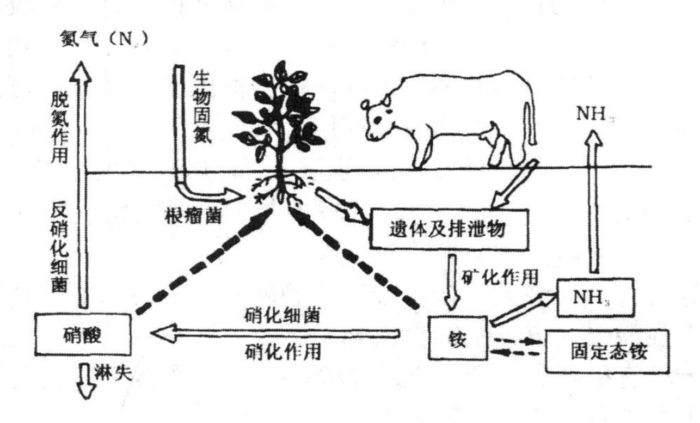


图 4-3　土壤氮素循环示意图

### 4.4.3 土壤中的磷素

1. 土壤中磷素含量及影响含量因素

我国土壤磷素含量很低，一般全磷量在 0.04%～0.25%之间，变化幅度非常大。土壤中磷素含量的变化趋势是由南到北逐渐提高。土壤含磷量与形成土壤的母质有关，因磷在风化地壳中的迁移率很小，在风化体及土壤中的含量常常和母岩的矿物质组成有直接的关系，所以不同母质条件下形成的土壤含磷量有很大差异，母岩为酸性岩石中的含磷量远远小于母岩为基性岩石中的含磷量；因为地形可以改变水分和热量的重新分配，因此，不同地形地势条件下土壤含磷量也有显著差异；土壤剖面层次也会影响磷素的含量，一般土壤剖面的上层高于下层，原因是根系的吸收作用和胶体对磷的吸附作用形成的。而土壤中的速效磷与气候条件、土壤的酸碱性有关，也与土壤有机质含量、耕作时期的长短及生产管理有关。

2. 土壤中磷素的形态

土壤中磷素的形态可分为无机态磷和有机态磷两大类，二者的比例因土壤母质含磷量和土壤有机质含量而异。有机磷和无机磷之间是可以相互转化的。

（1）无机态磷。无机态磷约占土壤全磷的 50%～80%，是由土壤矿物质分解释放的，因此土壤无机磷与成土母质的类型有关。土壤无机磷根据植物对磷吸收程度可分水溶性磷、弱酸溶性磷和难溶性磷三种类型。

水溶性磷是指碱金属的各种磷酸盐和碱土金属的一代磷酸盐，主要有磷酸二氢钾（$KH_2PO_4$）、磷酸二氢钠（$NaH_2PO_4$）、磷酸氢二钾（$K_2HPO_4$）、磷酸氢二钠（$Na_2HPO_4$）、磷酸一钙 $Ca[(H_2PO_4)_2]$、磷酸一镁$[Mg(KH_2PO_4)_2]$等。在土壤溶液中，这些化合物中的磷大多以离子态存在，即 $H_2PO_4^-$、$HPO_4^{2-}$和 $PO_4^{3-}$。它们是能够被植物直接吸收利用的磷素养分形态。水溶性磷在土壤中可被土壤中的铁铝氧化物、铁铝的有机络合物、硅酸盐黏土矿物等胶体物质所吸附，而变成吸附态的磷。吸附的磷酸根离子一部分是可逆的，可以通过阴离子代换作用释放到土壤溶液中被植物吸收利用。

弱酸溶性磷主要是碱土金属的二代磷酸盐，如磷酸二钙（$CaHPO_4$）、磷酸二镁（$MgHPO_4$）等。它们虽然不溶于水，但能溶解于弱酸，是弱酸溶性的磷，也能被植物较好地吸收利用，因此它和水溶性磷都属于有效磷。

难溶性磷占土壤无机磷的绝大部分，难溶性的磷即不能被水所溶解，也不能被弱酸所溶解，有时能溶解于强酸中，植物不能吸收利用。主要有磷灰石类、磷酸高钙类等。

（2）有机磷。土壤有机磷约占全磷量的 20%～50%，来源于有机肥料和生物残体。因此有机质含量高的土壤中有机磷含量较为丰富，所占比例也高。

土壤有机磷主要有磷酸肌醇、磷脂、核酸、核苷酸、蔗糖、膦酸酯和微量的核蛋白等。土壤中的有机磷除少部分能直接被植物吸收利用外，大部分通过微生物和酶的作用，才能逐渐分解释放出无机磷酸供植物吸收利用。

### 3. 土壤中磷素的固定和释放

在一定条件下土壤有效磷可以转变为难溶性的磷，磷的有效性下降，这个过程称为磷的固定；而难溶性磷转化为有效磷的过程叫磷的释放，磷的固定和释放总是处于不断的变化过程中。

（1）磷的固定。在酸性土壤中，水溶性磷和弱酸性磷与土壤中的铁和铝及代换性铁和铝发生作用，形成难溶性的磷酸铁和磷酸铝而失去有效性。在富含铁铝的红壤、专红壤、黄棕壤中，磷酸盐被铁铝的氧化物胶膜包蔽，形成溶解度更低的闭蓄态磷，也会失去磷的有效性。

磷酸一钙→磷酸铝、磷酸铁→闭蓄态的磷酸铁、磷酸铝

在中性和碱性土壤中，水溶性磷酸盐和弱酸溶性磷酸盐与土壤中的钙和镁形成磷酸高钙和磷酸高镁而被固定，首先形成磷酸二钙（镁），有效性降低，继续作用会形成磷酸八钙（镁），甚至磷酸十钙（镁），完全失去了磷的有效性。

磷酸一钙→二水磷酸二钙→无水磷酸二钙→磷酸八钙→磷酸十钙

（2）磷的释放。已经被固定的磷或原有难溶性的磷在一定条件下能够转化为水溶性的

磷而被活化。首先是土壤 pH 值的下降。在中性或石灰性土壤中，难溶性的磷酸盐可以在植物的呼吸作用及微生物分解有机质作用所产生的二氧化碳和有机酸的作用下，逐渐转化为易溶性的磷酸盐：

$$Ca_3(PO_4)_2+H_2CO_3 \rightarrow CaHPO_4+CaCO_3$$

$$CaHPO_4+H_2CO_3 \rightarrow Ca(H_2PO_4)_2+CaCO_3$$

其次是螯合作用。植物根系和微生物都具有分泌螯合剂的能力，有机质分解过程中也能产生类似的物质。螯合剂通过螯合难溶性磷酸盐中的金属离子，从而把磷酸根释放出来：

$$Ca_3(PO_4)_2+X\text{（螯合剂）} \rightarrow H_2PO_4^-+Ca—X$$

$$Al(Fe)(OH)_2 \cdot H_2PO_4+X\text{（螯合剂）} \rightarrow H_2PO_4^-+Al(Fe)—X$$

此外，土壤 *Eh* 值（氧化还原电位）的下降能使土壤中高价铁还原为低价铁，从而使部分磷释放出来。一般在酸性土壤淹水后，*Eh* 值下降，可以促进磷酸铁、铝盐的水解，提高磷酸铁、铝盐中磷的有效性；同时，可使包被在闭蓄态磷酸盐外层的氧化铁还原成亚铁，提高铁的溶解性，消除包膜而释放出磷。

#### 4. 衡量土壤磷素养分状况的指标

衡量土壤磷素养分状况的指标通常采用全磷量和速效磷两种。

（1）全磷量。土壤全磷量是指土壤中磷素的总量。过去习惯用 $P_2O_5$ 量占土壤干重的百分率（$P_2O_5$%）来表示，目前趋于统一使用纯 P 含量百分率（P%）。

土壤中绝大部分磷以迟效态存在，如难溶性磷和有机磷。不能满足植物近期内对磷的需要。因此，全磷量只能表现出土壤磷素养分贮备或潜力的一个相对指标。但是，土壤全磷是有效磷的基础贮备，它反映了土壤不断补充有效磷消耗的最大可能性，所以全磷量很低的土壤往往是缺磷的。据研究，当土壤全磷量（含磷量）低至 0.04%以下时，植物表现出缺磷症状，施用磷肥效果比较明显。

（2）速效磷。为了表示土壤近期内供磷能力，一般用速效磷。速效磷是指土壤中能被植物吸收利用的磷。通常包括水溶性磷、弱酸溶性磷和被土壤胶体吸附的磷。土壤速效磷的含量较低，并且含量随季节波动较大，因此需要在植物生长季内定期监测才能明确说明土壤供磷情况。

### 4.4.4 土壤中的钾素

#### 1. 土壤中钾素含量及影响含量因素

我国土壤全钾量（$K_2O$）一般在 0.5%～2.5%之间，主要取决于母质和风化淋溶程度。钾长石、云母类及次生黏土矿物所形成母质发育的土壤一般含钾量较高。总的来看，我国土壤中钾的含量由北到南呈递减的趋势。主要原因是南方高温高湿，风化强烈，淋失严重所造成的。

一般质地黏重的土壤含钾量往往较高；而砂质土由于主要为石英类矿物，故含钾量大都很低。另外土壤含钾量也受到耕作和施肥管理的影响。

### 2. 土壤钾的形态及其有效性

根据钾素在土壤中存在的形态及对植物的有效性，可以将土壤中的钾素分为水溶性钾、交换性钾、固定钾和矿物钾四种形态。

（1）水溶性钾。是指以离子的形态存在于土壤溶液中的钾。植物可直接吸收利用，但含量很低，一般为全钾量的 0.1%～1%。水溶性钾总是与交换性钾保持一定的动态平衡。

（2）交换性钾。是被吸附在土壤胶体（腐殖质和黏土矿物）上的钾。一般为全钾量的 0.5～2%。交换性钾与水溶性钾都容易被植物吸收利用，故被合称为速效钾。

（3）固定钾（非交换性钾）。主要指 2∶1 型黏土矿物层间固定的钾和黑云母中的钾，一般占土壤全钾量的 2%～10%。固定钾可以缓慢释放而转化成水溶性钾或交换性钾，对土壤钾的供应和保存起着调节作用，因此固定钾也称为缓效钾。

（4）矿物钾。是指存在于原生矿物中的钾，如钾长石、白云母中的钾。土壤中的钾绝大部分属矿物态钾，一般占全钾量的 90%～98%，植物不能吸收利用，只有在长期风化过程中逐渐释放转化为速效性钾后，才能被植物利用。矿物钾是土壤钾的贮藏库，释放过程极其缓慢，因此属于迟效性钾。

### 3. 土壤钾的固定和释放

土壤中四种形态的钾是可以相互转化的，它们总是处于复杂的动态平衡之中，这种复杂的转化和平衡关系决定了土壤钾素养分的供应和协调状况（如图 4-4 所示）。

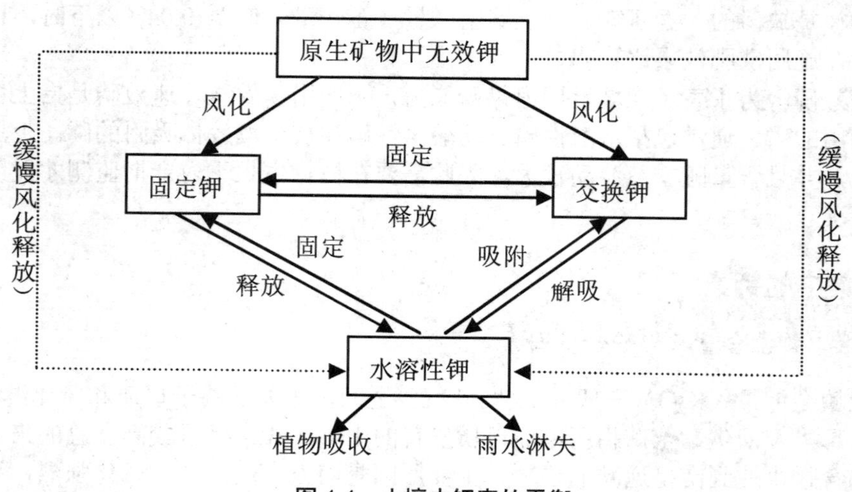


**图 4-4 土壤中钾素的平衡**

（1）土壤中钾的释放。土壤中钾最初来源是含钾矿物（如长石、云母等）的风化。含钾矿物经风化作用后，特别是化学风化作用可以释放出钾。含钾矿物的风化速度主要取决于矿物本身的稳定性和环境条件两个方面。在湿热的气候条件下，含钾矿物风化和淋溶强烈，钾释放快，淋失也多，特别是土壤存在大量的酸性物质会加速风化作用。释放的钾一部分被 2：1 型黏土矿物晶格所固定，转化为固定钾；另一部分被土壤胶体吸附成交换性钾或以速效钾的形式被植物吸收利用，其余的钾被雨水淋失掉。

土壤钾由固定钾转化成交换性钾和水溶性钾也是钾的释放。当土壤中水溶性钾被植物吸收或被淋失时，固定钾就会不断地释放出来转化为交换性钾和水溶性钾。这种形态转化对土壤的供钾能力有重要意义。

（2）土壤中钾的固定。土壤中的水溶性钾及交换性钾（速效钾），在一定条件下也可被黏土矿物固定，从而转化为非交换性钾（缓效钾），此为钾的固定。土壤钾的固定主要是 2∶1 型黏土矿物晶格的固定，当 2∶1 型黏土矿物吸水膨胀时，钾离子进入晶格层间，土壤干燥收缩时，钾离子被镶嵌在晶格层间内的孔穴中而成为缓效钾。一般 2∶1 型黏土矿物的固钾能力为：蛭石>伊利石>蒙托石，高岭石的固钾能力很小。因此土壤中 2∶1 型黏土矿物含量愈多，溶液中钾离子浓度越高，钾的固定也就越严重。

在生产中，为防止或减少钾的固定，提高钾肥利用率，在施用化学钾肥时一般采取分次适量的原则，适当集中施用，减少与土壤的接触面积，深施、施后覆土，不宜面施等，以减少钾的固定。

#### 4. 衡量土壤钾素养分状况的指标

（1）全钾量。土壤全钾量是土壤中各种形态钾的总量，一般以 $K_2O$ 占干土的百分率来表示，反映了土壤钾素的最大潜在供应能力，是钾素养分的贮备指标。

（2）缓效钾。土壤缓效钾包括 2∶1 型黏土矿物层间固定的钾和黑云母矿物中的钾。因黑云母是极容易风化的矿物，在土壤中释放的速度相当于非交换性钾，因此将黑云母中的钾看做是缓效钾。缓效钾量与土壤的供钾能力关系密切，它在一定程度上不但标志着土壤的供钾潜力，也标志补充速效钾消耗的潜力。

（3）速效钾。土壤速效钾包括交换性钾和水溶性钾两种形态，其中交换性钾占 90%以上，水溶性钾一般不足 10%，占土壤全钾量的 0.2%～2.5%。土壤的速效钾含量是衡量土壤近期内可供植物吸收利用钾的数量。

以上主要介绍了土壤中氮、磷、钾三种营养元素的含量及影响因素，土壤中氮、磷、钾存在的主要形态以及在土壤中的转化。除氮、磷、钾营养元素以外，土壤养分还有中量元素和微量元素，详见第 6 章。

# 4.5 土壤肥力因素的调节

土壤肥力主要表现在水、肥、气、热的绝对量及它们相互的协调性，土壤水、肥、气、热的协调性是土壤肥力重要标志。人们在生产中通过调节土壤水、肥、气、热的相互关系，使诸因素能更好地协调，以达到提高土壤综合肥力水平的目的，为植物生产提供较好的土壤环境条件。

## 4.5.1 土壤水、气、热的调节

土壤水、气、热三者有着相互联系、相互影响、相互制约的关系。在三种肥力因素中，土壤水分因素为主导性因素，水分含量的变化，会导致土壤空气和热量条件的变化。因此，在实际生产中，通过调节土壤水分来调节土壤的空气和热量。

### 1. 合理灌溉和排水

灌溉是最常见的水分调节方式，通过人工灌溉的方法能够及时地补充土壤中的有效水，以充分满足植物各生长发育阶段对水分的需求。灌水的时间、数量、方式、方法根据具体情况决定，一般在天气干旱、土壤含水量降到相对含水量的60%左右，而植物又处在需水临界期（即再不补充水会影响植物正常生长）的时候，即可考虑进行灌溉。

（1）灌溉方式。主要的灌溉方式有以下几种：

① 漫灌、淹灌。一般在大量缺水的情况下采取的主要灌溉方式。此种方法对土壤结构破坏性较大，消耗水量多，同时易使可溶性的养分淋失，在不是大量缺水的时候一般不采取这种方法。

② 沟灌。沿定植行开沟，在垄上种植，适应于多种高档蔬菜（除叶菜外）及果树等。沟灌比漫灌节水40%～60%。

③ 滴灌。按支、毛、发管顺次连接铺设，支管管径为25mm，毛管管径10mm，发管管径1mm。支管是总管，沿过道铺设，毛管沿定植行铺设，均埋在地表下30cm左右。发管是滴灌系统的终端，接毛管伸出地表后环绕在所要浇灌的植物上，用压力泵把水经支、毛、发管输送到植物根部。与漫灌比较，大约节水75%左右。

④ 渗灌。利用橡胶管或专门生产的渗灌管，接直径1.5cm的毛管埋在垄下30cm深处，直径0.8mm的渗水孔呈辐射状分布毛管上，通过一定压力进行灌溉，比滴灌节水约15%。此种方法虽然较好，但需要的成本较高，一般地区很难推广。

⑤ 喷灌。是一种比较常用的最佳的灌溉方式。水通过固定或移动的水管喷嘴喷出，类似人工降雨。这种方法不破坏土壤结构，节约用水，并可随时进行土壤灌溉。

（2）灌水定额。灌水定额是指一次灌水单位面积上所需的灌水量。灌水量取决于湿润土层的厚度、土壤保水能力（田间持水量）以及湿润土体所占比例，可用下列公式计算：

灌水定额（$m^3/m^2$）=（田间持水量%－土壤实际含水量%）×土壤容重×面积（$m^2$）×湿润深度（m）

如有一土壤田间持水量为 30%，当时测定该土壤含水量为 14%，土壤容重为 1.5，如要灌溉 667$m^2$（1 市亩）的面积，使 0.5m 深的土层中的水分达到田间持水量，问需灌水多少（$m^3$）？

$$灌水量（m^3）=（30\%-14\%）\times 1.5\times 667\times 0.5=80m^3$$

夏季土壤温度过高时，灌水、洒水也可以使土表及根系活动层范围内的土温下降至适宜程度，这对防止幼苗根茎灼伤及保护植物根系不受高温危害有重要意义。

（3）排水。在降水量大、地形平坦或低洼、地下水位高、土质黏重、土壤透水性差的情况下，土壤往往处于不定期的、周期性的或长期性的积水状态，因此，必须排除多余的水分。排水的方式有明沟排水、暗沟排水、暗管排水等（如图 4-5 所示）。

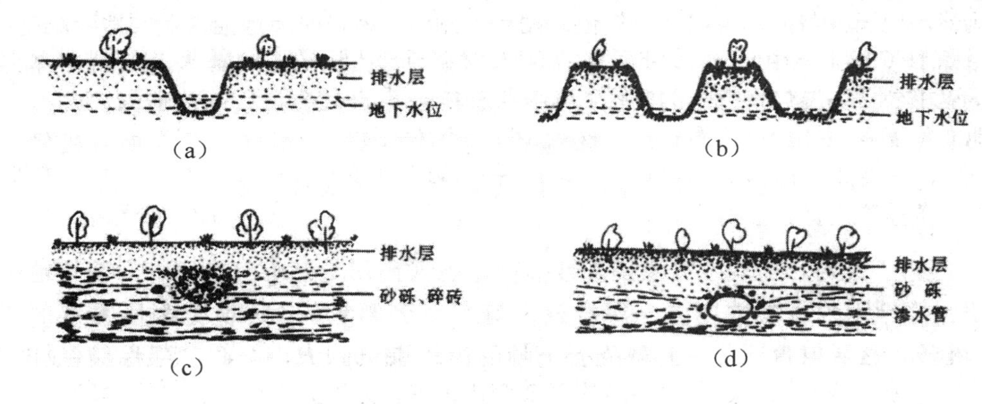


**图 4-5　几种排水方式示意图**

（a）明沟排水　（b）高台排水　（c）暗沙沟排水　（d）暗管排水

排水能够改善土壤的通气状况，降低土壤热容量，土壤温度容易升高，促进植物生长。尤其是早春季节，更有利于播种和育苗。

2. 合理耕作和施肥

通过耕作和施肥可以使土壤疏松，增加土壤的通气和透水性能，改善土壤的物理性质。耕作，除了通常所说的耕翻土壤外，还包括耙耱、中耕、松土、镇压等。通过耕翻、松土，有利于水分迅速渗入土壤，减少地表径流和侧向径流，增加土壤田间持水量；同时增加土壤的大孔隙度，有利于土壤通气，并使土壤易于升温，使水、气、热状况更趋协调。合理耕作还可以切断毛管，减少深层土壤水分向地表运动，减少地面水分蒸发和杂草对水分的消耗，对土壤保水有显著作用；中耕又可破除土壤表面的结壳或板结层，疏松土壤，有利于通气和渗水。植物幼苗生长期间，中耕可以清除杂草，防止杂草与幼苗根系争夺水分和养分。在北方砂质土或过于疏松的土壤，在含水量较低时，对表土镇压可防止蒸发面下移并减少土壤水的气态扩散，有时也能使深层土壤水分上升以满足种子发芽或幼苗生长的需要。施用有机肥料、种植绿肥可以改良土壤结构，使土壤变得更为疏松，提高土壤持水量，同时改善土壤的透水性和通气性，而且能够增加深层土壤的贮水量，有利土壤温度的提高。

3. 地面覆盖，保墒增温

地膜覆盖，具有极显著的保墒、增温效果，既有效地防止水分蒸发，又可避免阳光直射导致高温“烧苗”，夜晚还有保温作用，预防晚霜。特别是在苗圃、花圃建植的初期，作用非常明显。

地面覆盖在强降水时，可以有效地缓解降水对土壤的冲刷，提高土壤对降水的保蓄功能和渗透作用，可减少水土（肥）的流失，避免植物根系外露影响生长。

此外，地面覆盖能调节田间小气候。据有关测定，盛夏时节地面覆盖的地表温度比未覆盖的低15℃以上。由此可见，地面覆盖可有效调节近土层的小气候，防暑降温，能有效地防止夏季烈日高温灼伤表层的根系，有利于保护根系的正常生长发育和吸收功能。

地面覆盖物主要用塑料布、草、松针、砂、草木灰等，也可以就地取材，如豆秆、麦秆、稻草、油菜秆、玉米秆、青草、猪牛粪等都可以。覆盖厚度一般为5～10cm左右即可，并可以在覆盖物上撒一层薄土。

### 4.5.2 土壤养分的调节

在植物的生长发育期间，土壤养分总是存在着保持与损失、积累与消耗、有效化与固定的矛盾，使养分状况总是处于不断的复杂变化之中。为提高土壤肥力，协调肥力因素之间的关系，除调节土壤水、气、热状况以外，还应当对土壤中的养分状况进行调节，更好提高土壤综合肥力。

（1）合理施肥，调节土壤养分。合理施肥一般要求配合施用，即有机肥料与化学肥料、生物肥料的配合施用。施用化肥能够直接增加土壤中的有效养分，满足植物对养分的需求，而施用有机肥除直接增加养分外，还有改良土壤、培肥地力的重要作用，并对水、气、热状况及其协调有重要影响。同时有机肥料能够增加土壤胶体，提高土壤保肥供肥能力，对土壤酸碱性变化有较强的缓冲能力，也能促进土壤微生物活性，刺激植物生长，消除农药残毒和重金属污染等。

（2）保护凋落物层，维持养分循环。植物每年有大量凋落物回落到土壤中，凋落物分解后又重新释放出各种有效养分，供植物再次吸收利用。因此生产中采取相应的技术措施，保护凋落物层，以增加土壤有机质的含量。如秸秆还田、保护林下及花木丛下的凋落物层对维持植物与土壤间的养分循环具有重要作用，也是增加养分供应和改良土壤的重要途径。

（3）合理轮作，协调土壤养分。不同植物对养分的种类和数量要求不同，它们的根系深度和吸收养分的能力也各不相同，合理轮作能起到相互补充，协调利用养分的效果。在农业生产中连作不但会引起植物病虫害的严重发生，而且会造成土壤养分的单一消耗，使土壤养分失去平衡，不利于连作作物的生长。不同植物间轮作，可以将作物与绿肥轮作、间作和套种，既可协调土壤养分，又可以增加土壤有机质含量。在绿地土壤中，乔、灌、草相结合的复式植物配置有利于协调利用不同层次深度的土壤养分，也能起到养地的作用。

土壤水、肥、气、热因素不是孤立存在的，肥力因素之间存在着复杂的相互联系、相互制约、相互作用的关系，其中某一因素的变化，都可能会引起其他因素的相应变化。生产中调节土壤水、肥、气、热等肥力因素时，要和自然因素、栽培植物、人类生产活动等相互联系，综合分析它们之间的矛盾及其变化，正确认识土壤肥力因素变化的客观规律。只有掌握了这些变化规律，才能对各肥力因素及其相互关系进行科学、合理的调控，以长期维持较高的综合肥力水平。

## 4.6　复习思考题

1．土壤水分形态有哪些？具有什么特点？
2．常用土壤水分含量的表示方法有哪些？
3．什么是凋萎系数和田间持水量？
4．土壤有效水范围与哪些水分系数有关？影响有效水范围因素有哪些？
5．简述土壤空气组成与大气的主要区别。
6．土壤通气性与植物生长有什么关系？
7．影响土壤热量因素有哪些？
8．土壤养分有哪些主要形态？
9．衡量土壤氮素指标有哪些？
10．土壤中磷素固定的方式有哪些？
11．简述土壤中钾素形态及有效性。
12．如何调节土壤水、气、热状况？
13．如何进行土壤养分的调节？

# 第 5 章　我国主要土壤类型

**【学习目的和要求】**　通过本章学习，掌握土壤形成过程实质，了解土壤的主要形成过程、土壤分类原则及我国土壤分类体系，理解我国土壤分布的规律性，了解我国主要土壤类型的分布、特点，掌握保护地土壤的特性和管理及营养土配制的原则、方法和处理等。

## 5.1　土壤的分类与分布

### 5.1.1　土壤形成过程实质

自然土壤是在成土因素（母质、气候、地形、生物、时间）综合作用下形成的，其形成过程也就是土壤肥力的发生、发展过程。

土壤是地球营养物质的地质大循环与生物小循环过程的产物，地质大循环形成了成土母质，生物小循环从地质大循环中累积了生物所必需的营养元素。由于有机质的累积、分解和腐殖质的形成，发生、发展了土壤肥力，最终使岩石风化产物脱离了成土母质而形成土壤。

1. 物质的地质大循环

岩石的风化产物通过各种不同的物质运动形式，最终流归海洋形成海洋沉积物，经过漫长的地质演变，海洋又可能上升为陆地，这些海洋沉积物成为岩石又裸露在地表，营养物质的这种循环过程称为地质大循环。

在岩石风化过程中，原生矿物的分解和次生矿物的合成是土壤形成的重要环节。从土壤形成作用的观点来看，物质的地质循环，使固结在岩石中的营养元素释放，成为生物可以利用的有效元素；固结状态的岩石成为地表松散堆积物，产生了一定的蓄水性能和通气性能。其中，次生黏土矿物的形成以及吸附、交换一定数量的阳离子，使土壤具有保肥性能。这就为地球生命和陆地植物的生存、演化和发展，创造了适宜的环境条件。

2. 物质的生物小循环

岩石风化释放出来的无机盐类，一部分被植物吸收利用成为活有机体，另一部分仍保存在风化产物中或遭受淋失。活有机体死亡后，经微生物分解为植物能吸收利用的可溶性矿质养料，并可通过微生物的合成作用形成腐殖质在土壤中不断积累。有机质的这种不断分解和合成过程改善了土壤的理化性质，增强了土壤的透气性和保蓄性，形成了能满足植物对空气、水分、养料需要的良好环境，这一过程称为生物小循环。

从土壤发生学角度看，太阳辐射能、地质循环过程产生的营养元素，被绿色植物吸收并以有机化合物形式固定和保存这一潜在的能量和营养物质元素，随后被共生的土壤动物和微生物分解和利用，构成物质与能量的生物循环。据统计，通过陆地植物光合作用，每年大约蓄积 $9.044\times10^{17}$J 左右的巨大能量，全部陆地的生物物质的总量为 $3\times10^{12}$～$1\times10^{13}$t，其中森林生物物质居首位，达 $10^{10}$～$10^{12}$t，草本植物为 $10^{10}$～$10^{11}$t，居其次，但草本植物的更新速度较快，生物学循环强度较森林植被要大得多。动物物质约为 $n\times10^9$，无脊椎动物占其中的99.8%。生物圈系统中的物质生物小循环对地球表层系统进行着物质与能量的累积和再分配，其结果就是在土壤表层形成土壤有机残体和腐殖质，犹如巨大的能量和营养元素储存库，再通过生物小循环而不断地得到更新，高效能地被生物利用（如图 5-1 所示）。

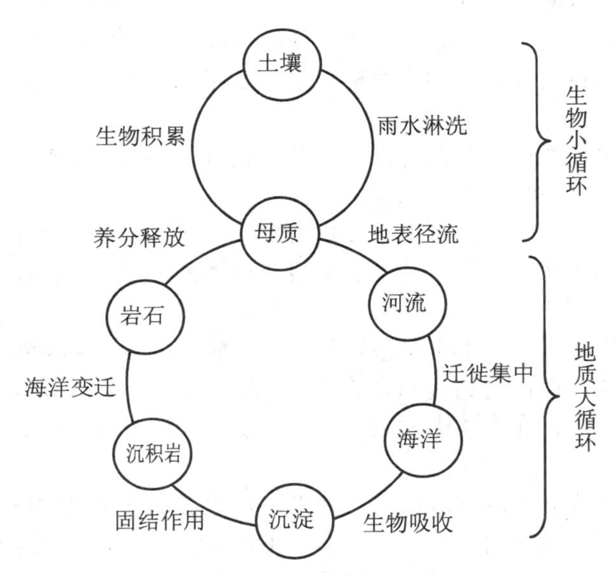


**图 5-1 地质大循环与生物小循环的关系**

土壤的形成过程实质就是地质大循环与生物小循环的综合作用。气候和生物对这两个循环都起作用，只是大循环以气候作用为主，小循环以生物作用为主。母质虽是地质大循环的产物，但它本身对两个循环的方向和强度都有重大影响。地形影响着地表物质和能量的重新分配，使不同地形部位的土壤存在水、肥、气、热状况的差异，从而也影响到土壤形成过程的方向和强度。时间则决定着其他各个成土因素作用的进度与程度。

### 5.1.2 土壤原始形成过程

土壤形成过程的实质，就是在一定的时间、空间条件下，在大气、生物与岩石综合作用下进行复杂的物质与能量作用过程。其中，物质的地质大循环和生物小循环过程的对立和统一是土壤形成过程中的普遍规律。

岩石风化作用使大块变成小块和碎屑，经化学风化形成新的物质，并释放养分；同时，植物与微生物在母质的基础上进行有机质的合成与分解，并参与矿物的风化作用。土壤的原始形成过程因成土因素的差异而表现不同的形式，它们都包含在土壤形成过程的两类循环中。

（1）崩解。崩解指在高寒山区或干旱内陆地区，由于水热条件差，风化作用停留在崩解阶段，形成粗骨土或石质土。主要的原因是由于岩石的热胀冷缩，湿胀干缩等物理变化引起岩石破碎。在温带中的花岗岩、页岩、千枚岩和石英岩地区，土体中崩解作用的痕迹也较明显，常含较多的石砾或粗沙。

（2）盐化。主要发生在干旱、半干旱地区或滨海地区，蒸发量远大于降雨量，使可溶性盐分较多的地下水通过毛管上升的作用进入土壤表层，经强烈的蒸发后，逐渐在地表或局部地段聚积的过程。

土壤中的盐分以氯化物或硫酸盐为主，少数地区有较多的碳酸钠。盐化的结果，使土壤剖面表现出盐积特征，或者形成盐积层。

（3）碱化。也是发生在干旱、半干旱或滨海地区。指交换性钠离子不断进入土壤并被吸附在土壤胶体表面的过程。碱化的结果是形成交换性钠含量很高的钠质层。盐化或碱化过程往往会同时发生。

（4）钙化。钙化指在干旱、半干旱条件下，土壤碳酸钙发生淋溶和淀积的过程。矿物风化过程中释放出来的易溶性盐类大部分被淋失，而硅铁铝等氧化物在土体中基本不发生移动，最活跃的元素钙，则在土体中发生淋溶、淀积，并在土体的中、下部层位形成富含游离碳酸钙的钙积层。

（5）淋溶。指土壤物质以悬浊液或溶液状态，从土壤的一个层次或几个层次向下迁移的过程。这个过程与下渗水流的作用有关，多发生在湿润条件下，结果使易溶性盐类和碳酸钙淋失，盐基饱和程度降低，有时还有黏粒（或胶粒）的损失。

（6）灰化。在寒湿、郁闭的针叶林植被下，贫盐基的凋落物或苔藓分解产生的各种有机酸（主要是富里酸及低分子脂肪酸等），随着下渗水流进入土体，对土壤矿物发生溶解、水解或螯合裂解作用，使铁、铝活化并与有机质结合，一起从上层向下淋溶，并在下层淀积，使上层土体中 $SiO_2$ 相对富集，结果在表层形成一个灰白色淋溶层次，称灰化层。

（7）黏化。黏化指土体中黏土矿物的形成和积累的过程。一般分为次生黏化和淀积黏化，前者指土体内化学风化所形成的黏粒就地积累，后者指黏粒以悬浮液形式，自剖面上部向下淋洗并淀积于一定深度土层内。一般在土体心部黏粒有明显的聚积，形成一个较黏重的层次，称黏化层。

（8）白浆化。白浆化指在季节性还原淋溶的条件下，土壤中的黏粒与铁、锰离子自表层随水移动，在表层之下形成黏粒含量高而铁锰贫乏的漂白层，而该层之下形成淀积黏化层的过程。一般多发生在较冷凉湿润地区，大气降水或融冻水常阻滞于土壤表层，从而引起铁、锰还原。当水分过多时，一部分低价铁锰以侧渗方式流出土体之外，另一部分则在干季就地形成铁锰结核，使土壤表层逐渐脱色，形成一白色土层，称白浆层。

（9）硅铝化。温带湿润或半湿润气候条件下，母岩中的原生矿物经缓慢的化学风化（特别是水解作用），形成以 2∶1 型黏土矿物为主的风化层或沉积物的过程。

（10）铁铝化。铁铝化指在高温多雨的气候条件下，矿物岩石发生剧烈化学风化，原生和次生铝硅酸盐类矿物彻底分解为氧化铁、氧化铝和氧化硅等，其中的氧化硅易向下淋失，而氧化铁、铝相对富集的作用过程。铁铝化作用的结果使土壤中黏粒部分以 1∶1 型黏土矿物或铁、铝氧化物占优势，此过程多见于热带和亚热带地区。

（11）有机质积累。有机质积累是指植被下有机质在土壤表层积累的过程。沙漠土或干旱草原土植被稀疏，土壤表层有机质含量多在 1%以下，属于淡色表层。草原土常形成浅薄的暗腐殖质表层；草甸土由于植被茂盛，表层有机质含量较高，腐殖质组成以胡敏酸为主，形成深厚的暗腐殖质表层（黑土层）；森林土壤在地表有凋落物层，有机质积累明显，表土大都为暗腐殖质表层；高寒区草甸土由于有机质转化作用弱，腐殖化程度低，为草毡状有机表层；沼泽土由于地面长期潮湿，湿生植被的残体在嫌气条件下分解极慢，并合成大量的腐殖质，在剖面上常形成厚度不定的黑色泥炭层。

（12）潜育化。潜育化是指土体因长期渍水处于一种还原条件下，土壤中高价铁、锰被还原为低价铁锰化合物，形成一颜色呈灰蓝或青灰的还原层次的过程，此层次称为潜育层。

（13）熟化。熟化指在耕作条件下，通过耕种、培肥与改良，促进土壤水、肥、气、热诸因素不断协调，使土壤向有利于植物高产方向转化的过程。

以上各种原始土壤成土过程在我国的地理分布状况，大体上是西部以崩解作用占优势，盐化、钙化也很明显；西南高原上的高山区则还有高寒草甸土的有机质积累过程；东部地区淋溶作用明显，并且从北到南逐渐加强；灰化仅见于东北部的北缘以及其他地域的高山区；湿润地区北部以硅铝化占优势，南部则以铁铝化作用为主。

### 5.1.3　土壤的分类与分布

#### 1. 土壤的分类

土壤分类指按照土壤共性和相互联系，划分出土壤类型的完整体系，拟出土壤分类系统。主要目的是能够反映土壤在发生学和地理分布的规律性，揭示各种土壤本身的属性，为土壤区划、土壤调查制图提供基础资料。

土壤分类在 20 世纪的 50～80 年代期间，基本采用前苏联的土壤地理发生分类制，80

年代中期我国研究制定了中国土壤系统分类制。我国现行的分类系统是在1984年全国土壤分类会议讨论的基础之上，由全国土壤分类修改小组修订而成，采用六级分类制，即土纲、土类、土属、土种、变种，前三级为高级分类单元，以土类为主，后三级为基层分类单元，以土种为主。全国土壤共分12个土纲、57个土类、204个亚类。

（1）土纲。土纲是土壤分类最高级别，属于共性的归纳，依据主要成土过程产生的性质划分，由若干成土特征相近的土类归纳而成。全国共分为十二个土纲，即铁铝土、淋溶土、半淋溶土、均腐殖土、钙层土、漠土、初育土、半水成土、水成土、人为土、盐碱土、高山土等。

（2）土类。土类是土壤分类的高级分类单元。是具有一定的成土条件和剖面形态特征的土壤组合，其划分依据是：

① 具有相同的成土条件，如：生物、气候、水文等条件；

② 具有相同的主要成土过程；

③ 具有基本相同的剖面层次和类似的肥力水平；

④ 利用改良和提高土壤肥力的途径大体相同。

（3）亚类。亚类是土类的辅助单元，是在土类范围土类之间的过渡类型和衔接者。它除了反映土类主要成土过程之外又附加其他的成土过程，如暗棕壤土类主要成土过程是腐殖质的积累和弱酸性淋溶过程，因地势低洼又附加了潜育化过程，则出现潜育暗棕壤亚类，因此亚类具有地方性特征。划分亚类的依据是：

① 每一种亚类具有地方性生物、气候、水文等条件；

② 在土类范围内，主要成土过程相同，但是有附加成土过程；

③ 剖面形态与性质基本一致，改良利用方向相同。

（4）土属。土属是承上启下的分类单元，是在区域因素的影响下产生的变异，主要的划分依据：

① 成土母质的类型。如暗红壤亚类根据母质类型划分为玄武岩暗红壤、千枚岩暗红壤、花岗岩暗红壤等；

② 地方性水文地质条件。如地下水盐分组成产生的差异。

（5）土种。土种是地理发生学分类中的基层分类单元，是土壤剖面形态、发育层段及生物特性、生产性能均相一致的一组土壤。

土种是地区性土壤分类的基本单元，主要根据土壤发育程度、土层厚度、腐殖质层厚度划分土种，如厚层、中层、薄层黑土。土种间只有量上的差异，而无质上的区别。

（6）变种。变种是土种范围内的续分，反应土种范围内局部变异，可根据土壤表层质地，一般以耕作层或表层性状变化来划分，如耕性、养分含量等。

## 2. 土壤的分布

（1）土壤地带性。把土壤与自然地理地带相一致有规律的地理带状分布特性称为土壤地带性。也就是说，土类（或亚类）在陆地上，大体是呈带状分布的。土壤是在各种成土因素的综合作用下形成的，对于一定的生物、气候带，会形成相应的土壤带。土壤地带性可分为水平地带性和垂直地带性。

① 水平地带性。土壤水平地带性又可分为土壤纬度地带性和经度地带性。

土壤纬度地带性是指土壤沿纬度地带分布的规律性。一般来说，各种土类的形成都有一定的热量条件，位于一定的土壤纬度带内。自然植被随纬度的变化也有一定的规律性。因此使土壤的形成沿纬度变化具有带状分布。我国的土壤纬度地带性主要表现在东部湿润区，地带谱自北而南，依次为：棕色针叶林土—暗棕壤—棕壤—黄棕壤—黄壤、红壤—赤红壤—砖红壤，这些土壤都为地带性土壤。

土壤经度地带性是指土壤沿经度分布的地带性，又叫土壤的相性或土壤气候相。在同一纬度水平地带内，由于经度不同，土壤所处海陆位置的差异引起土壤分布差异的规律性。在我国温带地区因东南季风气候和西伯利亚冷气团交互影响，以及山体呈东北到西南走向，故土壤类型分布的规律性呈东北—西南向。因此我国土壤从东北向西南分布依次为：暗棕壤—黑土—黑钙土—栗钙土—棕钙土—灰钙土—灰漠土—棕漠土。这些土壤也是地带性土壤。

② 土壤垂直地带性。土壤垂直地带性是指土壤类型随着海拔高度的变化而呈有规律的分布，这种规律性叫做土壤垂直地带性。一般是由于山地的气候和植物种类的变化而引起土壤类型具有规律性分布。如长白山土壤垂直带谱从上往下依次为：棕毡土—棕色针叶林土—暗棕壤—草甸土—沼泽土。

（2）土壤地域性。除土壤地带性分布规律之外，土壤分布还具有地域性特征。我国地域地形复杂，母质种类多，而且有地形、植被、水分等自然条件的影响，故在地带性土壤中穿插着一些非地带性土壤，即地域性土壤。如在黑土地带低洼地区有草甸土、沼泽土的分布，这类土壤又被称为非地带性土壤。

## 5.2　我国主要土壤类型简述

我国土壤的类型较多，主要是由于我国地域辽阔，南北跨纬度较大，约 50°，东西跨经度 60°以上，并且地形起伏多变，气候状况自南而北变化较大，造成植被的类型也是千变万化，因此成土过程多样，最终导致不同地区分布着不同的土壤类型。

### 5.2.1　砖红壤、赤红壤、红壤、黄壤

#### 1. 砖红壤

砖红壤是热带地区的地带性土壤类型，主要分布在海南岛、雷州半岛、云南西双版纳

和台湾南部一带，大约北纬22°以南地区，高温多雨，年平均气温22～24℃，年降雨量1800～2000mm，面积较小。

砖红壤主要的成土过程是发生强烈的铁铝化作用，岩石经长期风化和淋溶作用，可以形成数米至十几米的酸性或强酸性铁铝风化层。原生植物为热带雨林或季雨林，每年有大量的凋落物进入土壤，虽然微生物的分解作用非常强烈，有机质积累过程仍很显著，暗色表层厚度为15～25cm。

砖红壤土层深厚，一般可达2～3m，发生层明显，有腐殖质层、淋溶层等。主要特征是土质黏重，多为壤质黏土，但不同母质发育的砖红壤，质地差异较大；砖红壤的阳离子交换量很低，表层CEC低于100mmol/kg。在高度风化强烈淋溶作用下，土壤中大量盐基离子被淋失，土壤盐基饱和度小于12%，为高度不饱和土壤，供肥能力弱，pH值一般4.5～5.5，为酸性至强酸性反应。土壤养分含量低且变幅大，有机质含量一般6.2～25.0g/kg，全氮量0.3～1.2g/kg，全磷量0.5～1.8 g/kg，全钾量10 g/kg左右。表层土壤微量元素中铁、锰含量丰富，普遍缺乏硼和钼。

砖红壤适宜种植热带经济作物、水果等，特别是橡胶。还有胡椒、咖啡、油棕、可可、剑麻、椰子、香蕉、芒果、腰果、菠萝等。在利用土壤的同时可增施有机肥料及磷、钾肥，适量施用硼、钼肥。因土壤为酸性或强酸性反应，可用石灰中和其酸度。

砖红壤主要的亚类有：砖红壤、暗色砖红壤、黄色砖红壤等。

### 2. 赤红壤

赤红壤曾称砖红壤性红壤，是南亚热带代表性土壤，具有砖红壤向红壤过渡的特征。主要分布在北纬22°～25°之间，以广西西南部、广东西部和东南部，云南西部最多，此外，福建、台湾、海南、西藏也有分布。

赤红壤主要的成土过程是富铝化作用和生物积累作用。这两种作用较红壤强，较砖红壤弱。土壤质地表层多为壤质黏土，B层为黏土；阳离子交换量较低，平均为71mmol/kg左右，盐基饱和度约为10%～30%，土壤呈强酸性反应，pH值在4.5～5.0之间；有机质含量较低，养分缺乏，特别是磷、钾、钙、镁等养分含量更低。

赤红壤比较适宜种植棕树、木荷、荔枝、龙眼、香蕉、黄皮、木瓜、柚、桃、油茶、砂仁、三七、八角等。生产中重点应解决干旱、贫瘠的问题，重点施用有机肥料和磷肥，辅助施用其他的矿质肥料及微肥。

赤红壤主要亚类有：赤红壤、暗色赤红壤两类。

### 3. 红壤

红壤是中亚热带高温高湿条件下，由于受富铁铝风化作用形成的酸性至强酸性，含一定铁铝氧化物的红色土壤。

红壤主要分布在长江以南广阔的低山丘陵地区。范围大致在北纬24°～32°之间，包括江西、福建、浙江、湖南大部分，云南、广东、广西等地北部，以及贵州、江苏、四川、安徽、湖北等地东南部。

红壤主要的成土过程是脱硅富铝化作用和生物积累作用，但所受作用强度不如砖红壤。红壤土层深厚，剖面通体呈红色，黏粒含量较多，高达 30%以上，质地黏重，在 B 层可见大量的铁、锰锈斑或结核；土壤阳离子交换量较低，平均约为 65.7 mmol/kg，盐基饱和度在 20%左右；土壤呈酸性或强酸性反应，pH 值在 4.0～6.5 之间，多数在 5.5 左右；土壤有机质含量变异较大，一般在 0.45～50g/kg，磷、钾素含量较低，属于严重缺磷、钾的土壤，微量元素中硼、锌的含量均在缺乏范围之内。

红壤适宜种植杉树、油茶、竹、马尾松、油桐、柑橘、樟树、及李、枇杷等，在发展粮食生产的同时积极发展经济林木。为防止水土流失，改善土壤较黏重的性质，生产中多施用有机肥料、磷钾肥及硼锌微肥等，并对改良土壤及增加土壤养分具有重要作用。

红壤主要有红壤、暗红壤、黄红壤、褐红壤 4 个亚类。

#### 4. 黄壤

黄壤是湿润亚热带地区的主要土壤类型，多分布在海拔 700～1200m 的中山地区，主要在云贵高原及四川盆地的边缘山地，以及湖南、广西、广东、福建、浙江、安徽、湖北等部分地区。

黄壤的生物积累作用较红壤强而富铝化程度较砖红壤、红壤都弱，土体较红壤薄，剖面发育良好，具有明显的黄化作用，质地黏重。主要的剖面层次有腐殖质层、淀积层、母岩层；表层有机质含量较高，可达 10%以上，土壤中氮、磷、钾、钙等生物富集作用比较明显；盐基饱和度在 10%～30%之间，土壤为酸性反应，pH 值为 4.5～5.5。

黄壤适宜种植烟草、茶等。为了培肥地力，可种植绿肥以增加土壤有机质的含量，也可种植豆科作物和玉米间种黄豆来提高土壤肥力。为了改良土壤理化性质，客土掺砂是一项有效的措施，并结合施用石灰改良土壤过酸的缺点。

黄壤的主要亚类有：黄壤、暗黄壤、表潜黄壤、漂洗黄壤、黄壤性土等。

### 5.2.2 黄棕壤、棕壤、暗棕壤

#### 1. 黄棕壤

黄棕壤是北亚热带地区的地带性土壤类型，主要分布的范围大体是北纬 23～34°之间，集中分布在江苏、安徽两省的长江沿岸以及鄂北、陕南、豫西南的丘陵低山地区，黄棕壤多出现在山地垂直带谱中。

黄棕壤是黄壤地带和棕壤地带的过渡土壤类型，因此兼有棕壤和黄壤的某些特点。自然植被为常绿落叶阔叶混交林，森林下多灌丛草甸植被，自然植被下的黄棕壤是由凋落物

层、腐殖质层、黏聚层和母质层所组成。由于强烈的风化和淋溶作用，土壤质地，黏化层明显，甚至形成黏盘，铁锰胶膜在土壤结构体表面普遍出现，有时有铁锰结核积累层；淋溶作用强烈，土体中的盐基多被淋失，土壤呈酸性，pH 值 5～6 之间；土壤阳离子交换量变化幅度较大，约在 200mmol/kg 左右，盐基饱和度在 30%～70%之间；土壤中有机质含量为 20～40g/kg，全氮量为 0.31～1.97g/kg，全磷量在 0.22～0.50g/kg 之间，全钾含量低于 10g/kg 左右，土壤中磷、钾的含量较低。

黄棕壤比较适宜种植油茶、油桐、柑橘、桃、梨、苹果等植物。在土壤利用时，多以种植绿肥为土壤改良的重要途径，把种植绿肥纳入轮作轨道，即可以增加土壤有机质和养分含量，又可改良土壤性质，同时结合施用磷肥，可起到以磷保氮和以磷增氮的作用。

黄棕壤的主要亚类有三个亚类，即黄棕壤，黄褐土和黄刚土等。

2. 棕壤

棕壤是湿润暖温带落叶阔叶林下发育的地带性土壤类型，分布的大体范围在北纬 32°～43°之间，主要集中分布在辽东和山东半岛半湿润、半干旱的垂直地带中，北起吉林省的四平，向南经辽宁省东部，至苏北丘陵，分布广泛。

棕壤由于夏季暖热多雨，土壤风化强烈，在形成大量黏土矿物的同时，释放许多游离铁和活性二氧化硅，并形成硅铁酸盐黏土矿物。土壤有覆盖层、淋溶层、淀积层和母质层，暗棕色，有明显的黏化现象，有铁锰胶膜、铁锰结核等新生体。土壤呈微酸性至中性反应，pH 值小于 6～7，土壤剖面由上到下酸性逐渐增强；土壤阳离子交换量在 150～300mmol/kg 之间，盐基饱和度 70%左右，盐基离子多为钙镁离子；土壤中腐殖质含量较高，可达 50～150g/kg，氮、磷、钾养分比较丰富。

棕壤适宜种植的作物种类较多，如玉米、高粱、小麦、大豆、甘蔗、谷子、棉花和烟草等；绿化植物有松属、板栗、山茶花、杜鹃、一品红等植物。

棕壤的主要亚类有：棕壤、草甸棕壤、棕黄壤和潮棕黄土等。

3. 暗棕壤

暗棕壤是湿润温带夏绿针阔叶混交林下发育形成的土壤，主要分布在东北地区的小兴安岭（海拔 800m 以下）、长白山（海拔 1100m 以下）、完达山和大兴安岭的东坡（海拔 600m 以下）排水比较良好的地方，范围主要涉及黑龙江、吉林、内蒙古三省，在四川盆地西缘海拔 2800～3700m 的山坡地带，在北亚热带的秦岭南坡和湖北西部神农架海拔 2200～3000m 地带，青藏高原边缘山地也有分布。

暗棕壤的成土作用是生物积累作用和弱酸淋溶过程，剖面层次有覆盖层、淋溶层、淀积层和母质层。土壤质地适中，结构良好，具有良好的通透性。土壤中因含腐殖质较多，因此阳离子交换量很高，多在 200～400mmol/kg 之间，土壤的保肥性能较好。表层土壤的盐基饱和度较高，可达 60%～80%，下层土壤代换性氢、铝含量增多，盐基饱和度有所下降，土壤呈弱酸性反应，pH 值 5.0～6.0 之间；土壤有机质含量表层较高，可达 100～150g/kg，土壤中氮、磷、钾养分极其丰富。

暗棕壤土壤理化性状较好，质地适中、结构良好，在山区边缘和林区开垦土壤适宜种植农作物、蔬菜及栽培果树和药用植物等，但如果生产中管理粗放，会使土壤有机质和养分含量大幅度下降，造成土壤性质的恶化，因此，加强对耕作暗棕壤的管理是非常重要的。

暗棕壤的主要亚类有：典型暗棕壤、潜育暗棕壤、草甸暗棕壤和灰化暗棕壤等。

### 5.2.3 褐土、潮土

#### 1. 褐土

褐土是半湿润暖温带地区森林、灌木、草原等植被下发育的土壤，主要分布在河北、山西境内的燕山、太行山两侧的丘陵、谷地，东至山东省胶东半岛前缘，西南端直至河南省的郑州、潼关一带，大体构成东北至西南走向的褐土带与棕壤地带分布相并行。

褐土成土作用是具有明显的黏化作用和钙积作用，并具有较好的生物积累作用。褐土质地以壤质土为主，淀积层中黏粒聚集明显，土壤剖面一般有淋溶层、黏化层、钙积层和母质层，土体为褐色；褐土阳离子交换量较高，约 150～400mmol/kg，盐基饱和度在 80%以上，呈中性至弱碱性反应，pH 值为 7.0～8.0；土壤中表层有机质含量较低，一般为 10～20g/kg，全氮量在 0.4～1.0g/kg 之间，由于受土壤石灰性的影响，降低了土壤中磷的有效性（磷被固定），土壤也容易缺乏铁、锌、硼等微量元素。

褐土适种的作物种类较广，有小麦、玉米、高粱、棉花、大豆、谷子和烟草等，绿化植物如侧柏、刺槐等。褐土的耕作基本上是两年三熟，由于长期的耕翻、耙晒及施肥管理，使之成为具有较高产量水平的熟化土壤。

褐土的亚类有褐土、淋溶褐土、碳酸盐褐土、草甸褐土及黄垆土、潮黄垆土等。

#### 2. 潮土

潮土主要发育在河流沉积物上，受地下水活动影响经过耕种熟化的土壤。主要分布在暖温带半干旱、半湿润地区的冲积平原、河谷平原和盆地。在我国主要分布在华北平原、黄河中、下游平原和长江中、下游平原，还有汾河、渭河等河谷平原，是非地带性土壤。成土母质为河流冲积物，少部分为湖积物。

潮土典型剖面具有耕作层、亚耕层、氧化还原特征层和母质层。受沉积物的影响，潮土的质地多变，剖面质地具有多样的特点。潮土大多数含有碳酸钙，具有石灰性反应，阳离子交换量在 50～250mmol/kg 之间，盐基饱和度较高，土壤 pH 值在 8.0 左右；土壤中有机质含量较低，一般在 5～15g/kg 之间，全氮量 0.2～1.1g/kg，潮土中速效性养分钾的含量较高，因土壤多呈石灰性反应，所以速效磷的含量较低，有的不足 0.5mg/kg。

潮土适宜种植的农作物比较广泛，而适宜种植的绿化树种有毛白杨、大关杨、刺槐、侧柏、泡桐等。有潜育层的潮土可栽种榆树、旱柳。有盐化、碱化的潮土可栽种柽柳、枸杞、苦楝等。

潮土的主要亚类有：黄潮土、褐土化潮土、潜育化潮土、盐化潮土和碱化潮土等。

### 5.2.4 黑土、黑钙土、栗钙土、棕钙土

#### 1. 黑土

黑土形成的气候属半湿润季风气候，主要的植被为草原化草甸类型，以杂草（五花草塘）群落为主，植物种类多，无明显优势种。

黑土主要分布在东北平原，黑龙江省和吉林省的中部，集中在松嫩平原和三江平原，地势波状起伏的“漫川漫岗”地带，土层深厚，土质肥沃。此外，在黑龙江省东部和北部以及吉林东部也有少量的分布，北、东两侧与白浆土或暗棕壤毗邻，西部与黑钙土相连。

黑土的成土过程是腐殖质积累过程。黑土夏季温暖多雨，植物生长茂盛。由于黑土中每年有大量有机物质进入土体中，土壤冻结时间长，土壤的通气不良，微生物活动较弱，有机质得不到充分分解，使土壤的有机质积累大于有机质的分解，因而形成了深厚的腐殖质层。

黑土剖面层次一般有 4 个层次，即腐殖质层、过渡层、淀积层和母质层。腐殖质层深厚，可达 30～70cm，有的甚至在 1m 以上。土壤质地比较黏重，多为壤质黏土和黏壤土，土壤结构良好，团粒含量较高。土壤容重较低，多在 1.0g/cm$^3$ 左右，孔隙度大，持水量高，通气性较差；全剖面无石灰反应，呈中性至微酸性反应，pH 值 5.5～7.5 之间；因土壤富含腐殖质，所以阳离子交换量很高，一般在 250～350mmol/kg 之间，交换性阳离子以 $Ca^{2+}$和 $Mg^{2+}$为主，盐基饱和度高达 90%以上，有的甚至达到盐基饱和状态；土壤中有机质含量很高，一般在 30～70g/kg 之间，表层含量最多。土壤中的养分含量丰富，全氮量 1.0～6.0g/kg，全磷量为 0.1～0.3g/kg，因黏土矿物以伊利石为主，所以钾的含量也很丰富，在 8～15g/kg 之间，微量元素多半可能缺乏或处于缺乏边缘，因此应重视微肥的施用。

黑土疏松、肥沃，有机质含量丰富，是我国北方地区重要的粮、油、经济作物生产基地，绿化树种适宜种植杨树、核桃楸、水曲柳、落叶松、桦树等。

黑土的主要亚类有：黑土、草甸黑土、表潜黑土、白浆化黑土等。

#### 2. 黑钙土

黑钙土是温带半湿润草甸草原植被下发育形成的土壤。黑钙土主要分布在黑龙江省和吉林省的西部和内蒙古的东部地区，在新疆天山北坡、阿尔泰山南坡也有较大面积分布，青海、甘肃两省的祁连山东部北坡也有零星分布。

黑钙土主要的成土过程是腐殖质积累作用和钙积作用。由腐殖质积累作用形成较厚的腐殖质层，钙积作用使碳酸钙淋移到土层下部聚积起来，形成明显的钙积层。

黑钙土有腐殖质层、舌状层、钙积层、母质层等层次。黑钙土表层质地多为黏壤土至壤黏土，但土壤的结构良好，疏松多孔；黑钙土阳离子交换量一般在 200～300mmol/kg，盐基离子组成以 $Ga^{2+}$为主，其次还有 $Mg^{2+}$、$Na^{+}$、$K^{+}$等，土壤多呈中性至微碱反应，pH 值为 7.0～8.5；土壤表层有机质含量丰富，一般为 25～100 g/kg，向下含量逐渐减少。土壤中的氮、磷、钾含量丰富，但大多数黑钙土都缺乏微量营养元素。

黑钙土肥力较高，但黑钙土地区的气候干燥、风大、春旱比较严重，如果管理不当会使土壤肥力大大下降，因此在生产时要注意用养结合，增施有机肥料、发展灌溉，防止土壤肥力下降及土壤侵蚀的发生。黑钙土适宜栽培的绿化树种有杨树、落叶松、樟子松、水曲柳、锦鸡、丁香等。

黑钙土的亚类有黑钙土、淋溶黑钙土、石灰性黑钙土和草甸黑钙土等。

3. 粟钙土

栗钙土是温带半干旱草原下形成的土壤类型，其地貌条件复杂多样，有高平原、平原、丘陵、山间盆地等，但主要为剥蚀高原，一般在海拔 200～3000m 之间。

栗钙土土带位于黑钙土与棕钙土之间，主要分布在内蒙古高原东、南部，鄂尔多斯东部，呼伦贝尔高原的西部及大兴安岭山地的东南麓。在阴山山地、贺兰山、祁连山、阿尔泰山、天山、昆仑山等山间盆地和垂直带中也有广泛分布。

栗钙土成土过程主要是弱腐殖质积累作用和强钙积化作用。腐殖质层薄，基本为栗色或灰棕色，腐殖质含量也较低。钙积层常出现在 30～50cm，呈粉末状、假菌丝体、斑纹状、结核或层状。

栗钙土的剖面层次主要有腐殖质层、钙积层及母质层；阳离子交换量较低，一般为盐基饱和土壤，土壤呈弱碱性及碱性反应，pH 值 7.0～8.5，随土壤深度而增加；土壤有机质含量较低，一般在 19～38 g/kg 之间。氮、磷、钾及微量元素含量都较低，尤其是氮素及微量元素。

粟钙土是我国主要牧业基地，也是北方重要的旱作农业区。因地区干旱，因此栗钙土地区在生产中必须注意水资源开发，建立一整套抗旱保墒的耕作措施，以保证作物对水分的需求。

栗钙土主要亚类有栗钙土、暗栗钙土、淡栗钙土和草甸栗钙土等

4. 棕钙土

棕钙土是在温带较干旱条件下形成的土壤类型，是草原向漠境过渡的一种地带性土壤。主要分布在内蒙古高原和鄂尔多斯高原西部、新疆准噶尔盆地。此外在狼山、贺兰山、祁连山、天山、昆仑山等垂直地带上也均有分布。

棕钙土的形成过程，主要是草原成土过程，既有腐殖质积累过程，又有碳酸钙积累过程，同时也有荒漠成土过程。其腐殖质积累作用比栗钙土弱，而碳酸钙积累作用比栗钙土强。

棕钙土的剖面由腐殖质层、碳酸钙淀积层和母质层构成。棕钙土地表普遍砾质化和砂化，在灌丛之下，常积沙成为小沙丘，形成棕钙土地表特有的景观。在非覆砂地段，地表常有微弱的多角形裂缝及薄假结皮，并生长大量地衣。棕钙土的质地较轻，多为砂壤至轻壤土。腐殖质含量较低，一般为 10～20mg/kg，土壤中的养分含量也较低；阳离子交换量不高，盐基饱和度基本达到饱和状态，土壤代换钠占代换量的 10～35%，因此土壤呈碱性或强碱性反应。pH 值 8.0～9.5，从上向下有逐渐增高的趋势。

棕钙土地区主要为牧区，局部有灌溉农业，因水分条件较差，发展农业必须有灌溉条件，适宜的树种有锦鸡儿、山杏、沙柳等。

棕钙土的主要亚类有棕钙土、淡棕钙土和草甸棕钙土。

### 5.2.5 草甸土、沼泽土、盐碱土

#### 1. 草甸土

草甸土是非地带性土壤，常出现在地带性土壤中，在我国分布非常广泛，我国草甸土分布面积从北到南和从东到西有逐渐减少的趋势。主要分布在河流两岸、冲积平原、泛滥地、湖泊沿岸山间低地等，并与沼泽土成复区存在。我国松嫩平原、三江平原、辽河平原、内蒙古高原和川西北高原及藏南谷地均有分布，山区亦有分布。

草甸土是在草甸化作用下形成的，地上植被由喜湿性植物组成，其地下水位较高使土壤常处于湿润状态，保证了草甸植被能良好的生长发育。

草甸土的剖面主要由腐殖质层和锈色斑纹层组成。腐殖质层深厚，可达 30～80cm 之间，有的甚至可达 100cm 以上，颜色呈暗灰—灰色。锈色斑纹层多为棕色或黄棕色，因地下水位较高，且季节性变化较大，常出现大量锈斑。土壤中有机质含量非常丰富，一般在 30～100g/kg 之间，含氮、磷、钾量很高，微量元素也比较丰富；土壤阳离子代换量一般在 100～250mmol/kg 之间，盐基饱和度一般为饱和或接近饱和，土壤 pH 值在 6.5～8.5 之间。

草甸土的物理性质较好，水分条件优越，并且养分含量丰富，酸碱性适宜，因此，草甸土的适种范围比较广泛。

草甸土的亚类有草甸土、石灰性草甸土、白浆化草甸土、潜育化草甸土、盐化草甸土和碱化草甸土等。

#### 2. 沼泽土

沼泽土也是非地带性土壤类型，主要分布在低湿地带，我国主要分布在东北地区，沿

海、西南各省山地及西藏高原局部低洼地带均有分布。

沼泽土的形成过程主要是土壤表层有机质的泥炭化或腐殖化和土壤下层潜育化过程。由于草甸植被长期生长，使土壤有机质不断积累，有机物大量吸水，土壤形成嫌气条件，草甸植被因缺乏氧气及有效态氮素而逐渐死亡，使一些适应这种环境的密丛草本植物逐渐生长繁茂，形成沼泽景观。由于土壤过湿或积水，微生物活动受到抑制，有机物质不能充分分解，而以粗有机质和半腐有机质形式积累于地表，形成泥炭层；在干湿交替的条件下，土壤发生潜育化作用，在土壤的下层形成蓝灰色的潜育层。

土壤剖面层次有位于沼泽土上层的泥炭层和下层的潜育层。土壤有机质含量极高，一般在 100～500g/kg，有的甚至高达 600 g/kg 以上，全氮量较高，可达 25g/kg，但磷、钾的含量一般很低。沼泽土通常呈酸性，有的达强酸性，pH 值为 4.5～6.5 之间。

沼泽土经排水后可开垦为旱田，在有充足水源的条件下，也可开垦为水田，林业可垦作苗圃或作落叶松、水曲柳、胡桃楸等耐湿树种的造林地。沼泽土利用时必须注意加施磷、钾、钙等肥料。

沼泽土的亚类有草甸沼泽土、腐殖质沼泽土、泥炭沼泽土、腐殖质泥炭沼泽土等。

### 3. 盐碱土

盐碱土是盐土和碱土的总称，属于非地带性土壤类型，分布于干旱、半干旱、半湿润和滨海地区，呈斑块状、条带状或连片状，分布范围非常广泛，在我国主要分布在西北、华北、东北地区以及滨海地带。

盐土指含有大量可溶性盐类的土壤。一般由于盐分浓度大，土壤溶液的渗透压高，影响植物吸收水分和养分。

盐土的形成主要是盐化过程，在干旱和半干旱气候区蒸发量大，地下水位相对较高，矿化度较大（地下水中含各种可溶性盐的总克数，称地下水的矿化度)，地下水通过地表蒸发，盐分在地表逐渐积累，形成了盐化土和盐土。如果在排水不良的土壤中大水漫灌，或只灌不排，也会造成地下水位提高使土壤发生盐化，这种盐化称次生盐化。另外，河流和水渠两侧，湖泊和水库周围，也会因水的倒渗引起次生盐化。

滨海盐土的形成主要是因海水的浸渍作用，盐分中氯化物占优势。

碱土的形成是盐土脱盐后，土壤中的钙、镁、钠离子都被淋溶到下层，2 价的钙、镁离子活动性弱，而钠离子移动性较大，又重新上升到地表，造成钠离子增加，土壤在积盐、脱盐过程交替进行时，就是土壤的碱化过程。

盐、碱土的改良措施主要有：

（1）排水。排水可使土体中的盐分淋溶后排出，也可降低地下水位，使地下水不会再沿毛管孔隙上升至地表发生盐化现象。

（2）修筑台田。利用挖沟的土抬高地面，相对降低地下水位。

（3）合理灌溉。灌水可防止地表蒸发而引起盐化。灌水时不要大水漫灌，以防地下水位升高，造成次生盐化。降小雨后地表的盐分移至植物根系附近，会使植物受到危害，应及时灌水使盐分下移。

（4）整平土地，合理耕作。整平土地可防止地面因高低不平蒸发水分后高处留下盐斑，合理深耕、中耕，及时切断土壤持水孔隙，减少地下水的蒸发，减弱地表积盐。

（5）种植绿肥、增施有机肥料。种植绿肥能减少地表蒸发，拦截地表径流，增加土壤充气孔隙，使水分下渗畅通。绿肥还能增加土壤有机质，从多方面促进盐分的淋溶，抑制返盐。有机肥料可促进团聚体的形成，加强淋溶作用，减少蒸发，有效地抑制土壤返盐，有机酸类还可中和土壤碱性。

碱土还可用化学方法改良。如施用石膏、硫黄、硫酸亚铁等中和土壤的碱性。

盐碱土的利用主要是选择一些耐盐分的植物如：紫穗槐、榆树、柳、刺槐、苦楝等。

# 5.3 保护地土壤

保护地土壤是指玻璃温室、塑料大棚、中棚、小棚、地膜覆盖、冷室、荫房等室内用于栽培植物的土壤。保护地土壤，因物质转化过程及水盐动态不同于大田，形成土壤的特性与露地土壤有很大区别。因此，保护地土壤的培肥和管理与露地土壤有所不同，应当按照保护地的特性，实施相应的技术措施。

## 5.3.1 保护地土壤的特性与管理

### 1. 保护地土壤的特性

保护地土壤的特性与自然土壤和露地耕作土壤比较，主要有以下特性：

（1）次生盐渍化。保护地土壤由于没有雨水的直接淋失作用，盐分在土壤表层不能被淋洗掉，并在表层不断积聚：保护地内温度高，土壤水分蒸发强烈，盐分随毛管水上升，水逸盐存；此外，如果在施肥量超过植物吸收量时，肥料中的盐分在土壤中越聚越多，也会形成土壤次生盐渍化。一般保护地土壤盐类浓度随着使用年限的增加而提高。盐分含量提高，使土壤溶液浓度升高，危害植物生长。一般保护地土壤溶液的浓度可达 1000 mg/kg 以上，而露地土壤溶液浓度为 500～3 000 mg/kg。植物所需要的溶液浓度通常在 800～1 500 mg/kg。测定表明，当土壤溶液浓度达到 2 000 mg/kg 时，作物完全萎蔫，甚至死亡。

（2）有毒气体增多。在保护地土壤上栽培植物时，会向土壤中施用大量铵态氮肥，由于室内温度较高，很容易使铵态氮肥气化形成 $NH_3$，$NH_3$ 浓度过高，会使植物茎叶枯死。氨在土壤内通气条件好时，于 1 周左右会氧化产生 $NO_2$，同时，施入土壤中的硝态氮肥，如通气不良，也会被还原为 $NO_2$。$NO_2$ 含量过高植物叶片将会中毒，出现叶肉漂白，影响植物的正常生长。一般的测定方法：用 pH 试纸在棚顶的水珠上吸收，试纸显蓝色，说明保护地内存在的气体为 $NH_3$；若试纸呈现红色，则说明室内气体是 $NO_2$。

此外，土壤中含硫、磷等物质在通气不良时会产生 $H_2S$、$PH_3$ 等有毒气体，也会对植物产生毒害作用。

（3）高浓度的 $CO_2$。微生物分解有机质的作用、植物根系的呼吸作用，会使室内 $CO_2$ 显著提高，如浓度过高，会影响室内 $O_2$ 的相对含量。但是 $CO_2$ 可以提高土壤的温度，冬季也可为温室提高温度。$CO_2$ 也是植物光合作用的碳源，可以提高植物光合作用的产量。

（4）病虫害发生严重。在实际生产中，保护地设施一旦建成，就很难移动，连作的现象十分普遍，年复一年的种植同一种植物。加之保护地环境相对封闭，温暖潮湿的小气候也为病虫害繁殖、越冬提供了条件。使保护地内作物的土传病害十分严重，类别较多，发生频繁，危害严重。过去在我国北方较少出现的植物病害，有时也在棚室内较重的发生。

（5）土壤肥力下降。由于保护地内不能引入大型的机械设备进行深耕翻，少耕、免耕法的措施又不到位。连年种植会导致土壤耕层变浅，发生板结现象，团粒结构破坏、含量降低，土壤的理化性质恶化。并且由于长期高温高湿，使有机质转化速度加快，土壤的养分库存数量减少，供氮能力下降，最终使土壤肥力严重降低。

### 2. 保护地土壤的管理

（1）消除盐害。土壤中盐分含量过多，会使种子发芽受阻，出苗差，根系发育不良，生长受抑制，甚至烂根。地上部植株生长滞缓或停止不长，出现僵化现象。作物抗逆性差，叶片呈暗绿色，易发生萎蔫，果实干瘪，品质下降，商品性差，严重时整株会突发凋萎死亡。保护地内土壤盐分多集中在表层，可采取相应措施消除盐害，主要的方法有：

① 以水排盐。闲茬时，浇大水，表土积聚的盐分下淋以降低土壤溶液浓度。或夏季换茬空隙，撤膜淋雨或大水浸灌，使土壤表层盐分随雨水流失或淋溶到土壤深层。

② 合理施肥。根据土壤养分状况、肥料种类及植物需肥特性，确定合理的施肥量或施肥方式，做到配方施肥。控制化肥的施用量，以施用有机肥为主，合理配施氮、磷、钾肥。化学肥料做基肥时要深施并与有机肥混合施用，作追肥要“少量多次”，缓解土壤中的盐分积累。也可以抽出一部分无机肥进行叶面喷施，即不会增加土壤中盐分含量，又经济合算。

③ 以植物除盐。种植田菁、沙打旺或玉米等吸盐能力较强的植物，把盐分集中到植物体内，然后将这些植物收走，可降低土壤中的盐害。据分析，生产 1000kg 玉米，就相当于从土壤带走 6.2kg N、3.4kg $P_2O_5$、12.7kg $K_2O$、4.9kg CaO、2.6kg MgO。

④ 深翻土层除盐。保护地土壤的盐类积聚呈表聚型，即盐类集中于土壤表层。据报道，表层（0～5cm）含盐指数为 100，中层（5～25cm）为 60，底层（25～50cm）为 40。在作物收获后，进行深翻，把富含盐类的表土翻到下层，把相对含盐较少的下层土壤翻到上面，就可以大大减轻盐害。

⑤ 换土除盐。如土壤含盐量较高，消除盐害比较困难，一般可采取换土除盐的方法。

可移动的大棚，用移棚不移土的自然洗盐法，也是比较可取的。

（2）除毒害。主要是选用不加增塑剂的聚氯乙烯薄膜，消除毒气；尿素、碳铵深施或加硝化抑制剂，避免 $NH_3$ 和 $NO_2$ 产生，也可在施肥后通风换气调节。施用有机肥要注意腐熟，尤其是鸡粪，腐熟程度要高，并且要提前施用。在棚内严禁长期堆放有机肥，以免挥发出氨气而污染空气。

（3）除病虫害。除病虫害主要以综合防治为主。综合防治是从保护地生态系统的总体出发，有机、协调地运用农业、生物、化学和物理的防治措施及其他有效的生态学手段，控制和消灭病虫为害。

① 药剂法。可用福尔马林 50ml 兑水 6～10L，在播种前 10～20 天均匀洒入土壤中，然后用塑料布覆盖、密封，10 天后揭开塑料布，等药液全部散发后播种；也可用 1000m$^2$ 面积加入熟石灰[$Ca(OH)_2$] 200kg 进行淹水处理，淹水 1 个月以上翻耕，密闭 1 周。

② 日光法。夏季闲茬时期，撤掉棚膜，深翻土壤，利用阳光中的紫外线杀菌。

③ 高温法。高温季节，灌水后闷棚，也可采取给土壤通热蒸汽的方法杀虫灭菌。

④ 冷冻法。冬季严寒，把不能利用的保护地撤膜后深翻土壤，冻死病虫卵。

（4）水分管理。保护地土壤内的植物对水分要求比较高。在保护地中，如何确定灌水时期、灌水温度、灌水量及灌水方法，是实现合理灌水的关键。灌水时期选择植物根系分布密集区外缘土壤，以“手捏有水渍，无水沾指缝”为宜，此时田间持水量约为 70%；保护地灌溉用水，水温维持在 20～25℃为宜，超过 28℃就会损伤植物根系，引起温室植物病害；温室灌水，次数应频繁，但一次灌水量不可过多，灌水量应为 20～25cm 深。目前保护地多采用沟灌法，但沟灌法会带来土壤板结、空气湿度迅速上升等弊病。最有发展前途的是滴灌法，因为滴灌为毛管水，可不进行中耕，省力又省水。同时温室内湿度低，能减少病害发生，并且可自动控制用水量，兼施化肥。

### 5.3.2 营养土配制

营养土是用园土、腐熟有机肥及其他材料混合配制而成的混合物。一般可用于苗床土壤、盆栽土及营养钵育苗等。因各地肥源不同，营养土配制有较大差异，但总体的要求基本一致。一般营养土要求有机质含量 15%～20%，全氮含量 5～10g/kg，速效氮、速效磷、速效钾的含量大于 60～100mg/kg 以上，pH 值为 6～6.5。配制好的营养土要疏松肥沃，有较强的保水、保肥和透气性能，并且无病菌虫卵及杂草种子。

#### 1. 营养土材料选择

营养土的配制材料可以因地制宜，就地取材，常用材料有以下几种。

（1）园土。为配制营养土的主要材料，园土又称菜园土、田园土，是普通的栽培土。因经常施肥耕作，肥力较高，团粒结构。缺点是干时表层容易板结，湿时通气透水性能较差，与营养土的要求相差很远，因此不能单独使用，必须和其他材料混合配制。一般种过蔬菜或豆类作物的表层砂壤土最好。

（2）腐叶土。腐叶土又称腐殖质土，是利用各种植物的叶子、杂草等掺入园土，加水和人粪尿经过堆积、发酵腐熟而成，pH 值呈酸性，需经暴晒过筛后才能使用。

（3）河沙。掺入一定数量的河沙有利于营养土的通气和排水性能，是营养土的基本材料。河沙有细沙和粗沙，通常选用粗沙。用海沙配制营养土时，必须用淡水冲洗，否则因含盐量过高而影响植物的生长。

（4）砻糠灰和草木灰。砻糠灰是稻壳燃烧后形成的灰，草木灰是作物秸秆和杂草燃烧后形成的灰。砻糠灰和草木灰的含钾量较高，还含有 Ca、Mg、P、S、Fe、Al、Na、Mn、Si 及微量元素等。营养土中加入砻糠灰和草木灰能使土壤疏松，增加土壤的通气和排水性能，但易使土壤盐基饱和度增大而提高土壤的碱性。

（5）山泥。是一种天然富含腐殖质的土壤。土壤疏松，呈酸性，一般常用作栽培兰花、杜鹃、山茶等喜酸性花卉的营养土。

（6）泥炭。是古代湖沼地带的植物被埋藏在地下，在淹水和缺少空气的条件下分解不完全的特殊有机物。风干后呈褐色或暗褐色，酸性或微酸性反应，有机质含量可达 40%～80%，含氮量 1%～2.5%，含磷、钾量约 0.1%～0.5%，孔隙度较高，可达 77%～84%。

（7）蛭石。是将云母类矿物加热到 1000℃膨胀形成的材料。蛭石具有较高的孔隙度，质地轻，容重 0.1～0.13g/$cm^3$，吸水量大，约为 500L/$m^3$，并且对酸碱有良好的缓冲性，阳离子交换量较高。因此，加入适量蛭石的营养土，不仅能提高营养土的通气性，而且能提高土壤保水、保肥及缓冲性能，同时还能为营养土增加镁和钾元素。一般在盆栽花卉时，在盆栽土的表面撒上一层蛭石，即美观，又具有保湿、通气的特性。

（8）骨粉。是将动物骨骼磨碎、发酵制成的材料。骨粉含大量磷素，做磷肥使用，一般加入量不超过总量的 1%。

除以上配制营养土材料外，还有珍珠岩、木屑、陶粒、稻壳、树皮、岩棉、苔藓、垃圾、刨花等多种材料，生产中根据具体情况需要来进行配制。

### 2. 盆栽土壤的配方和应用

营养土一般由人工配制而成。配制材料以园土、腐叶土和河沙为主，加上少量其他材料配制而成。营养土配制的优劣表现在物理和化学性质上，也根据营养土的不同用途而采取不同的配制方法。目前，营养土配制的方法多种多样，以下介绍几种常用的方法，仅供参考：

播种用土：园土∶腐叶土∶河沙＝3∶5∶2；

假植用土：园土∶腐叶土∶河沙＝4∶4∶2；

定植用土：园土∶腐叶土∶河沙＝4∶5∶1。

还有如下方法：

播种床营养土：园土：有机肥：砻糠土＝5：1～2：4～1；
移苗床营养土（营养钵）：园土：有机肥：砻糠土＝5：2～3：3～2；
或园土：有机肥：砻糠土＝6：3：1。
果菜类蔬菜育苗最好加入0.5%过磷酸钙浸出液。
（1）温室1、2年生花卉，如报春花、瓜叶菊、蒲苞花、蝴蝶草等：
幼苗期营养土为，腐叶土：园土：河沙＝5：3.5：1.5。
定植用营养土为，腐叶土：园土：河沙＝2～3：5～6：1～2。
（2）宿根花卉，如紫苑、芍药等：
腐叶土：园土：河沙＝3～4：5～6：1～2。
（3）温室球根花卉如大岩桐、仙客来、球根秋海棠等的营养土：
腐叶土：园土：河沙＝5：4：1。
（4）温室木本花卉的营养土，如山茶、含笑、白兰花等：
腐叶土3～4份，再混以园土及等量的河沙，加少量的骨粉。
（5）仙人掌及多浆植物的营养土：
土：粗砂＝1：1；
（6）令箭荷花、昙花、蟹爪兰等：
腐叶土：园土：河沙＝2：2：3。
（7）杜鹃类推荐用：
松针土：腐熟的马粪或牛粪＝1：1最为适宜。

### 3. 营养土酸碱性的调节

不同植物对土壤酸碱性要求不同，大多数植物适宜中性土壤，但也有许多喜酸或喜碱的植物。因此，在配制营养土时要根据栽培植物特性调节营养土的酸碱性。营养土酸碱性测定可用简易的方法，即取少许营养土加水（比例为1：2），放入玻璃杯中充分搅拌，静放30分钟，用pH试纸蘸取上清液，再与比色卡对比可知营养土的酸碱性。酸性过高的土壤，用适量的石灰或草木灰调节；过碱营养土用硫酸亚铁（绿矾）或硫酸铝（白矾）进行调节，也可以加入适量的酸性材料如泥炭、山泥或腐叶土来进行调节。

### 4. 营养土的消毒

一般盆栽营养土不需要特殊消毒，只要经过日光暴晒即可。主要因为盆栽植物具有一定的抵抗能力，同时大量微生物可陆续分解有机物质，释放出矿质养分，有利于保持土壤肥力。用于扦插或播种的营养土必须经过严格消毒，否则病菌容易从扦插伤口处侵入植物体内，产生病害，影响扦插成活率。播种用的营养土，因种子出芽后，抵抗力较弱，微生物易使幼芽霉变，也必须进行消毒。生产上常用的消毒方法有以下几种：

（1）蒸气消毒。对于营养土用量较少时可以采取蒸气消毒的方法。要求蒸气温度在

100～120℃左右，蒸气时间 40～60 分钟。此法简单易行，效果较好，并不残留药剂。

（2）药剂消毒。对于较大用量营养土消毒，通常采取药剂消毒的方法。消毒药剂的种类很多，目前常用的有：

① 福尔马林消毒。每 $m^3$ 营养土均匀撒上 40%含量的福尔马林 400～500ml，然后密封（用旧塑料布即可）2～4 小时，摊开凉 3～4 天，使药液挥发净后再用。

② 多菌灵消毒。每 $m^2$ 苗床用 50%多菌灵 8～10g 与适量细土混合均匀，取其中 2/3 撒于床面做垫土，其余 1/3 在播种后混入覆土中即可，此法能迅速杀灭土壤中的病原微生物。

③ 瑞毒霉消毒。用 25%的瑞毒霉 50g 兑水 50kg，混匀后喷洒 1000kg 营养中，边喷洒边搅拌均匀，堆积 1 小时后摊在苗床上即可播种。

④ 敌克松药粉消毒。用 70%敌克松药粉 0.5kg 拌细土 20kg，混匀后撒在营养土表面，播种后按常规覆土。

## 5.4　复习思考题

1. 简述土壤形成过程实质。
2. 简述我国土壤分类系统及土类划分的依据？
3. 什么是土壤纬度地带性和经度地带性？我国土壤分布具有哪些规律性？
4. 什么是保护地土壤?有哪些特性？
5. 如何进行保护地土壤的管理？
6. 常用营养土配制材料有哪些？它们都有什么特点？
7. 如何进行营养土酸碱性的调节，营养土消毒措施有哪些？

# 第6章 化学肥料

**【学习目的和要求】** 本章主要介绍大量元素肥料、中量元素肥料、微量元素肥料及复(混)合肥料的性质和施用技术。通过本章学习，应熟练掌握常用肥料的性质和施用方法，了解中量元素和微量元素的营养作用，掌握植物缺乏元素肥料时的主要症状。

## 6.1 化学肥料概述

化学肥料又称无机肥料，是含有植物所需营养元素的简单化合物，这些化合物大多数是在工厂经化学方法制成的，也有部分是自然矿物经过加工形成。现在使用的大多数是化学方法制成的，简称“化肥”。

### 6.1.1 化学肥料特点

(1) 成分比较单纯。化学肥料和有机肥料相比含有的养分比较单一，大多数化肥只含有一种营养元素，少数的化肥含有两种或两种以上，而有机肥料含有植物生长所需的全部养分。

(2)养分含量高。化学肥料所含有的养分含量都比较高。如硫酸铵含氮量为20%～21%，尿素为44%～46%。高养分含量给土壤增加了巨大的肥力源泉。

(3) 肥效短、猛、快。化肥大多易溶于水，易被植物吸收，因此，产生肥效迅速。用化肥溶液浇施盆花，数天后即可见效。

(4) 体积小，施用和贮运方便。化学肥料大多数吸湿性强，容易潮解或结块，引起养分损失或施用不方便，因此，在贮存过程中要注意保持环境干燥。

在人口密集的城市中生产园林植物，采用化学肥料做肥源远比有机肥料优越。近年来，我国不少园林单位，用化肥和有机肥对苗木、花卉进行施肥对比试验研究，结果证明，化肥肥效比有机肥高，植物开花多，花色艳丽，并清洁卫生，不传播虫卵、病菌，成本也比有机肥低，是值得提倡和发展的花木肥料。

(5) 化学肥料有化学反应和生理反应。化学肥料大多易溶于水，溶解于水后所表现的酸碱性为化学反应。如氯化铵溶于水后表现为酸性反应，因此为化学酸性肥料；碳酸氢铵为化学碱性肥料。生理反应是指肥料施入土壤中，经植物选择吸收后，对土壤反应的影响。如硫酸铵、氯化钾施入土壤后，经植物选择吸收的阳离子多余阴离子，使大量的阴离子保留在土壤中，结果使土壤产生酸性反应，因此称为生理酸性肥料；而硝酸钙、硝酸钠等，施入土壤经植物选择吸收后，使大量阳离子保留在土壤中，会使土壤表现为碱性，为生理碱性肥料；象硝酸铵、磷酸二氢钾对土壤不残留任何成分，因此为生理中性肥料。

### 6.1.2　化学肥料的分类

化学肥料按其所含元素的多少、所含主要养分的不同分为大量元素肥料、中量元素肥料、微量元素肥料和复合肥料等。

（1）大量元素肥料。仅含氮、磷、钾三要素之一的肥料。如氮肥，主要有碳酸氢铵、硫酸铵、硝酸铵、尿素等；磷肥有过磷酸钙、钙镁磷肥、磷矿粉等；钾肥有硫酸钾、氯化钾、草木灰等。

（2）中量元素肥料。含钙、镁、硫营养元素的肥料为中量元素肥料。如石灰、硫酸镁、硝酸镁、石膏等。

（3）微量元素肥料。凡是含有植物生长发育所需要微量元素的肥料称微量元素肥料。如硼砂、钼酸铵、硫酸亚铁、硫酸锌等。

（4）复（混）合肥料。复（混）合肥料是复合肥料和混合肥料的统称，是指在一种化学肥料中，凡含有氮、磷、钾营养元素中的两种或三种的肥料。如磷酸铵，含有植物需要的氮、磷两种养分，因此是氮磷二元复合肥料，硝磷钾为氮磷钾三元复混肥料等。

## 6.2 常用氮、磷、钾肥料的性质及施用

### 6.2.1　氮肥的性质和施用技术

氮在植物体内常向生长旺盛部位聚集，当氮素供应不足时，下部老叶首先变黄。土壤中氮素充足，苗木生长茁壮，叶大而多，叶色浓绿，一级苗多；若氮素不足，苗木矮小瘦弱，叶稀色黄，老叶枯黄脱落，枝梢停止生长，多为二级或三级苗。

施用氮肥要掌握适时适量。氮肥过多，植物茎叶生长过旺、徒长，开花延迟或不开花，叶的细胞壁变薄，叶嫩多汁，极易受病、虫之害，抗寒、抗旱功能减弱。

土壤中的氮素一般不能满足作物对氮素养分的需求，需靠施肥予以补充和调节。氮肥是我国生产量最大、施用量最多、在农业生产中效果最突出的化学肥料之一。在大多数情况下，施用氮肥都可获得明显的增产效果。然而，氮肥施入土壤后，被作物吸收利用的比例不高，损失严重，对大气和水环境可能造成潜在的危害。因此，科学合理施用氮肥，不

仅能降低农业成本，增加作物生产，而且有利于环境保护。

根据化学氮肥中氮素的形态，可将氮肥分为四种类型：铵态氮肥、硝态氮肥、酰胺态氮肥和长效氮肥。

### 1. 铵态氮肥

目前，铵态氮肥有碳酸氢铵、氯化铵、硫酸铵、氨水及液氨等。

铵态氮肥都易溶于水，易被植物吸收利用，肥效迅速；在碱性环境中易分解释放出氨气，使氮素损失。因此，在贮存、施用时，不要与草木灰等其他碱性物质混合。资料表明当 pH≤6 时土壤中都以 $NH_4^+$存在，没有挥发；pH=7 时 $NH_3$ 占 6%；pH=9.2～9.3 时，$NH_4^+$和 $NH_3$ 各占 50%；施入土壤后，铵离子可被土壤胶体吸附，不易随水流失，故肥效持续期比硝态氮肥长，可用做基肥；铵态氮肥应深施覆土，深度一般大于 6cm。深施可使肥料与空气隔绝，阻止氨的挥发。植物根系具有向肥性，肥料深可使根系向下深扎，有利于地面部分的生长；在通气良好的土壤中，铵态氮可进行硝化作用，转化为硝态氮，使氮容易流失和反硝化损失。

（1）液氨（$NH_3$，含氮 82.3%）

液氨是含氮量最高的氮肥品种，也称无水氨，常温常压时呈气体状态，在贮运时必须存在于耐压容器中，因而将液氨直接用作氮肥，在美国和西欧一些国家使用多，在其他国家则较少。但其含氮量高，生产成本低，并可用管道运输，随着我国机械化程度的提高，液氨的使用具有广阔的前景。

液氨施入土壤后，立即气化，一部分被土壤胶体所吸附。大部分溶于土壤溶液中形成 $NH_4OH$，土壤中局部高浓度的氨会使土壤碱性暂时增加，于是硝化细菌活动受到抑制，从而使亚硝酸积累。但是所有这些都是短暂的，几周后，随着作物对氨的吸收，土壤的 pH 值又慢慢下降，硝化作用也逐渐恢复，其硝化作用强度比碳铵要高，30 天后就可基本上被硝化。

液氨宜用作基肥,并要提早施用,有条件地区可在秋季结合秋翻深施，第二年春播利用，施用时要注意土壤质地、水分和土壤深度。一般黏质土壤施入深度在 12～15cm，砂质土壤在 15～18cm。施用时要注意安全，切忌与皮肤接触，以防冻伤。

（2）氨水（$NH_3 \cdot 2H_2O$，含氮 15%～18%）

氨水是液体肥料，呈碱性，pH 多在 10 以上，对金属有很强的腐蚀性；其挥发性强，挥发出的氨对人有强烈刺激性，对植物叶片易造成灼伤。

氨水属生理中性肥料，施入土壤后，一部分 $NH_3$ 被土壤胶体吸附，大部分则溶于土壤溶液中形成 $NH_4OH$，与土壤胶体发生阳离子交换作用而被吸附。在酸性土壤上，氨水可以中和土壤酸度，在中性及石灰性土壤中，最初可以增加土壤碱度，但随着硝化细菌对铵的硝化，碱度又有所下降，对作物生长影响不大。

氨水可作基肥、追肥，因其对种子发芽有抑制作用，不宜做种肥。为防止 $NH_3$ 的挥发，造成氮素损失且灼伤作物，在施用技术上必须做到深施覆土，加水稀释，以防止浓度过高。

同时要避免接触茎叶与根系，以免灼伤作物，因此合理施用氨水的基本要求“一不离土，二不离水，三不与植物接触”。

（3）碳酸氢铵（$NH_4HCO_3$，含氮 16.5%～17.5%）

碳酸氢铵简称碳铵，为白色或微灰色，呈粒状或柱状结晶。它易溶于水，在水中呈碱性反应，pH 为 8.2～8.4，易潮解、结块和挥发。

温度和水分含量影响着碳酸氢铵的挥发，10～20℃不易分解，超过 30℃则大量分解。含水量＜0.5%时常温下不易分解；含水量＜2.5%时分解较慢；若含水量＞3.5%，分解明显加快。

$NH_4HCO_3$ 施入土壤后一部分分解产生 $NH_3$，呈分子态被土壤吸附，其余的大部分通过解离生成 $NH_4^+$ 和 $HCO_3^-$。其中 $NH_4^+$ 能被作物吸收和土壤吸附，残存的 $HCO_3^-$ 在土壤中不仅没有危害，还能为作物提供碳源，所以 $NH_4HCO_3$ 对土壤没有副作用，$NH_4HCO_3$ 施入土壤后，在较短时间内有增加土壤碱度的趋势，但当 $NH_4^+$-N 被硝化后，土壤的碱度就逐步下降，所以它适于各种作物和各类土壤。

$NH_4HCO_3$ 可做基肥和追肥，但不能做种肥，因为 $NH_4HCO_3$ 分解时所产生的 $NH_3$ 影响种子萌发。如需用做种肥时，必须严格遵守肥料与种子隔开的原则，

$NH_4HCO_3$ 的具体施用方法：一是掌握不离土、不离水。用水与土将碳酸氢铵和空气隔开，防止氨的挥发，先肥土后肥苗，增加土粒对肥料铵的吸附。二是尽量避开高温季节和高温时间施用。碳铵应尽量在气温低于 20℃的时间段内施用，以减少碳铵施用后的分解挥发，提高其利用率。三是不要施在叶茎上，以免烧伤。要注意人畜安全，与堆肥、草塘泥或泥炭一起沤制后施用效果更好。用做基肥时无论是在旱田或水田均可结合耕翻施用，边撒边翻，耕翻必须及时。四是不要与碱性肥料混用。贮存、运输过程中应保证包装无损。施用时，用一袋开一袋，切不可散袋堆放。

（4）硫酸铵[ $(NH_4)_2SO_4$，含氮 20%～21%]

$(NH_4)_2SO_4$ 除含氮外，还含有 26.5%的硫，也是一种重要的硫肥，俗称肥田粉。为白色菱形结晶颗粒，有杂质时呈微黄、棕红、灰色等杂色，易溶于水，林木根系可立即吸收利用，为速效性氮肥，水溶液呈弱酸性。吸湿性小，常温下性质稳定，分解温度高达 280℃。

$(NH_4)_2SO_4$ 施入土壤后解离为 $NH_4^+$ 和 $SO_4^{2-}$，$NH_4^+$ 能被土壤胶体所吸附或被作物与微生物吸收，剩下的 $SO_4^{2-}$ 只有少量可作为作物的硫源或在微生物作用下转化为硫化物，而大部分则与土壤胶体上的阳离子和植物根系呼吸作用所产生的 $H^+$ 结合，形成新的化合物，使土壤变酸，因此为生理酸性肥料。

在酸性土壤中，$NH_4^+$ 与土壤胶体上的阳离子发生交换作用，能形成交换性酸；$NH_4^+$ 在通气条件下，还能被硝化微生物作用生成生物酸，$NH_4^+$ 被作物吸收后能产生生理酸；此外，$(NH_4)_2SO_4$ 本身含有一定的游离酸，因此在盐基饱和度低而有机质含量少的酸性土壤上，不宜长期大量施用，否则会使土壤酸化。同时、土壤中的 $Ca^{2+}$、$Mg^{2+}$ 被交换到溶液中，也易淋失。水田施用 $(NH_4)_2SO_4$ 时，当 $SO_4^{2-}$ 处于还原条件下，会形成 $H_2S$，易使植物根系变黑受害，$(NH_4)_2SO_4$ 在酸性土壤中的转化反应如下：

$$[土壤胶体]2H^+ + (NH_4)_2SO_4 \rightarrow [土壤胶体]2NH_4^+ + H_2SO_4$$
$$(NH_4)_2SO_4 + 4O_2 \rightarrow 2HNO_3 + H_2SO_4 + 2H_2O$$
$$H_2SO_4 \rightarrow H_2S + 2O_2$$

因此在酸性土壤上施用$(NH_4)_2SO_4$时，最好施在盐基饱和度较大、缓冲性能较强、质地熟重的旱地土壤上，并配合施用有机肥料与石灰，以提高土壤的缓冲能力，中和土壤酸性和补充土壤中钙的含量。

在中性及石灰性土壤中，$(NH_4)_2SO_4$会使土壤中交换性钙以钙盐的形态淋失，造成土壤板结。其反应如下：

$$[土壤胶体]Ca^{2+} + (NH_4)_2SO_4 \rightarrow [土壤胶体]2NH_4^+ + Ca_2SO_4$$
$$(NH_4)_2SO_4 + 4O_2 \rightarrow 2HNO_3 + H_2SO_4 + 2H_2O$$
$$[土壤胶体]Ca^{2+} + 2HNO_3 \rightarrow [土壤胶体]4H^+ + Ca(NO_3)_2$$

$(NH_4)_2SO_4$不宜表施在$CaCO_3$含量＞100g/kg的钙质土壤上，因为$(NH_4)_2SO_4$与$CaCO_3$作用，产生$CaSO_4$和游离$NH_3$，其反应如下：

$$CaCO_3 + (NH_4)_2SO_4 \rightarrow CaSO_4 + 2NH_3\uparrow + 2H_2O$$

在盐基饱和度较大、缓冲性能较高的土壤中，$(NH_4)_2SO_4$所产生的酸不会积累在土壤中，而是首先与土壤溶液中的重碳酸盐中和，然后交换出土壤胶体上的盐基，其反应如下：

$$H_2SO_4 + Ca(HCO_3)_2 \rightarrow CaSO_4 + 2HCO_3^-$$
$$2HCO_3^- + Ca(HCO_3)_2 \rightarrow Ca(NO_3)_2 + 2HCO_3^-$$
$$[土壤胶体]Ca^{2+} + 2HNO_3 \rightarrow [土壤胶体]2H^+ + Ca(NO_3)_2$$

所形成的$HNO_3$及其盐类，解离为$NO_3^-$后同样可被作物吸收利用，当然也可能流失。可见，$(NH_4)_2SO_4$对土壤酸化与钙淋失程度因土而异，所以必须注意因土合理施用。

$(NH_4)_2SO_4$可作基肥、追肥，作种肥较安全，但在湿润地区最好作追肥。由于$(NH_4)_2SO_4$施入土中后的下移深度在当季不超过20～30cm，加上$NH_3$易于挥发，因此作基肥时应深施覆土。作水田追肥应结合中耕，施后应保持一定水层，不应急于排水。作旱作追肥时施用方法视土壤含水量而定，土壤含水量高时宜干施覆土，含水量低时宜兑水50～100倍泼施。追肥不宜在露水未干或雨天施用。作种肥时应注意用量和方法，而且肥料和种子都应是干的，用量依播种而定，一般以22.5～75kg/hm$^2$为宜，最好与腐熟有机肥料拌匀施用。亦可用$(NH_4)_2SO_4$与腐熟有机肥料或肥土加水调成糊状沾秧根。在酸性土壤上施用$(NH_4)_2SO_4$应配合施用有机肥料和石灰，但切忌与石灰混用。在砂性土壤上$(NH_4)_2SO_4$应少量多次施用。$(NH_4)_2SO_4$适用于各种作物，最宜于施在杜鹃花、马尾松等喜酸性土的花木上，若用硫酸铵浇灌盆花，可配成1000～1500倍液肥施用。$(NH_4)_2SO_4$可与普钙、磷矿粉混合施用，但与普钙混施时，最好是施前混合，若放置过久，易引起结块、硬化。

（5）氯化铵（$NH_4Cl$，含氮24%～25%）

简称氯铵，白色结晶，含杂质时常呈黄色，易溶于水，水溶液为弱酸性，常温下不易挥发，但与碱性物质混合会引起$NH_3$的挥发损失。其性状与硫酸铵相似，但由于氯离子对硝化细菌有一定的抑制作用，所以，硝化作用比硫酸铵少，氮的损失率比硫酸铵低，另外，氯化铵与硫酸铵一样，同为生理酸性肥料，但氯化铵使土壤酸化程度比硫酸铵强。

$NH_4Cl$ 施入土壤中解离为 $NH_4^+$和 $Cl^-$。$NH_4^+$能被作物吸收和土壤吸附，$NH_4Cl$ 与$(NH_4)_2SO_4$相比，副成分 $Cl^-$较 $SO_4^{2-}$有更高的活性，能使土壤中两价、三价盐基形成可溶物，增加土壤中盐基的移动性和随水下渗，也可增加土壤溶液的浓度，因而 $NH_4Cl$ 不宜做种肥。土壤微生物对 $Cl^-$的需要量很少，$Cl^-$本身在土壤中不发生生物化学反应，故在水田施用常比$(NH_4)_2SO_4$更安全，肥效较高，可连续施用。$Cl^-$对硝化作用有一定抑制，故 $NH_4Cl$ 的硝化速率在硝化条件较好的土壤上，比其他氮肥要慢 20～30%。

$NH_4Cl$ 施入土壤后，与土壤的相互作用类似$(NH_4)_2SO_4$。但生成的氯化物或 HCl 对土壤盐基淋溶和土壤酸化的影响都比$(NH_4)_2SO_4$ 大，在酸性土壤上也应配施石灰（但不能同时混施，以免引起 $NH_3$ 的挥发损失）。

$NH_4Cl$ 宜作基肥，也可作追肥，但不宜做种肥。在旱地和水田均能施用，但以水田效果更好；作旱地基肥应提早深施，以便使 $Cl^-$淋溶到根系以下的土层中去。$NH_4Cl$ 最好不施在排水不良的低洼地、盐碱地和干旱少雨地区。$NH_4Cl$ 的生理酸性比$(NH_4)_2SO_4$ 强，宜与有机肥料、石灰、钙镁磷肥、磷矿粉或不含 $Cl^-$的钾肥配合施用。由于 $NH_4Cl$ 中含 $Cl^-$66.3%，带入土壤中的 $Cl^-$是作物必需的一种营养元素，但若过量，对作物将有一定影响。故不宜施在葡萄、柑橘、云杉、茶树、菊花、香石竹等“忌氯作物”上，否则影响品质。要注意不在同一田块上连续大量施用 $NH_4Cl$。

在苗圃、花圃中，若大面积施用铵态氮肥，由于氨易挥发，最好不要撒施，应采用开沟条施盖土的方法，这对保存肥料，提高肥效有好处。

### 2. 硝态氮肥

硝态氮肥（$NO_3^-$-N）指肥料中氮素是以硝酸根($NO_3^-$)形式存在的。包括硝酸铵、硝酸钙、硝酸钾、硝酸钠等。硝酸铵兼有铵态氮和硝态氮，但它的性质更接近硝态氮肥，所以常把它归为硝态氮肥之中。

硝态氮肥易溶于水，在土壤中移动较快，肥效迅速，在水分充足时主要靠质流流向根系；在水分少时则靠扩散移向根表。施入土壤后，不被土壤胶体吸附或固定，与铵态氮肥相比较，移动性大，容易溶损失。

硝态氮肥有助燃性。在贮运时不能与棉花、锯末、秸秆、油纸、硫黄以及其他易燃物品放在一起。硝酸态氮结块时，可用木棍轻轻击碎或用水溶化后施用，切不要用铁锤猛打，以防在具有引爆条件的情况下爆炸。

硝态氮肥有较强的吸湿结块性，贮运过程中要注意防湿、防潮。

在土壤中，硝酸根可经反硝化作用转化为游离的分子态氮和多种氧化氮气体而丧失肥效。

硝态氮肥本身无毒，过量吸收无害；促进植物吸收钙、镁、钾等阳离子。

目前，我国主要施用的硝态氮肥为硝酸铵，占农用氮肥的 8%左右，超过硫酸铵和氯化铵的用量。

（1）硝酸铵（$NH_4NO_3$，含氮 33%～35%）

硝酸铵易溶于水，易吸水潮解结块，湿度大时潮解成液体状，因此工业上有制成颗粒状的硝酸铵，在颗粒的表面包上一层疏水物质作防潮剂，易助燃，有爆炸性，特别防止混入铜、镁、铝等金属物质，以免硝酸铵生成亚硝铵引起爆炸。

$NH_4NO_3$ 施入土壤后，能很快解离为 $NO_3^-$ 和 $NH_4^+$，由于 $NO_3^-$ 和 $NH_4^+$ 均能被作物吸收，在土壤无残留，对土壤 pH 值无影响，所以又称之为生理中性肥料。$NO_3^-$ 不能被土壤胶体吸附，易随水流失。如施入水田，当 $NO_3^-$ 渗漏到还原层时，还会发生反硝化脱氮作用，所以水田施用 $NH_4NO_3$ 的肥效只相当于 $(NH_4)_2SO_4$ 的 57%～70%。它还具有铵态氮的特点，表施在石灰性土壤上，也会导致氨的挥发和 $Ca^{2+}$、$Mg^{2+}$ 等的流失。当 $NH_4^+$ 硝化后，会暂时增加土壤酸性，但其酸性比施 $(NH_4)_2SO_4$ 和 $NH_4Cl$ 小。

$NH_4NO_3$ 存在以下几种途径损失：一是氨的挥发；二是硝态氮的淋溶；三是反硝化作用。因此在施用中宜作追肥，深施覆土，或表施灌水，水不宜多；一般不提倡作基肥；不可作种肥，影响种子发芽。最好不要与有机肥混合使用或混合堆放，以免发生反硝化作用。$NH_4NO_3$ 适用于一切作物，但最好施在烟草等经济作物上。

（2）硝酸钠（$NaNO_3$，含氮 15%～16%）

硝酸钠为白色或浅色结晶，易溶于水，是速效性氮肥，吸湿性很强，在雨季很容易潮解，应注意防潮，一般可安排在雨季前施用。

$NaNO_3$ 是生理碱性肥料，植物吸收 $NO_3^-$ 后，$Na^+$ 就残留在土壤中，可与土壤胶体上的各种阳离子进行交换，成为代换性 $Na^+$，增加土壤碱性。因此，对盐碱地不宜施用。$NaNO_3$ 适用于中性和酸性土壤。据试验，在酸性土壤上的效果比生理酸性肥料如 $(NH_4)_2SO_4$ 等要好。为了减少 $Na^+$ 对土壤性质的不良影响，应注意配合施用钙质肥料和有机肥料。$NaNO_3$ 一般仅作追肥，做追肥应掌握少量多次的原则。

（3）硝酸钙[$Ca(NO_3)_2$，含氮 13～15%]

$Ca(NO_3)_2$ 含氮量较低，吸湿性很强，易结块，施入土壤后，在土壤中移动性强，$Ca(NO_3)_2$ 虽是生理碱性肥料，但由于它含的 $Ca^{2+}$ 有改善土壤物理性质的作用，适用于各种土壤，尤其是在酸性土壤或盐碱土上均有良好的肥效。

$Ca(NO_3)_2$ 和其他硝态氮肥一样，适宜做追肥，不能做种肥。由于它易随水淋失，也不宜施于水田中。

### 3. 酰胺态氮肥

凡含有酰胺基或分解时能产生酰胺基的氮肥称为酰胺态氮肥，主要有尿素和石灰氮，石灰氮在我国使用很少。

尿素[$CO(NH_2)_2$，含氮 46%]，针状的白色结晶，易溶于水，水溶液呈中性反应，在常温下吸湿性不大，介于硝酸铵和硫酸铵之间，随着温度和湿度的升高，吸湿性加强。因此应放于阴凉干燥处，目前生产的尿素多加入疏水物质如石蜡等制成圆形小颗粒，吸湿性大大降低。

尿素施入土壤后，发生以下反应：

$$CO(NH_2)_2+2H_2O \xrightarrow{\text{脲酶}} (NH_4)_2CO_3$$

可见，尿素在土壤中水解后产生$NH_4^+$和$CO_3^{2-}$对土壤无副作用。$NH_4^+$性质同施入的铵盐肥料一样，容易挥发、硝化等。所以尿素施用类似铵态氮肥，可做基肥和追肥，但它含有缩二脲，对幼根生长和种子萌发具有抑制作用，故不宜做种肥，作种肥时需与种子分开，用量也不宜多。

尿素转化的产物碳酸铵可使土壤溶液呈现暂时的碱性，据试验，向pH值为5.5的土壤中施入尿素，能使局部土壤pH值上升达9.2。碱性过高对种子和幼苗有伤害作用。尿素在转化过程中产生的缩二脲，对种子和幼苗也有毒害。有人用尿素和硫酸铵做盆栽土培试验，硫酸铵可使一年生松树苗增长88%，而尿素仅使松苗增长44%，而且出现针叶黄化、根系生长不良等现象。因此，在苗圃中施用尿素，尤其对针叶树种的幼苗要慎重。用尿素液施，需加水600～1000倍。

此外，尿素适宜做叶面追肥，其原因是：①尿素为中性有机分子，电离度小，不易引起质壁分离，对茎叶损伤小；②分子体积小，易透过细胞膜进入植物体；③吸湿性强，可使叶面较长时间地保持湿润，吸收量大；④尿素进入细胞后立即参与代谢，肥效快，用做叶面追肥时，可在早晚有露水时进行，以延长湿润时间，喷施液量取决于植物大小、叶片状况等，一般7～10天喷一次，共喷2～3次。

对花卉和幼苗施用尿素，宜配制成0.1～0.3%的溶液，木本花卉可用0.5%的溶液喷雾。喷雾时尽量喷在叶片的背面。因为叶片正面的表皮细胞排列得相当紧密，没有明显的细胞间隙，尤其是叶正面有蜡质和茸毛的叶片，肥液喷在上面很难被叶肉组织吸收。而叶片背面的表皮细胞则排列较松散，细胞壁薄，肥液很易进入叶肉组织被植物吸收。作根外追肥的尿素肥料的缩二脲含量一般不得超过0.5%。

尿素不仅是一种高浓度的氮肥，而且被广泛用作饲料的含氮添加剂（对牛、鸡等）；某些海产植物（海带、紫菜等）、食用菌（香菇、蘑菇等）和发酵微生物（如生产味精等）也将尿素作为一种重要氮源；有机肥腐熟过程中也将尿素用于调整碳氮比。

#### 4. 长效氮肥

长效氮肥又称缓效或缓释氮肥，是指由化学或物理法制成能延缓养分释放速度，可供植物持续吸收利用的氮肥。目前研制成的长效氮肥有合成有机氮肥（如脲甲醛、脲乙醛等）、包膜肥料（如硫衣尿素、缓效无机氮肥、长效碳铵）等。它们的共同特点：一是肥料中的氮在土壤中释放慢，降低土壤溶液中氮的含量，从而可减少氮的挥发、淋失、固定以及反硝化脱氮而引起的损失。二是肥效稳长，能源源不断地在作物整个生育期供给养分。三是适用于砂质土壤和多雨地区以及多年生植物，如树木、草坪、多年生花卉等。四是一次大量施用不至引起烧苗。五是有后效，是贮备肥料，能节省劳力，提高劳动生产率。

（1）合成有机长效氮肥

① 尿素甲醛（代号 UF）。是以尿素为基体加入一定量的甲醛经催化剂催化合成的一系列直链化合物。尿素甲醛又称脲甲醛或甲醛尿素。它是国外应用最早和普遍使用的一种长效氮肥。现已广泛应用于草地、树木上。

尿素甲醛的全氮含量为 38%，其中水溶性氮只占 10%，热水溶性氮和热水不溶性氮各占 15%左右，为白色无味的粉状或粒状的固体产品。

尿素甲醛肥料做基肥可一次施入，由于它养分释放缓慢，对一年生作物的前期生长往往显得氮肥供应不足，还必须配合施用其他速效性氮肥。

尿素甲醛肥料施用在砂质土壤上有明显的后效。应用同位素 $^{15}N$ 所做的试验表明，砂土上施用尿素甲醛，在一年后仍有 20%左右残留在土壤中。但在施用一般化学氮肥的处理，氮素已完全消失。以等氮量计算，尿素甲醛对当季作物的肥效不如硝酸铵、尿素和硫酸铵。

② 异丁叉二脲（代号 IBDU）。又称脲异丁醛，是由尿素分子和异丁醛分子缩合而成的产物。异丁叉二脲含氮 31%，是白色粉状物，不吸水，在冷水中溶解度极低。但它在溶液中易被水解而产生尿素和异丁醛。溶液的温度愈高，pH 值愈低，水解也愈快。氮肥的利用率比尿甲醛肥料高一倍，可单独施用，也可与除磷酸钙以外的其他化肥作混合肥料施用。

脲异丁醛适用于各种作物，一般作基肥用。它的利用率比尿素甲醛肥料高，但施用这种肥料也有作物生长前期出现供氮不足的现象，应注意适当补施速效氮肥。

（2）包膜缓释肥料。包膜缓释肥料是在速效氮肥的颗粒表面涂上一层惰性物质，以控制速效氮肥的溶解度和氮素的释放速率。经过包膜工艺加工后，氮肥就变为长效氮肥。目前采用的惰性物质有硫黄、石蜡、树脂、聚乙烯、沥青、油脂等。包膜肥料的品种有硫黄包被尿素、塑料膜包被碳酸氢铵，沥青石蜡包被碳酸氢铵，钙镁磷肥包被碳酸氢铵等。

① 沥青石蜡包被 $NH_4HCO_3$。这是我国辽宁省盘锦农科所制造的一种长效氮肥。根据施用方式不同，这种包膜氮肥有大小两种粒度。大粒约 3～5g，其中包膜质量占 6%左右，可做追肥施用；小粒 1.5g，包膜质量占 10%左右，可做基肥施用。试验证明，包膜肥料施用后 10～12 天见效，肥效能持续 50～60 天，氮素的利用率可提高到 75%。水稻每公顷施 300～375kg，每 2 穴间追施大粒包膜肥料 1 粒，一般能增产 15%～20%，最高可达 30%；玉米、高粱每株追施 1 粒，平均增产 6%～18%。

② 硫黄包膜尿素（代号 SCU）。简称硫衣尿素或硫包尿素，是经过硫黄包膜工艺加工后速效性尿素变成长效性氮肥。在普通尿素颗粒表面涂上硫黄，再用石蜡等物质使之封闭，封闭物在土壤中受到微生物的作用，尿素能通过硫衣上的孔隙扩散出来。硫衣尿素中氮素的释放在温暖的条件下速度快，低温干旱条件下则慢。

③ 钙镁磷肥包被 $NH_4HCO_3$。这是中国科学院南京土壤研究所制成的一种能显著抑制

$NH_3$ 的挥发和控制氮素释放速率的包膜肥料。在 $NH_4HCO_3$ 粒肥表面包上—层钙镁磷肥，并用少量沥青、石蜡等作封闭物。这种包膜肥料含氮量为 14～15%，含磷约 3～5%，其中 80%属有效磷。从某些地区的试验结果看，既能节省劳力又能获得增产，效果显著，但对生育期短的植物效果较差。

包膜缓释肥料一般作基肥一次施用，适合草地、观赏植物、果树以及一些多年生植物。

目前，长效氮肥在我国仍处于试验研究阶段，人们继续致力于研究开发专用复合控释肥料。影响长效氮肥开发利用的主要限制因素是生产成本较高以及长效氮肥养分释放难以与作物需肥规律同步。

### 6.2.2 磷肥的种类、性质和施用技术

与氮相同，磷是植物生长发育不可缺少的营养元素之一。磷能促进苗木根系(尤其是主根)的生长，缺磷时通常表现为根系不发达。严重缺磷时，苗木侧芽退化，枝梢短，叶子为古铜色或紫红色，植株下部叶子易枯萎脱落，生长受抑制，或熟期延迟。

在花卉栽培中及时供应磷肥是十分重要的，当开花植物进入花芽分化时期，需要相当数量的磷肥。有人种植米兰，长期不开花，原因之一就是氮肥过多，而磷肥不足。磷肥的主要功能是促进植物开花和结实。许多土壤磷素供应不足，因此定向地调节土壤磷素状况和合理施用磷肥是提高土壤肥力，达到作物高产优质的重要途径之一。

磷矿石加工方法不同，制造出的磷肥品种各异，主要反映在肥料中所含磷酸盐的形态和性质上。根据磷肥所含磷酸盐溶解度大小和肥效快慢可将磷肥分为三大类：水溶性磷肥、弱酸性（或枸溶性）磷肥、难溶性磷肥。

#### 1. 水溶性磷肥

凡养分标明量主要属于水溶性磷酸一钙的磷肥，称为水溶性磷肥。它是用硫酸、硝酸、盐酸处理磷矿粉制成。包括过磷酸钙、重过磷酸钙等。其中的磷易被植物吸收利用，肥效快，是速效性磷肥。但易被土壤中的钙、铝、镁等固定，生成不溶性磷酸盐，使磷的有效性降低。

（1）过磷酸钙[$Ca(H_2PO_4)_2 \cdot H_2O$，含 $P_2O_5$14～15%]　过磷酸钙又称过磷酸石灰、普通过磷酸钙，简称普钙，是我国目前使用量最大的一种水溶性磷肥。它是由氟磷灰石或氯磷灰石经酸处理而制成的，其主要反应式为：

$$Ca_{10}(PO_4)_6F_2+7H_2O+3H_2O \rightarrow 3Ca(H_2PO_4)_2 \cdot H_2O+7CaSO_4+2HF\uparrow$$

过磷酸钙的主要成分是水溶性磷酸一钙和难溶于水的硫酸钙的复合物（$Ca(H_2PO_4)_2 \cdot H_2O \cdot CaSO_4$），两者分别占肥料质量的 30～50%和 40%，成品中有效磷（$P_2O_5$）的质量分数为 12%～20%，另外还有 2%～4%的硫酸铁、硫酸铝，3.5%～5.0%的游离酸（主要是磷酸和硫酸）等。

过磷酸钙为深灰色、灰白色或淡黄色等粉状物，水溶液呈酸性反应，具有腐蚀性和吸湿性。在贮存过程中，当过磷酸钙吸湿后，除易结块外，其中的磷酸一钙还会与硫酸铁、硫酸铝等杂质发生化学反应形成溶解度低的铁、铝磷酸盐，这种作用通常称为磷酸的退化作用。温度愈高，磷酸退化愈快。因此过磷酸钙成品中含水量和游离酸含量都不宜超过国家规定标准。同时，在储运过程中要注意防潮。

过磷酸钙施入土壤后，进行各种化学、物理、生物的转化，各地实践证明，过磷酸钙的利用率低，一般当季利用率为 10%～25%，平均利用率为 15%。磷在土壤中移动性差，一个生长季只移动 3cm 左右，因此不存在磷的淋溶损失，而磷也不会从大气中挥发损失，所以利用率低的重要原因之一是磷在土壤中容易被固定。

过磷酸钙适用于各类土壤及作物，可作基肥、种肥和追肥施用。无论施在何种土壤上，均易发生磷的固定作用。因此合理施用过磷酸钙的原则是：尽可能减少与土壤颗粒的接触面积，以防土壤对磷的吸附固定；增加过磷酸钙与植物根系的接触机会，以提高其利用率，具体的施用方法为：

集中深施：集中施用可提高局部土壤的供磷强度，促进磷向根表扩散，有利于作物根系对磷的吸收。作基肥时，集中深施要将肥料施于犁沟中，且种子离犁沟要近。

分层施用：可调节磷在土壤中移动性小而植物根系又不断扩展的矛盾，即将 2/3 左右的磷肥作基肥，在耕地时犁入根系密集的底层中，以满足作物中、后期对磷的需求；剩余的 1/3 在种植时作种肥或面肥施于表层土壤中，以改善作物幼苗期的磷营养状况。另外作种肥时由于过磷酸钙有游离酸的存在，应分层施用，可将肥料集中施入播种行、穴中，覆一层薄土后，立即播种盖土。

与有机肥料混合施用：过磷酸钙与有机肥料混合施用后，可以减少磷肥与土壤的接触面积，减少水溶性磷的化学固定作用；同时，有机肥分解可产生多种有机酸，能络合土壤中的 $Ca^{2}$、$Fe^{2+}$、$A1^{3+}$等离子，从而减少这些离子对磷的化学沉淀作用；有机肥料还能促进土壤微生物的活动，释放二氧化碳，有利于土壤难溶性磷酸盐的释放。此外，过磷酸钙与有机肥混合堆腐还兼有保氮作用。

在酸性土壤上施用石灰时，不能与过磷酸钙直接混合，应先施用石灰后，再施用过磷酸钙。

制成粒状磷肥：将过磷酸钙制成颗粒状，颗粒直径以 3～5mm 为宜，可减小其与土壤的接触面积，有效地减少磷的吸附和固定。

根外追肥：过磷酸钙作根外追肥不仅可以避免磷肥在土壤中的固定，而且用量少、见效快。尤其在作物生长的后期，根系吸收能力减弱，且不易深施的情况下效果较好。

方法是先将过磷酸钙配制成 10%的溶液，充分搅拌，静置过夜，让硫酸钙沉淀于底部，然后用上层清液进行喷施。喷施的过磷酸钙浓度因植物的种类、生育期、气候条件而异。一般单子叶作物以及果树、树木为 1%～3%，双子叶植物为 0.5%～1.0%；保护地栽培的蔬菜和花卉，喷施的浓度一般低于露地，为 0.5%左右。对不同生育期，—般掌握前期浓度小于中后期。喷液量为 750～1500kg/hm$^2$。

（2）重过磷酸钙。又称三料过磷酸钙，简称重钙，含 $P_2O_5$ 在 40%～50%之间，是一种高浓度磷肥。重过磷酸钙是由硫酸处理磷矿粉制得磷酸，再以磷酸和磷矿粉作用后制得的。

主要成分是磷酸一钙（不含硫酸钙），含有 4%～8%的游离磷酸，具有较强的吸湿性和腐蚀性，呈深灰色颗粒或粉末状，易溶于水，水溶液呈酸性。由于不含硫酸铁、铝盐，故吸湿后，不会发生磷酸的退化作用。

重过磷酸钙的施用方法与过磷酸钙相同。但其有效磷的含量高，肥料用量应比过磷酸钙少，其施用量相当于过磷酸钙的 35%～50%。同时，因为其不含硫酸钙，对于喜硫的作物，如豆科作物、十字花科作物和薯类作物的肥效不如等量的过磷酸钙。

2. *弱酸溶性磷肥*

能够溶于 2%的柠檬酸或中性柠檬酸铵溶液的磷肥称为枸溶性磷肥或弱酸溶性磷肥。这一类磷肥包括钙镁磷肥、钢渣磷肥、脱氟磷肥、沉淀磷肥和偏磷酸钙等。其肥效较水溶性磷肥慢。

（1）钙镁磷肥。钙镁磷肥是用磷矿石与适量的含镁硅矿物如蛇纹石、橄榄石、白云石和硅石等在高温下熔融，经水淬冷却而制成玻璃状碎粒，再磨成细粉状而制成，在我国的磷肥生产中，钙镁磷肥占第二位，是一种低浓度的磷肥。

主要成分为钙镁磷酸盐和磷酸盐，主成分为 α-磷酸三钙。含磷量（$P_2O_5$）12%～20%、MgO 8%～20%，CaO 25%～40%，$SiO_2$ 为 20%～35%左右，同时还含有少量的铁、铝、锰等盐类。钙镁磷肥不溶于水，但能溶于弱酸中。一般为黑绿色或灰棕色，呈碱性反应，pH 8～8.5，无腐蚀性，不易吸湿结块。

钙镁磷肥所含的磷酸盐必须经过溶解后才能被作物吸收利用，施入酸性土壤后，借助于土壤中的磷酸盐逐步溶解、释放，以供作物的吸收利用，另外，还能供给钙、镁等养分，它的肥效不如过磷酸钙快，但后效较长。同时，钙镁磷肥在转化过程中，又能中和部分土壤酸度，从而提高了土壤及肥料磷的有效性。

中性或石灰性土壤中施入钙镁磷肥后，能溶解但速度慢。在土壤微生物和作物根系分泌的酸（碳酸）的作用下，可以逐渐溶解而释放出磷酸，但其释放速度较酸性土壤慢。

钙镁磷肥可以作基肥、种肥和追肥施用，但一般提倡作基肥撒施，应优先分配于酸性土壤上施用。由于在酸性土壤中，酸可以促进钙镁磷肥中磷酸盐的溶解，同时，土壤对该肥料中磷的固定低于过磷酸钙。试验表明，在 pH≤5.5 的强酸性土壤中，它对当季作物的肥效高于过磷酸钙，在 pH 值为 5.5～6.5 的酸性土壤中，其肥效与过磷酸钙相当，但后效高于过磷酸钙，在 pH 值＞6.5 的中性及石灰性土壤中，其肥效低于过磷酸钙。

钙镁磷肥的可溶性磷量与其粒径大小有关。在酸性土壤上，细度与其肥效均无显著差异。在中性和石灰性土壤中，磨的越细有效性越高，颗粒细度要求 90%能通过 80 目筛孔，粒径为 0.177mm，可有效地提高磷的释放速度。

钙镁磷肥与有机肥料混合或堆沤后施用，可以减少土壤对磷的固定作用。与水溶性磷肥、氮肥（不要与铵态氮混用）和钾肥等肥料配合施用，可以提高肥效。

其他枸溶性磷肥如钢渣磷肥、沉淀磷肥、脱氟磷肥和偏磷酸钙等，它们的制造方法与成分不完全相同，但在施用上有相似之处。主要是：

① 肥料中的磷不溶于水而溶于弱酸，能被植物根系分泌的酸溶解。肥料在土壤中移动性小，施用时应尽量接近植物根系，肥效缓慢但持久。

② 肥料中除磷素外，还含有其他营养元素，如钙、镁、铜、锌、钼、硅、铝、铁等。

③ 除沉淀磷肥为中性外，其他均为碱性肥料，适宜在酸性土中做基肥施用。

④ 肥料吸湿性小，不易结块，便于贮存施用。

3. 难溶性磷肥

这类磷肥主要是磷矿石经机械加工磨细而成。溶解度低，不溶于水，也不溶于弱酸，而只能溶于强酸。一般只在酸性土壤上推荐使用。在酸性土壤上施用难溶性磷肥，可缓慢地转化为弱酸性磷酸盐，因此它的后效较长，而对当季作物的肥效较差。

主要有磷矿粉和骨粉。它既不溶于水，也不溶于弱酸。只有在酸性条件下才能溶解，被植物吸收利用。

难溶性磷肥是迟效性肥料。只有施用在酸性的土壤中才能产生肥效。有些植物对难溶性磷肥有较强的吸收能力。象豆科植物、特别是豆科绿肥，如紫云英、苕子、苜蓿等都能吸收难溶性磷肥。在苗圃，可用难溶性磷肥给豆科植物施肥，来增强根瘤菌的因氮能力。试验证明，磷肥对促进刺槐的生长发育有明显作用。

磷矿粉宜做基肥，不宜做追肥和种肥。作基肥时宜撒施均匀、深施，以增加肥料与土壤的接触面积，这点与水溶性磷肥的集中施用方法是不同的。难溶性磷肥施于果树或经济林木上可采用环形施肥方法，即按树冠大小，开环形沟，沟深 15～25cm，施下后覆土。难溶性磷肥可与酸性肥料（如过磷酸钙）或生理酸性肥料（如硫酸铵、氯化铵、硫酸钾、氯化钾）等混合施用，也可以与有机肥料混合堆沤后施用以提高磷矿粉的当季肥效。

### 6.2.3 钾肥的种类、性质和施用技术

钾是植物生活必需的营养元素，为植物营养三要素之一，它对作物产量及品质影响很大。它能促进苗木对氮、磷的吸收，促进植物茎秆木质化，使茎秆粗壮坚韧。家庭养花，如果冬季室内光线不足，施用钾肥能增强花柄的坚韧。另外，钾还能增强植物的抗逆性。缺钾时，苗木生长细弱，根系生长受抑制，机械组织不发达，老叶叶缘先发黄，进而变褐，叶片古铜色或叶尖亮黄色，叶尖和叶缘枯焦，叶片杯状或皱缩，在老叶先出现症状。

我国大部分土壤含钾量较高，施用有机肥和草木灰可以使土壤中的钾素部分得到补充。因此，在生产水平一般的条件下，钾素的矛盾并不突出。

近年来，由于生产水平的提高，大量引种高产、优质品种，氮肥、磷肥用量增加，提高复种指数等因素，不少地区出现了缺钾现象。某些地区由于缺钾比较严重，而成为提高作物产量，改善产品品质的限制因素。由于我国钾肥资源匮乏，影响钾肥肥效的因素比较多。因此，如何有效施用钾肥在农业生产中越来越显示出其重要性。

钾盐沉积矿床是钾肥最主要的资源，如钾盐、钾石盐、光卤石矿、钾盐镁矾矿等，它们都是多种盐类矿物的混合物。用开采的岩石生产氯化钾和硫酸钾时，可采用溶解结晶法、浮选法或重力法等进行精炼和提纯。此外，盐湖或内陆海水经蒸发浓缩而成的盐卤，也是一种钾肥资源。

钾肥品种比较简单，常用钾肥主要有氯化钾和硫酸钾

### 1. 硫酸钾（$K_2SO_4$，含 $K_2O$ 48%～52%）

硫酸钾是仅次于氯化钾的主要商品肥料，含钾（$K_2O$）48%～52%，含硫（S）18%。呈白色晶体、含杂质时呈浅灰色或淡黄色结晶，易溶于水，，吸湿性小，不易结块，便于贮存、运输，施用时分散性好，是化学中性、生理酸性肥料。

硫酸钾施入土壤后转化为 $K^+$、$SO_4^{2+}$，$K^+$一部分被植物吸收，一部分被土壤胶体吸附，成为土壤胶体上的代换性钾，另外一部分钾发生了钾的固定。土壤溶液中的钾或吸附在土壤胶体表面的代换性钾进入 2∶1 型的黏土矿物的晶片层间，使土壤中的有效性钾转变为缓效性钾，降低了钾的有效性的现象称为钾的固定。

在中性及石灰性土壤中，硫酸钾与钙离子反应的产物是 $CaSO_4$，它的溶解度比 $CaCl_2$ 小，对土壤脱钙程度影响也相对较小，因而施用硫酸钾使土壤酸化的速度比氯化钾缓慢。但是，如果长期大量施用硫酸钾，要注意防止土壤板结，应增施有机肥料。在酸性土壤中，若长期单独施用，会使土壤变得更酸，应配合碱性肥料施用。

硫酸钾比氯化钾适用范围广，适宜在各种作物和土壤上施用，由于它含硫，适宜于各种树木、花卉。特别是球根花卉效果更好，如仙客来、大岩桐等。硫酸钾除可作基肥或追肥外，还可作种肥和根外追肥。作基肥时应采取深施覆土，因深层土壤干湿变化小，可减少钾的固定，提高钾肥利用率。作追肥时，应注意早施及集中条施或穴施到植物根系密集层，在黏重土壤上可一次施下，但在保水保肥力差的砂土上，应分期施用，以免钾的损失。在水田中施用时，要注意田间水不宜过深，施后不要排水，以保肥效。作根外追肥时浓度以 2%～3%为宜。

### 2. 氯化钾（KCl，含 $K_2O$ 60%）

氯化钾呈浅黄色或白色粒状结晶。加拿大产的氯化钾呈浅砖红色，是由于含有 0.5g/kg 的铁及其他金属氧化物。氯化钾易溶于水，贮存时易吸湿结块。它是化学中性、生理酸性肥料。

氯化钾施入土壤后，在土壤溶液中，钾呈离子状态存在，它既能被作物直接吸收利用，也能与土壤胶体上的阳离子进行交换。其作用机制和氯化铵相近。

在中性及石灰性土壤中，土壤胶体常为钙镁所饱和，由于氯化钙溶度大，很易从土壤

中淋失。施用氯化钾对中性土壤影响较小，但长期施用氯化钾，因受作物选择吸收所造成的生理酸性的影响，能使缓冲性能小的中性土壤逐步变酸。土壤中钙逐步减少，易使土壤板结。因此，中性土壤上施用氯化钾时，需配施石灰质肥料，以防止土壤酸化。

在石灰性土壤中，由于大量碳酸钙的存在不致引起土壤酸化。

在酸性土壤中，因胶体上存在着 $Al^{3+}$ 和 $H^{+}$，它们可与氯化钾中的钾离子进行离子交换反应。因此可见，氯化钾施入酸性土壤后，土壤溶液中的 $H^{+}$ 浓度会立即升高，加之肥料生理酸性影响，使土壤 pH 迅速下降。土壤酸度增加后，作物可能受到活性铁、铝的毒害。因此，在酸性土壤上施用氯化钾，应配合施用石灰和有机肥料，以中和酸性，避免危害。

氯化钾对忌氯植物如茶树、葡萄、柑橘、菊花、香石竹的品质有影响，故应少施或不施。氯化钾特别适宜于麻类、棉花等纤维作物，因为氯对提高纤维含量和质量有良好的作用。另外，氯化钾不能施在盐碱土上。氯化钾可作基肥或追肥使用，但不宜做种肥。在中性和酸性土壤上作基肥时，宜与有机肥、磷矿粉等配合或混合使用，这不仅能防止土壤酸化，而且能促进磷矿粉中磷的有效化。

### 3. 草木灰

草木灰的成分很复杂，含有作物体内各种灰分元素，如钾、钙、镁、硫、铁、硅等，其中含钾、钙最多，磷次之。因此草木灰的作用不仅是钾素，而且还有磷、钙、镁、微量元素等营养元素的作用。

草木灰的成分差异很大，不同植物灰分中钾、钙、磷等的含量不相同，草木灰的养分含量，往往因燃烧种类不同而有很大变动。例如，木本植物含钾量高于草本植物，幼年树高于老年树；阔叶树磷、钾含量比针叶树高，幼嫩组织高于老硬组织。

草木灰含钾的形态主要是碳酸钾，其次为硫酸钾。氯化钾很少。属碱性肥料，不能与铵态氮肥堆存、混用，以免引起铵态氮素的挥发损失。

草木灰适用于除盐碱土以外的各种土壤，尤其适用于酸性土壤。草木灰可做基肥和追肥，一般用量 50～100kg/亩。施用前需用 2～3 倍的湿土拌和，或淋上少量的水使灰湿润。育苗时常施于播种沟或苗床上面，或与泥土拌和，在花卉上盆时施用。

一般木灰中含钾、钙、磷比草灰要多一些。同一植物，因组织、部位不同，灰分含量也有差异。幼嫩组织的灰分含钾、磷较多，衰老组织的灰分含钙、硅较多。此外，不同土壤与气候条件都会影响植物灰分中的成分和含量。如盐碱地区草木灰，含氯化钠较多，而含钾较少。

草木灰中钾的主要形态是以碳酸钾存在，占总钾量的 90%；其次是硫酸钾和氯化钾。它们都是水溶性钾，可被作物直接吸收利用。草木灰因燃烧温度不同，其颜色和钾的有效性会有差异。燃烧温度过高（700℃），钾与硅酸熔在一起形成溶解度较低的硅酸钾（$K_2SiO_3$），灰呈灰白色，肥效较差；而低温燃烧的灰呈黑灰色，肥效较高。因此，烧制草木灰应采用暗火熏烧。草木灰由于含氧化钙和碳酸钾，故呈碱性反应。在酸性土壤施用，不仅能供应钾，而且能降低酸度，并可补给钙、镁等元素。

草木灰适宜在酸性土壤上作基肥、追肥和盖种肥。作基肥时，可沟施或穴施，深度约10cm，施后覆土。作追肥时，可直接撒施在叶面上，既能供给养分，也能在一定程度上防止或减轻病虫害的发生和危害。作盖种肥，大都用于水稻、蔬菜育秧，既供应养分，又能吸热增加土表层温度，促苗早发，防止水稻烂秧。

草木灰是碱性肥料，因此不能与铵态氮、腐熟的有机肥料混合施用，以免造成氨的挥发损失。

## 6.3　中量元素肥料性质及施用

钙、镁、硫是植物生长发育所必需的营养元素，它们在植物体内的生理功能是其他营养元素所不能代替的。随着作物优良品种的引进、复种指数的提高及粮食单产的增加，农业生产对钙、镁、硫的需求日益受到重视。

### 6.3.1　钙肥

#### 1. 植物体内的钙

（1）钙在植物体内的含量与分布。一般作物体内 CaO 的含量约为干物质重的 0.5%左右，钙在不同植物、不同器官的分布规律为：双子叶植物大于单子叶植物；地上部高于根系；茎秆大于籽粒、果实。钙在细胞中的分布也存在一定的区域性，即钙大部分存在于细胞壁的中胶层和原生质膜的外表面；细胞器中的钙主要分布在液泡内，细胞质中较少。

（2）钙的营养功能。①钙是细胞膜的结构组分。钙在细胞膜的结构中是蛋白质和磷脂的桥接物，具有稳定细胞膜的作用，从而保证了膜对外界离子的选择性，使植物免遭盐分的毒害。②钙是构成细胞壁的重要元素　钙大部分以果胶钙的形式存在于细胞壁中，缺钙细胞壁解体或不能形成，细胞破裂或细胞分裂受阻，新细胞不能形成。③钙是某些酶的活化剂如淀粉酶、磷脂酶、硝酸还原酶、琥珀酸脱氢酶等都需要钙来活化。④钙参与细胞代谢的调节钙与钙调蛋白（CAM）结合形成 Ca-CAM 复合体后，钙调蛋白才有活性，然后以 Ca-CAM 的形式参与细胞代谢的调节。⑤钙具有调节介质生理平衡的功能　钙离子能中和代谢过程中产生的有机酸，起到调节体内 pH 值的作用。

（3）植物缺钙的症状。缺钙症状常首先表现在新生组织及果实上。钙在植物体内形成难溶性钙盐而沉淀下来，不能再被利用。缺钙时，植株矮小，幼叶卷曲，茎叶及根的分生组织坏死。钙的缺素症状大多数是生理性缺钙，不是因为土壤中缺钙，是由于钙的单向木质部运输及吸收失调造成的。

## 2. 土壤中的钙

（1）土壤中钙素含量。钙是地壳中第五位最丰富的元素，地壳中平均含钙量为36.4g/kg。我国南方的红壤、黄壤含钙量低，一般小于10g/kg，而北方的石灰性土壤中碳酸钙的含量可高达100g/kg以上。土壤中钙的含量主要决定于成土母质、风化条件、淋溶强度和耕作利用方式等，施用石灰、过磷酸钙、钙镁磷肥等肥料均可提高土壤中钙素含量。

（2）土壤中钙的形态。土壤中的钙可分为矿物态、交换态和土壤溶液中钙三种形态。

① 矿物态钙。约占全钙量的40%～90%。土壤中的含钙矿物主要有斜长石、辉石、角闪石、磷灰石、白云石、方解石、和石膏等。石灰性土壤中通常以方解石、白云石尤为重要，pH7.5～8.5的土壤中，石膏和方解石可同时存在。大多数含钙矿物较易风化，特别在风化和淋溶作用强的温暖湿润地区，土壤矿物钙含量较低。

② 交换态钙。主要是指吸附在土壤胶体表面的钙离子，是植物可利用的钙。土壤中交换性钙含量高，变幅也大，少的在10mg/kg以下，多的可达500mg/kg以上。交换性钙占土壤全钙的5%～60%，一般在20%～30%。对大多数作物与土壤来说，交换性钙在400mg/kg以下，施钙肥可产生明显的效果。

③ 土壤溶液中钙。存在于土壤溶液中的钙离子，通常含量在20～40mg/L，也有在100mg/L以上的。

（3）土壤钙素转化。矿物态钙较易风化，风化后以钙离子进入土壤溶液，其中一部分为土壤胶体所吸附成为交换性钙。含钙矿物风化以后，进入溶液中的钙离子可随水而损失，或为生物所吸收，或吸附在颗粒周围，或在干旱地区再次沉淀为次生钙化合物。

## 3. 钙肥的种类、性质及施用

（1）钙肥的种类和性质　钙肥主要包括石灰类肥料、含钙工业废弃物和含钙的化学肥料（见表6-1），我国的钙肥资源丰富，含钙的石灰岩矿藏遍布全国各地。

**表6-1　主要钙肥种类的成分和性质**

| 来　源 | 肥料名称 | 主要成分和性质 |
|---|---|---|
| 石灰类肥料 | 生石灰 | 90%～96% CaO（由石灰石煅烧而成）或55%～85% CaO(由白云石煅烧而成)，碱性，中和酸的能力很强 |
| | 熟石灰 | 主要成分为 $Ca(OH)_2$，含 CaO 70%左右，碱性，中和酸的能力较生石灰弱 |
| | 石灰石 | 55% CaO，中和土壤酸的能力缓慢 |
| 工业废气物 | 炼铁高炉炉渣 | 38%～40% CaO，3%～11% MgO，32%～42% $SiO_2$ |
| | 碱性炉渣 | ＞40%（CaO+MgO） |
| 含钙化学肥料 | 过磷酸钙 | 25.2%～29.4% CaO，12%～20% $P_2O_5$ |
| | 钙镁磷肥 | 29.4%～33.6% CaO，12%～18% $P_2O_5$ |
| | 窑灰钾肥 | 35%～39 %CaO，7%～20 %$K_2O$ |

（2）钙肥的作用。直接作用就是为植物提供它所需要的钙营养。其间接作用主要是作为土壤的改良剂或调理剂，具体表现在以下几方面。

① 中和土壤酸度，消除活性铝、铁、锰的毒害。pH 值小于或等于 5 的土壤溶液中含有大量还原性铁、锰及铝离子，这些离子含量很高时会抑制作物的生长，要使作物在这种环境中正常生长，并且能使施入的肥料充分发挥作用，就需要施用石灰，以中和土壤酸度，进而消除铁、锰、铝的毒害。不同石灰类肥料中和土壤酸度的能力不同。

② 改善土壤的物理性质。酸性土壤中含有大量的氢离子，该离子与土壤胶体所吸附的钙离子发生交换，使钙离子进入土壤溶液中，在降雨及淋溶的作用下被淋失，从而造成土壤缺钙及因钙胶体含量降低而破坏土壤结构，使土壤的通气透水性差。施用石灰后能向土壤中补充较多的钙，促进土壤胶体的凝聚，有利于团粒结构的形成，使水、肥、气、热的协调性增强。

③ 促进土壤中微生物的活动，增加有效养分。不同类型的微生物对土壤酸碱度有不同的要求。一般硝化细菌为 6.5～7.9，氨化细菌为 6.5～7.5，自生固氮菌为 6.5～7.8，嫌气固氮菌为 6.9～7.3，根瘤菌 6.0～7.0，纤维分解菌为 6.8～7.8。而酸性土壤的 pH 值一般较低，因此有必要施用石灰，提高土壤 pH 值，为微生物创造良好的生活环境，以促进土壤中的固氮作用与有机质的矿化，增加土壤中的氮及其他有效养分的含量。此外，酸性土壤含活性腐殖质较少，微生物活动的加强，可促进土壤腐殖化过程，有利于良好结构的形成。

（3）钙肥的施用。石灰类肥料主要施用在酸性土壤上，其目的是调节酸度、改善土壤物理性质。在石灰性土壤上施用的钙肥主要是一些含钙的化肥，如过磷酸钙、硝酸钙。酸性土壤上石灰用量受作物种类、土壤性质的影响。

①土壤性质。土壤酸碱反应是决定石灰用量的主要因素。酸性强，施用量多，反之，施用量少。土壤质地也影响着石灰的施用量，酸性相似，质地黏重的土壤，石灰用量较质地轻的土壤多。

②作物种类。作物种类不同其耐酸能力不同，对石灰类肥料的需求量和反应也有差异。耐酸性强的植物如杜鹃、茶树、菠萝等，需要钙量少，不需要施用石灰，如果施用石灰则会抑制作物的生长，降低产量和品质。耐酸性弱的植物如棉花、紫花苜蓿、甜菜、柑橘、番茄等需钙较多，施用石灰类肥料有良好的增产效益。

### 6.3.2　镁肥

#### 1. 植物体内的镁

（1）镁在植物体内的含量与分布。植物体内的镁约为干物质重的 0.05%～0.7%。不同植物种类、同一植物不同品种及不同生育期，植物的含镁量不同。一般豆科植物高于禾本科植物；种子含镁量大于茎、叶；茎叶大于根系。在生长初期，大部分镁存在于叶片中，到了生殖生长时期，镁则以植酸盐的形式贮存在种子和果实中。在植物组织中，镁以两种形态存在，70%的镁与无机和部分有机阴离子结合，一部分镁则与非扩散性阴离子结合形成难移动的物质。在植物的成熟叶片中，大约10%的镁结合在叶绿体中，75%的结合在核糖体中，其余以游离态或结合态存在于细胞质中。

（2）镁的营养功能。

① 镁是叶绿素的组成成分。叶绿素a和叶绿素b均含有镁，叶绿素分子只有与镁结合后，才能有效地吸收光量子进行二氧化碳的同化作用。因此，镁直接参与植物的光合作用。

② 镁是多种酶的激活剂。镁通过这些酶参与光合作用、植物体内的碳水化合物的代谢、磷酸化作用。

③ 镁参与脂肪和氮素代谢。缺镁时，油脂含量和蛋白质含量明显下降。

④ 镁还能促进植物体维生素A和维生素C的合成，从而有利于提高蔬菜、水果的品质。

（3）植物缺镁的症状。缺镁首先表现在老叶。这是因为镁在植物体内的移动性较强，可以向新生组织转移，再利用程度高。缺镁植株的外观表现：双子叶植物叶脉间失绿，逐渐由淡绿色变为黄色或白色，并出现大小不一的褐色斑点或条纹，严重时整个叶片坏死。禾本科植物缺镁，叶片基部出现暗绿色斑点，其余部分为淡黄色，严重缺镁叶片褪绿呈黄绿相间的条纹状，叶尖出现坏死斑点。缺镁症状在一年生作物生长后期出现。

### 2. 土壤中的镁

土壤中镁含量受母质、气候、风化程度、淋溶和耕作措施的影响大。北方土壤含镁量在10g/kg以上，南方土壤含镁量一般在3.3g/kg左右。镁易于淋溶损失，因此，我国南方土壤容易缺镁。

土壤中镁的形态可分为矿物态、水溶态、代换态、非交换态和有机态五种，主要以无机态存在，有机态镁含量很低，主要来自还田的秸秆和有机肥料。土壤中矿物态镁约占全量的70%～90%，主要存在于含镁的硅酸矿物、菱镁石、白云石中。水溶态镁含量一般在5～100mg/L，含量仅次于钙，与钾相似。交换态镁占土壤全镁量10%～20%，高的可达25%，其含量一般在1～50mg/kg土，高的可达160mg/kg土。非交换态镁是矿物态镁中能为稀酸溶解的镁，是矿物镁中较易释放的部分，也可归为矿物态镁，一般占全镁量的5～25%。

### 3. 镁肥的种类、性质及施用

（1）镁肥的种类和性质。生产镁肥的原料很多，主要有白云石、菱镁矿、橄榄石、蛇纹石、光卤石等，我国镁肥资源储量是很丰富的。镁肥按溶解度分为水溶性和微溶性两类，其中氯化镁的溶解度最大。主要镁肥的种类、成分和性质见表6-2。此外，草木灰及一些有机肥料中也含有一定数量的镁，也是植物所需要的镁源之一。

表 6-2　主要镁肥的种类、成分和性质

| 种　　类 | 组　　成 | MgO（%） | 主要性质 |
|---|---|---|---|
| 硫酸镁 | $MgSO_4 \cdot 7H_2O$ | 13～16 | 酸性，易溶于水 |
| 硝酸镁 | $Mg(NO_3)_2 6H_2O$ | 15.7 | 酸性，易溶于水 |
| 氯化镁 | $MgCl_2$ | 2.5 | 酸性，极易溶于水 |
| 含钾硫酸镁 | $2MgSO_4K_2SO_4$ | 8 | 碱性，易溶于水 |
| 白云石 | $CaCO_3MgCO_3$ | 21.7 | 酸性，溶于水 |
| 蛇纹石 | $H_4Mg_3Si_2O_9$ | 43.3 | 酸性，微溶于水 |
| 磷酸镁 | $Mg_3(PO_4)_2$ | 40.6 | 中性，微溶于水 |
| 磷酸镁铵 | $MgNH_4PO_4 \cdot xH_2O$ | 16.43～25.95 | 碱性，微溶于水 |
| 光卤石 | $KCl,MgCl_2 \cdot H_2O$ | 14.4 | 中性，微溶于水 |

（2）镁肥的施用。镁肥的肥效主要受土壤条件、植物条件及施用方法的影响，因此，合理施用镁肥就应该综合考虑这些因素。

① 根据土壤条件合理施用镁肥。土壤中镁的供应水平与镁肥肥效有着密切的关系。而土壤交换性镁含量能较好地反映土壤供镁水平，一般认为交换性镁含量超过 30～40mg/kg，作物施用镁肥无明显效果，当土壤中交换性镁低于 15mg/kg 时，施用镁肥有极显著的增产效果。在我国红壤地区土壤中含镁量普遍较低，施用镁肥效果显著，此外，砂质土、沼泽土、淋溶性强的土壤均为镁肥的显著区。

② 根据植物条件合理施用镁肥。不同种类的植物对镁的敏感性不同，镁肥应该首先施在对镁敏感的植物上，如豆科作物、薯类作物、甘蔗、甜菜、柑橘、葡萄、香蕉、番茄、棉花、烟草、蔬菜及一些多年生牧草都是镁敏感的植物。施用镁肥可明显提高这些植物的产量和品质。

③ 合理的施用方法。土壤中铵态氮的大量存在对镁的吸收有拮抗作用，而硝态氮却能促进植物对镁的吸收。施用镁肥时，配合施用有机肥料、磷肥或硝态氮肥，有利于发挥其肥效。此外，高浓度的钾、钙也抑制植物对镁的吸收，大量施用钾肥和石灰可诱发或加重镁的缺乏，因此，在配合施用含镁肥料时，使有效 K/Mg 比值维持在 2～3∶1 为宜。

不同的镁肥品种，其施用方法不同。水溶性镁肥可用于各种土壤，尤其适用于 pH 值 6.5 以上的缺镁土壤。碱性且微溶于水的镁肥最适合 pH 值小于 6 的酸性土壤，其施用效果高于水溶性镁肥。

镁肥宜作基肥、追肥和根外追肥。微溶于水的镁肥一般用作基肥，水溶性镁肥宜作追肥，一般每公顷用量为镁含量 15～22.5kg。作追肥时，早施效果好。硫酸镁、水镁矾还可作根外追肥。对于一些果树矫治缺镁症状，可在花期连续喷 2～3 次浓度 1%～2%的硫酸镁，每隔两周一次。

### 6.3.3 硫肥

#### 1. 植物体内的硫

（1）硫在植物体内的含量与分布。植物含硫量一般为干物质重的 0.1%～0.5%，其含量随植物种类、品种、器官的变化而不同。一般变化趋势为：十字花科植物＞豆科植物＞禾本科植物，种子＞秸秆。植物体内的硫存在两种形态，即无机硫酸盐和有机含硫化合物，后者主要是含硫的氨基酸和蛋白质。有机硫占植物全硫量的 90%以上，主要存在于细胞质和各细胞器中，而无机硫酸盐主要存在于液泡中，一旦植物缺硫，液泡中贮存态硫就释放出来，形成有机硫化合物供植物正常生长需要。

（2）硫的营养功能。

① 硫是构成蛋白质和酶不可缺少的成分。硫主要通过二硫键在蛋白质结构和功能上起重要作用。所以缺硫则植物体内蛋白质的合成受阻，使作物产量及品质降低。

② 硫参与植物体内的氧化还原过程。硫主要是通过二硫键与巯基之间的转换实现电子的传递，从而参与植物体内的呼吸作用、光合作用及氮素代谢。

③ 硫影响叶绿素的合成。叶绿素的成分中不含硫，但硫对叶绿素的形成有一定的影响。因此，植物缺硫时叶色暗绿，严重时呈黄白色。

④ 硫是某些活性物质及一些挥发性物质的组成成分。活性物质如维生素 H、维生素 $B_1$、谷胱甘肽等，挥发性物质如芥菜含有的芥子油、大蒜中的蒜素都含有硫，因此，十字花科植物中硫含量较高。

（3）植物缺硫的症状。缺硫的症状首先表现在新生组织，幼叶呈浅绿或黄绿色。缺硫与缺氮的症状相似，都是叶片均匀失绿黄化，只是失绿的部位不同，缺氮症状首先表现在老叶，失绿黄化，而缺硫植物上部叶片失绿。缺硫植物的外观表现：植株矮小，叶片细小且上卷，变硬易碎，开花迟，结果结荚少。

需硫较多的植物有：十字花科植物（油菜、四季萝卜、芥菜、大蒜、葱等）、豆科作物、烟草、棉花等，禾本科作物需硫较少。

#### 2. 土壤中的硫

（1）土壤中硫的含量。土壤中硫的含量一般 0.1～5g/kg，大多数在 0.1～0.5g/kg，土壤中硫的含量决定于土壤母岩、土壤类型、大气降水、含硫的有机、无机肥料情况，以及土壤质地、土壤有机质含量及作物种类、产量高低等因素。

（2）土壤中硫的形态。土壤中的硫以无机硫和有机硫两种形态存在。在我国的南部和东部湿润地区，土壤硫以有机硫为主，有机硫占全硫量的 85%～94%，而无机硫仅占 6%～15%。在北部和西部干旱的石灰性土壤上，无机硫含量较高，一般占全硫量的 39%～62%。

土壤无机硫可分为三种形态：水溶性、吸附态、矿物态。

① 水溶性硫。主要是指溶于土壤溶液中的 $SO_4^{2-}$，其浓度为 25～100mg/L。

② 吸附态硫。主要是指土壤胶体上吸附的 $SO_4^{2-}$，酸性土壤吸附量较高。

③ 矿物态硫。主要是以硫化物或硫酸盐形态存在于矿物中，如菱铁矿（$FeS_2$）、闪锌矿（ZnS）、石膏（$CaSO_4·2H_2O$）、泄利盐（$MgSO_4·7H_2O$）等。

土壤有机硫可分为碳键硫和非碳键硫，碳键硫（C-S）主要是一些含硫的氨基酸，如胱氨酸、半胱氨酸等，一般占全硫量的 5%～20%；非碳键硫（C-O-S）是由酚、胆碱硫酸盐及类脂化合物所组成。主要是硫脂化合物，如胆碱硫酸脂、酚硫酸脂等，它一般占全硫量的 30%～70%。

(3)土壤中硫的转化。土壤中含硫的物质在生物和化学作用下发生无机硫和有机硫的转化。

① 无机硫的转化包括硫的还原和氧化作用。无机硫的还原作用是指硫酸盐还原为硫化氢的过程，主要通过两个途径进行：一是由生物将 $SO_4^{2-}$吸收到体内，并在体内将其还原，再合成细胞物质（如含硫氨基酸）；二是由硫酸盐还原细菌将 $SO_4^{2-}$还原为还原态硫。在淹水土壤中，大多数还原硫以 FeS 的形式出现。此外还有少量不同程度的硫化物（如硫代硫酸盐）和元素硫等。

无机硫的氧化作用是指还原态硫（如 S、$H_2S$、FeS 等）氧化为硫酸盐的过程。参与这个过程的硫氧化细菌，利用氧化的能量维持其生命活动。影响硫氧化作用的因素有温度、湿度、土壤反应和微生物数量等。

② 有机硫的转化。土壤有机硫在各种微生物作用下，经过一系列的生物化学反应，最终转化为无机硫的过程。在好气条件下，最终产物是硫酸盐；在嫌气条件下，则为硫化物。影响有机硫的转化因素有温度、湿度、pH、能量的供应、土壤耕作状况以及有机质的 C/S 和 N/S 等。

### 3. 硫肥的种类、性质和施用

（1）硫肥的种类和性质。硫肥生产原料主要有天然含硫、硫化物、硫酸盐的矿物和化学工业的硫酸盐产品或副产品。我国的硫肥资源较为丰富，常用的硫肥种类及性质见表 6-3。

表 6-3　常用硫肥的种类、成分和性质

| 硫肥名称 | S 含量（%） | 主要成分 | 主要性质 |
|---|---|---|---|
| 生石膏 | 18.6 | $CaSO_4·2H_2O$ | 微溶于水 |
| 熟石膏 | 20.7 | $CaSO_4·1/2H_2O$ | 微溶于水，吸湿性强 |
| 硫磺 | 95～99 | S | 供硫能力强 |
| 硫酸铵 | 24.2 | $(NH_4)_2SO_4$ | 溶于水 |
| 硫酸钾 | 17.6 | $K_2SO_4$ | 溶于水 |
| 硫酸镁 | 13.0 | $MgSO_4$ | 溶于水 |
| 过磷酸钙 | 13.9 | $Ca(H_2PO_4)_2+CaSO_4$ | 微溶于水 |
| 硫硝酸铵 | 12.1 | $(NH_4)_2SO_4·NH_4NO_3$ | 溶于水 |

硫肥中的石膏、硫黄不仅为植物生长提供硫营养，还是很好的碱土化学改良剂。除了

上述硫肥外，还以硫为材料制成许多含硫肥料，如硫衣尿素等。

（2）硫肥的施用。硫肥的合理施用应根据土壤条件、植物种类综合考虑，这样才能充分发挥其肥效。

① 土壤条件。首先土壤的硫供应状况直接影响着硫肥的肥效。硫肥应重点施在碱土及风化程度高、淋溶作用强、有机质含量低的土壤上。在这些土壤上，硫的供应水平低，土壤中有效硫的含量决定着硫肥的肥效。在我国南方酸性土壤上，由于受强淋溶作用的影响，有效硫的含量低，当土壤有效硫含量 6～12mg/kg 时，植物可能缺硫。这时施用硫肥效果显著。在北方的一些盐碱土上存在硫酸盐累积的现象，这些地区虽然硫的含量较高，但也应该施用石膏，其目的是为了改良土壤。

② 植物种类。不同的植物种类对硫的需求量不同，十字花科植物（四季萝卜、甘蓝、大葱、花椰菜、芥菜等）对硫的需求量最大、豆科植物（花生、大豆、菜豆等）、棉花、烟草对硫的需求量中等，以上植物对缺硫较为敏感，硫肥应重点施在这些植物上。而禾本科植物对硫营养反应不敏感，施用硫肥效果不显著。

# 6.4 微量元素肥料性质及施用

微量元素包括铁、锰、铜、锌、硼、钼、氯等营养元素。虽然植物对微量元素的需要量很少，但它们在保证植物正常生长发育方面的重要性与大量元素是相同的。当作物缺乏某种微量元素时，作物生长发育会受到明显的影响，产量和品质下降。另一方面，微量元素过多也会使作物中毒，轻则影响产量和品质，严重时甚至危及人、畜健康。随着作物产量的不断提高和大量施用化肥，农业生产对微量元素的需要逐渐迫切，合理施用微肥已成为生产上一项简便易行、经济有效的增产措施。

## 6.4.1 植物的微量元素营养

微量元素在植物体内有着各自独特的营养生理功能，缺乏时会表现出特有的症状。具体内容见表 6-4。

**表 6-4 微量元素的营养功能及其缺乏症状**

| 微量元素 | 主要营养功能 | 缺 乏 症 状 |
| --- | --- | --- |
| 铁 | 叶绿素合成所必需；参与体内的氧化还原反应；参与植物的呼吸作用 | 上部叶片首先失绿黄化，失绿发生在叶片的脉间，严重时黄化，甚至白化，并有坏斑出现。如果树及一些双子叶作物的“黄化病”，含铁多的作物主要有叶菜类蔬菜、苹果、桃、李、豆科植物、甜菜等 |

（续表）

| 微量元素 | 主要营养功能 | 缺 乏 症 状 |
| --- | --- | --- |
| 锰 | 直接参与光合作用中水的光解；是多种酶的活化剂，通过这些酶参与体内的呼吸作用、氮素代谢、光合作用等；促进种子的萌发和幼苗的生长；促进维生素的合成 | 缺锰首先表现在新叶，叶脉间失绿并出现杂色斑点，而叶脉保持绿色。如燕麦的“灰斑病”、豌豆的“杂斑病”。麦类作物对锰比较敏感，尤其是燕麦，它常作为锰的指示作物；此外，甜菜、大豆、花生等对锰都很敏感 |
| 铜 | 参与体内的氧化还原反应，主要是作为酶的组分及激活剂来实现的；构成含铜蛋白参与光合作用；促进并稳定叶绿素的合成；参与氮素及碳水化合物代谢；作为 SOD 的重要组分，参与氧自由基的清除 | 缺铜首先表现在幼叶，叶片失绿黄化，出现坏死斑，叶尖发白卷曲。禾本科植物缺铜表现为植物丛生、顶端发白，严重时结实率低，甚至不结实；果树缺铜顶梢叶片退色、枯死。如苹果的“夏季顶枯病”和禾谷类作物的“白瘟病” |
| 锌 | 多种酶的激活剂和组分；参与生长素的合成；参与光合作用中二氧化碳的水合作用；促进蛋白质和碳水化合物的代谢 | 缺锌首先表现在新叶，叶片失绿黄化。单子叶植物表现为叶片脉间出现失绿条纹；双子叶植物表现为叶片失绿，节间变短，叶片狭小、丛生呈簇状。如果树的“小叶病”。对锌最敏感的植物有玉米、水稻、葡萄、桃、苹果、菜豆等 |
| 硼 | 促进体内碳水化合物的代谢及运输；参与细胞壁组成物质的合成；调节酚类代谢和木质素的合成；调节生长素的代谢及细胞分裂；促进生殖器官的发育；提高豆科作物的固氮能力；促进蛋白质、核酸的合成 | 缺硼症状出现的部位不稳定，可在根尖、生殖器官、茎尖、老叶处出现；典型缺素症状为，油菜的“花而不实”、棉花“蕾而不花”、小麦“穗而不粒”、萝卜和花椰菜“褐心病”、苹果“缩果病”、芹菜“茎折病”等 |
| 钼 | 是硝酸还原酶的组分，参与氮素代谢；作为固氮酶的组分，可促进豆科作物的固氮作用 | 缺钼症状表现为叶片脉间失绿，且有大小不一的黄色或橙黄色斑点，严重时，叶片扭曲呈杯状，老叶焦枯，以致死亡。如花椰菜的“鞭尾病”、柑橘“黄斑病”。豆科作物和十字花科作物对钼需求较多 |
| 氯 | 促进光合作用；调节气孔运动和渗透压，维持阳离子的平衡；激活 $H^+$-ATP 酶等 | 缺氯表现为叶尖枯萎，叶片失绿进而呈青铜色坏死，但一般而言大田作物不会缺氯。但在干旱、保护地、盐土上生长的作物体内常有氯离子的累积，有的甚至发生氯中毒 |

## 6.4.2　微量元素肥料

1. 铁肥

（1）铁肥的种类和性质。铁肥的种类、主要成分及性质见表 6-5。

表 6-5 铁肥的主要种类、成分和性质

| 肥料名称 | 主要成分 | 元素含量（%） | 主要性质 |
| --- | --- | --- | --- |
| 硫酸亚铁 | $FeSO_4 \cdot 7H_2O$ | 19（Fe） | 青绿色结晶，易溶于水，最常用铁肥 |
| 硫酸亚铁铵 | $FeSO_4 \cdot (NH)_2SO_4 \cdot 7H_2O$ | 14（Fe） | 淡青绿色结晶，易溶于水 |
| 螯合态铁肥 | Fe-EDTA | 5（Fe） | 易溶于水 |
| 尿素铁 | $Fe[(NH_2)_2CO]_6(NO_3)_3$ | 9.3（Fe），35（N） | 天蓝色结晶，酸性，易溶于水 |

（2）铁肥的施用。在土壤中铁的移动性很差，水溶性铁肥直接施入土壤中很容易被固定而形成植物难以吸收利用的形态，因此，铁肥一般不采用土施的方法，如要土施，应与有机肥料混合施用。铁肥常采用的施肥方法如下：

① 叶面喷施。一般采用水溶性铁肥，若用硫酸亚铁，适宜浓度为 0.2%～1.0%，最好与 1%的尿素混合喷施。也可用 0.5%～1.0%的螯合态铁肥的水溶液喷施，连续 2～3 次。果树可在叶芽萌发后，用 0.2%～0.5%的硫酸亚铁溶液喷施，每 5～7 天喷一次，共喷 2～3 次。大田的豆科作物可在有失绿叶片时喷施，方法同果树。

② 注射输液。对于果树、林木可将 0.2%～0.5%的硫酸亚铁溶液注射进入树干内，或在树干上钻小孔，每棵树用 1～2 克硫酸亚铁固体塞入孔内。

③ 根系埋瓶法。常用于多年生木本植物，在春季萌芽前，在离树干基部 1m 处挖土至露出新根，将直径 5mm 的新根切断，插入装有 0.1%～0.3%硫酸亚铁的溶液或其他含铁溶液的玻璃或塑料瓶中，然后把土埋好即可。

④ 土施法。将硫酸亚铁与有机肥混合施用，硫酸亚铁与有机肥的混合比例为 1∶10～20，成龄果树每株用量 20～25kg。施用时可条施、穴施或环施，环施法是在果树周围挖一深度 35cm、宽度 50cm 的环型沟，把混合好的肥料施入后立即覆土。

2. 锰肥

（1）锰肥的种类和性质。常见锰肥的品种、主要成分及性质见表 6-6。此外，锰肥还包括一些锰渣、含锰玻璃肥料等缓效锰肥。

表 6-6 锰肥的主要种类、成分和性质

| 肥料名称 | 主 要 成 分 | 含锰量(%) | 主 要 性 质 |
| --- | --- | --- | --- |
| 硫酸锰 | $MnSO_4 \cdot H_2O$ | 26～28 | 淡红色细小结晶，溶于水 |
| 氯化锰 | $MnCl_2 \cdot 4H_2O$ | 17～19 | 粉红色结晶，易溶于水 |
| 碳酸锰 | $MnCO_3$ | 31 | 溶解度较小 |
| 氧化锰 | MnO | 41～48 | 难溶于水 |
| 螯合态锰 | Mn-EDTA | 5～12 | 溶于水 |

（2）锰肥的施用。锰的营养临界期多在花期和籽粒形成期，在此时期施用锰肥可提高作物的产量和品质。锰肥的具体施用情况如下：

① 基肥。宜施用缓效性锰肥，水溶性肥料亦可，如果与酸性肥料和有机肥料配合施用，效果较好。宜条施或穴施，不宜撒施。用量一般每公顷 15～30kg。

② 叶面喷施。叶面喷施硫酸锰的浓度为 0.05～0.2%，一般喷 2～3 次，每次间隔 7～10 天，喷到叶面布满雾滴为止。喷洒时期，棉花在盛蕾至棉铃形成初期，越冬作物在返青后喷，果树在始花期喷施为宜。

③ 种肥 拌种、浸种均可。若拌种，2～4g 硫酸锰拌 1kg 种子，将硫酸锰溶于水后用喷雾器把溶液均匀喷洒在种子上，阴干后播种。若浸种，硫酸锰的浓度为 0.05%～0.1%，溶液与种子的比例为 1∶1，浸种 12～14 小时。

3. 铜肥

（1）铜肥的种类和性质。常见铜肥的种类及性质见表 6-7。此外，还有含铜矿渣可做缓效铜肥施用。

表 6-7　常见铜肥的主要种类及成分、性质

| 肥 料 名 称 | 主 要 成 分 | 含铜量（%） | 主 要 性 质 |
|---|---|---|---|
| 硫酸铜 | $CuSO_4 \cdot 5H_2O$ | 25 | 蓝色结晶，易溶于水 |
| | $CuSO_4 \cdot H_2O$ | 35 | 易溶于水 |
| 磷酸铵铜 | $CuNH_4PO_4 \cdot H_2O$ | 32 | 难溶于水 |
| 螯合态铜 | $Na_2Cu$-EDTA | 13 | 易溶于水 |
| | $Na_2Cu$-HEDTA | 9 | 溶于水 |
| 氧化铜 | CuO | 75 | 黑色结晶，难溶于水 |
| 氧化亚铜 | $Cu_2O$ | 89 | 暗红色粉末，不溶于水 |
| 硫化亚铜 | $Cu_2S$ | 80 | 黑色粉末或颗粒，不溶于水 |

（2）铜肥的施用。铜肥常见的施用方法如下：

① 基肥。一般施用硫酸铜每公顷 15～30kg，肥效可持续 2～3 年，也可施用含铜的矿渣等工业废弃物。

② 叶面喷施。喷施硫酸铜的浓度为 0.02%～0.04%，采用高浓度时，最好加入少量熟石灰（0.15%～0.25%），或配成波尔多液农药施用。

③ 种子处理。浸种硫酸铜浓度为 0.01%～0.05%。

4. 锌肥

（1）锌肥的种类和性质。常见锌肥品种、主要成分及性质见表 6-8。此外，含锌工业废渣和污泥也可作锌肥施用。

表 6-8 常见锌肥品种及主要成分、性质

| 肥料名称 | 主要成分 | 含锌量（%） | 主要性质 |
|---|---|---|---|
| 硫酸锌 | $ZnSO_4 \cdot H_2O$ | 35 | 白色或无色结晶，易溶于水 |
| | $ZnSO_4 \cdot 7H_2O$ | 24 | 白色或无色结晶，易溶于水 |
| 氯化锌 | $ZnCl_2$ | 48 | 白色结晶，易溶于水，易潮解 |
| 氧化锌 | ZnO | 78 | 白色、淡黄色粉末，不溶于水 |
| 螯合态锌 | Zn-EDTA | 14 | 易溶于水 |

（2）锌肥的施用

① 基肥。难溶性的锌肥只能作基肥，溶于水的硫酸锌作基肥其用量一般为 15～30kg/ha，采用条施或穴施，与生理酸性肥料配合施用效果更好。土施锌肥其肥效可持续 1～2 年。

② 叶面喷施。不同的作物对喷施锌肥的浓度要求不同。果树要求硫酸锌的浓度 0.2%，水稻 0.1%～0.3%，在三叶、五叶及分蘖期各喷一次。玉米为 0.2%，在苗期、拔节期各喷一次，根外追肥应宜早不宜迟。

③ 浸种。浓度一般为 0.02%～0.1%的硫酸锌溶液，种皮硬且厚的种子浸泡 24～48 小时，其他浸泡时间为 6～8 小时。

④ 拌种。2～6g 硫酸锌拌 1kg 种子。

此外，锌肥还可通过其他方法施用，如树干注射，将硫酸锌制成球状后施入土壤。

5. 硼肥

（1）硼肥的种类和性质。常见硼肥的种类及主要成分、性质如表 6-9。此外，有些含硼矿物、工业废渣及废弃物也可用作硼肥。

表 6-9 常见硼肥的品种、主要成分和性质

| 肥料名称 | 主要成分 | 含硼量（%） | 主要性质 |
|---|---|---|---|
| 硼砂 | $Na_2B_4O_7 \cdot 10H_2O$ | 11.36 | 白色结晶或粉末，易溶于水，溶液为碱性 |
| 硼酸 | $H_3BO_3$ | 17.5 | 白色结晶或粉末，易溶于水 |
| 硼镁磷肥 | B、Mg、Ca、P | 0.124（B）<br>8～12（$P_2O_5$）<br>4（MgO） | |
| 硼镁肥 | $H_3BO_3 \cdot MgSO_4$ | 1.5(B)<br>20～30(MgO) | 灰色或灰白色粉末，主要成分溶于水的工业下脚料，碱性，可直接用作微肥，或作为微肥的原料 |
| 硼泥 | B、Mg、Ca、Fe | 0.5～2.0(B)<br>30～40(MgO) | |

（2）硼肥的施用。

① 叶面喷施。根外追肥是农业生产中常用的一种硼肥施用方法。喷施硼砂或硼酸溶液的浓度为 0.1～0.2%，喷施溶液用量为 450～1500kg/ha，以植株均匀湿润为宜。喷施次数：油菜在苗期和薹期是喷硼的关键时期；棉花通常在蕾期、初花期、花铃期各喷一次；果树一般在萌芽后开花前喷施 1～2 次，间隔一周，缺硼较为严重者，在坐果期再喷一次；麦类作物常在孕穗期和灌浆期喷施。喷施时应选择无风、晴朗并且潮湿的傍晚前或清晨。

② 基肥。土施硼肥一般用硼砂或缓效性硼肥，如硼泥、硼镁磷肥等。若用硼砂，用量一般为 20～43.3kg/ha，硼镁磷肥用量约为 37.5～60kg/ha。此外，用量还要考虑作物的苗龄，如果树，小树每株施硼砂 20～30g，大树每株 100～200g。土施硼肥应注意：施用前要与有机肥、化肥、细土混合均匀，条施或穴施于植株一侧，不宜与种子或幼根直接接触，施用后立即覆土。用量不宜过大，以免引起植物硼中毒，施用时期宜早不宜晚。

③ 种肥。浸种适宜浓度为 0.01～0.03%的硼砂或硼酸溶液，首先用热水把硼砂或硼酸完全溶解，再用冷水稀释，浸泡 6～12 小时即可。拌种用 0.4～0.6g 硼砂或硼酸拌 1kg 种子，拌匀晾干后播种。

6. 钼肥

（1）钼肥的种类和性质。常用钼肥的品种、主要成分及性质见表 6-10。

**表 6-10　常用钼肥的种类、主要成分及性质**

| 肥料名称 | 主要成分 | 含钼量（%） | 主要性质 |
|---|---|---|---|
| 钼酸铵 | $(NH_4)_6Mo_7O_{24}\cdot 4H_2O$ | 54 | 白色结晶，易溶于水 |
| 钼酸钠 | $NaMoO_4\cdot 2H_2O$ | 39 | 白色结晶，易溶于水 |
| 三氧化钼 | $MoO_3$ | 66 | 白色粉末，微溶于水 |
| 硫化钼 | $MoS_2$ | 60 | 浅灰色，不溶于水 |
| 含钼玻璃磷肥 | 硅酸盐 | 2～30 | 不溶于水 |

（2）钼肥的施用。

① 叶面喷施。根外追肥常用 0.01%～0.1%的钼酸铵溶液，在生育期内大约喷 2～3 次，一般在苗期或开花前喷，每次间隔 10 天，用量为 210～360kg/次/ha，喷至叶面均匀布满雾滴为宜。

② 基肥。土施钼肥可用钼酸铵，也可用缓效性钼肥，一般钼酸铵用量为 0.75～3kg/ha，含钼矿渣用量 15～45kg/ha，其肥效可持续 5～6 年，由于钼-磷之间存在协助作用，可将钼肥与过磷酸钙混合制成钼过磷酸钙施用，以提高肥效。

③ 种肥。包括浸种和拌种两种方式。浸种用 0.05%～0.1%的钼酸铵溶液，种液比为 1∶1，浸泡 1～2 小时；拌种大约用 1～2g 钼酸铵拌 1kg 种子，先用少量热水溶解钼酸铵，然后冷水稀释至 3%，均匀喷洒在种子上，边喷边搅拌，晾干后播种。

### 6.4.3 微量元素肥料施用注意事项

微量元素肥料施用有其特殊性，如果施用不当，不仅不能增产，甚至会使作物受到严重危害，为此，施用时应注意：

（1）针对作物对微量元素的反应施用。各种作物对不同的微量元素有不同的反应，敏感程度也不相同，需要量也有差异，因此将微量元素肥料施在需要量较多、对缺素比较敏感的作物上，发挥其增产效果。

（2）针对土壤中微量元素状况而施用。不同的土壤类型，不同质地的土壤其施用微量元素肥料效果不同。一般来说缺铁、硼、锰、锌、铜，主要发生在北方石灰性土壤上，而缺钼主要发生在酸性土壤上。酸性土壤施用石灰会明显影响许多种微量元素养分的有效性，因此，施用时应针对土壤中微量元素状况。

同时，土壤中微量元素的有效性受土壤环境条件影响。为了彻底解决微量元素缺乏问题，应在补充有效微量元素养分的同时，注意消除缺乏微量元素的土壤因素。一般可采用施用有机肥料或适量石灰来调节土壤酸碱度，改良土壤的某些性状。

（3）把施用大量元素肥料放在重要位置上。虽然微量元素肥料和氮、磷、钾三要素都是同等重要和不可代替的，但是在农业生产中，微量元素肥料的效果，只有在施足大量元素肥料的基础上才能充分发挥出来。

（4）严格控制用量，力求施用均匀。微量元素肥料用量过大对作物会产生毒害作用，而且有可能污染环境，或影响人畜健康，因此，施用时应严格控制用量，力求做到施用均匀。

## 6.5 复（混）合肥料的性质及施用

复混肥料是复合肥料和混合肥料的统称，由化学方法或物理方法加工而成。复混肥料是伴随着农业机械化、化肥生产工艺、化肥销售系统以及农化服务日趋完善而逐步发展起来。

### 6.5.1 概述

1. 复合、混合肥料的概念

复（混）合肥料是指含有N、P、K中任何两种或三种营养元素的肥料总称。复（混）合肥料中含有N、P、K任何两种营养元素的称为二元复（混）合肥料，含有N、P、K三种元素的称为三元复（混）合肥料。有的复（混）合肥料中除含有N、P、K主要营养元素外，还含有多种微量元素，这些含多种营养元素的复（混）合肥料称为多元复（混）合肥料。复（混）合肥料的品位以含 $N$-$P_2O_5$-$K_2O$（%）的总量来表示，但其每种养分最低不少于 4%。一般总含量在 25～60%。总含量在 25～30%的为低浓度复（混）合肥料；30～40%的为中浓度复（混）合肥料；大于 40%的为高浓度复（混）合肥料。

### 2. 复（混）合肥料的类型

（1）化成复（混）肥。化成复（混）肥是在一定的工艺条件下，用化学合成的方法，或者用化学提取、分离的方法制得的，具有固定的养分含量和比例，含副成分很少。如磷酸铵、硝酸钾等。

（2）配成复（混）肥。配成复（混）肥是根据用户的需要，用高浓度的肥料，如尿素、氯化钾、磷酸铵等按照一定的比例，经混合制造成粒，这一类肥料的养分含量和比例可按不同的要求配制。由于加工工艺中要加入一定的助剂、填料，所以这类复（混）肥多数含有副成分。

（3）混成复（混）肥。这类复（混）肥料是以单元肥料或化成复（混）肥料为原料，只通过简单的机械混合制成。在混合过程中无显著的化学反应发生，只是把几种肥料简单混合，便于施用并提高肥力，因此也称掺混肥料。如由硫酸铵、磷酸铵和硫酸钾固体掺混成的三元混合肥。这类复（混）肥料的养分含量和比例范围较宽，针对性强，常含有副成分，一般随混随用，不宜长期存放。

### 3. 复（混）合肥料的发展趋向

我国化肥工业是在非常薄弱的基础上迅速发展起来的，现在已成为有相当实力的工业部门。不仅普通化肥的生产和使用得到了较大的发展，而且在调节氮、磷、钾比例和发展复（混）合肥生产，提高化肥的社会经济效益等方面也取得重大进展。今后复（混）合肥料的生产和使用将向以下几方面发展。

（1）发展高浓度复（混）合肥料。生产高浓度复（混）合肥料，既可以节省贮、运、施的费用，又可以做到肥料合理配合，保证增产效果。从国外复（混）合肥料的发展历程来看，也证明了这一点。例如：美国化肥的有效养分含量，1955 年为 22%，1966 年为 31%，1976 年提高到 43%。高浓度复（混）合肥料在化肥总量中的比重，在欧美和日本等国高达 70%左右。

（2）发展专用型复（混）合肥料。随着对施用通用复（混）合肥的效果、利弊的分析和经验总结，随着化肥生产工艺和销售系统的完善，以及农业化学服务的发展，一种能针对特定土壤和作物的专用复（混）肥料发展起来。如小麦专用肥料、花生专用肥料、果树专用肥料等。专用肥依据特定土壤和作物施肥要求而配制，有利于作物的专业化生产、发展机械化作业和专业化施肥。

（3）发展复（混）合肥料与农化服务相结合。长期的实践证明，复（混）合肥料的发展必须与完善的农化服务相结合。随着农业生产水平的不断提高和单元肥料施用水平的逐年增加，广大农民迫切要求给予施肥技术指导，其中包括施肥量的科学推荐（配方施肥），土壤和植株样品的测试（化学诊断）以及化肥的供应与施肥措施等，对于指导合理施肥，实现目标产量和提高肥料的经济效益具有重大的意义。配方施肥是施肥技术的一项重大改革，它标志着传统的经验性施肥被现代的定量化推荐施肥技术所代替，从而大大提高了科学施肥水平。配方施肥的显著特点之一是：实现目标产量必须从作物-土壤-肥料体系综合考虑，采用科学方法确定肥料配方，体现多养分平衡供应。为此，农化工作越完善，对复（混）合肥料的要求就越高。

### 6.5.2 复合肥料

复合肥料一般分为二元和三元复合肥料两大类。由于生产方法不同，所含化合物的种类数量不同。因此，各类复合肥料的养分数量、比例以及施用技术也有所不同。现将主要的二元、三元复合肥料分述如下。

1. 二元复合肥

（1）磷酸铵。磷酸铵简称磷铵，是用氨中和浓缩的正磷酸而制成。在制造过程中由于氨中和的程度不同分别生成磷酸一铵、磷酸二铵和磷酸三铵，但磷酸三铵很不稳定，易分解。反应如下：

$$NH_3+H_3PO_4 \rightarrow NH_4H_2PO_4$$

$$NH_4H_2PO_4+NH_3 \rightarrow (NH_4)_2HPO_4$$

磷酸一铵也称安福粉。它的性质稳定，易溶于水，25℃时，100g 水可溶解 41.6g，pH 值为 4.4，纯净的磷酸一铵含 N 12.2%、$P_2O_5$ 61.8%。磷酸二铵也称重安福粉，它的性质比较稳定。在 70℃以上高温下会放出部分氨，生成磷酸一铵。磷酸二铵易溶于水，25℃时，100g 水中可溶解 72.1g，水溶液呈碱性反应，pH 值为 8.0，纯净的磷酸二铵含 N 21.2%、$P_2O_5$ 53.8%。目前，国产磷酸铵实际上是磷酸一铵和磷酸二铵的混合物，其中磷酸一铵约占 80%，其性质也较为稳定。一般为灰白色或深灰色颗粒，不吸湿，不结块，易溶于水。水溶液 pH 值为 7.0～7.2，属化学中性肥料。磷酸铵含 N 12%～18%、$P_2O_5$ 46%～52%，其中的氮、磷是速效性的，易被作物吸收利用。实际上国内也有两种规格的磷酸铵肥料，一种是以磷酸一铵为主，含 N 12%左右、$P_2O_5$ 52%左右。另一种是以磷酸二铵为主，含 N 18%左右、$P_2O_5$ 46%左右。

磷酸铵是以磷为主的氮、磷二元复合肥，适于各种土壤和作物，特别适于缺磷的土壤和需磷较多的作物，颗粒磷酸铵最适合条施作种肥和基肥。磷酸铵还是配制其他复混肥料的原料。

（2）硝酸磷肥。硝酸磷肥是用硝酸分解磷矿石，再经氨化制成的氮、磷二元复合肥料。

本法优点是不用硫酸分解磷矿石，因而不受硫资源的限制。所用的硝酸起双重作用，不仅分解磷矿石，而且本身也是一种氮肥。因此该肥生产较为经济，有发展前景。

硝酸磷肥的制法有碳化法、混酸法和冷冻法三种。因工艺过程不同，制成的硝酸磷肥成分、含量也不同，见表 6-11。

**表 6-11　各种硝酸磷肥的成分及性质**

| 肥料名称 | 主要化合物 | 有效成分($N:P_2O_5:K_2O$) | 水溶性磷占全磷（%） |
|---|---|---|---|
| 碳化法硝酸磷肥 | $CaHPO_4+NH_4NO_3$ | 18:12:0 | 0 |
| 混酸法硝酸磷肥 | $CaHPO_4+NH_4H_2PO_4+NH_4NO_3$ | 12:12:0 | 30～50 |
| 冷冻法硝酸磷肥 | $CaHPO_4+NH_4H_2PO_4+NH_4NO_3$ | 20:20:0 | 75 |

各类硝酸磷肥有一定的吸湿性，故多制成颗粒肥料。硝酸磷肥中氮素约有一半为硝态氮，易流失，故宜用于旱地作基肥和追肥。计算肥料时应先考虑氮素含量，再用单一磷肥补充。

（3）硝酸钾。硝酸钾为无色结晶，含 N 12%～15%，$K_2O$ 45%～46%，不含副成分，吸湿性小于一般的硝酸盐，是一种氮、钾二元复合肥料。硝酸钾除少数由天然矿物直接开采，或由土硝熬制外，大多数是用合成法或复分解法制取。

合成法是将氯化钾与 65%浓度的硝酸，在 75℃下反应制成硝酸钾，氯气和亚硝酰氯可回收利用。其反应式如下：

$$3KCl+4HNO_3 \rightarrow 3KNO_3+Cl_2+NOCl+2H_2O$$

用复分解法制成的肥料含钾多、含氮少，最适于烟草、甜菜、马铃薯、甘蔗等喜钾作物。烟草和甜菜对硝态氮反应优于铵态氮，施用硝酸钾尤为合适。硝酸钾适于作追肥，不宜用于水田。

硝酸钾易燃、易爆。在运输、贮藏和施用时注意防高温、切忌与易燃物接触。

（4）磷酸二氢钾。是以硫酸钾（或氯化钾）加生石灰生成氢氧化钾，再用磷酸中和制得。制造过程中的化学反应如下：

$$K_2SO_4+CaO+H_2O \rightarrow 2KOH+CaSO_4\downarrow$$

$$KOH+H_3PO_4 \rightarrow KH_2PO_4+H_2O$$

磷酸二氢钾为白色结晶，含 $P_2O_5$ 52.5%、$K_2O$ 34.5%。易溶于水，水溶液呈酸性反应，pH3～4，吸湿性小。磷酸二氢钾价格比较昂贵，最适合作根外追肥或浸种。根外追肥的适宜浓度 0.1%～0.3%，每公顷喷施磷酸二氢钾溶液 750～1100kg 为宜。喷施时间，禾谷类作物以拔节至孕穗期，棉花以开花期前后为宜，连续喷施二次效果最好。浸种适宜浓度为 0.2%，种子浸泡 10～20 小时，捞出晾干即可播种。

2. 三元复合肥料

（1）硝酸磷钾肥。硝酸磷钾是在混酸法制硝酸磷肥的基础上再添加钾盐而制成的三元复合肥。其中的氮钾都是水溶性的速效养分，磷有 30%～50%为水溶性，50～70%为弱酸溶性养分。

硝酸磷钾肥为淡褐色颗粒，有吸湿性，应注意防潮。它在我国烟草区作为专门肥料应用，效果良好。

（2）铵磷钾肥。铵磷钾肥是硫酸铵、硫酸钾和磷酸盐按不同比例混合而成的三元复合肥料，也可以由磷酸铵和钾盐混合制成。由于我国各地土壤、气候条件差异很大，作物种类很多，对三元复合肥料的氮、磷、钾比例有不同的要求。

铵磷钾肥物理性状较好，氮、磷、钾养分基本上都是速效的，易被作物吸收，可作基肥、追肥，配合适当氮肥，目前多用于烟草、棉花、甘蔗等经济作物上。

### 6.5.3 混合肥料

混合肥料是各种基础肥料经二次加工的产品，复混肥料和掺混肥料都属于混合肥料。掺混肥料是基础肥料之间干混，随混随用，通常不发生化学反应；复混肥料是基础肥料之间发生某些化学反应。

制备混合肥料的基础肥料中，单质肥料可用硝酸铵、尿素、硫酸铵、氯化铵、过磷酸钙、重过磷酸钙、氯化钾、硫酸钾等，二元肥料可用磷酸一铵、磷酸二铵、硝酸磷肥等。

1. 复混肥料

近年来为适应我国复混肥料生产迅速发展的形势，国家制定了复混肥料的专业标准，（见表 6-12）对养分含量、水分含量、粒度、抗压强度等都有明确规定。

**表 6-12 复混肥料质量标准**

| 指标名称 | 指标 | | |
|---|---|---|---|
| | 高浓度 | 中浓度 | 低浓度 |
| 总养分量（%）($N+P_2O_5+K_2O$）≥ | 40 | 30 | 25 |
| 水溶性磷占有效磷百分率＞ | 50 | 50 | 40 |
| 水分（游离水%）＜ | 1.5 | 2.0 | 5.0 |
| 颗粒平均抗压强度≥ | 12 | 10 | 8 |
| 粒度中 1～4mm 颗粒百分率≥ | 90 | 90 | 80 |

注：① 组成复混肥料的单一养分最低含量不得低于 4%；② 以钙镁磷肥为基础肥料，配入氮、钾肥制成的复混肥料可不控制水溶性磷百分率指标，但须在包装袋上注明弱酸溶性磷含量；③ 有含氯基础肥料参与时，应在包装上注明氯离子含量。

2．掺混肥料

掺混肥料是把含有氮、磷、钾及其他营养元素的基础肥料按一定比例掺混而成的混合肥料，简称 BB 肥。BB 肥近年来在我国得到迅速发展，其原因主要是 BB 肥有以下特点：①生产工艺简单，投资省，能耗少，成本低；②养分配方灵活，针对性强，符合农业平衡施肥的需要；③能做到养分全面，浓度适宜，达到增产增收；④减少施肥对环境污染。

3．混合肥料的配料计算

混合肥料在配制时一般根据肥料的分析式或三要素比例进行计算。

肥料的分析式是指混合肥料中各种主要养分含量的百分率，例如肥料分析式为 18-18-9，表示含 18% N，18% $P_2O_5$，9% $K_2O$。

三要素比例式是将肥料分析式简化为 10 以内的简单比例。例如 3-9-3 和 4-12-4 两种混合肥料，其肥料分析式虽然不同，但三要素比例均为 1：3：1，故用此法可将多种肥料分析式归纳在少数比例内，使用单位可根据需要选用。

**【例 6.1】** 配制 10-10-5 的混合肥料一吨，问需要尿素（含 N 46%）、过磷酸钙（含 $P_2O_5$ 17%）氯化钾（$K_2O$ 60%）各多少千克？

首先计算每吨混合肥料含有 N、$P_2O_5$、$K_2O$ 的数量

N：　　　　1000×10%＝100（kg）

$P_2O_5$：　　　1000×10%＝100（kg）

$K_2O$：　　　1000×5%＝50（kg）

再计算相当于 100kg N、100kg $P_2O_5$、50kg $K_2O$ 所需要的肥料数量

尿素：　　　100÷46%＝217（kg）

过磷酸钙：　100÷17%＝588（kg）

氯化钾：　　50÷60%＝83（kg）

以上三种肥料共计 888kg，不足之量可加磷矿粉、泥炭或其他有机肥补足。在酸性土壤上可用石灰石粉作填充物。

**【例 6.2】** 配制混合肥料中三要素比例为 1：0.5：0.5，所用单元肥料为碳酸氢铵（含 N 17%）、过磷酸钙（含 $P_2O_5$ 14%）和硫酸钾（含 $K_2O$ 50%）时，试求配制 100kg 这种混合肥料，需用单元肥料各多少 kg？

先求每 kg 养分相当于所用化肥的 kg 数量

每 kgN 相当于 1÷17%＝5.88kg 碳酸氢铵

每 kg$P_2O_5$ 相当于 1÷14%＝7.14kg 过磷酸钙

每 kg$K_2O$ 相当于 1÷50%＝2kg 硫酸钾

按 1：0.5：0.5 比例，化肥的用量应为 5.88＋0.5×7.14+0.5×2＝[illegible]　　＝10.45

按 100kg 需用量计算，扩大的倍数为 100÷10.45＝9.57

即在 100kg 混合肥料中

碳酸氢铵为 5.88×9.57＝56.3kg

过磷酸钙为 3.57×9.57＝34.1kg

硫酸钾为 1×9.57＝9.6kg

**【例 6.3】** 配制 10-10-5 的混合肥料 1 吨，用尿素（含 N 46%）、过磷酸钙（含 $P_2O_5$ 17%）氯化钾（$K_2O$ 60%）和钾盐（含 $K_2O$ 12%）供给三要素，在配制中用氯化钾和钾盐相互配合而不用填充物，问各需多少 kg？

先参照**【例 6.1】**计算出混合肥料中需要的尿素和过磷酸钙用量分别是 217kg 和 588kg，两者总和为 805kg，还差 1000-805=195kg。

设所需氯化钾为 $x$kg，则钾盐为 195-$x$，依题意得：

$$x \times 60\% + (195 - x) \times 12\% = 1000 \times 5\%$$

$$x = 55.5\text{kg}$$

$$195 - 55.5 = 139.5\text{kg}$$

即分别用尿素 217kg，过磷酸钙 588kg，氯化钾 55.5kg 和钾盐 139.5kg 可配制出 1 吨 10-10-5 的混合肥料。

## 6.6 复习思考题

1．铵态氮肥、硝态氮肥、酰胺态氮肥的共性?

2．氮肥中氮素损失途径主要有哪些？为提高尿素作根外追肥效果应注意哪些问题？

3．普通过磷酸钙和钙镁磷肥有何特性？怎样合理施用？

4．试述过磷酸钙的退化作用和固定作用。

5．总结喜酸喜碱性的常见花卉和树木各有哪些？

6．土壤中各种微量元素的有效性和土壤酸碱度之间有何关系？

7．常用微量元素肥料有哪些？其施用方法是什么？施用时应注意哪些问题？

8．当地常发生哪些微量元素缺素症？如何进行诊断？

9．施用复（混）合肥料应重视哪几方面的问题？

10．什么是复（混）合肥料？具有哪些优点和不足？

11．什么是 BB 肥？它有何特点？

# 第7章　有 机 肥 料

**【学习目的和要求】**　通过本章的介绍，使学生熟悉有机肥料的有关概念，了解有机肥料的分类，掌握有机肥料的特点及作用，掌握粪便尿肥、堆沤肥、绿肥的特点及施用方法。

## 7.1　有机肥料概述

无论是有机农业还是无机农业均离不开有机肥料，有机肥料不仅是维持与提高土壤肥力从而实现农业可持续发展的关键措施，也是农业生态系统中各种养分资源得以循环、再利用和净化环境的关键链，有机肥还能平衡地供给作物养分，从而显著改善作物的品质。有机肥料虽然没有像化肥那样作用迅速，但在改善土壤环境方面的意义远比化肥更重要，因此人们有时形象地将农业生产中的有机肥比作医药上的“中药”。

### 7.1.1　有机肥料的分类

有机肥料是指利用各种有机废弃物料，加工积制而成的含有有机物质的肥料总称，是农村中就地取材、就地积制、就地施用的一类自然肥料，又称为农家肥料。

有机肥料的来源广泛，品种也相当繁多，一般根据其来源、特性和积制方法，可把有机肥料分为五类：

（1）粪尿肥：是人粪尿、家畜粪尿以及禽粪等的总称。人粪尿含氮量多，而且易分解，肥效快，在有机肥料中素有细肥之称。以家畜粪尿为主，各种垫圈材料为辅混合积制而成的肥料称厩肥，含多种养分，对培肥土壤具有良好的作用。

（2）堆沤肥：主要是有机物料经过微生物发酵的产物，包括堆肥、沤肥、秸秆直接还田利用以及沼气池肥等。堆肥和沤肥的性质基本相似，它们的共同特点是以作物的秸秆为主，掺入少量的人畜粪尿积制而成，它们的区别在于堆肥在积制过程中以好气分解为主，而沤肥在积制过程中则是以嫌气发酵为主，最终都是以达到腐熟为目的。

（3）绿肥：是指直接翻压到土壤中用作肥料的植物绿色体，包括栽培绿肥和野生绿肥。这类肥料养分全面，易分解，而且具有就地栽培，就地翻压，投资少，收效大，节约能源的优点。

（4）杂肥：包括各种能用作肥料的有机废弃物，包括泥炭（草炭）、腐殖酸类肥料（利用泥炭、褐煤、风化煤等为原料加工提取的各种富含腐殖酸的肥料）、饼肥（榨油后的油粕）、泥土肥（河泥、湖泥、塘泥、污水、污泥）、垃圾肥和其他含有有机物质的工农业废弃物等，也包括以有机肥料为主配制的各种营养土。

（5）商品有机肥料：包括工厂化生产的各种有机肥料、有机-无机复混肥料、腐殖酸肥料以及各种生物肥料。

### 7.1.2 有机肥料与化学肥料的特点比较

（1）有机肥料：来源广泛、种类多；富含有机质和大量微生物，具有改土作用；养分种类多，含有多种作物所需要的营养元素，但含量低；供肥时间长，供应数量少，肥效慢；既能促进植物生长，又能保水、保肥。

（2）化学肥料：不含有机质，不具改土作用；养分种类单一，但含量高；供肥时间短，供应数量多，肥效快；不具有保水、保肥作用，而且易挥发、淋失、固定而降低利用率。

所以从有机肥料和化学肥料的特点上看，它们各有优缺点，而且这些优缺点正好可以相互补充，所以应强调有机肥料和化学肥料的配合施用，使两者能取长补短，相互补充，相互促进。

### 7.1.3 有机肥料在农业生产中的作用

有机肥料与化肥一样，同样是农业生产中不可缺少的肥料，尤其是目前的生态农业和绿色食品生产中，有机肥料的作用更为突出。有机肥料在农业生产中所起到的作用，可以归纳为以下几个方面。

（1）能提供给植物养分。有机肥料中含有各种矿物质养分，既有大量元素也有微量元素，这些养分经微生物分解后能释放出来，供作物吸收利用，另外还含有少量的有机态养分，比如氨基酸，酰胺等能快速被作物吸收利用。

（2）改良土壤理化性质。有机肥料能改善土壤结构，培肥土壤，提高土温，增加土壤的保水、保肥性，增加土壤的缓冲性能等，起到改善植物营养环境的作用。

（3）促进难溶性矿物的分解，增加养分的有效性。有机肥料在腐熟过程中分解产生的各种有机酸，能促进难溶性矿物的溶解，比如磷矿粉的溶解，从而增加磷的有效性。

（4）提高化肥利用率，降低成本。有机肥料与化学肥料的混合施用，能提高化肥的利用率，可以减少化肥的施用量，从而降低成本。

（5）改善农产品品质和刺激作物生长。施用有机肥料能提高农产品的营养品质、风味品质、外观品质；有机肥料中还含有维生素、激素、酶、生长素和腐殖酸等，它们能促进作物生长和增强作物抗逆性；腐殖酸还能够刺激植物生长。

（6）提高土壤容量，改善生态环境。施用有机肥料还可以降低作物对重金属离子铜、锌、铅、汞、铬、镉、镍等的吸收，降低了重金属对人体健康的危害。有机肥料中的腐殖质对一部分农药（如狄氏剂等）的残留有吸附、降解作用，有效地减轻农药对食品的污染。

# 7.2 粪 尿 肥

## 7.2.1 人粪尿

### 1. 人粪尿的成分

人粪尿是一种养分含量高，且肥效快的有机肥料，常被人们称为“精肥”或“细肥”。人粪是食物经消化后未被吸收而排出体外的残渣，其中约含 70～80%的水分；20%左右的有机质，主要是纤维素和半纤维素、脂肪和脂肪酸、蛋白质、氨基酸和各种酶、粪胆汁，还有少量的粪臭质、吲哚、硫化氢、丁酸等臭味物质；以及 5%左右的灰分，主要是钙、镁、钾、钠的硅酸盐、磷酸盐和氯化物等盐类。此外，人粪中还含有大量已死的和活的微生物，有时还含有寄生虫和寄生虫卵。新鲜人粪一般呈中性反应，而人粪在腐熟前由于含有酸性物质硅酸、有机酸，所以呈酸性反应，腐熟后由于 $CO(NH_2)_2 \rightarrow (NH_4)CO_3$ 而呈碱性反应。

人尿是食物被消化、吸收并参加新陈代谢后所产生的废物和水分。其中含水约 95%，其余 5%左右是水溶性有机物和无机盐类，主要为尿素（约占 1～2%）、NaCl（约占 1%），还有少量的尿酸、马尿酸、氨基酸、磷酸盐、铵盐、微量元素和微量的生长素（吲哚乙酸等）。健康人的新鲜尿为透明黄色，不含有微生物，因含有少量的磷酸盐和有机酸而呈弱酸性。

人粪尿的排泄量和其中的养分及有机质的含量常与人的年龄、饮食状况和健康状况密切相关。现将成年人粪尿养分状况和年排泄量的水平列于表 7-1。

表 7-1　人粪尿的养分含量及一成年人一年粪尿中养分排泄量

| 类 别 | 主要各成分含量（占鲜物%） | | | | | 一成年人排泄量（kg） | | | |
|---|---|---|---|---|---|---|---|---|---|
| | 水 分 | 有机物 | N | $P_2O_5$ | $K_2O$ | 鲜 物 | N | $P_2O_5$ | $K_2O$ |
| 人 粪 | >70 | 约 20 | 1.00 | 0.50 | 0.37 | 90 | 0.90 | 0.45 | 0.34 |
| 人 尿 | >90 | 约 3 | 0.50 | 0.13 | 0.19 | 700 | 3.50 | 0.91 | 1.34 |
| 人粪尿 | >80 | 5～10 | 0.5～0.8 | 0.2～0.4 | 0.2～0.3 | 790 | 4.40 | 1.36 | 1.67 |

从养分含量来看，不论人粪或人尿都是含氮较多，而磷、钾较少。所以，人们常把人粪尿当作速效性氮肥施用。

### 2. 人粪尿的无害化处理

常见的人粪尿的无害化处理方式有化粪池密闭沤制、堆制腐熟、沼气发酵和药物处理。

（1）化粪池密闭沤制。人粪尿密闭沤制是采用化粪池加盖，在嫌气条件下将人粪尿进行腐熟的一种方法。在人粪尿腐熟过程中，人粪尿中的氮素大多数转化为碳酸铵，腐熟后期约占全氮的80%以上。碳酸铵极不稳定，在常温常压下很容易分解释放出$NH_3$，造成氮素损失。而在密闭条件下，可抑制碳酸铵的分解，减少氮素损失。人粪尿经过密闭沤制后，粪液基本上达到无害化要求，粪液中铵态氮含量一般在0.2%以上，可以作追肥施用。此外，为了减少氮素损失，在人粪尿的贮存过程中，可以添加20%左右的草炭，或3%～5%的过磷酸钙，也能在一定程度上起到防止氮素损失的作用。

（2）人粪尿的堆制腐熟。是利用人粪尿与细土或筛分后的细垃圾按一定比例分层堆腐，制成大粪土，还可以按一定比例与秸秆、家畜粪尿、禽粪、杂草、绿肥、垃圾等材料进行高温堆肥。人粪尿经过高温堆制后，同样也可以达到无害化要求。

（3）沼气发酵。是利用人粪尿、家畜粪尿、禽粪和其他有机材料，如绿肥、秸秆、杂草、树叶、污泥、河塘泥、草炭等，在嫌气条件下利用甲烷细菌进行发酵，产生沼气（甲烷，$CH_4$）的沤制方法。这种方法既可以解决农村能源问题，有机物同时也达到了无害化的要求，沼气池渣和池液还可以作肥料。

（4）药物无害化处理。是在急需肥料施用，但未能进行堆沤处理时，人粪尿可以采用添加药物的方法进行无害化处理，以使其达到卫生标准，也可以在人粪尿堆沤腐熟时添加药物，以彻底杀灭病原体。常用的有石灰氮（添加量2.5g/kg）、敌百虫（添加量10mg/kg）、20%的氨水（添加量10g/kg），均有较好的杀虫、灭卵和杀蛆的作用。

### 3. 人粪尿的合理施用技术

（1）加水沤制成粪稀，经腐熟后可作追肥，多施用于叶菜类作物如白菜、菠菜、甘蓝、芹菜等，加水稀释4～5倍，直接浇灌。为提高肥效，减少氨的挥发，可开沟、穴，施后立即覆土。

（2）作为造肥的原料掺入堆肥中进行堆制，这样不仅促进微生物活动，加速有机质分解，还能提高粪肥质量。大粪土一般作基肥较好，但在土壤湿润的条件下，也可以沟施或穴施作旱地作物的追肥。

（3）因人粪尿中含有0.6%～1.0% NaCl盐，施用时应注意：禁施于忌氯作物如瓜果类、薯类、烟草和茶叶等，以免降低这些作物的产量和品种；盐碱土尽量少施或不施，以防加剧盐、碱的累积，有害于作物；不能连续大量施用，因$Na^+$能大量的代换盐基离子，使土壤变碱，一般在水田不易发生。

（4）人尿还可以作种肥用来浸种。以人尿浸种，人尿中所含的生长素能刺激作物种子中酶的活性，加速种子内贮藏物质的转化和运输，并能起到种肥作用，给作物苗期提供所需养分。

人粪尿作基肥时，一般用量为 7500～15000kg/hm$^2$，还应配合其他有机肥料和磷、钾肥。人粪尿作追肥时，应分次施用，并在施用前加水稀释，以防止盐类对作物产生危害。一般旱地稀释倍数为3～4倍，最高可稀释10倍。在水田中施用时，应先排水，再把人粪尿稀释2～3倍，结合耕耘一起施用，待2～3天后再进行灌溉。

### 7.2.2　家畜粪尿

家畜粪尿肥主要指人们饲养的牲畜，如猪、牛、羊、马、驴、骡、兔等的排泄物及鸡、鸭、鹅等禽类排泄的粪便。

#### 1. 家畜粪尿的成分

家畜粪是饲料经消化吸收后，未被吸收利用的排泄物，含有丰富的有机质和各种植物营养元素，是良好的有机肥料。

家畜粪的成分较为复杂，主要是纤维素、半纤维素、木质素、蛋白质及其降解物、脂肪、有机酸、酶、大量微生物和无机盐类，也会含有寄生虫、寄生虫卵和致病微生物等病原体。不同的家畜排泄物成分略有不同。一般羊、马粪所含的水分较少，有机质和养分含量较高，而猪、牛粪含水分较高，有机质和养分含量较低，禽粪优于家畜粪，水分含量更低，有机质和养分含量也相应高。

家畜尿是经过家畜新陈代谢后排出的废弃物和水分，成分较为简单，全部是水溶性物质，主要为尿素、尿酸、马尿酸和钾、钠、钙、镁的无机盐。猪尿中含钾素较高，含氮、磷较低，马、羊、牛尿中的氮素含量和钾素含量较高，含磷较低（见表7-2）。

表7-2　新鲜家畜粪尿、禽粪尿中主要成分含量（鲜基，%）

| 种类 | | 水分 | 有机质 | 矿物质 | N | $P_2O_5$ | $K_2O$ | C:N |
|---|---|---|---|---|---|---|---|---|
| 猪 | 粪 | 81.5 | 15.0 | 3.00 | 0.60 | 0.40 | 0.44 | (13-14)∶1 |
| | 尿 | 96.7 | 2.80 | 1.00 | 3.00 | 0.12 | 0.95 | — |
| 牛 | 粪 | 83.3 | 14.50 | 3.90 | 0.32 | 0.25 | 0.16 | (25-26)∶1 |
| | 尿 | 93.8 | 3.50 | 8.00 | 0.95 | 0.03 | 0.95 | — |
| 羊 | 粪 | 65.5 | 31.40 | 4.70 | 0.65 | 0.47 | 0.23 | 29∶1 |
| | 尿 | 87.2 | 8.30 | 4.60 | 1.68 | 0.03 | 2.10 | — |
| 马 | 粪 | 75.8 | 21.0 | 4.50 | 0.58 | 0.30 | 0.24 | (23-24)∶1 |
| | 尿 | 90.1 | 7.10 | 2.10 | 1.20 | 微量 | 1.50 | — |
| 鸡粪 | | 50.5 | 25.6 | — | 1.63 | 1.55 | 0.82 | (10-11)∶1 |
| 鸭粪 | | 56.6 | 26.2 | — | 1.10 | 1.40 | 0.62 | — |
| 鹅粪 | | 77.1 | 23.4 | — | 0.55 | 0.50 | 0.95 | — |

2. 家畜粪尿的性质

各种家畜粪尿的成分和性质依种类、饲料及饲养方式而有所不同。

（1）猪粪。猪为杂食性动物，饲料不以粗纤维为主，多为精饲料，故猪粪质地较细。碳氮比值低，养分含量较高，且蜡质含量较高，阳离子交换量较高。猪粪中含有较多的氨化细菌，较容易腐熟，腐熟后可形成质量较高的腐殖质。猪粪性质柔和，后劲长，并且有良好的改土作用，适用于各种土壤和作物，能提高土壤保水保肥能力。

（2）牛粪。牛是反刍类动物，虽然饲料与马相同，但饲料经过反复咀嚼消化，因此牛粪质地较马粪细密。碳氮比值较大，再加上牛饮水量大，粪中含水量较高，通透性差，腐熟速度较缓慢，且在腐熟过程中释放出的热量较少，一般称为冷性肥料。为加速分解腐熟，常混入一定比例的马粪。牛粪较适合于在有机质缺乏的轻质砂性土上施用。

（3）马粪。马的咀嚼和消化能力比牛差，又以高纤维粗饲料为主，咀嚼不细，故马粪中含纤维素高，粪质粗松，水分易蒸发而含量低，且粪中含有大量高温性纤维分解细菌，增强纤维分解，放出大量热，故称热性肥料，多用于温床酿热物。施马粪能显著改善土壤物理性状，施在质地黏重的土壤为佳，还适合施用在低洼地、冷浆土壤上。

（4）羊粪。羊也是反刍类动物，对饲料咀嚼消化能力较强，加上羊饮水少于牛，故羊粪质地细密又干燥，有机质和养分含量是家畜粪中最高的，三要素含量在家畜粪中也最高。羊粪分解腐熟速度较快，发热量较大，故也是一种热性肥料。羊粪宜与猪粪和牛粪一起堆腐，这样可以缓和羊粪的燥性。羊粪适于在各种土壤中施用。

（5）禽粪。家禽包括鸡、鸭、鹅等，它们以各种精饲料为主，肠道较短，消化吸收能力较差，所以粪便中含的纤维素量少于家畜粪，粪质细腻，养分含量高于家畜粪，亦属于精细肥料。禽粪腐熟速度较快，发热量较低，腐熟后适于各种土壤和作物施用。

### 7.2.3 厩肥

厩肥是以家畜粪尿为主，与各种垫圈材料（如秸秆、杂草、黄土等）和饲料残渣等混合积制的有机肥料统称。北方称为“土粪”或“圈粪”，南方称为“草粪”或“栏粪”。

1. 厩肥的成分

厩肥的成分受家畜的种类、饲养条件和垫圈材料不同的影响，有较大的差异，特别是有机质和氮素的含量，差异更显著。不同来源的厩肥有机质和养分含量有较大差异（见表 7-3）。

**表 7-3 新鲜厩肥的养分含量（鲜基，%）**

| 种　类 | 水　分 | 有机质 | N | $P_2O_5$ | $K_2O$ | CaO | MgO |
|---|---|---|---|---|---|---|---|
| 猪厩肥（圈 粪） | 72.4 | 25.0 | 0.45 | 0.19 | 0.40 | 0.08 | 0.08 |
| 马　厩　肥 | 71.9 | 25.4 | 0.38 | 0.28 | 0.53 | 0.31 | 0.11 |
| 牛厩肥（栏 粪） | 77.5 | 20.3 | 0.34 | 0.18 | 0.40 | 0.21 | 0.14 |
| 羊厩肥（圈 粪） | 64.6 | 31.8 | 0.83 | 0.23 | 0.67 | 0.33 | 0.28 |

### 2. 垫圈材料

垫圈材料要求吸水吸肥能力强，能够减少养分损失，保持畜圈干燥卫生。选择适宜的材料作为厩舍的垫圈材料对于厩肥的积制很重要。一般各种作物秸秆、杂草、树叶、草炭、干细土以及锯末、稻壳等均可作为垫圈材料。

选择好垫圈材料，还要根据不同家畜日需要垫圈材料量，考虑垫圈材料总用量。一般牛日需垫圈材料量为秸秆 3～5kg、草炭 5～6kg，育成猪日需垫圈材料量秸秆 1～2kg、草炭 1.5～2kg，马日需垫圈材料量为秸秆 2～4kg、草炭 3～4kg，羊日需垫圈材料量为秸秆 0.5～1kg、草炭 1～1.5kg。垫圈材料备好后，再根据当地的垫圈方式进行垫圈，积制厩肥。

### 3. 厩肥的积制方式

厩肥常用的积制方法有三种，即深坑圈、平底圈和浅坑圈。

（1）深坑圈。我国北方农村常用的一种养猪积肥方式。圈内设有一个深 1m 左右的坑，为猪活动和积肥的场所，每日向坑中添加垫圈材料，通过猪的不断践踏，使垫圈材料和猪粪尿充分混合，并在缺氧的条件下就地腐熟，待坑满后一次出圈。出圈后的厩肥，下层已达到腐熟或半腐熟状态，可直接施用，上层未腐熟的厩肥可在圈外堆制，待腐熟后施用。

（2）平底圈。地面多为紧实的土底，或采用石板、水泥筑成，无粪坑设置，采用每日垫圈每日或数日清除的方法，将厩肥移至圈外堆制。牛、马、驴、骡等大牲畜常采用这种方法，每日垫圈每日清除。对于养猪来说，此法适合于大型养猪场，或地下水位较高、雨水较充足而不宜采用深坑圈的地区，一般采用每日垫圈，数日清除的方法。平底圈积制的厩肥未经腐熟，需要在圈外堆腐，费时费工，但比较卫生和有利于家畜健康。

（3）浅坑圈。介于深坑圈和平底圈之间，在圈内设深 13～17cm 浅坑，一般采用勤垫勤起的方法，类似于平底圈。采用此法厩肥的腐熟程度较差，也需要在圈外堆腐。

### 4. 厩肥的施用技术

鲜厩肥含有较多的纤维素、半纤维素、碳氮比高，直接施用会与作物争氮，反硝化脱氮，应堆腐后施用。未腐熟或半腐熟的厩肥或家畜粪肥一般作基肥施用；腐熟的厩肥可以做基肥，也可以做种肥或追肥；但生粪不能做种肥或追肥，以免造成“生粪咬苗”现象。一般情况下，用秸秆和杂草垫圈的“草粪”施用量为 15000～30000kg/km$^2$，而用土做垫圈材料的“土粪”要适当增加，施用量可增加至 35000～40000kg/km$^2$。此外，厩肥的施用量还要考虑土壤管理和农业栽培措施的具体情况。

另外，根据土壤、气候和作物条件选择厩肥的腐熟度。一般在通透性良好的轻质土壤上，可选择施用半腐熟的厩肥；在温暖湿润的季节和地区，可选择半腐熟的厩肥；在种植生育期较长的作物或多年生作物时，可选择腐熟程度较差的厩肥。而在黏重的土壤上，应选择腐熟程度较高的厩肥；在比较寒冷和干旱的季节和地区，应选择完全腐熟的厩肥；在种植生育期较短的作物时，则需要选择腐熟程度较高的厩肥。

厩肥当季作物氮素利用率一般为10%～30%，比化肥氮素利用率低，因此在施用时，最好配施化学氮肥。

# 7.3 堆 沤 肥

## 7.3.1 堆肥

### 1. 堆肥的成分

堆肥是秸秆等有机废物或其他植物残体在好气条件下堆腐而成的有机肥料，分为普通堆肥和高温堆肥。

普通堆肥是在较低温度条件下进行的发酵，堆内温度不高且比较稳定，一般不超过50℃，通常变动在15～35℃。普通堆肥腐熟较慢，一般夏秋季节为2个月左右，冬春季节为4～6个月。此法是我国北方普遍采用的方法。

高温堆肥是以秸秆、杂草等含纤维素、半纤维素、木质素较高的原料为主要材料，配合以家畜、家禽粪便或人粪尿等含氮素较多的材料或利用垃圾等其他有机废弃物，在好气条件下产生较高的温度，使堆内温度高达50～60℃，而进行的有机材料发酵过程。堆肥的养分含量因堆肥原料和堆制方法不同而异（见表7-4）。

表7-4 堆肥的养分含量（%）

| 种 类 | 水 分 | 有机质 | 氮（N） | 磷（$P_2O_5$） | 钾（$K_2O$） | C/N |
|---|---|---|---|---|---|---|
| 高温堆肥 | — | 24-42 | 1.05-2.00 | 0.32-0.82 | 0.47-2.53 | 9.7-10.7 |
| 普通堆肥 | 60-70 | 15-25 | 0.4-0.5 | 0.18-0.26 | 0.45-0.70 | 16-20 |

### 2. 堆肥的积制

（1）堆肥的原料。堆肥的主要原料有粪引物、酿热物和吸附物三种

① 粪引物。主要为人、畜、禽粪尿，这类材料含氮丰富，并有大量微生物。粪引物是保证微生物活动的养料物质，是堆肥发酵不可少的原料，也是影响粪肥质量的主要成分。

② 酿热物。主要为秸秆、垃圾、各种植物残体、杂草等。这些物质富含纤维素和半纤维素等，是堆肥过程中升温的原料。

③ 吸附物。主要为干肥土、河塘泥等。其本身含有一定量养分，并是吸水、吸肥（$NH_4^+$）的主要物质。

以上三种堆肥原料的大致比例为：吸附物:酿热物:粪引物=5:3:2，可依当地自然资源，灵活搭配就地利用。

（2）堆积。将已备好的原料，浇上粪汁，充分混合均匀后，堆放在已选好的场地上（地基坚实向阳处）。堆放时以自然状态为好，以利通风透气。堆至一半高时再设通风柱，常用草、粗玉米秆、木棍等，最好高出堆顶半尺，数量4～5个。堆的大小一般为长2～3米，宽2米，高1.5米，过大，管理和施用不便，过小，不易发酵。

（3）泥封。堆好后立即用泥封堆，厚4～6厘米，泥封的目的一是保肥、保温，如不泥封，氮的损失可达17%～20%；二是有利环境卫生，防蚊蝇。

（4）调温管理。封堆后要定期测定温度，可采用温度计或温度遥测仪测定。高温阶段（>50℃）要持续3～4天。当温度大于65℃时，应向堆内加冷水，或局部开封降温，在高温阶段，应堵死通气孔，否则分解过快，易损失氮素。如温度已达40℃又突然下降，应立即堵住风口以保温。冬季造肥一般不用通气孔。

3. 堆制的过程

堆肥的过程，实质是一系列微生物活动的复杂过程，包含堆肥材料的矿质化过程和腐殖化过程。堆腐初期，主要是矿质化过程占主导，而堆肥后期则是腐殖化过程占主导。这种过程的快慢和方向，受堆肥材料的组成和含有各种微生物及其环境条件所左右。因此，了解这些因子的变化规律及其相互关系，对于积制好堆肥具有重要意义。

高温堆肥的堆温变化大体可以分为四个阶段，即发热阶段、高温阶段、降温阶段和后熟保肥阶段。

（1）发热阶段。堆制初期，由于堆内微生物活动旺盛，堆温由常温上升到50℃左右，这段期间称为发热阶段。这一阶段初期，堆内以中温好气性微生物如无芽孢杆菌、球菌、芽孢杆菌、放线菌、真菌和硝酸细菌等为主，它们能先利用水溶性的有机物质而迅速繁殖，继而分解蛋白质和部分的半纤维素和纤维素，同时释放出$NH_3$、$CO_2$和热量。随着堆内温度升高，到了这一阶段后期，好热性微生物迅速繁殖，逐渐替代中温好气性微生物，成为主要微生物种群，揭示此阶段的结束和下一阶段的开始。

（2）高温阶段。堆制2～3天后，堆温持续保持在50℃以上，并维持在50～60℃，这一阶段称为高温阶段。在此阶段，堆内占优势的微生物为好热性的微生物，如好热真菌的一些类群，普通小单孢菌、好热褐色放线菌和高温纤维素分解菌等代替了原有的中温性微生物。它们除对尚存的易分解有机物继续分解外，主要是分解半纤维素、纤维素和部分木质素。与此同时进行腐殖化过程。本阶段后期，有机物分解强度渐弱，高温维持一定时期后开始下降。

（3）降温阶段。在高温过后，堆温逐渐下降到50℃以下，这段时期称为降温阶段。此时，中温性微生物如中温性纤维分解黏细菌、芽孢杆菌、真菌和放线菌等替代高温性微生物，成为优势种群。腐殖化过程超过矿质化过程占据优势。进入降温阶段，通常需要进行翻堆，将外层腐熟程度较低的材料倒进堆内，同时补充水分，重新泥封，利于材料的完全腐熟和提高堆肥质量。

（4）腐熟保肥阶段。在此阶段，堆内温度已经降至50℃以下，但仍高于气温，堆内的有机残体基本分解，碳氮比降低，腐殖质累积量明显增加。此阶段，微生物种群主要为分解腐殖质等有机物的放线菌、嫌气纤维分解细菌、嫌气固氮菌和反硝化细菌。在肥堆的表层，常形成真菌菌丝体为主所构成的白毛。此时如不采取保肥措施，会导致新形成的腐殖质强烈分解，并逸出 $NH_3$。而且，硝化作用形成的硝酸盐，有可能随雨水淋入肥堆底层进行反硝化作用，使氮素损失。所以，堆肥在降温阶段之后，必须采取压实肥堆，补充水分和泥封压紧等措施，以利于腐殖质的继续积累和氮素的保持。

4. 影响堆肥腐熟的条件

（1）水分。一般堆肥材料的含水量应掌握在最大持水量的 60%～70%（即加水到手握成团，触之即散的状态最为适宜），冬季酌减。应注意的是，常常因堆内高温后水分消耗多，要及时补水。因此最好在升至高温期以前，就保持堆内具有足够的水分，这是极为重要的。

（2）通气。堆肥的腐熟发酵，主要靠好气性微生物如氨化细菌、硝化细菌、纤维素分解细菌等，当通气不良，好气微生物活动繁殖都受到抑制，不易升温。通气过分，不利保温、保肥。因此堆制初期要创造较为好气的条件，以加速分解并产生高温，堆制后期要创造较为嫌气的条件，以利腐殖质形成和减少养分损失。

（3）养分。微生物维持生命活动与繁殖要消耗必要的养分和能量，常以碳氮比为指标。一般微生物每吸收 25～30 份碳时，需要消耗 1 份氮。因此一般 C/N 以 25～30:1 为基准。堆肥材料中，一般植物残体碳氮比大，而人畜粪尿的碳氮比较小。所以，应合理搭配植物残体与人畜粪尿的比例或适量加入一些含氮化肥如尿素等，以保证微生物对碳、氮直接吸收，有利于其活动，加速发酵腐解。各种有机物碳氮比如下：

稻草 62～67:1；麦秆 98:1；玉米秆 63:1；泥炭 16～22:1；豆秆 37:1；苜蓿 18:1；杂草 25～45:1；人粪 12～13:1；畜粪 15～29:1。

（4）温度。堆温是微生物活动的必要条件，也是关系堆腐速率和堆肥质量的主要因子之一。不同温度范围有不同微生物类群。将高温阶段控制在 50～60℃，腐熟保肥阶段控制在 30℃左右最为适宜。如果堆温高达 75℃，微生物的作用几乎全部受到抑制；65℃时，仅有少数高温纤维分解菌和放线菌发生作用。相反，在 20℃以下，又会影响堆腐速率。

（5）pH 值。堆肥中的纤维分解菌、氨化细菌以及多数有益的微生物都适于中性或微碱性反应下进行生命活动。pH 大于 8.5 和小于 5.3 都不利于微生物的活动。同时，pH 过高还会引起氨的挥发。在堆肥腐解过程中会产生有机酸和碳酸，酸的积累不利于微生物活动。在堆制时，要加入适量碱性物质，如石灰、草木灰（石灰用量约为材料量的 2～3%）以调节酸碱度，并且能破坏茎秆表层的蜡质，有利秸秆吸水和分解。

上述这些因子是相互联系和制约的。目前普遍的问题是对堆材调氮认识不足，致使堆肥质量不高；在北方低温季节堆制肥料时，低温是主要障碍因子；在缺水地区或旱季堆肥则是以水分更为突出。

5. 堆肥的施用

堆肥主要用作基肥，施用量一般为 15 000～30 000 $kg/km^2$。用量较多时，可以全耕层均匀混施；用量较少时，可以开沟施肥或穴施。在温暖多雨季节或地区，或在土壤疏松通透性较好的条件下，或种植生育期较长的作物和多年生作物时，或当施肥与播种或插秧期相隔较远时，可以使用半腐熟或腐熟程度更低的堆肥。堆肥还可以作种肥和追肥使用。作种肥时常与过磷酸钙等磷肥混匀施用，作追肥时应提早施用，并尽量施入土中，以利于养分的保持和肥效的发挥。堆肥和其他有机肥料一样，虽然是营养较为全面的肥料，但养分含量相对较低，需要和化肥一起配合施用，以更好地发挥堆肥和化肥的肥效。

### 7.3.2 沤肥

沤肥是利用有机物料与泥土在淹水条件下，通过嫌气性微生物进行发酵积制的一种有机肥料。

1. 沤肥的成分

沤肥是在低温嫌气条件下进行腐熟的，腐熟速度较为缓慢，腐殖质积累较多。沤肥的养分含量因材料配比和积制方法的不同而有较大的差异，就一般而言，沤肥的 pH 为 6～7，有机质含量为 3～12%，全氮量为 2.1～4.0 g/kg，速效氮含量为 50～248 mg/kg，全磷量（$P_2O_5$）为 1.4～2.6g/kg，速效磷（$P_2O_5$）含量为 17～278 mg/kg，全钾（$K_2O$）量为 3.0～5.0 g/kg，速效钾（$K_2O$）含量为 68～185 mg/kg。

2. 沤肥的沤制

沤肥沤制的方法很多，其中以塘肥、凼肥、草塘泥最普遍。下面以早期的草塘泥为例说明沤肥的过程。

（1）配料。草塘泥的配料以泥为主，主要搭配稻草、绿肥，包括水生绿肥或青草和厩肥等，也可加稻根、垃圾、草皮、草木灰及磷肥。

（2）沤制过程。沤肥的沤制过程如下：

① 罱泥配制稻草河泥。在冬春季节罱取河泥，将稻草切成 15～30cm，拌入泥中。

② 挖塘。在田边地角挖塘，将挖出的泥做埂，塘底要夯实，以防漏水。

③ 入塘沤制。稻草河泥于翌年二、三月间加入猪灰移入塘中，或在三、四月份将稻草河泥、猪灰、青草及适量水分分次分层加入。每加一层，都要不断踩踏，使配料混匀，塘面保持浅水层。

④ 翻塘精制。将塘内肥料取出，结合加绿肥、猪灰等按以上要求再分批移入塘内。一

般要进行1～2次。精制后3～5天即有大量甲烷及二氧化碳等气体逸出，中间突起为馒头形。当水层由浅棕色变为红棕色，并有臭味时，标志着已腐熟。翻塘的目的是结合加料改善通气条件，加速腐解。若配料充足，充分拌匀，也可不翻塘，节省劳力。

草塘泥与堆肥相比腐熟时间长，受气温影响大，气温高分解快。但塘温及酸碱度变化比较平稳，养分损失少，并且有利于腐殖质的积累。一般塘温变幅为12～20℃，pH6～7。

3．沤肥的施用

沤肥一般作基肥施用，多用于稻田，也可用于旱地。在水田中施用时，应在耕作和灌水前将沤肥均匀施入土壤，然后进行翻耕、耙地，再进行插秧。在旱地上施用时，也应结合耕地作基肥。沤肥的施用量一般在30000～75000kg/km$^2$，并注意配合化肥和其他肥料一起施用，以解决沤肥肥效长，但速效养分供应强度不大的问题。

### 7.3.3 秸秆还田

秸秆还田是指将作物收获后的残留物（秸秆）或经过处理后作为有机肥料施用。

1．秸秆还田的方式

目前，秸秆还田的方式主要有：堆、沤还田（利用秸秆进行堆肥、沤肥和沼气发酵，以肥料形式还田）；过腹还田（利用秸秆作饲料，以家畜粪尿形式还田）；直接还田（将秸秆直接破碎翻压到土壤中，或以残茬覆盖、人工覆盖形式还田）；烧灰还田（利用草木灰形式还田）。在这里主要讨论将秸秆直接破碎翻压到土壤中的秸秆直接还田方式。

2．秸秆还田的作用

（1）秸秆直接还田可为作物提供所需的养分。不同的秸秆材料提供给作物所需的有机质和养分不同（见表7-5）。

表7-5 主要作物秸秆的养分含量（干基，%）

| 类　型 | N | $P_2O_5$ | $K_2O$ | C/N |
|---|---|---|---|---|
| 麦　秸 | 0.50～0.67 | 0.20～0.34 | 0.53～0.60 | 104 |
| 稻　草 | 0.63 | 0.11 | 0.85 | 62～67 |
| 玉米秸 | 0.48～0.50 | 0.38～0.40 | 1.67 | 63 |
| 豆　秸 | 1.30 | 0.30 | 0.50 | 37 |
| 油菜秸 | 0.56 | 0.25 | 1.13 | — |

（2）秸秆直接还田可以改善土壤物理性质。秸秆富含纤维素、半纤维素、木质素等物质，提高土壤腐殖质含量效果显著，利于土壤团聚体的形成，同时秸秆在分解过程中产生

的多糖类物质可直接用于团粒的形成，此外微生物菌丝体也增加了多糖类物质，可促进团聚体形成，提高土壤有机质含量，降低土壤容重，增加土壤孔隙度，改善土壤物理性质。

（3）秸秆直接还田可以固定和保存土壤氮素。秸秆还田后，由于秸秆中的碳氮比大，秸秆分解初期，微生物活动旺盛，需要较多的氮素合成自身生物体，从而在一定程度上出现微生物与作物争氮的现象。虽然微生物与作物争氮会影响作物氮素营养，需要在秸秆还田中特别加以注意，但从另一方面考虑，正是由于微生物的吸收，才使土壤中的氮素能更多地被保存下来，待微生物死亡后会重新转化成速效性养分，供给作物需要，这一点在保肥性差的土壤中更为重要。

（4）秸秆直接还田能促进土壤中的物质循环。秸秆直接还田后，较之施用腐熟后的有机肥，能更好地促进微生物的活动，有利于土壤中有机物质的转化，有助于土壤中迟效态磷、钾素的释放。

（5）秸秆直接还田还可以节省人力、物力。秸秆直接还田，可以改变过去传统的生产方式，不再花费大量人力、物力来进行秸秆的收集、运输和贮存，既节省了人力和物力，同时也解决了贮存秸秆需要占用大量场地的问题。

### 3. 秸秆还田技术

（1）秸秆还田方法。秸秆还田可单独实施，也可以随收割一起进行。一般是将秸秆切碎至 5～10cm，均匀抛撒与地表，再用重耙耙入 5～10cm 的土壤表层，或者用犁翻至 18～20cm 土层。对于水分充足的土壤，一般采用秸秆浅埋的方法，以加速秸秆的分解腐熟；而对于水分较差的旱地，秸秆应深翻深埋，并且还要适当灌水。

（2）秸秆还田的时间与用量。秸秆还田作业最好与收获同时进行，边收割边切碎、翻埋，此时的秸秆含水量较大，既有利于秸秆的分解腐熟，还可以延长耕埋至播种、插秧的时间。一般来说，旱地要在播种前 15～45 天耕埋，水田需要在插秧前 7～10 天耕埋。

秸秆还田量应视气候、土壤条件、作业、播种与插秧时间等因素决定。在气候温暖多雨季节，与播种插秧间隔期较长，或在土壤水分条件充足，可配合施用氮肥情况下，秸秆量可以大些，反之则应该减少。一般情况下，稻草和麦秸的用量在 2250～3000kg/km$^2$，玉米秸秆可适当增加，也可以将秸秆全部还田。

（3）秸秆还田后的水肥管理。秸秆还田后，为了保证秸秆能较快分解腐熟，应该加强秸秆还田后的水肥管理。对于旱地土壤应及时灌溉，保持土壤相对含水量在 60%～80%，以利于秸秆的分解腐熟。水田则要浅水勤灌，干湿交替。

为了加速秸秆的分解腐熟，避免发生较严重的微生物与作物争氮情况，对作物的氮素营养产生影响，在秸秆还田作业的同时，应适当施用一定量的氮肥（35～40kg/km$^2$）和磷肥（90～100kg/km$^2$），或施用适量的腐熟粪尿肥等含氮量较高的有机肥料，以调节碳氮比，但不宜施用硝态氮肥。

4. 秸秆还田的不利影响

（1）秸秆直接还田后会造成土壤 Eh 值降低，有害物质积累。秸秆埋入土壤后，由于微生物活动旺盛，可引起土壤 Eh 值下降，还可能会造成有机酸如丁酸、乙酸、甲酸等的积累，嫌气条件下还会导致还原性有害物质的积累，对作物产生不利影响。因此，在酸性土壤中，在秸秆还田的同时，应施入适量的石灰，中和所产生的酸性物质；在水田中，秸秆还田后应浅水勤浇，干湿交替，使土壤通透性加强，Eh 有一定的恢复，利于有害物质的及早排除。

（2）秸秆直接还田后会与作物争氮，呈现土壤氮的饥饿现象。秸秆还田后，由于微生物活动旺盛，造成微生物与作物争氮，影响作物的正常生长发育。所以，在秸秆还田时，应注意追施氮肥，以缓解作物氮素缺乏症状。一般在秸秆还田时加入一定量的氨水，可减少硝酸盐的积累和氮的损失。此外，可以加入一定量石灰氮，促进有机氮化物分解。

（3）秸秆直接还田还可能带入一些病菌、虫卵、杂草种子等有害物质。秸秆直接还田，由于没有经过腐熟过程，杀死秸秆中的病原微生物和害虫虫卵，可能会造成作物病虫害的传播。因此，对于染病或含有虫卵的秸秆，一般不能直接还田，应经过堆、沤或沼气发酵等处理后再施用。

### 7.3.4 沼气池肥

（1）沼气池肥的概念。沼气发酵是有机物质（秸秆、粪尿、污泥、污水、垃圾等各种有机废弃物）在一定温度、湿度和隔绝空气条件下，由多种嫌气性微生物参与，在严格的无氧条件下进行嫌气发酵，并产生沼气（甲烷，$CH_4$）的过程。发酵后的废弃物（池渣和池液）还是优质的有机肥料，即沼气发酵肥料，也称作沼气池肥。沼气发酵产生的沼气可以缓解农村能源的紧张，协调农牧业的均衡发展。

（2）沼气池肥的含量。沼气池肥包括沼气池液（占总残留物 13.2%）和池渣（占总残留物 86.8%）。沼气池液含速效氮 0.03%～0.08%，速效磷 0.02%～0.07%，速效钾 0.05%～1.40%，同时还含有 Ca、Mg、S、Si、Fe、Zn、Cu、Mo 等各种矿质元素，以及各种氨基酸、维生素、酶和生长素等活性物质。沼气池渣含全氮 5～12.2g/kg（其中速效氮占全氮的 82%～85%），速效磷 50～300mg/kg，速效钾 170～320mg/kg，以及大量的有机质，是一种优质的有机肥料，其肥效明显高于沤肥。

（3）沼气池肥的应用。沼气发酵产物除沼气可作为能源使用、粮食储藏、沼气孵化和柑橘保鲜外，沼气池液和池渣还可以进行综合利用。由于沼气池液中含有速效氮、速效磷、速效钾等养分，同时还含有多种矿质元素，以及各种氨基酸、维生素、酶和生长素等活性物质，所以既可以作为速效肥料施用，还可以进行病虫害防治。用沼气池液或添加 1∶1000～2000 的氧化乐果、或 1∶1000～3000 的灭扫利可对柑橘螨、蚧和蚜虫及虫卵有较好的杀灭效果，药效可持续 30 天以上。沼气池液还可以防治柑橘黄、红蜘蛛，防治蚜虫（30 kg沼气池液，加 50g 煤油，10g 洗衣粉）和防治水稻螟虫（沼气池液和水 1∶1）。沼气池渣除可用作肥料外，还可以将沼气渣充分发酵后养鱼和栽培食用菌。

沼气池肥的施用应随着沼气池出肥、换料及时施用，以防止养分损失。在沼气池出肥、换料时，应特别要注意安全，防止发生火灾、爆炸和人畜中毒。

（4）沼气池肥的施用。沼气池液是优质的速效性肥料，可作追肥施用。一般土壤追肥施用量为 30000kg/km$^2$，并且要深施覆土，可减少铵态氮的损失和增加肥效。沼气池液还可以作叶面追肥，尤以柑橘、梨、食用菌、烟草、西瓜、葡萄等经济作物最佳，将沼气池液和水按 1∶1～2 稀释，7～10 天喷施一次，可收到很好的效果。除了单独施用外，沼气池液还可以用来浸种，可以和沼气池渣混合作基肥和追肥施用。

沼气池渣可以和沼气池液混合施用，作基肥施用量为 30000～45000kg/km$^2$，作追肥施用量为 15000～20000kg/km$^2$。沼气池渣也可以单独作基肥或追肥施用。

## 7.4　绿　　肥

### 7.4.1　绿肥的概念和主要种类

绿肥是指在农业生产中，利用正在生长过程中的绿色植物体的整体或部分，直接耕翻到土壤中作为肥料的绿色植物体。

绿肥的种类繁多，一般按照来源可分为栽培型（绿肥作物）和野生型；按照种植季节可分为冬季绿肥（如紫云英、毛叶苕子等）、夏季绿肥（如田菁、柽麻、绿豆等）和多年生绿肥（如紫穗槐、沙打旺、多变小冠花等）；按照栽培方式可分为旱地绿肥（如黄花苜蓿、箭筈豌豆、金花菜、沙打旺、黑麦草等）和水生绿肥（如绿萍、水浮萍、水花生、水葫芦等）。此外，还可以将绿肥分为豆科绿肥（如紫云英、毛叶苕子、紫穗槐、沙打旺、黄花苜蓿、箭筈豌豆等）和非豆科绿肥（如绿萍、水浮莲、水花生、水葫芦、肥田萝卜、黑麦草等）。

### 7.4.2　绿肥在生产中的作用

1. 绿肥可提高土壤肥力

（1）有利于土壤有机质的积累和更新。一切绿色体，包括豆科或非豆科植物，均含有丰富的有机物质，一般鲜草中有机质含量在 12%～15%，而且养分含量较高（见表 7-6）。若每公顷翻埋 15 吨，施入土壤的新鲜有机质约 1800～2250kg/km$^2$。翻埋绿肥能增加土壤有机质的含量，其增加的数量与施用绿肥品种的化学组成以及土壤原有有机质含量有关。

表 7-6 主要绿肥作物养分含量

| 绿肥品种 | 鲜草主要成分（鲜基，%） | | | 干草主要成分（干基，%） | | |
|---|---|---|---|---|---|---|
| | N | $P_2O_5$ | $K_2O$ | N | $P_2O_5$ | $K_2O$ |
| 草木樨 | 0.52 | 0.13 | 0.44 | 2.82 | 0.92 | 2.42 |
| 毛叶苕子 | 0.54 | 0.12 | 0.40 | 2.35 | 0.48 | 2.25 |
| 紫云英 | 0.33 | 0.08 | 0.23 | 2.75 | 0.66 | 1.91 |
| 黄花苜蓿 | 0.54 | 0.14 | 0.40 | 3.23 | 0.81 | 2.38 |
| 紫花苜蓿 | 0.56 | 0.18 | 0.31 | 2.32 | 0.78 | 1.31 |
| 田菁 | 0.52 | 0.07 | 0.15 | 2.60 | 0.54 | 1.68 |
| 沙打旺 | — | — | — | 3.08 | 0.36 | 1.65 |
| 柽麻 | 0.78 | 0.15 | 0.30 | 2.98 | 0.50 | 1.10 |
| 肥田萝卜 | 0.27 | 0.06 | 0.34 | 2.89 | 0.64 | 3.66 |
| 紫穗槐 | 1.32 | 0.36 | 0.79 | 3.02 | 0.68 | 1.81 |
| 箭筈豌豆 | 0.58 | 0.30 | 0.37 | 3.18 | 0.55 | 3.28 |
| 水花生 | 0.15 | 0.09 | 0.57 | — | — | — |
| 水葫芦 | 0.24 | 0.07 | 0.11 | — | — | — |
| 水浮莲 | 0.22 | 0.06 | 0.10 | — | — | — |
| 绿萍 | 0.30 | 0.04 | 0.13 | 2.70 | 0.35 | 1.18 |

（2）增加土壤氮素含量。绿肥作物鲜草中含氮量一般在 0.3%～0.6%范围内。生产上所施用的绿肥作物一般多为豆科植物。豆科绿肥和豆科作物都有较强的固定空气中游离氮的能力。一般认为，豆科绿肥作物总氮量的 1/3 左右是从土壤中吸收的，约 2/3 是由共生根瘤菌固氮作用而获得的。每亩耕埋 1000kg 鲜草，可净增加土壤氮素 30～60kg。因此，种植豆科植物（包括豆科绿肥）可以充分利用生物固氮作用增加土壤氮素，扩大农业生产系统中的氮素来源。

（3）富集与转化土壤养分。绿肥作物根系发达，作物主根一般深达 2～3 米，吸收利用土壤中难溶性矿质养分的能力强。所以，绿肥作物能吸收利用土壤耕层以下的一般作物不易利用的养分，将其转移、集中到土壤上部，待绿肥翻耕腐解后，这些养分大部分以有效形态存留在耕层中，为后茬作物吸收利用。

（4）改善土壤理化性状、加速土壤熟化。绿肥能提供较多的新鲜有机物质与钙素等养分，绿肥作物的根系有较强的穿透能力与团聚作用。绿肥大多具有较强的抗逆性，能在条件较差的土壤环境中生长，如瘠薄的砂荒地、涝洼盐碱地及红壤等。因此，绿肥不但能改善土壤的理化性状，而且在改良土壤方面起着重要的作用。

（5）减少养分损失。绿肥多在农田中就地种植和翻压利用，在其生长过程中将土壤中无机态营养物质转化为有机态，翻压后又分解为农作物可吸收利用的形态，这样减少了土壤养分的损失。

### 2. 绿肥是防风固沙、保持水土的有效生物措施

种植绿肥作物，除能养地外还有护田保土作用。因为绿肥作物具有繁茂的地上部，是

良好的生物覆盖物。地下部还有发达的根系，具有固沙、护坡作用，如紫花苜蓿、草木樨等根入土深达 2～3 米，穿透力强，根量大。据试验证明生长 70 天紫花苜蓿根量 1500～1750kg，是草木樨根重的 1.3 倍，秣食豆的 2 倍，苕子的 4 倍，这样发达的根系在土壤中盘根错节，固着土壤，使丘陵、坡岗地，不致受破坏。此外，种植绿肥作物与造林相比，当年就有收效。绿肥不仅保地还兼养地，不仅能促进粮食作物增产增收，还可促进畜牧业发展。

3. 有利于生态环境保护

种植绿肥作物，可以改善农作物茬口，而且一些绿肥作物还是害虫天敌的良好宿主，对病虫害的生物防治，减少农药对环境污染具有良好作用。有些绿肥品种还可以富集土壤中的重金属，可通过种植绿肥作物来降解土壤中重金属污染。此外，绿肥作物也具有净化空气的作用。

4. 绿肥是促进农牧业发展的纽带

农、牧业间是互相依存、互相制约又互相促进的大农业。而绿肥又是种植业与养殖业共同发展的纽带。绿肥作物含有丰富的蛋白质、脂肪、碳水化合物、维生素等，而且茎叶鲜嫩，适口性好，是优良的青饲料。种植绿肥作物，利用茎叶作饲料促进养殖业发展，可以缓解粮食与饲料的矛盾；利用根茬和养殖业的废弃物积制有机肥料，可以缓解饲料与肥料的矛盾，这样使绿肥的综合利用成为协调发展农牧业的纽带。

### 7.4.3 绿肥的应用技术

目前，我国绿肥主要利用方式有直接翻压、作为原材料积制有机肥料和用作饲料。

1. 直接翻压

绿肥直接翻压（也叫压青）施用后的效果与翻压绿肥的时期、翻压深度、翻压量和翻压后的水肥管理密切相关。

因此，要想最大限度地发挥出绿肥的优势，就必须掌握绿肥翻压技术，注意绿肥翻压后可能产生的问题，并加以及时解决。

（1）绿肥翻压时期。对于翻压绿肥的时期选择，应遵循绿肥鲜草产量最高和绿肥作物体内养分含量最高的时期，不同绿肥作物在翻压时期上略有不同。常见绿肥品种中紫云英应在盛花期；苕子和田菁应在现蕾期至初花期；豌豆应在初花期；柽麻应在初花期至盛花期。如果翻压过早，鲜草的养分含量低，植株柔嫩，水分含量高，碳氮比低，分解和腐熟速度快，肥效短而快，且易造成氮素损失；而翻压过迟，植株木质化程度高，碳氮比增大，分解和腐熟缓慢，肥效慢。

翻压绿肥时期的选择，除了根据不同品种和绿肥作物生长特性外，还要考虑农作物的播种期和需肥时期。一般应与播种和移栽期有一段时间间距，大约 10 天左右，以避免绿肥在分解和腐熟过程中产生的某些物质影响种子萌发和缓苗。

（2）绿肥压青技术。绿肥翻压量一般根据绿肥中的养分含量、土壤供肥特性和作物的需肥量来考虑，应控制在 15000～25000kg/km$^2$，然后再配合施用适量的其他肥料，来满足作物对养分的需求。

绿肥翻压深度一般根据耕作深度考虑，大田应控制在 15～20cm，不宜过深或过浅。而果园翻压深度应根据果树品种和果树需肥特性考虑，可适当增加翻压深度。

（3）翻压后水肥管理。绿肥作物品种不同，养分含量也不相同。但总体来看，绿肥（尤其是豆科绿肥）含氮素较多，钾素次之，磷素较少，氮磷比较大，碳氮比较小。因此，绿肥在翻压进入土壤后，在土壤微生物的作用下进行转化，分解速度较快，而且还会造成部分氮素损失（脱氮）。所以，绿肥在翻压后，应配合施用磷、钾肥，既可以调整氮磷比，还可以协调土壤中 N、P、K 的比例，从而充分发挥绿肥的肥效。对于干旱地区和干旱季节，还应及时灌溉，尽量保持充足的水分，加速绿肥的腐熟。

（4）注意问题。为了避免出现水稻秧苗中毒现象，应严格控制绿肥翻压量在 15000kg/km$^2$ 以下，绿肥翻压后过两三天再灌水，绿肥翻压后的一段时期内，应尽量减少土壤长时间淹水还原状态，适当加强土壤通透性，以减少还原性物质大量积累。对于酸性土壤，需要配合施用石灰，以中和酸度。如果已经出现中毒现象的稻田，应立即施用石膏（22.5～37.5kg/km$^2$）或过磷酸钙（75～112.5kg/km$^2$），促进土壤胶粒凝聚，加速绿肥分解。对于石灰性土壤，在旱地中翻压绿肥，前期绿肥分解速度较快，有大量 $NH_3$ 释放，如果此时不注意采取措施，会造成氮素损失。为了避免氮素损失，在翻压绿肥时应配合施用一些酸性肥料，并及时灌水。此外，在翻压绿肥时还应注意防治病虫害传播。

#### 2. 配合其他材料进行堆肥和沤肥

在不适宜直接翻压时，或为了进行肥料贮备，可将绿肥与秸秆、杂草、树叶、粪尿、河塘泥、含有机质的垃圾等有机废弃物配合进行堆肥或沤肥，经过腐熟后再施入土壤，以避免绿肥在土壤中分解腐熟所产生的危害。除此之外，绿肥还可以配合其他有机废弃物进行沼气发酵，既可以解决农村能源，又可以保证有足够有机肥料的施用。

#### 3. 协调发展农牧业

绿肥作物除了可以直接翻压、积制有机肥料等直接作为肥料利用外，还可以用作饲料，发展畜牧业。绿肥（尤其是豆科绿肥）粗蛋白含量较高，约为 15%～20%（干基），是很好的青饲料，可用于家畜饲养。用绿肥发展畜牧业，以畜牧业的废弃物积制有机肥料，协调饲料和肥料的矛盾，充分做到有机物综合利用，使有机物在农业生态系统中循环利用，促进农牧业协调发展，比绿肥直接用作肥料所获得的经济效益要高得多，而且还具有较好的生态效益和环境效益。

## 7.5　复习思考题

1．名词解释：有机肥料　厩肥　堆肥　沤肥　沼气发酵　绿肥
2．简述有机肥料与无机肥料的区别？
3．有机肥料在农业生产中有哪些作用？
4．施用人粪尿肥时应注意哪些问题？
5．高温堆肥时堆温是如何变化的？
6．秸秆直接还田会产生哪些不利影响？
7．绿肥在农业生产中有哪些作用？

# 第 8 章　施肥原理及施肥技术

**【学习目的和要求】** 掌握本章涉及的概念；了解作物体内营养元素的组成成分及其特点；重点掌握作物吸收养分的关键时期；了解作物根外营养的重要性；掌握合理施肥的基本原理；重点掌握施肥量的确定方法；掌握肥料的一般施用方法。

植物营养是指植物生长发育对外界环境条件的要求。植物通过绿色组织的光合作用吸收大气中的 $CO_2$，同时通过根系从土壤中吸收水分和各种营养物质。这些物质进入植物体内被同化，形成植物生长发育所需要的结构物质和能量物质，并直接或者间接参与植物的新陈代谢过程。

植物营养与施肥原理是植物营养物质的吸收、运输、转化和利用规律及植物与外界环境之间营养物质和能量交换的基本原理。通过施肥手段为植物提供充足和比例适当的养分，创造良好的营养环境，充分挖掘植物利用土壤养分的潜力，提高肥料利用率，提高植物产量，改善产品品质。

## 8.1　植物的营养特性

### 8.1.1　植物基本物质组成

要了解植物对养分的需要，首先需要弄清楚植物的营养组成。植物的营养组成十分复杂，一般而言植物体由两部分组成，水和干物质，新鲜植物体一般含水分约为 75%～95%，不同的器官和部位，含水量不同。通常叶片含水量较高，茎秆含水量较低，种子的含水量更低，一般为 5%～15%。新鲜植物体烘干后，剩余的部分为干物质，干物质含量一般为 5%～25%。在干物质中有 90%～95%的有机质和 5%～10%的矿物质。

植物体内主要的有机质为蛋白质和其他含氮化合物、碳水化合物，它们都是由碳、氢、氧、氮等元素组成，当干物质燃烧时这些元素以气体的形式挥发掉，所以称之为气态元素。干物质燃烧后残留的部分称为灰分，也就是矿物质。灰分中所含有的矿质元素称为灰分元素。在植物体中检测出的矿质元素很多，如磷、钾、钙、镁、硫、铁、锰、铜、锌、硼、钼、氯、镍、钠、硅、硒、钴、铝等，几乎在自然界中含有的元素在植物体内都能找到。

### 8.1.2　植物必需营养元素

植物体内含有的元素并不都是它生长发育所必需的，植物在吸收营养元素时，不但吸收它所必需的，同时也吸收一些它不必需的。有些元素在植物体内的含量极微，但对于其新陈代谢过程是不可缺少的，植物体内有些元素含量很高，但它们并不是植物生长发育所必需的。因此，元素在植物体内有无或含量高低并不能作为它是否为必需营养元素的标准。植物体内的元素被分为必需营养元素和非必需营养元素，在非必需营养元素中，有些属于有益元素。

1. 植物必需营养元素

（1）植物必需营养元素的确定。利用水培或砂培技术，在培养基中系统地去掉某些元素，然后观察它对植物生长发育的影响，这样就可以确定哪些元素是必需的，哪些不是必需的。必需营养元素必须满足以下三个条件。

① 这种元素对所有高等植物的生长发育都是必需的，缺少这一元素，植物就不可能完成其生命周期。

② 缺少这一元素植物会表现出特有的症状，其他任何元素都不能代替其作用，只有补充这一元素后，症状才能减轻或消失。

③ 这一元素必须是直接参与植物的新陈代谢，对植物起着直接的营养作用，而不是改善植物生活环境的间接作用。

到目前为止，国内外公认的高等植物必需营养元素有 16 钟，即碳、氢、氧、氮、磷、钾、钙、镁、硫、铁、锰、铜、锌、硼、钼、氯。要严格划分必需营养元素和非必需营养元素是十分困难的，随着分析技术的发展和化学药品纯度的不断提高，植物体内的一些痕量元素可能会跨入必需营养元素的行列，使发现新的必需营养元素成为可能。

（2）必需营养元素之间的相互关系。植物必需营养元素之间有如下的关系：

① 植物必需营养元素同等重要不可相互替代。试验证明各种必需营养元素不论数量的多少对于植物所起的作用是同等重要的，它们各自所起的作用不能被其他元素所代替。这是因为每一种元素在植物新陈代谢的过程中都各有独特的功能和作用。例如，植物缺氮叶片失绿，缺铁时叶片也会失绿。氮是叶绿素的主要成分，而铁虽然不是叶绿素的组成成分，但铁对叶绿素的形成同样是必需的元素。没有氮不能形成叶绿素，没有铁同样不能形成叶绿素。所以说铁和氮对植物营养来说都是同等重要的。在生产实践中，作物施肥时应根据营养元素的不可代替律，考虑作物本身对各种养分的需求，从而选择不同的肥料品种配合施用，以保证各营养元素的供应平衡。

② 植物必需营养元素之间的拮抗作用。拮抗作用是指一种元素的存在阻碍或抑制另一种元素吸收的生理作用。产生拮抗作用的原因很多，凡离子大小、电荷和配位体结构以及电子排列相类似的元素，其竞争作用大，容易产生相互抑制吸收的现象。

③ 植物必需营养元素之间的协同作用。协同作用是指一种营养元素的存在促进另一种元素吸收的生理作用，即两种元素结合后的效应超过其单独效应之和。

协同作用能导致植物体中另外一种元素或多种元素含量的增加，而拮抗作用则使其含量或有效性降低。由于元素间的相互作用，均是以特定的作物、品种以及一定的养分浓度范围为前提的，因此从植物营养的观点来看，协同作用或者拮抗作用的实际效果均可能有有利的和不利的两个方面影响。

植物营养元素之间的相互作用非常复杂，它们可发生在两种养分离子之间，也可发生在三种养分离子之间。微量营养元素与大量营养元素之间的关系，大多以拮抗作用为主，但不同元素之间，也可同时发生拮抗作用和协同作用。

（3）植物必需营养元素的一般功能。必需营养元素在植物体内的功能有：

① 构成植物体的结构物质、能量贮存物质、生命活性物质。结构物质主要是多种碳水化合物，如纤维素、半纤维素、木质素、果胶物质等；能量贮存物质主要是淀粉、脂肪、植素等；生命活性物质有氨基酸、蛋白质、核酸、叶绿素、酶及辅酶等。这些物质是由碳、氢、氧、氮、磷、钙、镁、硫等营养元素组成的。

② 在植物体内的新陈代谢过程中起催化作用。植物的新陈代谢过程是由一系列复杂的生化反应构成的，而这些生化反应是需要酶来催化的，多数营养元素可作为酶的活化剂或组分，在代谢反应中传递电子，使植物的生命活动正常进行。

③ 对植物的生长发育有特殊的功能。一些营养元素对植物起着特殊作用，如细胞的渗透调节、增强植物的抗逆性等，钾、钙就是这样的元素。

总之，各种营养元素在植物的生命活动中各有其独特的营养功能，只有满足植物体对各种营养元素的需求，这些元素才能密切配合，各种代谢过程才能正常进行，从而达到提高产量、增加效益、改善品质的目的。

#### 2. 有益元素

在植物生长发育非必需营养元素中，有些元素对一些植物的生长发育有益，或者为某些植物在特定条件所必需，这些元素被称为有益元素。例如水稻的生长发育需要硅，豆科植物需要钴，钠则是藜科植物的必需元素等。

### 8.1.3 植物对养分的吸收

植物在生长发育过程中要不断从外界环境吸收各种营养物质，以满足自身生命活动的需要。所谓吸收是指营养物质由外部介质进入植物体内的过程，即外部营养跨过细胞的原生质膜进入细胞的过程。植物吸收营养主要靠根系和叶面，其中以根系吸收为主，特别是矿质元素，基本是由根系吸收的。

### 1. 根系对养分的吸收

（1）根系对养分的吸收过程。养分进入植物体是一个复杂的过程，这一过程主要分两步完成，即养分向根表的迁移和根系对养分离子的吸收。

① 土壤中的养分离子向根表的迁移。土壤中的养分到达根表有三个途径：截获、质流、扩散。

● 截获。

根系不通过运输直接从所接触的土壤中获取养分的方式称为截获。根系通过截获取得的养分量是由根系容积（根的总表面积）和土壤中养分的浓度决定的。对于整个土体而言，根系所占据的土壤容积大约为 3%，截获到的养分一般不到总量的 10%，可见植物体由此方式得到的养分量是很少的，远远不能满足植物生长发育的需要，因此，植物需要通过其他途径获取养分。

● 质流。

植物的蒸腾作用和根压消耗了根际土壤中大量的水分，引起土体水分向根表移动，水流把土壤中的养分带到根表的过程就是质流。质流作用的强弱与植物的蒸腾速率和土壤中养分离子浓度有关，蒸腾量大，土壤溶液中某离子的浓度高，由质流迁移到根表的养分量就多。一般长距离的养分迁移，质流是主要形式。

● 扩散。

当根系截获和质流作用不能向植物提供足够的养分时，根系对养分的不断吸收使根表养分离子的浓度明显降低，并在根表垂直方向上形成养分离子浓度梯度，从而造成土体养分顺浓度梯度向根表运输，养分离子的这种迁移方式叫做扩散。在短距离内，扩散对于根系获取养分更为重要。

土壤养分到达根表，只为根系吸收养分创造了有利条件，而这些养分离子进入植物体内还需经过一个复杂的过程。

② 根系对养分离子的吸收。土壤中的养分通过截获、质流、扩散到达根表后，首先进入根的自由空间。自由空间是指植物某些器官的组织或细胞中允许外部溶质自由扩散进入的区域。自由空间由细胞间隙、细胞壁微孔、细胞壁与原生质膜之间的孔隙三部分组成。在这一区域养分离子进出没有选择性，并且移动速度快。一旦发生养分的进出，内外溶液能很快达到平衡。自由空间是养分离子进入根细胞的第一步，空间的大小直接影响着植物对养分的吸收。养分离子穿过自由空间到达质膜外表面，然后进行跨膜运输。

一般认为，土壤溶液中的养分离子穿过原生质膜进入根细胞有两种方式，一种是被动吸收，一种是主动吸收。

● 被动吸收。

指离子顺电化学势梯度由外部溶液进入根细胞的扩散过程。这是一种物理或物理化学过程，它具有吸收速度快，无选择性，不需要能量等特点。在一定条件下，已被吸收进入细胞的离子，可以从细胞中重新回到外部介质。通常土壤溶液中浓度较大的养分离子靠此方式进入根细胞内。矿质养分离子被动吸收的方式主要是离子扩散。一种是简单扩散，另一种是杜南扩散。

当根外介质中的电化学势大于根内部时，就会导致一些离子由外自由扩散进入根内，随着外部介质中离子浓度的降低，膜内外两侧的电化学势梯度随之减小，达到吸收平衡时，两侧电化学势相等，离子不再移动，这一扩散过程就是简单扩散。

细胞内含有带负电荷的蛋白质分子，由于其分子较大不能扩散到膜外而被固定在膜内成为非扩散基，但能与由膜外移动进入膜内的阳离子结合形成盐类物质，从而造成细胞内外阴阳离子分布不平衡，由这种非扩散基引起的离子扩散过程称为杜南扩散。这一原理可用来解释一些离子逆浓度在细胞内累计的现象。

- 主动吸收。

指根细胞逆电化学势梯度吸收养分的过程，即离子由低浓度向高浓度转移，这一过程需要能量，有明显选择性，持续时间长，它是一种有生命的有机体所特有的吸收方式。主动吸收进入细胞的养分离子正常情况下不会再释放出来。一般土壤溶液中含量较少的养分离子通过这种方式进入植物体内。主动吸收假说目前被人们所接受的主要有载体学说、离子泵学说和胞饮学说。

载体学说认为，某些离子态养分不易单独通过原生质膜，而需要载体携带进去。载体是什么物质呢？目前对载体的具体性质及类型认识很少，但通常的观点认为载体是原生质膜上能携带离子跨膜进入细胞内的蛋白质、类脂或其他物质。

载体学说在理论上较圆满地解释了离子吸收过程存在的三个问题。即离子的选择吸收；离子跨过原生质膜及其在质膜上的转移；离子吸收与代谢关系。

离子泵学说认为，离子泵是存在于原生质膜上的一种蛋白质，它在能量供应的条件下，可使养分离子逆电化学势梯度跨过原生质膜而主动吸收进入膜内。离子泵能够在外部介质中养分离子浓度很低的情况下使植物吸收并富集这些离子。它解释了一些阴阳离子如何跨膜的机理。

胞饮学说认为，植物不仅能吸收无机态离子，还能吸收有机养分，如各种氨基酸、核酸、低分子蛋白质、磷酸糖类、磷脂等。当有机大分子靠近生物膜时，原生质膜发生内陷，形成囊胞，把那些有机分子包围起来，然后逐步向细胞内部运动，使之进入细胞内部。

（2）影响根系吸收养分的因素。根系吸收养分是一个复杂的过程，植物生长的许多内外因素共同影响着根系对养分吸收，内因就是植物的遗传特性，外因是指外界环境因素。

① 遗传特性对根系吸收养分的影响。某一元素的吸收受多个基因控制，往往比较复杂，现将影响根系吸收矿质养分的一些植物本身的遗传特性总结如下。

- 根的形态特征。

植物种类不同，其根系类型不同，它们从土壤中吸收养分的效率存在一定的差异。单子叶植物的根属须根系，主根不够发达，但在茎基部和茎节处长出许多不定根，并大量形成粗细均匀的各级侧根。所以单子叶植物的须根系根量大且均匀，根长及根表面积较大，从而与土壤接触面积较大。相反，双子叶植物的根属直根系，其主要支干根都可进行次生生长，并形成粗细悬殊较大的不均匀的结构体系，在根长及吸收总面积方面都小于须根系。大多数作物都是有根毛的，只有少数植物没有根毛或根毛少而短，如洋葱、胡萝卜等。根毛的存在使根系的表面积增加到原来的 2～10 倍。因此根毛在增加植物养分吸收方面的作用是很突出的，尤其是对那些在土壤中浓度很低的养分离子，它能明显提高根系对养分的吸收速率。此外，根密度对养分的吸收也有一定的影响，一般根系密度大，吸收养分的空间大，获取养分的可能性及数量就多。但当根系密度超出一定范围时，吸收速率不会再增加。

● 根的分布。

根系的分布层次直接关系到它对土壤中养分的吸收。通常作物的根深是 50～100cm，但植物的种类、品种不同，对根系分布深度有很大的影响。多年生植物根深大于一年生植物，一年生植物的根系大部分集中于 0～30cm 的土层中，该土层向下根密度随土层深度增加而减少。因此，表土层是养分的主要供应区，我们也经常把肥料施到此部位，以利于根系对养分离子的吸收。虽然表土层的地位重要，但也不能忽视深层土壤对植物生长的贡献。表 8-1 说明了春小麦不同生育期从不同土层吸收磷的相对百分率是有差异的。

表 8-1　春小麦不同生育期从各土层的相对吸磷率（%）

| 生育期 | 春小麦吸磷总量（kg/ha·day） | 土层深度（cm） | | | |
|---|---|---|---|---|---|
| | | 0～30 | 31～50 | 51～75 | 76～90 |
| 孕穗期 | 0.345 | 83.3 | 8.1 | 5.9 | 2.7 |
| 开花期 | 0.265 | 58.8 | 17.8 | 16.3 | 7.1 |
| 灌浆期 | 0.145 | 67.4 | 15.1 | 12.0 | 5.1 |

植物生理学特性　仅靠根系形态学的变化尚不能满足植物从土壤中摄取养分的需要，植物还必须靠自身产生的一系列生理学特性的变化来改变根际的物理、化学和生物学性状，从而活化根际养分，增加根对养分的吸收。如根际 pH 值、Eh 值的变化，根分泌物的种类和数量的变化。其中根分泌物是植物适应生存环境而产生的一类重要物质，所谓根分泌物是指植物生长过程中根系向生长基质中释放有机物质的总称。根分泌物不仅数量可观，且作用大。根据诱导因子产生的专一性不同，把它划分为非专一性根分泌物和专一性根分泌物。前者主要包括碳水化合物、有机酸、氨基酸和酚类化合物等，其分泌量受许多植物体内部（养分缺乏）和外部条件（通气、酸碱度、微生物）的影响。而专一性根分泌物是指植物受某一养分胁迫诱导，在体内合成，并主动分泌到根际的代谢产物。如禾本科植物在缺铁条件下分泌的麦根酸类植物铁载体。它对微量元素铁、锰、铜、锌的螯合能力很强，植物能直接吸收它与高铁螯合成的复合体，这一过程不受 pH 值的影响，这对石灰性土壤中微量元素的利用有特殊的意义。

② 外界环境因素对根系吸收养分的影响　影响养分吸收的外界环境条件主要有光照、

温度、水分、通气状况、土壤的酸碱反应、离子间的相互作用、外部介质浓度、生育阶段等。

● 光照。

光照对根系吸收矿质养分起间接的影响作用，即通过影响光照强度、气孔的开闭和蒸腾强度，影响根系对养分的吸收速率。光照强度直接影响了光合产物的数量及运输，而这些碳水化合物又可被运至根系，为根系对矿质营养的吸收提供能量和物质供应。

● 温度。

根系对养分的吸收主要依赖于根呼吸作用所提供的能量，而呼吸作用中的一系列酶的活性又受温度的影响，从而温度对根系吸收养分也有一定的影响。一般在6～38℃范围内，养分的吸收随温度的升高而增加，但温度过高（>40℃）或温度过低（<6℃），植物代谢能力下降，从而也影响养分的吸收。温度低对氮、磷、钾的吸收影响最为明显。

● 通气状况。

良好的通气状况能使根系获得充足的氧气，促进呼吸作用的正常进行，有利于根系对矿质养分的吸收。

● 土壤水分状况。

水是植物生长必需的重要因素。土壤水分是化肥溶解和有机肥矿化的先决条件，养分以质流和扩散的方式向根表迁移及根系对养分的吸收都离不开水分。

● 土壤酸碱反应。

土壤溶液的pH值直接影响着根系对养分的吸收。介质中不同的pH值表明$H^+$、$OH^-$的比例不同，当外界溶液的pH值较低时，$H^+$的数量高于$OH^-$，由于离子间的竞争作用，从而促进了阴离子的吸收，抑制了植物对阳离子的吸收。即pH值的变化影响着土壤养分的有效性。

pH值除上述影响外，还与细胞膜的透性有关，在pH<5.5时，细胞膜结构的联结离子$Ca^{2+}$被$H^+$取代，从而使膜的透性增强，选择性降低，引起大量离子外溢，影响根的吸收。

2. 叶片对养分的吸收

植物除了从根部吸收营养外，还能通过叶片（或茎）吸收营养，这种营养方式称为植物的根外营养。

（1）叶片对养分的吸收过程。植物的叶片是由表皮细胞、叶肉组织、输导组织组成的，叶片上有大量的气孔分布在表皮细胞之间，气孔是叶片和外部环境进行气体交换的通道，叶片可通过气孔吸收一部分气态养分，如$SO_2$、$CO_2$、$O_2$。除了气孔外，在表皮细胞的外壁上有一层均一无孔的物质—角质膜，它是叶片吸收外部溶液的通道。角质膜可分为三层，紧靠表皮细胞壁的一层是由角质、纤维素、果胶共同构成的角化层；中间一层为角质与蜡质混合组成的角质层；最外一层完全是由蜡质组成的。蜡质这类化合物的分子间隙可允许水分子大小的物质通过，外部溶液通过这种空隙进入角质层，再借助果胶进入角化层，最后到达表皮细胞的细胞壁至细胞膜，跨膜后被叶片吸收。除此之外，溶液进入叶片的表皮细胞还有一条途径：角质层中存在一条细微通道---外质连丝，它是溶液养分透过角质膜到达表皮细胞原生质膜的另一条途径。

（2）根外营养的优点和局限性　在一定条件下，根外追肥是补充营养的有效途径，能明显提高作物的产量并改善作物的品质。与根部营养相比，有其优点和局限性。

① 优点。首先可以直接供给养分、防止养分固定，特别是对易被土壤固定的元素，如铁、锰、铜、锌、磷等；其次叶片对养分的吸收和运转比根部快，能及时满足植物对养分的需要；第三是促进根系活力，弥补根系吸收养分不足的缺点，尤其是在干旱条件下，由于缺乏水分，使施入土壤的固体肥料难以发挥作用，造成植物生长不良。叶片营养可以促进光合作用和呼吸作用，增加了叶片向根部输送同化产物，从而增强根系吸收水分和养分的能力；最后根外追肥还可以节省肥料，提高经济效益。

② 局限性。易受气候影响；叶面小的植物效果差；每次喷施的肥料量不宜太大，否则会烧伤叶片，叶片喷施需要少量多次；对于从吸收部位很难向其他需求部位转移的元素，不适合用叶面追肥；由于每次喷施的养分总量是有限的，对于作物需求量较多的营养元素，单靠叶面营养是不够的。

由此可见，植物的叶面营养不能全部代替其根部营养，它仅是一种辅助的施肥手段。因此，叶部营养主要用来解决某些特殊问题。

（3）影响叶吸收效率的因素。影响植物叶吸收效率的因素有多种，主要有以下几种：

① 养分的种类。不同种类的养分元素被叶片吸收的效率是不同的。如钾被叶片吸收的速率为氯化钾＞硝酸钾＞磷酸氢二钾；而氮元素叶片吸收的速率为尿素＞硝酸盐＞铵盐。在喷施生理活性物质和微量元素时，加入尿素可提高吸收速率和防止叶片暂时出现黄化。

② 养分浓度。在一定的浓度范围内，营养物质进入叶片的速度与数量随浓度的增大而提高。如果浓度过高，易使叶片组织中养分失去平衡，叶片受到损伤，添加少量的蔗糖可以抑制这种损伤。

③ 叶片对养分的吸附能力。叶片对养分的吸附能力与溶液湿润叶片的时间长短有关，试验证明，叶片湿润时间保持在 30 分钟至 1 小时内，叶片吸收养分的速度快，数量多。因此，喷施时间应选择下午或傍晚进行效果较好。如加入表面活性物质的湿润剂，可降低溶液的表面张力，增大溶液与叶片的接触面积，促进叶片对养分的吸收。

④ 叶片类型。植物叶片类型不同，对养分的吸附能力不同。双子叶植物，如棉花、油菜、豆科植物、甜菜等，叶片面积大，叶片角质层较薄，溶液中养分易被吸收，对此类植物，喷施的浓度要小。

### 8.1.4　养分的运输与分配

#### 1. 养分的运输

植物根系从土壤中吸收的矿质养分，一部分在根细胞内同化利用，另一部分经输导组织转运到植物所需要的部位。矿质养分在植物体内的运输途径包括横向运输（短距离运输）和纵向运输（长距离运输）。

（1）横向运输。根外介质中的养分从根表皮细胞经根内皮层组织到达中柱的迁移过程叫做养分的横向运输。养分的横向运输有两条途径：质外体途径和共质体途径。

① 质外体途径。质外体是由细胞壁和细胞间隙所组成的连续体，它与外部介质相通，养分和水分可以自由出入，养分的迁移速度较快。一般而言，以被动吸收的养分、在土壤溶液中浓度较高的养分主要通过质外体进行横向运输。

② 共质体运输途径。共质体是由穿过细胞壁的胞间连丝连成的原生质的统一体。在共质体运输中，胞间连丝起运输养分的桥梁作用。在土壤溶液中浓度较低的养分、以主动吸收为主的养分主要通过共质体进行横向运输。

（2）纵向运输。养分通过横向运输进入中柱后，通过中柱中的输导组织进行纵向运输。纵向运输有两条途径：木质部运输、韧皮部运输。

① 木质部运输。养分在木质部中运输的动力是根压和蒸腾作用，在驱动力的作用下养分只能随木质部汁液向上运动，而不可能有相反方向的运动，因此养分在木质部中的运输是单向的。一般在蒸腾作用强的条件下，蒸腾起主导作用，根压作用微弱；而在蒸腾作用微弱或停止的条件下，根压起主导作用。钙只能在木质部中运输，所以蒸腾作用与钙在植物各器官的分布关系密切。

② 韧皮部运输。养分在韧皮部运输的特点是：运输方向是双向的，可上可下，通常以下行为主。韧皮部除了运输少部分矿质元素外，植物产生的同化物质主要通过韧皮部运输到各个部位，供其生长发育需要。不同的营养元素在韧皮部中的移动性是有差异的。

③ 木质部与韧皮部之间养分的转移。在养分浓度方面，韧皮部高于木质部，养分由韧皮部向木质部的转移是顺浓度梯度的，而养分由木质部向韧皮部转移是通过转移细胞来实现的。

### 2. 养分的分配

养分进入植物体以后，其在体内的分配规律包括两个方面，一是植物体内的养分循环，二是养分的再利用。

（1）植物体内养分的循环　体内养分的循环是植物正常生长所必不可少的一种生命活动。它是指在韧皮部中移动性较强的矿质养分，从根的木质部中运输到地上部，其中又有一部分养分通过韧皮部再运回根中，而后和所吸收的养分再转入木质部继续向上运输，从而形成养分自根至地上部的循环流动。

体内养分的循环不仅可使根系吸收的养分运输至植物所需要的部位，而且还对根系吸收养分的速率具有调控作用。

（2）养分的再利用。植物某一器官或部位中的矿质养分可通过韧皮部运往其他的器官或部位，这种现象称为矿质养分的再利用。养分再利用的程度取决于其在韧皮部中移动性的大小，在韧皮部中移动性大的元素，再利用程度就高。

在植物生长过程中，养分由老器官向新器官的转移是经常的，也是很必需的。养分的再利用程度与植物的缺素症有很大关系，再利用程度大的元素，其缺素症首先表现在老叶或老部位，而再利用程度低或不能再利用的养分元素，在缺乏该养分时，它很难从老部位运往新生部位，使缺素症首先表现在幼嫩器官。表 8-2 总结了不同营养元素缺素部位与再利用程度的关系。

表 8-2　缺素症状表现部位与养分再利用程度之间的关系

| 矿质养分种类 | 缺素症出现的部位 | 再利用程度 |
| --- | --- | --- |
| 氮、磷、钾、镁、氯 | 老叶 | 高 |
| 硫 | 新叶 | 较低 |
| 铁、锰、铜、锌、钼 | 新叶 | 低 |
| 硼、钙 | 顶端分生组织 | 很低 |

由表 8-2 可知，铁、锰、铜、锌、钼是韧皮部中移动性较差的营养元素，再利用程度一般较低。因此缺素症首先表现在幼嫩器官。但老叶中这些微量元素的转移能力还取决于体内可溶性有机化合物含量，当能螯合这些元素的有机成分含量较高时，它们在韧皮部的移动性随之增大，因此老叶中微量元素向幼叶的转移量增加。例如对生长后期的菜豆叶片进行遮光处理，使其中大分子的蛋白质分解为小分子的氨基酸，从而使铜的再利用程度提高。

### 8.1.5　植物的营养特性

#### 1. 植物营养的个性和共性

植物生长发育必需的 16 种营养元素（碳、氢、氧、氮、磷、钾、钙、镁、硫、铁、锰、铜、锌、硼、钼、氯）是所有高等植物生长所必需的，属于植物营养的共性。但有些植物或同种植物在不同的生育期，所需要的养分也是有差异的。甚至个别植物还需要特殊的养分，如水稻需要硅，豆科植物固氮时需要钴，这些特性都属于植物营养的个性，即营养的特殊性。

不同植物需要的养分不同，如块根、块茎类植物需要较多的钾，豆科植物因可以固定大气中的氮素，故可不需施用氮肥或少施氮肥，但应多施磷、钾肥，油菜和糖用甜菜需硼较多，故在缺硼土壤上施用硼肥能显著提高产量。桑、茶、麻是以茎、叶生长为主的植物，氮素肥料应适当多施。

不同植物吸收养分的能力不同，如油菜、荞麦能很好地利用磷矿粉中的磷，而玉米只有中等利用能力，小麦利用能力则更弱。同种植物不同品种其肥料用量也不同，如杂交水稻比常规水稻的需肥量要多些，在等量施用氮肥的条件下，氮肥吸收强度和生产效率均比常规水稻高，所以产量也比常规水稻高。

不同植物对不同肥料的适应性也不同，如水稻适宜施用 $NH^{+}$-N，烟草则适宜施用

$NO_3^-$-N。

2．植物营养的遗传特性

植物对养分的吸收、运输和利用特点都与基因有关，是由各植物营养的基因型差异造成的。就是说，同一植物不同品种，吸收养分的速率以及对养分的亲和力是不同的。植物矿质营养基因型是反映植物某一矿质营养特性的遗传潜力。不同物种和同种植物不同品种间的营养特性有很大差别，其中某些特性是受基因所控制，因此是可以遗传的。

人们对矿质营养的遗传特性虽有许多研究，但对其遗传控制机理还了解不多。一般认为，大量营养元素的遗传控制比较复杂，大多是由多基因控制的数量性状；而微量元素则相对比较简单，主要是由单基因或主效基因控制的质量性状。

3．植物营养的阶段性

植物在整个生长周期中，要经历几个不同的生长发育阶段。在这些阶段中，除种子营养和植物生长后期根部停止吸收养分的阶段外，其他阶段都要从土壤中吸收养分，通常把植物从土壤吸收养分的整个时期，称为植物营养期。在植物的营养期中，不同生育阶段植物对养分的吸收有不同的特点，主要表现在对营养元素的种类、数量和比例等方面有不同的要求，这就是植物的营养阶段性。植物吸收养分的一般规律是：植物生长初期吸收养分少，到营养生长与生殖生长并进时期，吸收养分逐渐增多，到植物生长的后期又趋于减少。

研究表明，植物在不同的生育时期，对养分吸收的数量是不同的，而有两个时期，如能及时满足植物对养分的需要，则能显著提高植物产量和改善产品品质。这两个时期即是植物营养的关键时期，也就是植物营养的临界期和植物营养最大效率期。了解植物不同营养阶段的特点，对指导合理施肥具有非常重要的意义。

（1）植物营养的临界期 在植物生长发育过程中，有一时期虽对某种养分要求的绝对数量不多，但要求迫切，不可缺少。如果此时缺少这种养分，就会明显影响植物的生长发育，即使以后补施该种养分再多，也很难弥补由此而造成的损失。这个时期被称为植物营养的临界期，不同植物、不同营养元素的临界期是不同的。如水稻、小麦磷素营养临界期在三叶期，棉花在二、三叶期，油菜在五叶期以前。水稻氮素营养临界期在三叶期和幼穗分化期，棉花在现蕾初期，小麦和玉米一般在分蘖期、幼穗分化期。由此可见，植物营养临界期一般出现在生长的前期（幼苗期），即由种子营养向土壤营养转折的时期，此时种子中贮存的养分大部分已被消耗，而幼小根系吸收能力较弱，急需土壤中有较多的养分供其利用，如果此时土壤营养不能满足其需要，对植物的产量会有一定的影响。所以施足基肥，施好种肥，轻施苗肥，对满足植物营养临界期的需要，提高植物产量是有科学道理的。

（2）植物营养的最大效率期 在植物生长发育的过程中，有一个时期对养分的需要量最多，吸收速率最快，产生的肥效最大，增产效率最高，这一时期就是植物营养的最大效率期，也称强度营养期。不同植物的最大效率期是不同的，如玉米氮肥的最大效率期一般在喇叭口至抽雄期；棉花的氮、磷最大效率期在盛花始铃期。对于同一植物，不同营养元素的最大效率期也不一样，例如甘薯氮营养的最大效率期在生长初期，而磷、钾则在块根膨大期。

植物的临界营养期和营养最大效率期是整个营养期中的两个关键施肥时期，在这两个时期保证植物适当养分，对提高植物产量有重要意义。但植物生长发育的各个阶段是相互联系、彼此影响的，因此既要注意关键时期的施肥，又要考虑各阶段的营养特点，注意氮、磷、钾肥的配合比例，采取基肥、种肥、追肥相结合的施肥方法，因地制宜地制定施肥计划，以充分满足植物对养分的需要。

## 8.2 施肥原理与施肥方法

### 8.2.1 合理施肥的概念

合理施肥就是综合运用现代农业科技成果，根据植物的营养特点与需肥规律，土壤的供肥特性与气候因素，肥料的基本性质与增产效应，在有机肥为基础的前提下，选用经济的肥料用量，科学的配合比例，适宜的施肥时期和正确的施肥方法的施肥。

合理施肥是从1840年德国农业化学家李比希提出植物的矿质营养学说开始的，矿质营养学说的应用，奠定了合理施肥的理论基础，随后德国土壤学家米切里希提出的米氏方程，开始了数量化施肥。20世纪70年代，英国植物营养学家库克首次提出合理施肥的经济学概念，认为最优化的施肥量就是在高产目标下获得最大利润的施肥量。人们总是希望以有限的肥料投资，获得尽可能大的增产效益，因此，合理施肥应该考虑两条标准：一是产量标准，即通过改进技术措施，减少损失，提高肥料利用率，使单位质量的肥料能够换回更多的农产品。二是经济标准，即在用较少肥料投资获得较高产量的同时，努力降低施肥成本，以期获得最大的经济效益。为了达到这两个标准必须首先掌握合理施肥的基本原理。

### 8.2.2 施肥的基本原理

#### 1. 养分归还学说

19世纪中期，德国化学家李比希根据前人的研究和他本人的大量化学分析资料，提出了养分归还学说。其中心内容是：植物仅从土壤中摄取为其生活所必需的矿物质养分，由于不断地栽培作物，势必引起土壤中矿物质养料的消耗，长期不归还这部分养分，会使土壤变得十分瘠薄，甚至寸草不生。轮作倒茬只能减缓土壤中养分的贫竭和较协调地利用土壤中现存的养分，但不能彻底解决问题。为了保持土壤肥力，就必须把植物从土壤中所摄取走的物质，以肥料的方式归还给土壤，否则就是掠夺式的农业生产。

养分归还学说总的来说是正确的，应该指出的是，养分虽然应该归还，但并不是作物取走的所有养分都必须全部以施肥的方式归还给土壤，应该归还哪些元素，要根据实际情况加以判断。一般根据营养元素归还给土壤的程度，可分为低度、中度、高度三个等级（表 8-3）。

表 8-3　不同元素的归还比例

| 归还程度 | 归还比例（%） | 元　　素 | 补充要求 |
|---|---|---|---|
| 低度归还 | ＜10 | 氮、磷、钾 | 重点补充 |
| 中度归还 | 10～30 | 钙、镁、硫、硅 | 依土壤和作物而定 |
| 高度归还 | ＞30 | 铁、铝、锰 | 一般不必补充 |

注：归还比例是以根茬方式残留给土壤的养分占吸收总量的百分数

从上表可以看出，氮、磷、钾三种元素是属于低度归还的营养元素，经常需要以施肥的方式加以补充。豆科作物因有根瘤菌共生，能够固定空气中的氮素，是个例外。属于中度归还的钙、镁、硫、硅等元素，虽然作物地上部分所取走的数量大于根茬残留给土壤的数量，但由于土壤和作物种类不同，施肥上也应有所区别。例如华北地区的石灰性土壤上，即使种植喜钙的豆科作物，也不必考虑归还钙素问题。但在华南缺钙土壤上，则必须施用石灰。铁、锰等元素，作物需要量少，归还比例大（甚至可多达 80%以上），土壤中的含量也较多，故一般不必补充。但在一定的土壤条件下，对于某些作物，适量补充这些元素仍然是必不可少的。

### 2. 最小养分律

最小养分律也是李比希在试验的基础上最早提出的重要施肥原理之一。它的中心意思是，植物为了生长发育，需要吸收各种养分，但是决定植物产量的却是土壤中那个相对含量最小的有效养分。在一定限度内，产量随着最小养分的增减而变化（如图 8-1 所示）。

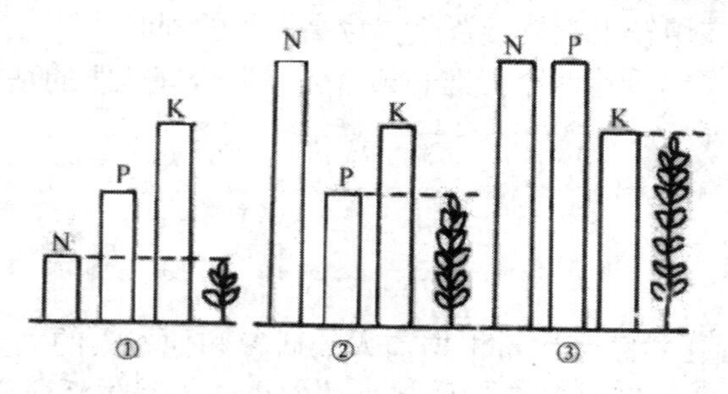


图 8-1　最小养分律示意图

根据最小养分律指导施肥实践时应注意以下几点：

（1）最小养分不是指土壤中绝对含量最小的养分，而是指按照作物对养分的需要讲，土壤中相对含量最少（即土壤供给能力最小）的那种养分。

（2）最小养分是限制作物生长和产量的关键，为了提高产量必须首先补充这种养分。

（3）最小养分因作物产量水平和化肥供应数量不同而有变化。当某种最小养分增加到能够满足作物需要时，这种养分就不再是最小养分了，另一种元素又会成为新的最小养分。

（4）最小养分一般是指大量元素，但对于某些土壤和某些作物来说，也可能是指微量元素。

（5）如果不是最小养分，即使它的用量增加再多，也不能提高产量，只能造成肥料的浪费。例如在极端缺磷的土壤上，单纯增施氮肥并不能增产。

我国的农业生产发展的历史充分证明，最小养分律是选择肥料品种时必须遵循的规律，它对于合理施肥，维持养分平衡，促进农业生产的发展具有重要意义。解放初期，我国农田土壤普遍缺氮，氮就是当时限制产量提高的最小养分，那时增施氮肥的增产非常明显。六十年代以后，由于化学氮肥施用数量逐年增加，在作物氮素营养较为充裕的情况下，不少地区出现了氮肥增产效果不显著的现象，但土壤供磷水平相对不足，磷就成了进一步提高产量的最小养分。因此，在施氮肥的基础上增施磷肥，氮磷配合施用，作物产量又大幅度增加，特别是在严重缺磷的地区，施用磷肥的增产效果更为突出。到了七十年代，随着复种指数的提高，单位面积产量的增加，对肥料的需要又提出了新的要求，许多土壤和作物上表现出缺钾的症状，此时钾又成了土壤中限制作物产量的最小养分，施用钾肥对作物的增产效果明显。

### 3. 限制因子律

最小养分律是针对养分供给来讲的，但是在作物生长过程中，影响作物生长的因素很多，不仅限于养分，因此有人把养分条件进一步引申扩大到作物生长所必需的其他条件，从而构成另一个定律，即限制因子律。限制因子除了包括养分以外，还包括土壤的理化性质（质地、结构、通气好坏、水分多少、有害物质有无、pH、盐分含量等），气候（光照长短、强弱，温度高低、降雨状况等），以及其他农业技术因素（品种、耕作条件、栽培措施等）。作物的生长状况和产量的高低，取决于这些因素和它们之间的良好配合。如果其中某一因素供应不足、过量或与其他因素的关系失调，就有可能成为作物增产的限制因子，这就称为限制因子律。在限制因子律中，个因子与产量之间的关系可以用木桶原理来表示（如图 8-2 所示）。图中木桶水平面（代表产量）的高低，取决于组成木桶的各块木板（代表各种环境因素）的长短，只有在各种条件配合协调都能满足需要时，才能获得最高的产量，否则，其中任何一个条件的供应相对不足，都会对作物产量造成严重影响。

限制因子律对于分析具体田块存在问题和增产措施具有重要的指导意义，在施肥方面，它有助于更好地发挥肥料的增产潜力，因为施肥不能只注意养分的种类和数量，还要考虑影响作物生育和肥效发挥的其他因素。充分利用影响作物生长发育的各因素之间的综合作用，也是经济合理施肥的重要原理之一。例如，施肥与灌溉相结合，可以同时大大提高肥料和灌溉的经济效益。因为作物生长既需要养分也离不开水分，而且水分含量还会影响养分的转化、转移和作物对养分的吸收，另外，增施肥料还能收到以肥调水和以肥节水的良好效果。在既缺氮又缺磷的土壤上，氮肥、磷肥配合能够收到比单施氮肥或单施磷肥都要好的效果，也是这个缘故。

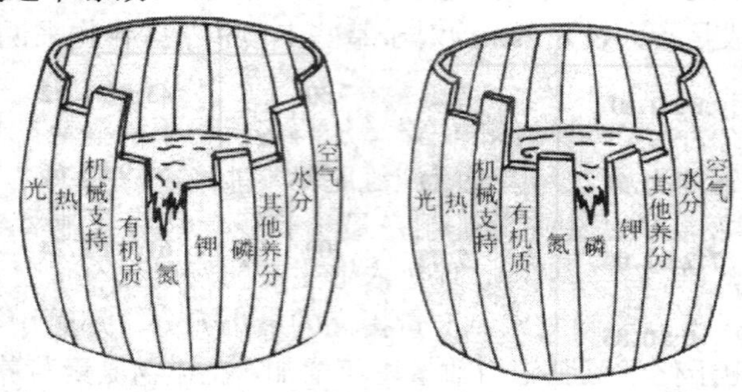


图 8-2 影响作物产量的限制因子示意图

4. 报酬递减律

18 世纪后期，欧洲经济学家根据投入与产出之间的关系，提出了报酬递减律。它的主要内容是，在一定的土地或土壤上，投入劳动力和资金后所得到的报酬随着投入劳力和资金数量的增加而递减。也就是说，最初投入的劳力和资金所得到的报酬最高，随着投入劳力和资金的增加，每单位投资和劳力所得到的报酬依次递减。在前人工作的基础上，德国化学家米采利希于 1909 年用砂培所做的燕麦磷肥试验的结果表明，在其他技术条件相对稳定的前提下，随着施肥量的增加，作物产量也随着增加，但是施肥量越多，每一单位数量肥料所增加的产量逐渐减少，即作物的增产量随着施肥量的增加而逐渐减少（见表 8-4）。报酬递减律是客观经济规律，报酬递减现象已为国内外无数肥料试验结果所证实。在施肥实践中，一方面我们要承认，特别是在化肥用量不断增加的情况下，不可避免地会出现报酬递减现象；另一方面，利用报酬递减律，经常注意研究投入和产出的关系，并据以适当确定既高产又经济的最适施肥量，对获得最好的或较好的经济效益有很大作用。

表 8-4 燕麦磷肥试验（砂培，1909 年）

| 施磷量（$P_2O_5$·g） | 干物质（g） | 用公式的计算量（g） | 每 0.05g $P_2O_5$ 的增产量（g） |
|---|---|---|---|
| 0 | 9.8±0.50 | 9.80 | -- |
| 0.05 | 19.3±0.52 | 18.91 | 9.11 |
| 0.10 | 27.2±2.00 | 26.64 | 7.73 |
| 0.20 | 41.0±0.85 | 38.63 | 5.99 |
| 0.30 | 43.9±1.12 | 47.12 | 4.25 |
| 0.50 | 54.9±3.66 | 57.39 | 2.57 |
| 2.00 | 61.0±2.24 | 67.64 | 0.34 |

报酬递减律是有前提的，即假定其他生产条件保持相对稳定固定不变，此时，递加某一个或一些生产条件会出现报酬递减现象。但是，从长远来看，人类社会是发展的，各项

技术条件也会得到革新和改进，因此产量也就能够逐步提高，永远不会到顶。不过在生产条件相对稳定的情况下，产量的增长也有一定的限度，绝不能任凭主观想象无限制地提高。

## 8.3　植物施肥方式和方法

合理施肥除了按植物的营养特性、土壤的供肥特点确定植物所需要的肥料外，采用什么样的施肥方法同样对提高植物产量有重要的影响。现将几种常见施肥方法介绍如下。

### 8.3.1　基肥

基肥又称底肥，是在作物播种或移植前，结合耕作施入土壤中的肥料。施用基肥的意义在于：一是满足植物在整个生育阶段内能获得适量的营养，为植物产量打下良好的基础；二是培肥地力，改良土壤，为植物生长发育创造良好的土壤条件。

（1）基肥施用的原则。基肥在施用的时候一般以有机肥为主，无机肥为辅；长效肥为主，速效肥为辅；氮、磷、钾肥配合施用为主，根据土壤的缺素情况，个别补充为辅。

（2）基肥的施用量。基肥施用量应根据植物的需肥特点与土壤的供肥特性而定，一般基肥施用量应占该植物总施肥量的 50%左右为宜。质地偏黏的土壤可以适当多施，相反，质地偏砂的土壤适当少施。

（3）基肥的施用方法。基肥的施用方法一般有撒施、条施、层施、环状施等几种。

① 撒施法。撒施是施用基肥的主要方法，即在土壤翻耕前将肥料均匀撒于地表，然后翻入土壤中。凡是作物密度较大，根系遍布于整个耕作层，且施用量又相对较多的地块上，都可采用这种方法。撒施的肥料必须均匀，防止肥料集结，以免作物生长不平衡。

② 条施法。条施是结合犁地作垄，开沟条施基肥，覆土后播种，适用于条播作物或肥料较少的情况。

③ 分层施肥法。是指结合深耕分层施用基肥，一般在施肥数量较大的情况下采用。此种施肥的方法，可不断的供给作物各个生育时期的养分。

### 8.3.2　种肥

在作物播种或移植时施用的肥料。施用种肥的意义在于：一是满足作物临界营养期对养分的需要；二是满足作物生长初期根系吸收养分能力较弱的需要。

（1）种肥施用的原则。一般以速效肥为主，迟效肥为辅；以酸性或中性肥为主，碱性肥为辅；有机肥则以腐熟好的肥料为主，未腐熟的肥料不宜施用。

（2）种肥用量。同样根据作物的需要量而定，一般占该植物总施肥量的 5～10%为宜。

（3）种肥的施用方法。主要有拌种、浸种、蘸秧根及盖种等几种方法。

① 拌种法。当肥料用量少或肥料价格比较昂贵及各种生物制剂、激素肥料等均采用此法。拌种法是先将要施入的肥料与填充物充分拌匀后再与种子相拌，一般随拌随种。

② 浸种法。先将肥料用水溶解制成很稀的溶液，然后将种子浸入溶液中一段时间，浸种时要注意的问题是溶液的浓度不能过高，浸种的时间不能太长，以免伤害种子，影响发芽与出苗。

③ 蘸秧根。对移栽类作物如水稻、甘薯等，将化学肥料或细菌肥料配制成一定浓度的溶液，浸蘸秧根，然后定植。

④ 盖种。开沟播种后，用充分腐熟的有机肥料或草木灰盖在种子上面，有供给幼苗养分、保墒、保温的作用。

⑤ 条施法。即在播种沟内施用肥料的方法。行间距大的作物在施用种肥时可采用这种方法，在开沟播种的时候将要施入的肥料混合施入沟中，并使土肥相融，然后，再播种覆土。

### 8.3.3 追肥

追肥是在植物生长期间，根据植物各生长发育阶段对营养元素的需要而补施的肥料。

（1）追肥的施用原则。一要看土施肥，即肥土少施轻施，瘦土多施重施；砂土少施轻施，黏土适当多施、重施；二是看苗施肥，即旺苗不施，壮苗轻施，弱苗适当多施；三看作物的生育阶段，苗期少施轻施，营养生长与生殖生长旺盛时则以有机、无机配合施用为主；五看作物种类，播种密度大的以速效肥为主。

（2）追肥的施用量。一般追肥施用量应占施肥量的40%～50%为宜。

（3）追肥施用方法

① 深施覆土法。为了保证作物及时吸收所需要的养分，减少肥分损失，追肥的位置是很重要的。一般应深施在根系的密集层附近，特别是磷、钾肥，在土壤中移动性小，更应注意施肥深度，这样才有利于作物对养分的吸收利用，充分发挥它们的增产作用。

② 撒施结合灌水法。对于密植作物追肥很难做到深施，常采用随撒施，随浇水的方法，这样可以减轻由于单独撒施造成的养分损失。

③ 根外追肥法。把化肥配成一定浓度的溶液，借助喷洒器械将肥料溶液喷洒在作物叶面，以供叶面吸收。此法省时、效果好，但根外追肥只是一种辅助性追肥措施，不能完全代替土壤追肥。对于氮、磷、钾等大量元素来说，在作物生长后期根系吸收养料能力减弱，根外追肥就能及时补充根系吸收养分的不足，对于微量元素来说，根外追肥具有特别重要的意义，可以提高微肥的利用率。

④ 环状施肥法。是果树施肥常用的方法。在与树冠外围垂直的地面上挖一环状沟，深、宽各50cm左右，施肥后埋平踏实。第二年施肥时，可在第一年施肥沟的外侧再挖沟施肥，逐年扩大施肥范围。

⑤ 放射状施肥法。该施肥方法也是果树常用的施肥方法。在距树干一定距离处，以树干为中心向树干外围挖4～6条分布均匀的放射沟，沟宽50cm左右，沟长与树冠外围相齐，施肥后将沟填平浇足水，第二年再交错位置挖沟施肥。

## 8.4　肥料的配合与混合、施肥量计算

为了使有限的肥料能够发挥最大的增产效益，必须重视合理地分配肥料及肥料的合理配合，并根据土壤的供肥能力、作物的需肥数量等确定合理的施肥数量。

### 8.4.1　肥料的配合施用

肥料的种类很多，性质、作用、施用方法各不相同，不同作物对肥料的要求也有很大差异。在生产实践中，必须根据作物的需要，肥料的特性和土壤、气候条件，把各种肥料适当配合施用，以发挥肥料的最大增产潜力。

1. 有机肥料与化学肥料配合施用

有机肥料和化学肥料在成分、性质、作用等方面都有很大的差异，各有其优点与不足，二者配合施用可以起到取长补短、缓急相济、增进肥效、改善品质、改良土壤、提高地力等多方面的作用，有利于实现作物高产、稳产、优质、低成本。

中国农科院土壤所对有机肥料与化学氮肥配合施用的研究结果表明，从等氮量的增产效果来看，有机肥料中的氮素一般有优于化学氮肥的趋势，而且有机肥料的优越性突出表现为显著的后效。另外，有机、无机肥料配合施用，能改善产品的品质（见表**8-5**），还可促进作物对土壤磷和钾的吸收利用。

**表8-5　施肥对小麦品质的影响（%）**

| 处　理 | 淀　粉 | 全　糖 | 粗　蛋　白 | 面　筋 |
|---|---|---|---|---|
| 对　照 | 52.6 | 1.68 | 10.8 | 8.67 |
| 尿　素 | 54.7～55.5 | 1.60～1.76 | 11.3～12.7 | 10.2～12.3 |
| 有机肥 | 55.6～56.5 | 1.50～1.67 | 10.7～11.5 | 8.9～11.1 |
| 尿素+有机肥 | 54.5～54.7 | 1.20～1.68 | 12.5～13.6 | 11.1～14.6 |

2. 粪尿肥、绿肥与秸秆直接还田的配合施用

粪尿肥、绿肥与秸秆直接还田对于营养作物，培肥土壤各有其特点，根据地块特点三者配合施用既能满足作物对各种养分的需求，又能稳定的提高土壤有机质含量，实行全面、

均衡、持续、稳定增产。

3. 氮、磷、钾肥配合施用

各种营养元素对作物的生长发育有着不同的作用，不能互相代替。在作物所需的各个营养元素之间总是保持着一定的比例关系。如果营养元素之间的比例恰当，就能较好地发挥每个元素的营养功能，使作物产量高、品质好。反之，如果土壤中一种营养元素供应不足，即使其他元素含量再多，由于比例失调，也不能保证作物的正常发育。因此，根据土壤中养分丰缺的情况，重视不同种类化肥的配合施用，使营养元素之间比例协调，相互促进，提高肥效。

随着作物产量的提高和氮、磷、钾肥料用量的增加，对于某些类型的土壤或某些作物，有针对性地适量补充相应的微量元素，可以促进养分的全面协调供应，保证作物优质高产。

4. 基肥、种肥与追肥的配合施用

基肥、种肥与追肥的配合施用，既能持续地为作物整个生育期提供养分，使前一营养阶段为后一阶段的生育打好营养基础，又能及时满足作物营养临界期和强度营养期所需的养分，保证关键时期有充足的养分供应，并协调营养生长与生殖生长，个体与群体的关系，提高作物产量。

## 8.4.2 肥料的混合

1. 肥料混合的三种情况

在生产实践中，为了使肥料更好地发挥作用，并节约施肥劳力，常将各种肥料混合施用。在考虑肥料能否混合时，一般应注意以下三点：①肥料混合后，不能使其中任何一种养分的有效性降低或引起养分的损失；②肥料混合后，能使肥料的物理性质得到改善，至少不会产生不良的物理性状，便于贮藏和施用；③混合后肥料中的养分种类和比例要适合作物营养的需要。

根据肥料混合适当与否，一般可分为三种情况：

（1）可以混合。两种或两种以上的肥料经混合后，不但养分没有损失，而且能够改善肥料的物理性质，加速养分转化或降低某种肥料对作物的不良作用。

① 几乎所有的化肥都可以和堆肥、厩肥等有机肥料混合施用。堆肥、厩肥与过磷酸钙混合施用，可减少磷肥与土壤的接触面，防止磷的固定。堆肥、厩肥与钙镁磷肥、磷矿粉混合，堆肥、厩肥腐解过程中产生的有机酸可促进难溶磷的溶解。人粪尿与少量过磷酸钙混合后形成磷酸二氢铵，可以防止或减少氨的挥发损失。

② 硫酸铵与过磷酸钙混合。硫酸铵是生理酸性肥料，过磷酸钙是化学酸性肥料，在酸

性土壤中单独施用时，对植物生长不利。这两种肥料混合堆积时可形成磷酸二氢铵，施入土壤后，离解为 $NH_4^+$和 $H_2PO_4^-$均可被作物吸收利用，不会对土壤产生不良影响。

$$Ca(H_2PO_4)_2 \cdot H_2O+(NH_4)_2SO_4=2NH_4H_2PO_4+CaSO_4+H_2O$$

这两种肥料混合堆积的时间，一般以两周为宜，如时间过长，由于过磷酸钙中游离酸吸湿的影响，混合后生成的硫酸钙与水结合形成石膏，会使混合物发生“硬化”。

$$CaSO_4+2H_2O= CaSO_4 \cdot 2H_2O$$

当水分蒸发时，硫酸钙和硫酸铵反应生成一种较难溶于水的硫酸钙硫酸铵复盐而降低肥效。

$$(NH_4)_2SO_4+CaSO_4+H_2O= CaSO_4 \cdot (NH_4)_2SO_4 \cdot H_2O$$

③ 磷矿粉与硫酸铵混合。由于硫酸铵是化学酸性和生理酸性肥料，能增加土壤溶液中氢离子浓度，增加磷矿粉的溶解度，从而提高磷矿粉的肥效。

④ 尿素与过磷酸钙混合。两者混合时生成磷酸尿素，可以减少尿素在土壤中转化为氨而造成的损失。

$$Ca(H_2PO_4)_2 \cdot H_2O+CO(NH_2)_2= H_3PO_4 \cdot CO(NH_2)_2+ CaHPO_4+H_2O$$

根据试验，在温度 20℃、湿度 80%以下时，尿素和过磷酸钙混合后，在相当长的时间内，吸湿状况没有变化，可以混合。

尿素还可与一些无机盐类形成复合物，如 $Ca(NO_3)_2 \cdot CO(NH_2)_2$，$NH_4Cl \cdot CO(NH_2)_2$，$CaSO_4 \cdot CO(NH_2)_2$，$MgSO_4 \cdot CO(NH_2)_2$ 等，可以减少尿素在土壤中的流失。

⑤ 硝酸铵与氯化钾混合。这两种肥料混合后生成硝酸钾和氯化铵，它们比硝酸铵具有较好的物理性质，潮解性减小，便于施用。

（2）可以暂时混合但不可久置。有些肥料混合后应立即施用。如果混合后长期放置，就会引起有效养分含量的较少或物理性状变坏。

① 过磷酸钙和硝态氮肥。过磷酸钙因含游离酸容易吸湿，硝态氮肥的吸湿性也强，两者混合后会引起肥料的潮解，使物理性状变坏，施用不便。同时，混合后还会引起硝态氮逐渐分解，造成氮的损失。所以它们只能暂时混合，不可久置。

$$2NaNO_3+ Ca(H_2PO_4)_2 \cdot H_2O= CaNa_2(HPO_4)_2+N_2O_5\uparrow+ 2H_2O$$

如果事先在过磷酸钙中加入 10%～20%的磷矿粉，或 5%左右的草木灰以中和其游离酸，然后混合，就不会很快发生潮解，也不会很快引起上述化学变化。

② 尿素和氯化钾。这两种肥料混合后，不会引起有效成分的减少，但是增加了吸湿性，容易结块硬化，施用不便。据试验，尿素与氯化钾分别贮存，5 天后吸湿约 8%，而混合贮存时则高达 36%。

（3）不可混合。肥料混合后会引起养分的损失。

① 铵态氮肥与碱性肥料。如硫酸铵、碳酸氢铵等铵态氮肥及含有铵态氮的复合肥料、腐熟的粪尿肥等不能和草木灰、石灰等碱性肥料混合，以免引起氮素损失。

$$(NH_4)_2SO_4+CaO=2NH_3\uparrow+CaSO_4+H_2O$$

② 水溶性磷肥与碱性肥料。过磷酸钙和过量草木灰、石灰等混合时，会引起磷酸的退化作用，降低水溶性磷的含量。

$$Ca(H_2PO_4)_2+CaO=2CaHPO_4+H_2O$$

$$2CaHPO_4+CaO= Ca(PO_4)_3+H_2O$$

③ 难溶性磷肥与碱性肥料。如骨粉、磷矿粉不宜与石灰等碱性肥料混合，因为骨粉、磷矿粉中磷的形态是 $Ca(PO_4)_3$ 和 $Ca_{10}(PO_4)_6{\cdot}F_2$，这些磷肥施入土壤后，要靠土壤中的酸和根系分泌的酸来溶解。如果与碱性肥料混合，将会中和酸，使难溶性磷更难为作物吸收。

④ 硝态氮肥与未腐熟的有机肥料。硝态氮肥与未腐熟的堆肥、厩肥或新鲜秸秆混合堆积时，由于新鲜有机质的存在，刺激了反硝化细菌的生长，而引起反硝化作用，造成氮素损失。有些肥料能否混合施用，要根据具体条件而定。例如过磷酸钙与碳酸氢铵，两种混合时既有有利的一面，也有不利的一面。混合后碳酸氢铵与过磷酸钙中的游离酸反应，既中和了酸，又在一定程度上保存了氮素。但在混合贮存过程中，碳酸氢铵吸收过磷酸钙中的水分后，会加速其挥发损失，同时肥料的吸湿性增加，施用不便。另外，混合存放时过磷酸钙中的部分水溶性磷变成弱酸溶性或难溶性磷，使有效性降低。因此，一般将碳酸氢铵与过磷酸钙混合列为“可以暂时混合，但不宜久置”一类。

各种肥料混合的适宜性如图 8-3 所示。

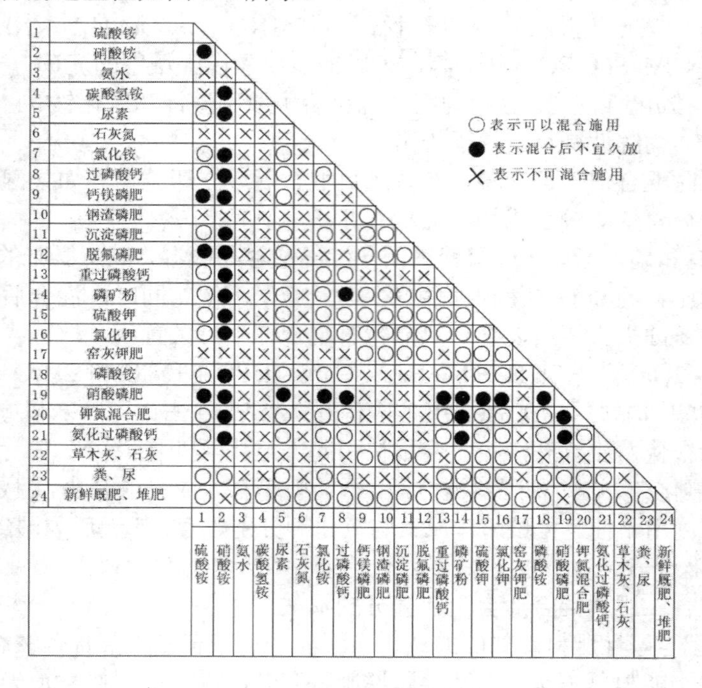


图 8-3 各种肥料的可混性

### 8.4.3　土壤与作物的营养诊断

#### 1. 土壤与作物营养诊断的含义

土壤是作物生长的环境和供给作物养料的基地，当土壤环境不良时，作物会表现出营养缺乏、过剩或失调，影响作物生长，降低产量。土壤和作物营养诊断就是应用物理的、化学的或生物的方法，分析研究直接或间接影响作物正常生长发育的各种条件的丰缺，并确定适当措施，予以协调供应的一种手段。土壤与作物的营养诊断在农业生产中的作用，主要有以下几个方面。

（1）查明土壤由于某些营养元素的缺乏或过剩而引起的作物营养失调现象和营养生理病害，以及由于土壤环境不良（如水分过多，通透性差，$H_2S$ 含量高等）引起的作物病症，以便及时采取补救措施。

（2）研究作物生长发育过程、土壤和植株的营养状况和规律，用于指导合理施肥，提高科学种田水平。

（3）在掌握土壤肥力运动变化规律的基础上，进行预测、预报和预控研究，寻求低产变高产，高产更高产的途径。

土壤与作物营养诊断发展很快，尤其是现代分析仪器、电子计算机与遥感技术等的应用，给诊断技术开辟了广阔的前景，诊断的作物范围更加广泛，诊断的元素由几种发展到包括大量元素和微量元素在内的十几种，测定方法由速测养分发展到快速仪器分析，并且对元素之间的相互关系进行了大量研究。在诊断方法上不仅种类多（如形态诊断法、化学诊断法、试验诊断法、幼苗鉴定法、生物诊断法等），而且广泛采用了综合诊断，提高了诊断的准确性。

我国自上世纪七十年代以来，广泛开展了土壤和作物营养诊断的研究和推广工作，对于改善土壤营养条件，消除土壤障碍因素，实行因土种植，合理施肥等，起到了一定的作用。

#### 2. 土壤与作物营养诊断的方法

（1）形态诊断。作物生育所必需的各种营养元素对于作物的生长发育来讲是同等重要和不可代替的。如果作物由于某种营养元素的缺乏或过多，就会在外表形态上表现出特有的长势、长相或症状。例如作物缺氮时叶片颜色退淡、变黄；水稻根系变黑可能是由于硫化氢中毒所引起。通过肉眼观察作物形态上产生的变化，来判断作物养分丰缺或障碍元素的方法，称为作物的形态诊断。

作物形态诊断法，不需要仪器设备，方法简便，有一定的准确性，但是，由于作物外观上的反映一般需要比较长的时间，倘若根据观察结果再来采取措施，一般为时已晚；不同原因引起症状容易混淆，造成误诊；症状的识别、症状严重程度的判断，在很大程度上要凭个人经验，缺乏数量化指标。因此，形态诊断要与其他的诊断方法配合进行。

运用作物与环境条件统一的观点，找出影响作物正常生长发育的不利土壤因素，加以克服，称为环境诊断或障碍因子诊断。它是形态诊断时经常需要配合进行的一种诊断方法。

例如土壤温度过高、过低，质地过砂、过黏，土层中有障碍层次，过酸过碱，地下水位过高，土壤过干过湿，以及由于土壤通气性差所导致的 $Fe^{2+}$、$H_2S$ 等危害等。另外，气候、植被、地形、母质等的研究，与环境诊断也有密切关系。

（2）化学诊断。运用化学分析来研究土壤和作物营养的方法称为化学诊断。化学分析既可以是常规法，也可以是速测法。速测法虽然不够精确，但简便易行。按照诊断对象不同，化学诊断可分为土壤和作物两个方面。

① 土壤营养诊断。其目的在于了解土壤中各种营养元素的丰缺情况及其变化规律，土壤养分的化学诊断一是在播种前进行，通过诊断可以了解土壤养分供应能力，为安排作物、制定施肥计划提供依据；二是在作物生产过程中进行，可以了解当时土壤的供肥水平，养分的协调状况，结合作物的长势、长相、生育时期，为确定施肥和其他措施提供依据。

② 植株化学诊断。是在作物生长发育过程中，取其特定部位，用化学方法测定其中某些养分的含量，以判断该元素的丰缺水平，如果是采用植株或其一部分（叶柄、叶片）进行全量分析，通常称为植株分析。如果是测定新鲜组织的汁液或浸出液中活性养分的浓度，通常称为组织速测。

植株组织速测的样品，应当注意典型性和代表性。取样的部位应是对该种养分的丰缺程度反映最敏感的部位。为了避免叶绿素含量过高对比色测定的干扰，应当选取含叶绿素较少的部位。

由于土壤和植株中的养分状况是不断变化的，并且受土壤性质、气候、作物种类、生育期、产量水平等多种因素的影响，因此对土壤和植株化学诊断的结果，要有一个正确的认识，既不能片面地依靠分析数据来解决施肥问题，也不能企图用一次测定的结果来说明某些现象。应当把土壤和作物形态的、化学的和环境的多种诊断方法综合加以考虑，得出适当结论。

（3）施肥诊断。施肥诊断是利用作物对施肥的反映来检验作物营养的诊断方法。它具有适应性广、效果准确、简便易行等优点，它是判断作物需肥的标准方法，但需要时间一般较长。这种方法不仅能反映出土壤、作物养分的丰缺，而且也是确定施肥种类、数量和时期，以及肥料与作物产量关系的主要方法，同时它还能检查其他诊断方法的正确与否，有助于提高诊断水平。

施肥诊断一般采用盆栽或田间试验进行，也可配制一定浓度的营养液进行根外喷施，或采用注射、浸泡、涂抹等方法，然后观察其效果，从不同处理间的差异来判断作物是否缺少某种营养元素，或适宜的浓度等。

此外，还有应用离子选择电极测定营养元素或障碍元素含量的物理化学诊断方法；根据土壤或植株中酶活性与营养元素含量之间的关系进行的酶学诊断；以及其他生物化学诊断等。

总之，诊断方法有多种，各有利弊，进行土壤和作物营养诊断时，最好采用综合诊断的方法，把“看”、“问”、“查”结合起来，才能得出比较正确的结论，用以指导生产。

3. 诊断指标的确定

进行土壤与作物营养诊断，不论采用何种方法，都需要一个标准，这就是诊断指标。有了切实可行的指标，对诊断的结果才能有效地加以鉴定和运用，指导生产。确定诊断指标的方法一般有三种。

（1）通过大田调查确定诊断指标。在作物播种前和生育期中，选择有代表性的田块连续进行诊断，并结合调查总结当地经验，分类整理统计，找出不同条件下的产量、养分等变化的幅度，划分成不同的等级，作为诊断指标。

（2）采用对比方法确定指标。在一定生产条件下（如土壤类型、作物种类等），以正常生长的植株和土壤为标准，与不正常的植株和土壤相比较，从多次观察测定中积累资料和经验，确定该生产条件下的诊断指标。

（3）通过肥料试验确定指标。在作物播种前和作物生长发育过程中，分阶段定期观察和测定试验各处理的土壤和植株的养分含量及生长状况，最后根据增产效果的显著程度划分等级，作为诊断指标。

应当强调的是，诊断指标是在一定的具体条件下（土壤类型、作物种类、产量水平、测定方法、采样部位、时间等）得出来的，在应用这项指标进行诊断时，应当使条件和拟定指标时的情况基本一致，才能得出较好的正确的结论。

### 8.4.4 配方施肥技术

施肥是调节作物营养，提高土壤肥力，获得农业持续高产的一项重要措施，但施肥与产量之间并不是机械、简单的关系，由于施肥不合理，有的地方已经出现了“增产不增收”甚至减产的现象。为了充分发挥肥效，不断提高土壤肥力，保证作物的高产稳产，近年来在施肥上采用了一种新的施肥技术，即配方施肥。

1. 配方施肥的概念和内容

配方施肥是根据作物需肥规律、土壤供肥性能与肥料效应，在有机肥为基础的条件下，产前提出氮、磷、钾和微肥的适宜用量和比例以及相应的施肥技术的一项综合性科学施肥技术。

配方施肥的内容包括“配方”和“施肥”两个程序。“配方”的核心是肥料的计量，在农作物播种前，通过各种手段确定达到一定目标产量的肥料用量。“施肥”的任务是肥料配方在生产中的执行，保证目标产量的实现。根据配方确定的肥料用量、品种和土壤、作物、肥料的特性，合理安排基肥、种肥和追肥比例，以及施用追肥的次数、时期和用量等。同时在配方施肥中要特别注意必须坚持以“有机肥料为基础，有机肥与无机肥相结合，用地与养地相结合”的原则，保证土壤越种越肥，以增强农业后劲。

2. 配方施肥的方法

（1）地力分区（级）配方法。按土壤肥力高低分成若干等级，或划出一个肥力均等的地片作为一个配方区，利用土壤普查资料和过去田间试验的成果，结合群众的实践经验，估算出这一配方区内比较适宜的肥料种类及其施用量。

这种方法比较粗放，适于生产水平差异小、基础较差的地区。但已突破传统的定性用肥的规范，进入定量用肥的领域，把用肥技术推进了一步。此法优点是有一定的针对性，提出的肥料品种和框定的用量及措施接近当地经验，群众比较熟悉，容易接受，推广时阻力较小。其缺点是有地区局限性，依赖经验较多，精确性较差。实行中要结合做好田间试验，逐步扩大科学测试和理论指导的比重。

（2）目标产量配方法。根据作物产量的构成，由土壤和肥料两个方面供给养分的原理计算肥料的施用量，应用时由农作物目标产量、农作物需肥量、土壤供肥量、肥料利用率和肥料中有效养分含量等五大参数构成平衡法计算施肥量公式。

$$\text{肥料需要量}=\frac{\text{一季作物的总吸收量}-\text{土壤养分供应量}}{\text{肥料中该养分含量}\times\text{肥料当季利用率}}$$

① 参数介绍。目标产量法又分为养分平衡法和地力差减法两种。但其基本参数大致相同，只是在土壤供肥量上有所出入。

农作物目标产量 配方施肥的核心是要为一定产量目标施用适量的肥料。因此施肥必须有个产量标准，有此基础，方可做到计划用肥，即“以产定肥”。目标产量是指土壤测试地块预期应达到的产量，它既应符合当地土壤、气候、栽培管理水平的条件，又应有一定的先进性。就一个地区的自然条件和生产水平而言，在一定时期内如果没有生产措施方面的重大变革，单位面积的产量水平基本是稳定的，可以根据当地前三年作物的平均产量为基础，增加10～15%作为目标产量。也可以根据“以地定产”公式确定目标产量。

农作物需肥量常以下式来推算：

$$\text{作物目标产量所需养分量（kg）}=\frac{\text{目标产量(kg)}}{100\text{(kg)}}\times\text{百千克经济产量所需养分量（kg）}$$

式中百千克经济产量所需养分量是指形成100kg农产品时该作物必须吸收的养分量，可通过查表8-6来获得。

**表8-6　不同作物吸收氮、磷、钾养分的大致数量**

| 农作物 | 收获物 | 形成100kg经济产量所吸收的养分数量（kg） | | |
|---|---|---|---|---|
| | | 氮（N） | 磷（$P_2O_5$） | 钾（$K_2O$） |
| 水稻 | 稻谷 | 2.10～2.40 | 0.90～1.30 | 2.10～3.30 |
| 冬小麦 | 籽粒 | 3.00 | 1.25 | 2.50 |
| 春小麦 | 籽粒 | 3.00 | 1.00 | 2.50 |
| 大麦 | 籽粒 | 2.70 | 0.90 | 2.20 |

（续表）

| 农作物 | 收获物 | 形成 100kg 经济产量所吸收的养分数量（kg） | | |
|---|---|---|---|---|
| | | 氮（N） | 磷（$P_2O_5$） | 钾（$K_2O$） |
| 玉米 | 籽粒 | 2.57 | 0.86 | 2.14 |
| 谷子 | 籽粒 | 2.50 | 1.25 | 1.75 |
| 高粱 | 籽粒 | 2.60 | 1.30 | 3.00 |
| 花生 | 荚果 | 6.80 | 1.30 | 3.80 |
| 棉花 | 籽棉 | 5.00 | 1.80 | 4.00 |
| 烟草 | 鲜叶 | 4.10 | 0.70 | 1.10 |
| 甜菜 | 块根 | 0.40 | 0.15 | 0.60 |
| 大豆 | 籽粒 | 7.20 | 1.80 | 4.00 |
| 黄瓜 | 果实 | 0.17 | 0.10 | 0.34 |
| 番茄 | 果实 | 0.30 | 0.04 | 0.51 |
| 大白菜 | 茎叶 | 0.22 | 0.10 | 0.29 |
| 芹菜 | 茎叶 | 0.36 | 0.14 | 0.58 |
| 马铃薯 | 块茎 | 0.31 | 0.16 | 0.44 |
| 大葱 | 鳞茎 | 0.30 | 0.13 | 0.40 |
| 萝卜 | 块根 | 0.22 | 0.06 | 0.24 |

应当指出，如栽培管理不善，作物经济产量在生物学产量中所占比重小，而每形成一定数量的经济产量，从土壤中吸收的养分总量相对较多。因此，表 8-6 中所列资料只能供参考，不是不变的。还应当指出，豆科作物主要是靠根瘤菌固定大气中的氮素，而从土壤中吸收的氮素仅占 1/3。因此，引用豆科作物氮素数据应乘以 1/3。

迄今为止的各种土壤测试方法都还是很难测出土壤对一季作物所能供应的养分的绝对数量，土壤有效养分测试值只能表示土壤供肥能力的一个相对值。目标产量法中需肥量计算所用的土壤养分供应量参数不能直接应用土壤养分测试值，而必须通过田间试验进行校验，从与农作物产量及吸收量的关系中求得土壤有效养分利用系数，才能对土壤测试值获得定量的意义。

$$\text{土壤养分供应量（kg/ha）}=\text{土壤测定值(mg/kg)}\times 2.25\times\text{土壤养分有效利用系数}$$

$$\text{土壤养分有效利用系数}=\frac{\text{空白地植株吸收养分量（kg/ha）}}{\text{土壤测定值（mg/kg）}}\times 2.25$$

式中 2.25 为土壤养分的换算系数。即把土壤养分测定值单位由 mg/kg 换算成 kg/ha 的换算系数。

肥料当季利用率是指所施肥料的有效成分能被当季作物吸收利用的比率，即是收获物从肥料中吸收有效成分的数量，占所施肥料中有效成分总量的百分数。

任何一种肥料施入土壤后，能被当季作物吸收利用的只是其中一部分，余者通过淋溶、挥发等途径损失或被土壤固定成不可利用的形态，这是一种普遍现象。

肥料利用率是评价肥料经济效果的主要指标之一，也是判断施肥技术好坏的一个指标。肥料利用率的大小与作物种类、土壤性质、气候条件、肥料种类、施肥量、施肥时期和农业技术措施有密切关系。测定肥料利用率有两种方法。

一是田间差减法：

$$\text{肥料利用率（\%）}=\frac{\text{施肥区作物吸收养分量}-\text{不施肥区作物吸收量}}{\text{所施肥料中该元素的总量}}\times 100\%$$

例如，某农田无氮肥区小麦产量250kg/亩，施用尿素15kg后小麦产量为400kg，尿素中氮素含量为46%，则尿素中氮的利用率为：

$$\text{尿素利用率（\%）}=\frac{400/100\times 3.0-250/100\times 3.0}{15\times 46\%}\times 100\%=65.2\%$$

二是同位素肥料示踪法：直接测定施入土壤中的肥料养分进入作物体内的数量。由于示踪法测定肥料利用率需要昂贵的同位素肥料和精密仪器，尚不能广泛用于生产现实，故现有肥料利用率大多用差减法测得。

肥料中有效养分含量 与其他参数相比，此参数易得，因为现时各成品化肥的有效成分都是按化工部部颁标准生产的，都有定值。常用化肥的有效养分含量列于表8-7。

表8-7 常用化肥的有效养分含量

| 化 肥 名 称 | 有效养分名称 | 有效养分含量（%） |
|---|---|---|
| 硫酸铵 | N | 20～21 |
| 碳酸氢铵 | N | 17 |
| 尿素 | N | 46 |
| 硝酸铵 | N | 33～34 |
| 氯化铵 | N | 24～25 |
| 液氨 | N | 82 |
| 氨水 | N | 12～16 |
| 石灰氮 | N | 18 |
| 硝酸钠 | N | 15 |
| 硝酸钙 | N | 13 |
| 过磷酸钙（一级） | $P_2O_5$ | 18 |
| 过磷酸钙（二级） | $P_2O_5$ | 16 |
| 过磷酸钙（三级） | $P_2O_5$ | 14 |
| 过磷酸钙（四级） | $P_2O_5$ | 12 |
| 钙镁磷肥（一级） | $P_2O_5$ | 18 |
| 钙镁磷肥（二级） | $P_2O_5$ | 16 |
| 钙镁磷肥（三级） | $P_2O_5$ | 14 |
| 钙镁磷肥（四级） | $P_2O_5$ | 12 |
| 重过磷酸钙 | $P_2O_5$ | 40～52 |
| 磷矿粉 | $P_2O_5$ | 30～52 |
| 磷酸一铵 | N、$P_2O$ | N11～13, $P_2O$51～53 |
| 磷酸二铵 | N、$P_2O_5$ | N16～21, $P_2O$46～54 |

（续表）

| 化 肥 名 称 | 有效养分名称 | 有效养分含量（%） |
| --- | --- | --- |
| 硫酸钾 | $K_2O$ | 50 |
| 氯化钾 | $K_2O$ | 60 |
| 硼砂 | B | 11 |
| 硼酸 | B | 17 |
| 硫酸锌（1 水） | Zn | 35 |
| 硫酸锌（7 水） | Zn | 23 |
| 硫酸锌 | Zn | 48 |
| 硫酸锰 | Mn | 26 |
| 硫酸亚铁 | Fe | 20 |
| 硫酸铜 | Cu | 24 |
| 钼酸铵 | Mo | 54 |

② 施肥量的确定。目标产量法又分养分平衡法和地力差减法两种。

养分平衡法 其施肥量确定公式为：

$$\text{施肥量（kg/ha）}=\frac{\text{实现目标产量需要养分总量（kg/ha）}-\text{土壤测定值（mg/kg）}\times 2.25\times\text{校正系数}}{\text{肥料中养分含量（\%）}\times\text{肥料当季利用率（\%）}}$$

此法的优点是概念清楚，容易掌握；缺点是土壤供肥量的计算需通过田间试验取得校正系数加以调整，而且校正系数变异大，且不易搞准确。

地力差减法 此法施肥量确定公式为：

$$\text{施肥量（kg/ha）}=\frac{\left(\dfrac{\text{目标产量（kg/ha）}}{100\text{（kg）}}-\dfrac{\text{无肥区产量（kg/ha）}}{100\text{（kg）}}\right)\times\text{百千克产量吸收量}}{\text{肥料中养分含量（\%）}\times\text{肥料当季利用率（\%）}}$$

此法的优点是不需要土壤测试，计算较简单；缺点是需开展施肥要素试验，所需时间长，给推广带来一定难度。

（3）田间试验配方法。通过简单对比或应用正交、回归等试验设计，通过多点田间试验建立肥料效应方程，从中选出最优处理，确定肥料施用量的方法。主要有三种方法。

① 肥料效应函数法。此法一般以单因子或多因子多水平回归设计为基础，建立肥料效应方程，求出最佳经济施肥量和最高产量施肥量，作为建议施肥量的依据。其中单因子回归方程模式为：

$$Y=a+bx+cx^2$$

其最佳经济施肥量可由下式求得：

$$\frac{\mathrm{d}y}{\mathrm{d}x}=b+2cx=\frac{p_x}{p_y}$$

（$P_x$ 为肥料的价格，$P_y$ 为产品价格）

$$X_0=\frac{\frac{p_x}{p_y}-b}{2c}$$

最高产量施肥量为：

$$\frac{dy}{dx}=b+2cx=0$$

$$X_{max}=-\frac{b}{2c}$$

例如，某地氮肥效应方程为 $y=265.45+18.72x-0.671x^2$，小麦单价 0.70 元/kg，氮肥单价 0.90 元/kg。

则：$$X_0=\frac{0.9/0.7-18.72}{-2\times 0.671}=13\text{（kg/亩）}$$

$$X_{max}=\frac{-18.72}{-2\times 0.671}=14\text{（kg/亩）}$$

肥料效应函数法的优点是能客观地反映影响肥效各因素的综合效果，精度高，反馈性好。缺点是有地区局限性，在某条件下求得的肥料效应函数，不能在不同情况下应用，因函数中系数值随不同条件而变化。另外，进行试验费时较长，当土壤肥力变化后，函数就失去了应用价值。

② 养分丰缺指标法。利用土壤养分测定值与作物吸收养分量之间的相互关系，通过田间肥效试验，按作物的相对产量将土壤测定值分为不同的等级，并制定土壤养分丰缺和施肥量检索表。实际应用时，只要知道土壤养分测定值，就可查出相应肥料施用量。

所谓相对产量是指不施某种肥料时作物每公顷的产量与施用所有肥料时作物每公顷产量的比，可用下式计算：

相对产量＝不施某种肥料时作物产量（kg/ha）/施用所有肥料时作物的产量（kg/ha）×100%

若相对产量大于 95%，土壤养分含量为丰富，90%～95%为中等，80%～90%为缺乏，当相对产量小于 80%时，土壤养分含量极低。不同土壤、不同作物的氮、磷、钾的丰缺指标见表 8-8，表 8-9，表 8-10。

**表 8-8　不同土壤、不同作物土壤碱解氮的丰缺指标**（mg/kg）

（碱解氮用 1.6mol/L NaOH 碱解扩散法测定）

| 土壤类型 | 低（＜75%＝ | 中（75～95%） | 高（＞95%） | 作　物 |
|---|---|---|---|---|
| 黑土 | ＜120 | 120～250 | ＞250 | 小麦 |
| 草甸土 | ＜130 | 130～240 | ＞240 | 玉米 |
| 潮土（北京） | ＜80 | 80～130 | ＞130 | 小麦 |
| 盐化潮土 | ＜30 | 30～50 | ＞50 | 小麦 |
| 灰漠土 | ＜70 | 70～100 | ＞100 | 小麦 |

（续表）

| 土壤类型 | 低（＜75%＝ | 中（75～95%） | 高（＞95%） | 作　物 |
|---|---|---|---|---|
| 灌淤土 | ＜90 | 90～120 | ＞120 | 小麦 |
| 黄绵土 | ＜60 | 60～80 | ＞80 | 小麦 |
| 紫色土 | ＜170 | 170～260 | ＞260 | 小麦 |
| 棕壤 | ＜55 | 55～90 | ＞90 | 小麦 |
| 褐土 | ＜55 | 55～100 | ＞100 | 小麦 |
| 潮土（山东） | ＜70 | 70～90 | ＞90 | 玉米 |
| 红壤（广西） | ＜170 | 170～380 | ＞380 | 玉米 |
| 红壤水稻土（福建） | ＜150 | 150～260 | ＞260 | 水稻 |
| 红壤水稻土（广西） | ＜200 | 200～400 | ＞400 | 小麦 |
| 青紫泥水稻土（上海） | ＜70 | 70～220 | ＞220 | 水稻 |
| 草甸水稻土（吉林） | ＜90 | 90～250 | ＞250 | 水稻 |
| 成都平原水稻土 | ＜175 | 175～280 | ＞280 | 水稻（淹育法） |
| 杭嘉湖水稻土 | ＜100 | 100～190 | ＞190 | 早稻 |
| 湖南中酸性水稻土 | ＜120 | 120～210 | ＞210 | 晚稻 |

**表 8-9　不同土壤不同作物土壤有效磷的丰缺指标（mg/kg）**

（有效磷北方土壤用 0.5mol/L $NaHCO_3$ 浸提法测定）

| 土壤类型 | 低（＜75%） | 中（75～95%） | 高（＞95%） | 作　物 |
|---|---|---|---|---|
| 黑土 | ＜4 | 4～10 | ＞10 | 小麦 |
| 草甸土 | ＜2 | 2～25 | ＞25 | 玉米 |
| 潮土（北京） | ＜2 | 2～12 | ＞12 | 小麦 |
| 盐化潮土 | ＜4 | 4～9 | ＞9 | 小麦 |
| 灰漠土 | ＜4 | 4～8 | ＞8 | 小麦 |
| 灌淤土 | ＜4 | 4～9 | ＞9 | 小麦 |
| 黄绵土 | ＜4 | 4～7 | ＞7 | 小麦 |
| 紫色土 | ＜4 | 4～10 | ＞10 | 小麦 |
| 棕壤 | ＜10 | 10～25 | ＞25 | 小麦 |
| 褐土 | ＜2 | 2～9 | ＞9 | 小麦 |
| 潮土（山东） | ＜6 | 6～19 | ＞19 | 玉米 |
| 红壤（浙江） | ＜8 | 8～20 | 20 | 玉米 |
| 红壤（广西） | ＜4 | 4～10 | ＞10 | 玉米 |
| 红壤水稻土（福建） | ＜6 | 6～17 | ＞17 | 水稻 |
| 红壤水稻土（广西） | ＜2 | 2～10 | ＞10 | 水稻 |
| 青紫泥水稻土（上 | ＜4 | 4～16 | ＞16 | 小麦 |
| 海） | ＜5.5 | 5.5～17 | ＞17 | 水稻 |
| 草甸水稻土（吉林） | ＜2 | 2～8 | ＞8 | 水稻 |
| 成都平原水稻土 | ＜2 | 2～11 | ＞11 | 水稻（淹育法） |
| 杭嘉湖水稻土 | ＜3 | 3～10 | ＞10 | 早稻 |
| 湖南中酸性水稻土 | ＜1 | 1～14 | ＞14 | 晚稻 |

表 8-10　不同土壤不同作物土壤有效钾的丰缺指标（mg/kg）
（有效钾用 1.0mol/L 中性醋酸铵提取火焰光度计法测定）

| 土壤类型 | 低（＜75%） | 中（75～95%） | 高（＞95%） | 作　物 |
| --- | --- | --- | --- | --- |
| 黑土 | ＜70 | 70～150 | ＞150 | 小麦 |
| 草甸土 | ＜95 | 95～180 | ＞180 | 玉米 |
| 潮土（北京） | ＜60 | 60～180 | ＞180 | 小麦 |
| 棕壤 | ＜50 | 50～85 | ＞85 | 小麦 |
| 褐土 | ＜30 | 30～85 | ＞85 | 小麦 |
| 潮土（山东） | ＜40 | 40～115 | ＞1150 | 玉米 |
| 黄绵土 | | 110 | | 小麦 |
| 紫褐土 | | 65 | | 小麦 |
| 红壤（浙江） | ＜80 | 80～180 | ＞180 | 玉米 |
| 红壤（广西） | ＜135 | 135～280 | ＞280 | 玉米 |
| 红壤水稻土（福建） | ＜80 | 80～140 | ＞140 | 水稻 |
| 红壤水稻土（广西） | ＜60 | 60～150 | ＞150 | 水稻 |
| 青紫泥水稻土（上海） | | 100 | | 小麦 |
| 草甸水稻土（吉林） | ＜60 | 60～170 | ＞170 | 水稻 |
| 成都平原水稻土 | | 35 | | 水稻 |
| 杭嘉湖水稻土 | ＜20 | 20～150 | ＞150 | 小麦 |
| 湖南中酸性水稻土 | ＜60 | 60～105 | ＞105 | 早稻 |
| | ＜50 | 50～80 | ＞80 | 晚稻 |

③　氮、磷、钾比例法　在已有的田间肥料试验的基础上，如果掌握了氮、磷、钾等养分的最佳施用比例，实际应用时可以只需确定某种养分如氮肥的用量，其他养分施用量可根据它们之间的比例关系来估计。一般用氮确定磷、钾，或以磷确定氮、钾的用量。此方法简单，容易掌握。

## 8.5　复习思考题

1. 作物生长发育必需的营养元素有哪些？如何确定？为什么氮、磷、钾称为肥料的“三要素”？
2. 各种营养元素之间的相互关系表现为几种情况？它们和合理施肥有什么关系？
3. 土壤养分靠什么作用到达根表？它受哪些因素的影响？
4. 被动吸收和主动吸收的主要区别是什么？
5. 叶部营养有什么优点？如何正确理解根部营养和叶部营养的关系？
6. 作物吸收养分的两个关键时期是在什么时候？有什么特点？对施肥有何意义？

7．为什么要分别施用基肥、种肥和追肥？你是怎么理解的？

8．“养分归还学说”的主要内容是什么？应该怎样来正确认识“养分归还”？

9．什么是“最小养分律”？对指导合理施肥有何意义？

10．应该怎么正确地理解“限制因子律”？

11．什么是“报酬递减律”？对于指导合理施肥有何意义？目前生产中有哪些现象是违反这一经济规律的？

12．合理施肥的含义是什么？如何来衡量施肥是否合理？怎样才能做到合理施肥？

# 第9章 无 土 栽 培

**【学习目的和要求】** 本章阐述了无土栽培的概念、分类及营养液配制和管理，通过本章学习对无土栽培应有一个全面地认识，并能正确应用于生产中。

## 9.1 无土栽培概述

无土栽培是指不使用天然土壤，而用营养液或固体基质加营养液栽培作物，这种固体基质加营养液或营养液代替天然土壤向作物提供良好的水、肥、气、热等根际环境条件，使植物完成其生长发育的栽培方法称无土栽培。

无土栽培是一项新的现代实用农业技术，其优点是栽培的植物生长势强，产品品质好，节省水肥和劳动力，无杂草，有利于实现农业生产的现代化，病虫害少，不受土壤条件限制，避免因物理、化学性的盐渍与酸碱失调引起的连作障碍，极大地扩展了农业生产空间。如无土栽培的香石竹，香味浓郁、花期长、开花数多，单株开花数为9朵，裂萼率仅为8%，而土壤栽培则分别为5朵和90%。又如唐菖蒲和郁金香在土壤中易患病毒症，水培则可防止病毒。但无土栽培需要完整的设备，栽培成本高，技术要求严格，病虫害一旦发生传播迅速。在生产中应充分考虑无土栽培的优缺点，寻找妥善的解决办法，充分发挥无土栽培的技术优势。

无土栽培多用于蔬菜、切花、盆花用的草本和木本花卉、牧草、培育苗木、草本药用植物、食用菌、自家的庭院、阳台和屋顶种花及航天航海等生产过程中。

## 9.2 无土栽培的类型和方法

依据栽培床是否使用固体的基质材料，把无土栽培分为有固体基质栽培和无固体基质栽培两大类型。进而根据栽培技术、设施构造和固定植株根系的材料不同又可分为多种类型（如下图所示）。

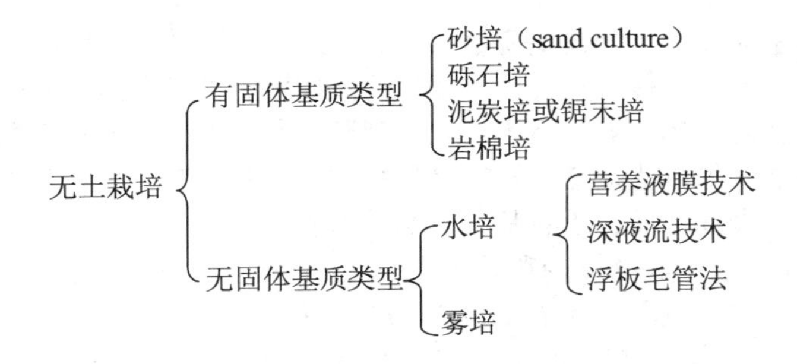


### 1. 无固体基质栽培

无固体基质无土栽培是指根系直接生长在营养液或含有营养成分潮湿的空气之中，根际环境中除了育苗时用固体基质外，一般不使用固体基质。它又可分为水培和雾培两种类型。

（1）水培。水培是指植物部分根系浸润生长在营养液中，另一部分根系裸露在潮湿的空气中的一类无土栽培方法。它又可根据营养液液层的深度、设施结构、供液方式等不同分为多种形式：以 1～2cm 的浅层流动营养液来种植作物的营养液膜技术；液层深度 6～8cm 的深液流水培技术；在 5～6cm 深的营养液液层中放置一块上铺无纺布的泡沫板，秧苗栽入定植杯内，然后悬挂在定植板的定植孔中，根系生长在湿润的无纺布上的浮板毛管水培技术；深水漂浮栽培系统等。

（2）雾培。雾培又称为喷雾培，是植物根系生长在雾状的营养液环境中的一类无土栽培方法。

根系悬空在一个容器中，容器内部装有自动定时喷雾装置，每隔一段时间将营养液从喷头中以雾状的形式喷洒到植物根系表面，同时解决了根系对养分、水分和氧气的需求。由于雾培设备投资大，管理不方便，而且根系温度易受气温影响，变幅较大，对控制设备要求较高，生产上很少应用。雾培中还有一种类型是有部分根系生长在浅层的营养液层中，另一部分根系生长在雾状营养液空间，称半雾培。也可把半雾培看做是水培的一种。

### 2. 固体基质栽培

固体基质无土栽培简称基质培，它是指作物根系生长在各种天然或人工合成的固体基质环境中，通过固体基质固定根系，并向作物供应营养和氧气的方法。基质培可很好地协调根际环境的水、气矛盾，且投资较少，便于就地取材进行生产。基质培可根据选用的基质不同而分为不同类型。例如以泥炭、秸秆、锯末、水苔等有机基质为栽培基质的基质培称为有机基质培，如杜鹃锯末培、蝴蝶兰水苔培、袖珍椰子泥炭培等。还有岩棉培、砂培、砾培、陶粒等无机基质培，如金琥砂培、龙利蛭石培、鹅掌柴陶粒培、中国兰花陶粒—砾岩培等。

基质培也可根据栽培形式的不同而分为槽式基质培、袋式基质培和立体基质培。槽式基质培是指将栽培用的固体基质装入一定容器的种植槽中栽培作物的方法，一般有机基质培和容重较大的重基质多采用槽式基质培；袋式基质培是指把栽培用的固体基质装入塑料袋中，排列放置于地面，有枕头式袋培和开口筒式袋培两种。立体基质培是指将固体基质装入长形袋状或柱状的立体容器之中，竖立排列于温室之中，容器四周螺旋状开孔，以种植小株型作物的方法，如柱状栽培、长袋状栽培。一般容重较小的轻基质可采用袋式基质培和立体基质培，如岩棉基质、蛭石基质、椰绒基质、秸秆基质等。

基质培也可根据消耗能源的多少和对环境生态条件的影响分为有机生态型无土栽培和无机耗能型无土栽培。有机生态型无土栽培指栽培过程中全部用有机肥代替营养液，灌溉时只用清水，排出液对环境无污染。如以消毒鸡粪等有机质代替营养液进行无土栽培的技术。无机耗能型无土栽培指全部用化肥配制营养液，营养液循环中耗能多，灌溉排出液对环境和地下水有污染。有机生态型无土栽培多用于蔬菜栽培生产，在花卉栽培中多用无机耗能型无土栽培技术。

## 9.3 无土栽培营养液的配制

营养液是指将含有植物生长发育所必需的各种营养元素化合物和少量的为使某些营养元素的有效性更为长久的辅助材料，按一定的数量和比例溶解于水中所配制而成的混合液。营养液是无土栽培的核心，必须认真地了解、掌握，才能真正掌握无土栽培技术。

### 9.3.1 营养液配方的调整

在一定体积的营养液中，规定含有各种必需营养元素盐类的数量称为营养液配方。

现成的营养液配方不经适当地调整直接配制使用，这是不妥当的做法。因为，在不同地区间水质和盐类原料纯度等存在着差异，会直接影响营养液的组成；其次是栽培作物的品种和生长阶段不同，要求营养元素比例不同，特别是N、P、K三要素比例；还有栽培方式不同，特别是基质栽培时，基质的吸附性和本身的营养成分，都会改变营养液的组成。所以，配制前要正确、灵活地调整营养液的配方，经正确调整配制成的营养液才能够真正满足作物生长的需要，达到高产优质的目的。表9-1是菊花无土栽培营养液的配方。

**表9-1 菊花无土栽培营养液的配方**

| 化合物名称 | 用量（克） |
|---|---|
| 硫酸铵 | 42 |
| 硫酸镁 | 140 |
| 硝酸钙 | 301 |
| 硫酸钾 | 112 |
| 磷酸二氢钾 | 91 |
| 络合铁（柠檬酸铁铵133g、硫酸14g、蒸馏水2240g） | 28 |
| 水 | 181.61 |

1. 水和原料的纯度

（1）水。无土栽培水源质量比农田灌溉水标准高，但可低于饮用水水质要求。一般要求：硬度＜15°，pH=5.5～8.5（6.5～8.5），溶存氧＞4～5 $O_2$mg/L（≥3mg/L），NaCl 含量＜2mmol/L，余氯＜0.3mg/L（≤0.1mg/L），悬浮物≤10mg/L。重金属及其他有害元素不能超过表 9-2 的标准。

表 9-2　重金属及一些有害元素标准

| 名　称 | 标准（mg/L） | 名　称 | 标准（mg/L） |
|---|---|---|---|
| 汞（Hg） | ≤0.001 | 镉（Cd） | ≤0.005 |
| 砷（As） | ≤0.05 | 铅（Pb） | ≤0.05 |
| 硒（Se） | ≤0.02 | 铬（Cr） | ≤0.05 |
| 铜（Cu） | ≤0.01 | 锌（Zn） | ≤0.20 |
| 氟化物（$F^-$） | ≤3.0 | 大肠菌群 | ≤1000 个/L |
| 六六六 | ≤0.02 | DDT | ≤0.02 |

在软水地区，水中的化合物含量较低，只要是符合前述的水质要求，可直接使用；在硬水地区，水在选用符合无土栽培要求的前提下，还应根据硬水中所含 $Ca^{2+}$、$Mg^{2+}$数量的多少，将它们从配方中扣除。减少了的氮可用硝酸（$HNO_3$）来补充，加入的硝酸不仅起到充氮源的作用，而且可以中和硬水的碱性。如补充 $HNO_3$ 仍未达到中和碱性的要求，可将原来用作磷源的 $NH_4H_2PO_4$ 改用为一部分 $H_3PO_4$。减去 $Mg^{2+}$后所缺的 $SO_4^{2-}$，一般不用补充。

另外，通过测定硬水中各种微量元素的含量，与营养液配方中的各种微量元素用量比较，如果水中的某种微量元素含量较高，在配制营养液时可不加入，而不足的则要补充。

（2）原料。在生产中，微量元素用化学纯试剂或医药用品，大量元素的供给多采用工业原料或农业用品。配制营养液时，应按原料纯度折算用量。如配方中 $KNO_3$ 用量为 0.5g/L，原料纯度为 95%，则 $KNO_3$ 原料用量应为 0.53g/L。另外还应考虑原料中有害元素含量。如 $KNO_3$ 含 0.008%的 Pb，若 $KNO_3$ 用量为 1g/L，则 Pb 含量达到 0.08mg/L，超过 0.05mg/L，此 $KNO_3$ 不能用。营养元素的化合物，很多都具有很强的吸湿性，如原料吸湿明显，必须测定其湿度进行折算使用。微量元素多使用化学试剂，且实际用量较少，不必考虑和计算杂质含量，可按纯品直接称取。

2. 作物种类和生育时期

植物营养学研究表明，不同作物对各种营养元素及其比例要求不同，既使同一作物不同的生长发育时期对各种营养元素的比例和浓度也要求各异。如树木在开花、坐果和果实发育时期，植物对各种营养元素的需要都特别迫切，而钾肥的作用更为重要，到生长后期对营养元素的需要一般很少。因而在实际栽培生产中，应根据作物各个生育时期的要求来适当调整营养液的配方和浓度。

3. 栽培方式

无土栽培主要分为水培和基质培，对营养液组成的稳定性影响较大的是基质培。因基质种类较多，如有机基质、无机基质和混合基质，其理化性质差异较大，所以，应根据不同的基质类型，按其理化性质不同对营养液配方进行不同的调节，并进一步试种确定。

### 9.3.2 营养液配制的原则

营养液配制总的原则是避免沉淀的产生。即确保在配制和使用营养液时不会产生难溶性化合物沉淀。在营养液配制时，运用难溶性物质溶度积法则作指导，就不会产生沉淀。

### 9.3.3 营养液的配制技术

1. 营养液的配制方法

首先把相互之间不会产生沉淀的化合物分别配制成浓缩贮备液（也叫母液），然后根据浓缩贮备液的浓缩倍数稀释成工作营养液（或叫栽培营养液）。如果有大容量的存放容器或用量较少时也可以直接配制工作营养液。

（1）浓缩贮备液的配制

① 浓缩倍数。根据配方中各种化合物的用量及其溶解度来确定。大量元素一般可配制成浓缩 100～200 倍液；微量元素由于其用量少，可配制成 1000～3000 倍液。在配制各种母液时，母液的浓缩倍数一方面要根据配方中各种化合物的用量和在水中的溶解度来确定，另一方面以方便操作的整数倍为宜。浓缩倍数不能太高，否则可能会使化合物过饱和而析出，而且浓缩倍数太高时，溶解也较慢。

② 化合物分类。为了防止配制营养液时产生沉淀，不能将配方中的所有化合物放置在一起溶解，而应将配方中的各种化合物进行分类，把相互之间不会产生沉淀的化合物放在一起溶解。一般将一个配方的各种化合物分为不产生沉淀的三类，分别称为 A 母液、B 母液、C 母液。

A 母液——以钙盐为中心，凡不与钙盐产生沉淀的化合物均可放置在一起溶解；

B 母液——以磷酸盐为中心，凡不与磷酸盐产生沉淀的化合物可放置在一起溶解；

C 母液——将微量元素以及对微量元素的有效性（特别是铁）起稳定作用的络合物放在一起溶解。

③ A、B 母液配制步骤。根据浓缩贮备液的体积和浓缩倍数计算各化合物的用量。称取 A 母液和 B 母液各化合物，分别溶解在各自的贮液容器中。肥料应一种一种加入，充分搅拌，且要等前一种肥料充分溶解后再加入第二种肥料，全部溶解后加水至所需体积，搅拌均匀。

④ C 母液配制步骤。配制 C 母液时，先量取所需配制体积 80%左右的清水，分为两份，分别溶解 $FeSO_4·7H_2O$ 和 EDTA-2Na，然后将前者缓慢加入后者中，边加边搅拌；另称

取 C 液所需其他化合物，分别溶解后缓慢倒入已溶解了 $FeSO_4 \cdot 7H_2O$ 和 EDTA-2Na 的溶液中，边加边搅拌，最后加水至所需配制的体积，搅拌均匀。

母液配制好后应贮藏于暗处，如贮存时间较长，应将其酸化，以防止沉淀的产生，一般可用硝酸酸化至 pH＝3～4。

（2）工作营养液配制

① 计算 A、B、C 母液用量

$$用量=\frac{配制剂量\times配制体积}{浓缩倍数}$$

如配制 100L0.6 剂量的工作营养液，需量取浓缩 200 倍的 A、B 母液各 300ml，浓缩 500 倍的 C 母液 120ml。

② 配制步骤。配制工作营养液时也要防止沉淀产生。应在贮液池中放入大约需要配制体积 60～70%的清水，量取所需 A 母液的用量倒入。开启水泵循环流动或搅拌器使其扩散均匀，然后再量取 B 母液的用量，缓慢地将其倒入贮液池中的清水入口处，让水源冲稀 B 母液后带入贮液池中，开启水泵将其循环或搅拌均匀，此过程所加的水量已达到总液量的 80%为度。最后量取 C 母液，按照 B 母液的加入方法加入贮液池中，经水泵循环流动或搅拌均匀即完成工作。

2. 直接称量配制法（大规模生产常用）

（1）计算各种化合物的用量。

用量＝配方规定用量×配制剂量×配制体积

（2）在容器中加入 60～70%的清水。

（3）称取钙盐及不与钙盐产生沉淀的化合物，溶解后加入到容器中，搅拌或循环均匀。

（4）称取磷酸盐及不与磷酸盐产生沉淀的其他化合物，溶解稀释后缓慢加入容器中，搅拌或循环均匀。

（5）称取铁盐和 EDTA，分别溶解，前者缓慢加入后者中，边加边搅拌。

（6）称取其他微量元素化合物，分别溶解后缓慢加入到 Fe-EDTA 溶液中，边加边搅拌。

（7）将配好的微量元素化合物溶液稀释后缓慢加入到大量元素化合物溶液中，搅拌或循环均匀。

（8）加水至所需体积，搅拌或循环均匀。

在生产中为了操作方便，有时可将两种方法配合使用。例如，配制工作营养液的大量营养元素时采用直接称量配制法，而微量营养元素的加入可采用先配制浓缩营养液再稀释为工作营养液的方法。

现代化温室一般采用 A、B 两个母液罐，A 罐中主要含硝酸钙、硝酸钾、硝酸铵和螯合铁，B 罐中主要含硫酸钾、磷酸二氢钾、磷酸二氢铵、硫酸镁及除铁以外的其他微量营养元素化合物，通常制成 100 倍的母液。为了防止母液罐出现沉淀，有时还配备酸液罐以调节母液酸度。整个系统由计算机调节控制，稀释混合形成灌溉营养液。

### 9.3.4 营养液配制的操作规程

（1）营养液原料的计算过程和最后结果要反复核对，一般至少经过 3 名工作人员 3 次复核，确保准确无误。

（2）称取各种原料时要反复核对，并保证所称取的原料名实相符。特别是在称取外观上相似的化合物时更应注意，三种母液罐应分别以三种不同颜色标志。

（3）各种原料在称好之后要分别进行最后一次复核，以确定配制营养液的各种原料没有错漏。

（4）建立严格的记录档案，将配制的各种原料用量、配制日期和配制人员详细记录下来，以备查验。

### 9.3.5 注意事项

（1）为防止母液产生沉淀，长时间贮存时，一般可加硝酸或硫酸将其酸化至 pH=3～4，放置于阴凉避光处保存，C 母液最好用深色容器贮存。

（2）直接称量配制工作营养液时，在贮液池中加入钙盐及不与钙盐产生沉淀的盐类之后，不要立即加入磷酸盐及不与磷酸盐产生沉淀的其他化合物，而应在水泵循环大约 30min 或更长时间之后再加入。加入微量元素化合物时也应如此。

（3）配制工作营养液时如发现有少量沉淀产生，应延长水泵循环流动时间以使产生的沉淀再溶解。

（4）如通过较长时间循环之后仍不能使这些沉淀再溶解，应重新配制，否则可能出现因营养元素的缺乏或不平衡而表现出的生理失调症状。

## 9.4 无土栽培营养液的管理

营养液的管理主要是指对循环使用营养液的管理，主要包括营养液的浓度、酸碱度、溶存氧和营养液液温等四个方面的管理，必要时进行营养液的全面更换。

### 9.4.1 营养液浓度的管理

1. 水分的补充

水分的补充应以不影响营养液的正常循环流动为准，根据植物蒸腾耗水的多少确定水分的补充量。植株较大、长势旺盛或天气炎热 、气候干燥时，耗水量就多，这时补充的水分也较多。如龟背竹和凤仙相比较，龟背竹的耗水量较大，两次补水间隔时间也短。

水分的补充应每天进行。可在贮液池中划好刻度，将水泵停止供液一段时间，让种植槽中过多的营养液全部流至贮液池之后，如发现液位降低到一定的程度就必须补充水分至原来的液位水平。

2. 养分的补充

补充依据：营养液养分的补充与否以及补充数量的多少，要根据在种植系统中补充了水分之后所测得的营养液浓度来确定。营养液的浓度以其总盐分浓度即电导率（*EC*）来表示，生产上一般是根据营养液电导率的变化对浓度进行控制和调节。

除了在严格的科学试验之外，在生产中一般不进行营养液中单一营养元素含量的测定，而且在养分补充上，也不是单独补充某种营养元素，而是根据所用的营养液配方全面补充。

适宜浓度范围：绝大多数植物为 0.5～3.0mS/cm，最高不超过 4.0mS/cm。

不同作物、同一作物不同生育阶段、不同气候条件，营养液浓度要求不一样。茄果类和瓜果类要求的浓度比叶菜类高。苗期浓度可较低，生育盛期浓度可较高。夏天水分消耗大，浓度可较低，冬天耗水少，浓度可较高。

（1）高浓度营养液配方的补充（总盐分浓度＞1.5‰左右）。

以总盐分浓度降低至原来配方浓度的 1/3～1/2 的范围为下限。通过定期测定营养液的电导率，如果发现营养液的总盐浓度下降到 1/3～1/2 剂量时就补充养分至原来的初始浓度。

（2）低浓度营养液配方的补充（总盐分浓度＜1.5‰左右）。

方法 1：每天监测营养液的浓度，每天都补充，使营养液常处于一个剂量的浓度水平；

方法 2：当营养液浓度下降到配方浓度的 1/2 时，补充至原来的水平；

方法 3：是一种更为简便的方法。当营养液浓度下降到规定的补充下限（如为初始营养液剂量的 40%）或以下时，就补充初始浓度（一个）剂量的养分。此时种植系统的营养液浓度要比初始的营养液浓度高，但一般对作物的正常生长不会产生不良影响。

### 9.4.2 营养液溶存氧的管理

植物根系氧来源的一个途径是通过吸收溶解于营养液中的溶存氧来获得，这是无土栽培植物所需氧的最主要的来源。如果营养液中的溶存氧不能达到作物正常生长所需的合适的水平，植物根系就会表现出缺氧，从而影响到根系对养分的吸收以及根系和地上部的生长。尤其是不耐淹的旱生植物。另一个途径是通过植物体内的氧气输导组织由地上部向根系输送来获得。但只有沼泽性植物和耐淹的旱地植物才具备这一功能。

1. 营养液中的溶存氧浓度

营养液中的溶存氧是指在一定温度、一定大气压力条件下单位体积营养液中溶解的氧气（$O_2$）的数量，以 $O_2$mg/L 来表示。

氧气饱和溶解度是指在一定温度和一定压力条件下单位营养液中溶解的氧气达到饱和时的溶存氧含量。

溶存氧与温度和大气压力有关。温度越高、大气压力越小，营养液的溶存氧含量越低；反之，温度越低、大气压力越大，其溶存氧的含量越高。

溶存氧的测定方法有化学滴定法和测氧仪（溶氧仪）测定法。化学滴定法手续烦琐，一般不用。实践中常用测氧仪（溶氧仪）测定，方法简便、快捷。测氧仪测定的一般是溶液的空气饱和百分数（$A$，%），由于氧气占空气比例是一定的，因此也可以用空气饱和百分数来表示此时溶液中氧气含量，相当于饱和溶解度的百分数。具体做法是：用测氧仪测定溶液的空气饱和百分数（$A$，%），然后通过溶液液温与氧气含量的关系表查出该液温下的饱和溶解氧含量（$M$，mg/L），并用下列公式计算出此时营养液中实际的氧含量（$M_0$，mg/L）：

$$M_0 = M \times A$$

式中：$M_0$——在一定温度和大气压下营养液实际的溶解氧的含量（mg/L）；

$M$——在一定温度和大气压下营养液中的饱和溶解氧含量（mg/L）；

$A$——在一定温度和大气压下营养液中的空气饱和百分数（%）。

例如：20℃时测定 $A$ 为 50%，查表知此温度时氧的饱和溶解度为 9.17mg/L，此时营养液中实际的氧含量为：9.17×50%=4.585mg/L。

2. 植物对溶解氧浓度的要求

在营养液栽培中，一般要求维持溶解氧的浓度在 4～5mg/L 的水平 相当于在 15～27℃时营养液中溶解氧的浓度在饱和溶解度的 50%左右）。此时，大多数的植物都能够正常生长。

3. 营养液溶解氧的补充

（1）植物对氧的消耗量和消耗速率取决于植物种类、生育时期以及每株植物平均占有的营养液量。一般树木耗氧量较大，花卉类的耗氧量较小。生长旺盛时期、每株植物平均占有的营养液量少，则溶解氧的消耗速率快。

（2）补充营养液溶解氧的途径

① 空气向营养液的自然扩散　通过自然扩散进入营养液的溶解氧的数量很少。在 20℃时，依靠自然扩散进入 5～15cm 液深范围营养液中的溶解氧只相当于饱和溶解氧含量的 2%左右，远远达不到作物生长的要求。

② 人工增氧。人工增氧方式有：

营养液的搅拌。但搅拌极易伤根，会对植物的正常生长产生不良的影响；

用压缩空气泵将空气直接以小气泡的形式向营养液中扩散。主要用在进行科学研究的小盆钵水培上；

将化学增氧剂加入营养液中增氧。通过过氧化氢（$H_2O_2$）缓慢释放氧气的装置增氧，效果不错，但价格昂贵，现主要用于家用的小型装置中；

进行营养液的循环流动。通过水泵将贮液池中的营养液抽到种植槽中，然后让其在种植槽内流动，最后流回贮液池中形成不断的循环。此方法效果很好，是生产上普遍采用。流动循环时加大落差、扩大溅泼面、增加压力形成射流或喷雾等措施有利于提高补氧效果。

在进水口安装增氧器或空气混入器，提高营养液中溶存氧，已在较先进的水培设施中普遍采用。

落差。营养液循环流动进入贮液池时，人为造成一定的落差，使溅泼面分散，效果较好，普遍采用。

### 9.4.3　营养液酸碱度的调节

营养液的 pH 在栽培植物过程中会发生一系列的变化，主要决定于以下三个方面。一是营养液中生理酸性盐和生理碱性盐的用量及其比例，其中又以氮源和钾源类化合物引起的生理酸碱性变化最大。二是每株植物占有营养液量的大小。三是营养液的更换速度。营养液的 pH 值每周测定一次为好。

因此最根本的控制办法是选用一些生理酸碱性变化较平稳的营养液配方，以减少调节 pH 的次数。

营养液 pH 值的调节：种植作物过程中，如果营养液的 pH 值上升或下降到作物最适的 pH 范围之外，就要用稀酸或稀碱溶液来中和调节。pH 上升时，可用稀硫酸（$H_2SO_4$）或稀硝酸（$HNO_3$）溶液来中和。实际生产中从成本考虑较多采用 $H_2SO_4$。pH 下降时，可用稀碱溶液如氢氧化钠（NaOH）或氢氧化钾（KOH）来中和。因 KOH 价格昂贵，在生产中常用的是 NaOH。

中和时酸碱的用量应根据实际滴定法确定，即以实际营养液酸碱中和滴定的方法来确定稀酸或稀碱的用量。

具体的方法为：量取一定体积（如 10 升）的营养液于一个容器中，用已知浓度的稀酸或稀碱来中和营养液，用酸度计监测中和过程中营养液的 pH 值变化，当营养液的 pH 值达到预定的 pH 值时，记录所用的稀酸或稀碱溶液的用量，并计算所要进行 pH 调节的种植系统所有营养液中和所需的稀酸或稀碱的总用量。

将稀酸或稀碱用水稀释后加入种植系统的贮液池，边加边搅拌或开启水泵进行循环。浓度一般不超过 1～2mol/L，要防止酸或碱溶液加入过快、过浓，否则可能会使局部营养液过酸或过碱，而产生 $CaSO_4$，$Fe(OH)_3$，$Mn(OH)_2$ 等的沉淀，从而产生养分的失效。表 9-3 中列出了常见花卉对氢离子浓度适应范围。

表 9-3 常见花卉对氢离子浓度适应范围（纳摩/升，仅供参考）

| 氢离子浓度（pH） | 适 应 植 物 |
| --- | --- |
| ＜100（＞7.0） | 石榴（氢离子浓度 6.31～31630，pH8.2～4.5）<br>葡萄（氢离子浓度 10.0～1000.0，pH8.0～6.0） |
| 100～510.2（7.0～6.3） | 菊花、蔷薇、石刁柏、草木樨、猫尾草、白三叶草、玉兰、桂花、牡丹、月季、风信子、水仙、晚香玉、文竹、香石竹、香豌豆 |
| 630.9～5012.0（6.2～5.3） | 鸢尾、胡枝子、欧洲防风、小康草、桃、草莓、牛角花、郁金香、绿巨人、龙利、澳洲坚果、芒果、袖珍椰子、散尾葵、五针松、孔雀柏、金边柏、鹤望兰、龟背竹、一品红、一叶兰、巴西木、红宝石 |
| 100～510.2（7.0～6.3） | 杜鹃花、栀子、凤梨类、蕨类、马蹄莲、仙客来、报春花、悬钩子、绣球花、五反树、地毯草、假俭草、山茶花、秋海棠 |

## 9.4.4 营养液的更换

### 1. 更换的原因

长时间种植作物的营养液中有碍作物生长的物质的积累，因此需要配制新的营养液将其全部更换。

这些积累的物质主要有：营养液配方中所带入的非营养成分；中和生理酸碱性所产生的盐分；硬水所带入的盐分；根系分泌物和脱落物以及由此引起的微生物分解产物等。

当这些物质积累到一定程度时就会：①妨碍作物的生长，使根系受害甚至植株的死亡；②影响营养液中养分的平衡；③使病害繁衍和累积；④影响用电导率仪测定营养液浓度的准确性，非营养成分的积累反映到电导率上，从而出现 EC 值虽高，但实际营养成分很低的情况，不能再用 EC 值反映营养物质浓度。如多次补充营养液后，植物虽然仍能正常生长，测定营养液中主要营养元素（N、P、K）的含量，如它们的含量很低，而 EC 值很高，表明积累了较多非营养成分盐类。因此，在一定种植时间之后需重新更换营养液。

### 2. 营养液更换的时间

可以通过测定营养液的主要营养元素的含量来判断，也可以根据经验来判断。

在软水地区，生长期较长的植物（每次 3～6 个月左右）在整个生长期中可以不需要更换营养液，补充水分和养分即可，换茬时可更换；

生长期较短的作物（每茬 1～2 个月左右）可连续种植 3～4 茬才更换一次营养液。在前茬作物收获后，将种植系统中的残根及其他杂物清除掉，再补充养分和水分即可种植下一茬作物。这样可以节约养分和水分。

在硬水地区，常需加入稀酸调节 pH，一般一个月或更短的时间更换一次营养液，硬度太高的水不宜做无土栽培营养液配制用水，特别是进行水培时更应如此。

如果在营养液中积累了大量的病菌使作物发病，而农药也难以控制时，就需要马上更换营养液，更换时要对整个种植系统进行彻底的清洗和消毒。

### 9.4.5　营养液温度的控制

液温变化主要受气温的影响，栽培方式不同则液温变化也不同。循环利用的比不循环利用的营养液温度变化快、变幅大，水培比基质培的营养液液温变化快、变幅大。

营养液的液温直接影响根系对养分的吸收、根系呼吸作用、微生物活动情况，从而影响到作物发育、产量和品质。

大多数植物要求营养液液温夏天保持不超过 28℃，冬季的液温保持不低于 15℃，对适应于该季栽培的大多数作物都是适合的。

营养液液温管理中应防止液温急剧变化，忽冷忽热，注意调控季节及昼夜温差。调节的方法很多，如增加营养液容量，贮液罐设置在地下，添加增温和降温设备等。表 9-4 列出了常见花卉营养液最佳温度范围。

**表 9-4　常见花卉营养液最佳温度范围（供参考）**

| 温度（℃） | 适宜生长的花卉 |
|---|---|
| 10～12 | 金合欢，郁金香 |
| 12～15 | 香石竹，勿忘草，含羞草，仙客来，蕨类 |
| 15～18 | 菊花，鸢尾，风信子，水仙，唐菖蒲，百合 |
| 20～25 | 秋海棠，蔷薇，非洲菊，百日草 |
| 25～30 | 热带花木，柑橘，水芋 |

### 9.4.6　废液处理与利用

无土栽培中排出的废液，并非含有大量的有毒物质而不能排放，主要是影响地下水水质或引起河流湖泊水的富营养化，从而对环境产生不良的影响。

1. 废液处理

（1）杀菌和除菌。营养液必须经过杀菌和除菌处理，否则易使植物感染病害。

① 紫外线照射。日本研制的“流水杀菌灯”，在营养液膜技术和岩棉培等营养液流量少的系统中，可有效地抑制病害的发生。

② 加热。把废液加热，利用高温来杀菌，大量废液加热杀菌处理费用较高。

③ 过滤。欧洲一些国家在生产上使用砂石过滤器除去废液中的悬浮物，再结合紫外线

照射，效果较好。

④ 颉颃微生物。利用有益微生物抑制病原菌的生长，原理与病虫害的生物防治相同。

⑤ 药剂。药剂杀菌效果非常好，但应注意安全生产和药剂残留的不良影响。

（2）除去有害物质。栽培过程中根系会分泌一些有害的物质累积在营养液中，一般采用过滤法或膜分离法除去。

（3）调整离子组成。进行营养成分测定，根据要求进行调整，再利用。

### 2. 废液有效利用

（1）再循环利用。日本设计一套栽培系统，营养液先进入果菜类蔬菜的栽培循环，废液经处理后进入叶菜类蔬菜栽培循环，废液再处理最后进入花菜等蔬菜栽培循环。

（2）作肥料利用。处理后的废液作土壤栽培的肥料，应注意与有机肥合理搭配使用。

（3）收集浓缩液再利用。用膜分离法或蒸发反废液浓缩收集起来，在果菜类结果期使用，可提高养分浓度，提高品质。

## 9.5 复习思考题

1. 试述无土栽培与土壤栽培的区别及联系。
2. 浓缩贮备液和工作营养液的配制过程。
3. 营养液如何进行管理？

# 第 10 章　实　　验

## 10.1　土壤样品的采集与制备

### 10.1.1　目的要求

土壤样品的采集与制备是对土壤进行化学诊断的一个重要环节，它是关系到分析结果以及由此得出的结论是否正确、可靠的一个先决条件。通过实验，使学生了解耕层土壤混合样品采集应遵循的原则，掌握采集与制备的方法。

### 10.1.2　材料用具

取土铲、剖面刀、铅笔、钢卷尺、布袋（能盛装 1～2kg 土样）、盛土盘（20cm×30cm）、标签、土壤筛（18 目、60 目等）、研钵、牛角勺、广口瓶（250ml、500ml）等。

### 10.1.3　操作步骤

1. 土壤样品的采集

（1）划分采样单元。采样单元是指采集的一个土样所代表的实际地块。一般应根据分析测定目的、土壤类型、地形、前茬（或种植作物）、肥力状况以及耕作栽培习惯等因素而定。一个采样单元的面积以 1～3 $hm^2$ 为宜，最大不能超过 5 $hm^2$。试验田以一个试验为一个采样单元，也可以一个试验区组或小区为一个采样单元。保护地栽培应以一栋温室或大棚为一个采样单元。

（2）布点。由于土壤的不均匀性，耕层土壤混合样品采集必须按照一定的采样布点路线和“随机、多点、均匀”的原则进行。布点形式以“蛇形”较好。只有在采样单元面积小、地形平坦、肥力比较均匀的情况下，才采用对角线或棋盘式采样（如图 10-1 所示）。

布点要尽量兼顾采样单元内土壤的全面情况，不要过于集中，更不能在田边、路边、沟边、肥料堆底和特殊地形部位等没有代表性的地点取样。

一个采样单元的采样点数，可根据面积、土壤肥力差异及分析测定目的而定。一般采集 5～20 点组成一个混合样品。在试验田，一个采样单元可取 5 点。露地栽培地块，按采样单元面积确定采样点数，面积小于 1 $hm^2$，取 5～10 点；面积 1～2 $hm^2$，取 10～15 点；面积大于 2 $hm^2$，取 15～20 点。

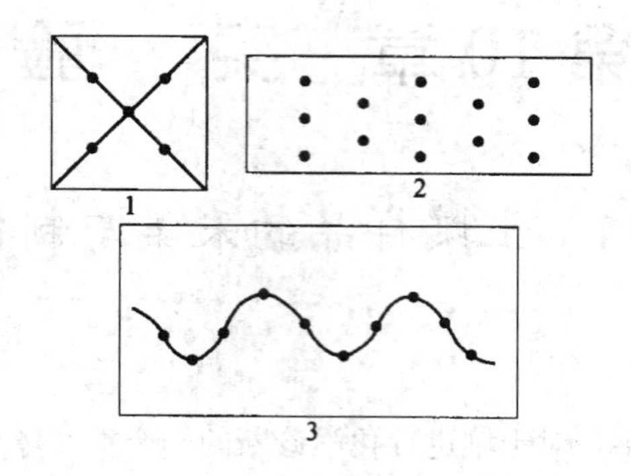


图 10-1　土壤采样布点路线

1．对角线布点法　2．棋盘式布点法　3．蛇形布点法

（3）采土。在确定的采样点上，首先清除地面落叶等杂物，并刮去 2～3mm 表土，挖成 20cm（耕作层深度）深的土坑，把一侧坑壁切直。然后用取土铲由此坑壁垂直均匀地切下厚约 5cm 的土片（如图 10-2 所示）。用剖面刀从中间切取宽约 5cm，深 20cm 的长方体土块，放在盛土盘上，将坑填平，便完成了一个采样点的采土工作，再进入下一个采样点。各个采样点采取的土样深度要一致，上下土体要一致，即每个采样点所取的长方体土块尽量是一致的。

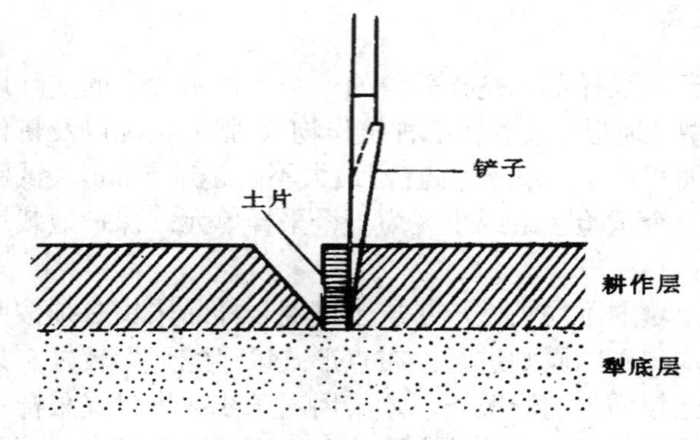


图 10-2　小土铲采样图

（4）缩分土样。一个采样单元采土完成后，一般所取土样数量都较多，可采用四分法缩分。将全部土样放在盛土盘或塑料布上，充分混合，按四分法把混合的土样淘汰一半，如此反复多次，直至达到所需数量为止（如图 10-3 所示）。一般为 0.5～1kg 左右。

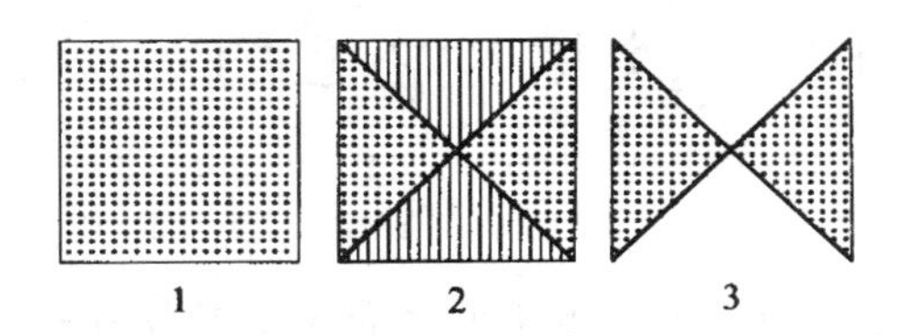


**图 10-3　四分法缩分土样示意图**

1．平铺土样　2．划分四分　3．淘汰一半

缩分好的土样装入布袋，用铅笔填写标签一式两份，一份放在布袋内，一份系在布袋外。标签写明样品编号、采样地点、深度、时间、茬口或作物、采样人等。并将此内容登记在专门的记载本上，备查。尽快将样品送入化验室或带回室内风干。

2. 土壤样品的制备

（1）风干剔杂。采回的土壤样品，应立即弄碎大土块，在盛土盘或塑料布上摊成均匀的薄层，放在阴凉、干燥、通风的室内阴干，阴干过程中要经常翻动，随手捏碎土块，剔除植物残体和混入的其他物体。严禁日光晒或烘烤，防止酸碱等气体及灰尘的污染。

（2）分选土样。风干后的土壤样品，如果数量太多，还要用四分法去除多余的土样，一般留取 0.3～0.5kg。

（3）磨细过筛。将分选后所取的土壤样品平铺在木板或塑料板上，用镊子仔细地挑除植物残体、石块等。将土样用木棒碾碎，过 18 目（1mm）土壤筛，留在筛上的部分，继续挑除杂物，碾碎，过筛。如此反复操作，直至全部土壤都通过 18 目筛为止。

将土样进一步充分混合均匀，用棋盘分格法取出 50g 左右。棋盘分格法就是将充分混匀的土样铺成薄层，划上棋盘式的均匀方格，然后用牛角勺每格取出大致相等的土样。如果一次不够，可重复进行。剩余的部分充分混匀，装入 500ml 广口瓶。取出的 50g 左右的土样，研磨，使之全部通过 60 目（0.25mm）筛，充分混匀，装入 250ml 广口瓶。

（4）土样保存。样品装瓶后，填写标签一式两份，写明土样编号、采样地点、土壤名称、采样日期、深度、采样人、筛号等。一份放入瓶内，一份贴在瓶外。土样贮存过程中应避免阳光、高温、潮湿或酸、碱气体的影响与污染。土样至少要保存一年。

### 10.1.4　复习思考题

1．结合土壤样品采集与制备过程，谈谈如何保证土样的代表性？

2．为什么不能直接在磨细通过 18 目筛的土样中筛出一部分作为 60 目的土样？

3．为什么土样在风干过程要严禁日光晒或烘烤，防止酸碱等气体及灰尘的污染？

# 10.2 土壤含水量的测定

## 10.2.1 目的要求

土壤水分是土壤的重要组成部分，也是土壤的重要肥力因素之一。测定土壤含水量，一方面是为了解田间土壤的水分状况，为土壤耕作、播种、合理排灌等提供依据；另一方面是为在室内土壤农化样品分析工作中，将风干土重换算成烘干土重提供换算依据。通过实验，使学生掌握烘干法和酒精燃烧法测定土壤含水量的原理和方法，能较准确地测定出土壤的含水量。

## 10.2.2 仪器与试剂

烘箱、分析天平（感量为 0.01g 和 0.001g）、铝盒、干燥器、量筒（10ml)、无水酒精、滴管、小刀、玻璃棒、火柴等。

## 10.2.3 测定方法

1. 烘干法

（1）方法原理。在 105±2℃温度下，水分从土壤中全部蒸发，而结构水不被破坏，土壤有机质也不致分解。因此，将土壤样品置于 105±2℃下烘至恒重，通过烘干前后质量之差，可计算出土壤水分含量的百分数。

（2）操作步骤

① 取有盖的铝盒，洗净、烘干，放入干燥器中冷却至室温，然后在分析天平上称重（$W_1$），注意低、盖编号配套，以防混淆。

② 称取风干土样 5g 左右，均匀平铺在铝盒中，称重记入 $W_2$。

③ 将铝盒盖子打开，放入烘箱中，在 105±2℃温度下烘 6h 左右。

④ 盖上铝盒盖子，放入干燥器中，冷却称重 $W_3$。

⑤ 打开铝盒盖子，放入烘箱中，在 105±2℃下再烘 2h，冷却，称至恒重 $W_3$。

（3）结果计算

$$\text{土壤含水量（\%）}=\frac{\text{风干土重}-\text{烘干土重}}{\text{烘干土重}}\times 100=\frac{W_2-W_3}{W_3-W_1}\times 100$$

风干土重换算成烘干土重：

$$\text{烘干土重}=\frac{\text{风干土重}}{1+\text{土壤含水量（\%）}}$$

（4）注意事项

① 测定风干土样中吸湿水含量时，一般用感量 0.001g 的分析天平称量，相邻两次烘干重之差不大于 0.003g 为恒重。

② 一般土壤样品的烘干温度不得超过 105±2℃，否则，土壤有机质易碳化损失而影响测定结果的准确性。

2. 酒精燃烧法

（1）方法原理　利用酒精在土壤中燃烧放出的热量，使土壤水分蒸发干燥，通过燃烧前后质量之差，计算土壤含水量。酒精燃烧在火焰熄灭前的几秒钟，即火焰下降时，土温迅速升至 180～200℃，然后很快降至 85～90℃，再缓慢冷却。由于高温时间短，样品中有机质及盐类损失很少，所以此法测定的含水量有一定的参考价值。

（2）操作步骤

① 称取新鲜土样 10g 放入已知质量的铝盒中。

② 向铝盒中加入酒精，直到浸没全部土壤为止。

③ 将铝盒放在石棉网上，点燃酒精，在酒精快要燃烧完时，用小刀或玻璃棒轻翻动土样，以助其燃烧。待火焰熄灭、样品冷却后，再加 2ml 酒精，进行第二次燃烧，再冷却，称重。一般要经过 3～4 次燃烧后，土样即可达到恒重。

（3）结果计算

同烘干法。

### 10.2.4　复习思考题

某风干土样含水量为 8%，若称取风干土重为 10g，求其烘干土重的质量。

## 10.3　土壤质地的测定（比重计法和手测法）

### 10.3.1　目的要求

土壤质地是土壤的重要性质，它对土壤中的水分、空气、养分、温度、微生物活动、耕性和植物生长发育等，都有显著的影响。测定土壤质地，可以为因土种植、因土施肥、因土改良、因土灌溉和制订合理的栽培措施提供科学依据，在生产上具有重要意义。

本实验要求掌握测定土壤质地的两种基本方法。第一种简易比重计法，能迅速测定土壤质地类型，费时少，又有相当的精确性，适用于生产上大量样本的质地测定工作；第二种是手测法，是最简便的土壤质地测定法，广泛应用于野外、田间土壤质地的鉴定。

## 10.3.2 仪器试剂

1. 仪器用具

量筒（1 000ml、100m1）、特制搅拌棒、甲种比重计（鲍氏比重计）、温度计（100℃）、橡皮头玻棒、瓷蒸发皿、带秒针的钟表、天平（感量 0.01g）、角匙、小铜筛（60 目）、带橡皮头的研棒或大号橡皮塞、洗瓶、称样纸。

砂土、壤土、黏土等已知质地名称土壤样本和待测土壤样本、表面皿。

2. 试剂配制

（1）0.5mol/LNaOH 溶液。称取 20g 化学纯 NaOH，加蒸馏水溶解后，定容至 1 000ml，摇匀。

（2）0.5mol/L 草酸钠溶液。称取 33.5g 化学纯草酸钠，加蒸馏水溶解后，定容到 1 000ml，摇匀。

（3）0.5mol/L 六偏磷酸钠溶液。称取化学纯六偏磷酸钠$(NaPO_3)_6$ 51g，加蒸馏水溶解后，定容至 1000m1，摇匀。

（4）2%碳酸钠溶液。称取 20g 化学纯碳酸钠溶于 1 000ml 的蒸馏水中。

（5）异戊醇。$(CH_3)_2CHCH_2CH_2OH$（化学纯）。

（6）软水的制备。将 200m1 2 %的碳酸钠溶液加入到 15 000ml 自来水中，静置过夜，上部清液即为软水。

## 10.3.3 测定方法

1. 简易比重计法

（1）方法原理。取一定量的土壤，经物理、化学处理后分散成单粒，将其制成一定容积的悬浊液，使分散的土粒在悬液中自由沉降。根据粒径愈大，下沉速度愈快的原理，应用物理学上司笃克斯（Stokes，1845）公式计算出某一粒级土粒下沉所需时间。在这个时间，用特制的甲种比重计测得土壤悬液中所含小于某一粒级土粒的数量（g/L），经校正后可计算出该粒级土粒在土壤中的质量百分数，然后查表确定质地名称。

本实验采用卡庆斯基简明分类制，只需测定＜0.0lmm 粒径土粒含量，就可以确定土壤质地名称。

（2）操作步骤

① 称样。称取通过 lmm 筛孔的风干土样 50g（精确到 0.0lg），置于 500m1 烧杯中，供分散处理用。

② 样本分散处理。根据土壤酸碱性，分别选用不同的分散剂。石灰性土壤用 0.5mol/L

六偏磷酸钠 60m1；中性土壤用 0.25mo1/L 草酸钠 20m1，酸性土壤用 0.5mo1/LNaOH40ml。

加入化学分散剂后，还须对样本进行物理分散处理，以保证土粒充分分散。常用的物理分散方法有煮沸法、振荡法和研磨法三种，本实验采用较简便易行的研磨法。其做法是：将称好的土样放入瓷蒸发皿中，缓缓加入分散剂，边加边搅拌，使之呈稠糊状（分散剂余量在研磨完毕后再加入）。静止 0.5h，使分散剂充分作用，然后用带橡皮头的玻棒或大号橡皮塞研磨。研磨时间，黏质土不少于 20min，壤质及砂质土不少于 15min。

③ 制备悬液。将糊状物全部转入 1 000ml 量筒中，最后用软水定容至 1 000ml，放置在温度变化较小的平稳台面上，测悬液温度。温度计应放在沉降筒的中部，读数精确至 0.1℃。在整个测定过程中，应注意保持悬液的静止状态，以免影响测定结果。

④ 小于 0.0lmm 土粒含量的测定。根据所测温度查表 10-1，得知相应温度下＜0.0lmm 土粒下沉所需时间（如 20℃时为 26.5min）。

在计划测定之前，再用搅拌棒搅动悬液 1min（1min 之内上下各约 30 次，搅动时下至量筒底部，上至液面），搅拌结束后，轻轻取出搅拌棒，立即计时。此时若悬液发生气泡影响读数，可滴加几滴异戊醇消泡。在计划读数时间到达前 15～20s，将甲种比重计轻轻放入悬液中，注意勿使其左右摇摆，上下浮沉。到了读数时间，立即读数（读悬液弯月面上缘与比重计相接处）。

读数后，将比重计小心取出，用软水冲洗干净，以备下次使用。

表 10-1 粒径＜0.01mm 土粒下沉所需时间

| 温度（℃） | Min | S | 温度（℃） | min | s |
|---|---|---|---|---|---|
| 7 | 38 | | 21 | 26 | |
| 8 | 37 | | 22 | 25 | |
| 9 | 36 | | 23 | 24 | 30 |
| 10 | 35 | | 24 | 24 | |
| 11 | 34 | | 25 | 23 | 30 |
| 12 | 33 | | 26 | 23 | |
| 13 | 32 | | 27 | 22 | |
| 14 | 31 | | 28 | 21 | 30 |
| 15 | 30 | | 29 | 21 | |
| 16 | 29 | | 30 | 20 | |
| 17 | 28 | | 31 | 19 | 30 |
| 18 | 27 | 30 | 32 | 19 | |
| 19 | 27 | | 33 | 19 | |
| 20 | 26 | 30 | 34 | 18 | 30 |

（3）结果计算和土壤质地名称的确定

① 比重计读数的校正。分散剂校正值（g/L）＝分散剂体积（ml）×分散剂溶液的浓度（mol/L）×分散剂的摩尔质量（g/mol）$\times 10^{-3}$

温度校正值可从表 10-2 中查得。

校正值＝分散剂校正值＋温度校正值

校正后比重计读数（g/L）＝比重计原读数－校正值

② 小于 0.01mm 土粒含量计算

$$小于0.01mm土粒含量（\%）=\frac{校正后读数}{烘干土地重}\times 100$$

**表 10-2　甲种比重计温度校正表**

| 温度℃ | 校正值 | 温度℃ | 校正值 | 温度℃ | 校正值 | 温度℃ | 校正值 |
|---|---|---|---|---|---|---|---|
| 6.0～8.5 | －2.2 | 16.5 | －0.9 | 22.5 | ＋0.8 | 28.5 | ＋3.1 |
| 9.0～9.5 | －2.1 | 17.0 | －0.8 | 23.0 | ＋0.9 | 29.0 | ＋3.3 |
| 10.0～10.5 | －2.0 | 17.5 | －0.7 | 23.5 | ＋1.1 | 29.5 | ＋3.5 |
| 11.0 | －1.9 | 18.0 | －0.5 | 24.0 | ＋1.3 | 30.0 | ＋3.7 |
| 11.5～12.0 | －1.8 | 18.5 | －0.4 | 24.5 | ＋1.5 | 30.5 | ＋3.8 |
| 12.5 | －1.7 | 19.0 | －0.3 | 25.0 | ＋1.7 | 31.0 | ＋4.0 |
| 13.0 | －1.6 | 19.5 | －0.1 | 25.5 | ＋1.9 | 31.5 | ＋4.2 |
| 13.5 | －1.5 | 20.0 | 0 | 26.0 | ＋2.1 | 32.0 | ＋4.6 |
| 14.0～14.5 | －1.4 | 20.5 | ＋0.15 | 26.5 | ＋2.2 | 32.5 | ＋4.9 |
| 15.0 | －1.2 | 21.0 | ＋0.3 | 27.0 | ＋2.5 | 33.0 | ＋5.2 |
| 15.5 | －1.1 | 21.5 | ＋0.45 | 27.5 | ＋2.6 | 33.5 | ＋5.5 |
| 16.0 | －1.0 | 22.0 | ＋0.6 | 28.0 | ＋2.9 | 34.0 | ＋5.8 |

③ 根据计算得到的小于 0.01mm 土粒含量（%）查卡庆斯基土壤质地分类表，即可确定该土壤质地名称（见表 1-4）。

2. 手测法

本法以手指对土壤的感觉为主，结合视觉和听觉来确定土壤质地名称，方法简便易行，熟练后也较准确，适合于田间土壤质地的鉴别。

手测法有干测和湿测两种，可相互补充，一般以湿测为主。

干测法：取玉米粒大小的干土块，放在拇指与食指间使之破碎，并在手指间摩擦，根据指压时间大小和摩擦时感觉来判断。

湿测法：取一小块土，除去石砾和根系，放在手中捏碎，加水少许，以土粒充分浸润为度（水分过多过少均不适宜），根据能否搓成球、条及弯曲时断裂等情况加以判断，现将卡庆斯基制土壤质地分类手测法标准列于表 10-3 以供参考。

表 10-3　土壤质地手测法判断标准

| 质地名称 | 干时测定情况 | 湿时测定情况 |
|---|---|---|
| 砂土 | 干土块毫不用力即可压碎，砂粒明显，手捻粗糙刺手，有沙沙声 | 不能成球形，用手捏成团，但一触即散，不能成片 |
| 砂壤土 | 砂粒占优势，混夹有少许黏粒，很粗糙，研磨时有响声，干土块用小力即可捏碎 | 勉强可成厚而极短的片状，能搓成表面不光滑的小球，但搓不成细条 |
| 轻壤土 | 干土块用力稍加压可碎，手捻有粗糙感 | 可成较薄的短片，片长不过 1cm，片面较平整，可成直径约 3mm 小土条，但提起后容易断裂 |
| 中壤土 | 干土块稍加大力才能压碎，成粗细不一的粉末，砂和黏粒含量大致相同，稍感粗糙 | 可成较长薄片，片面平整，但无反光，可搓成直径 3mm 小土条，但弯成 2～3cm 圆环即断裂 |
| 重壤土 | 干土块用大力挤压可破碎成粗细不一的粉末，粉砂和黏粒含量多，略有粗糙感 | 可成较薄片，片面光滑，有弱的反光，可搓成直径 2mm 的土条，能弯成 2～3cm 圆环，但压扁时有裂纹 |
| 黏土 | 含黏粒为主，干土块很硬，用手不能压碎 | 可成较长薄片，片面光滑有强反光，不断裂，可搓成直径 2mm 的土条，亦能弯成 2～3cm 圆环，压扁时无裂纹 |

### 10.3.4　复习思考题

1. 为什么测定土壤质地时要先将样品进行分散处理？分散处理的好坏对测定结果有什么影响？

2. 应用简易比重计法测定土壤质地时，有哪些关键操作影响测定结果？

3. 手测法测质地时应注意哪些问题？

## 10.4　土壤容重的测定及土壤孔隙度的计算（环刀法）

### 10.4.1　目的要求

土壤孔隙度是土壤的重要物理性质，但它要通过土壤密度和土壤容重才能计算出来。土壤容重能反映土壤松紧状况，还能计算土壤干重及土壤中各组分的含量。通过实验使学生了解环刀法测定土壤容重的原理，掌握测定方法和利用容重计算土壤孔隙度的方法。

### 10.4.2　仪器用具

天平（感量 0.1g、0.01g）、恒温干燥箱、环刀、小铁铲、削土刀、铝盒、木槌、草纸等。其中，环刀是用无缝钢管制成，一端有刃口，容积一般为 100cm$^3$，附件有钢制环刀托，上有 2 个小孔（如图 10-4 所示）。

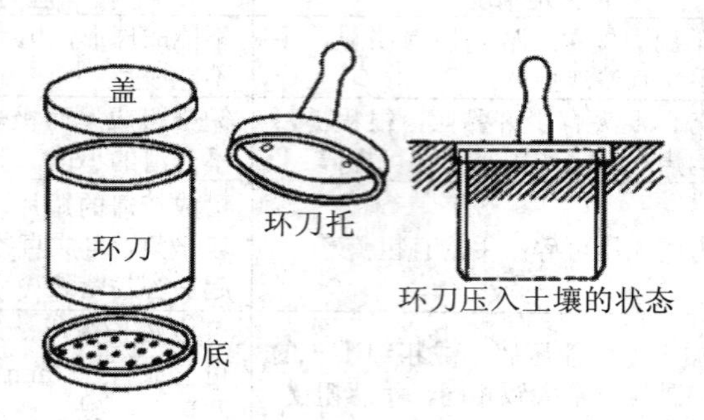


图 10-4　环刀示意图

### 10.4.3　测定原理

利用已知容积的环刀，切割未搅动的自然状况的土壤，使土壤充满环刀内，称量后测定土壤含水量，根据含水量计算单位容积土壤的烘干土质量，即可计算土壤容重。测得土壤容重后，土壤密度取 2.65g/ cm$^3$，可计算土壤孔隙度。

### 10.4.4　操作步骤

1. 环刀取样、称重

（1）称量环刀、铝盒质量。在室内将环刀擦净，检查环刀与上、下盖及环刀托是否配套。记下环刀编号，确认环刀容积（$V$），称量环刀质量（$G$），精确至 0.1g，同时称量已洗净烘干的铝盒质量（精确至 0.01g）。

（2）采取原状土样。在田间选择有代表性的地点，先用小铁铲铲平土表。将环刀托套在环刀无刃口的一端，环刀刃口向下，将环刀垂直压入土中，切勿摇晃或倾斜，以免改变土壤的自然状态。待环刀全部插入土壤中，而且土面即将触及环刀托盖的顶部（可由环刀托盖上的小孔窥见）时，停止下压。

（3）用小铁铲把环刀周围的土壤挖去，取出环刀，使环刀两端均有多余的保持自然状态的土壤。

（4）将环刀翻转过来，刃口向上，用削土刀迅速刮去黏附在环刀外壁上的土壤，然后用削土刀在刃口一端从边缘向中部削平土面，使之恰与刃口齐平，擦净环刀周围的土，刃口端盖上环刀底盖，再次翻转环刀，使刃口端向下，取下环刀托，削平无刃口端的土面，并盖好顶盖，以免水分蒸发影响测定结果。然后，将带有土壤样品的环刀进行称重（$M$）。

2. 土壤含水量测定

在田间进行环刀取样的同时，在同层采样处取 20g 左右的土样放入已知重量的铝盒中，用酒精燃烧法测定土壤含水量。（或直接从称重的环刀内取土 20g 左右，测定土壤含水量）。

### 10.4.5　结果计算

1. 土壤容重的计算

$$\text{土壤容重}(\mathrm{d,g/cm^3})=\frac{(M-G)\times 100}{V(100+W)}$$

式中，$M$——环刀及湿土合计质量，g；
$G$——环刀质量，g；
$V$——环刀容积，$cm^3$；
$W$——土壤含水量，质量%。

2. 土壤孔隙度计算

$$\text{土壤总孔隙度}\ (\%)=(1-\frac{\text{土壤容重}}{\text{土壤密度}})\times 100\%$$

### 10.4.6　复习思考题

测定土壤容重时，为什么应保持土壤的自然状态？测定过程中要注意哪些问题？

## 10.5　土壤有机质含量的测定（重铬酸钾容量法）

### 10.5.1　目的要求

土壤有机质含量是衡量土壤肥力的重要指标，对了解土壤肥力状况，培肥地力、改良土壤具有重要的指导意义。

通过实验，使学生理解重铬酸钾－容量法测定土壤有机质的原理，掌握测定方法及应注意的事项，能准确地测出有机质含量。

### 10.5.2 仪器试剂

1. 仪器用具

油浴锅（或消煮炉、沙浴炉）、分析天平（感量为 0.000 1g）、天平（感量为 0.1g）。

硬质试管（20mm×200mm）、小漏斗、铁丝笼、温度计（300℃）、三角瓶（250ml）、移液管（5ml）、酸式滴定管（25ml）、滴定台、定时钟、量筒（25ml）、草纸、植物油或磷酸或石蜡等。

2. 试剂

（1）0.8000 mol/L 重铬酸钾标准溶液。39.2245g 重铬酸钾（$K_2Cr_2O_7$，分析纯，使用前经 130℃烘 1.5h），加 400 ml 水，加热溶解，冷却后用水定容至 1L。

（2）0.2mol/L 硫酸亚铁溶液。56.0g 硫酸亚铁（$FeSO_4 \cdot 7H_2O$，化学纯），溶于水，加 15 ml 浓 $H_2SO_4$，用水定容成 1L。贮于棕色瓶中。此溶液易被空气氧化，使用时必须每天标定准确浓度。

（3）邻啡罗啉指示剂。1.485g 邻啡罗啉（$C_{12}H_8N_2 \cdot H_2O$）及 0.695g 硫酸亚铁（$FeSO_4 \cdot 7H_2O$），溶于 100 ml 水，贮于棕色瓶中。

（4）硫酸（$H_2SO_4$，$\rho$=1.84g/cm$^3$，化学纯）。

（5）二氧化硅（化学纯，粉末状）。

### 10.5.3 方法原理

在 170～180℃外加热条件下，用过量的、已知量的重铬酸钾硫酸溶液作氧化剂，氧化土壤有机质，有机质中的有机碳在一定温度下被重铬酸钾氧化成 $CO_2$，反应式如下：

$$2K_2Cr_2O_7 + 3C + 8H_2SO_4 = 2K_2SO_4 + 2Cr_2(SO_4)_3 + 3CO_2\uparrow + 8H_2O$$

剩余的重铬酸钾，用硫酸亚铁标准溶液滴定：

$$K_2Cr_2O_7 + 6FeSO_4 + 7H_2SO_4 = K_2SO_4 + Cr_2(SO_4)_3 + 3Fe_2(SO_4)_3 + 7H_2O$$

用 $Fe^{2+}$滴定剩余的 $Cr_2O_7^{2-}$时，以邻啡罗啉（$C_{12}H_8N_2$）为指示剂，在滴定过程中，开始时溶液以 $Cr^{6+}$的橙色为主，此时指示剂在氧化条件下，呈淡蓝色被 $Cr^{6+}$的橙色所掩盖，随着 $Cr^{6+}$被还原为 $Cr^{3+}$，$Cr^{3+}$的绿色逐渐呈现出来，使溶液逐渐变为绿色。至接近终点时变为灰绿色。当 $Fe^{2+}$溶液过量半滴时，溶液突变为棕红色，即为终点。

通过空白氧化剂滴定消耗硫酸亚铁的量与土样消耗硫酸亚铁的量之差，计算土壤有机碳的含量，再乘以 1.724 换算系数，即为土壤有机质的含量。本方法只能氧化有机碳的 90%，所以结果计算时，还应乘以 1.1。

### 10.5.4 操作步骤

（1）样品的称量。准确称取通过 0.25mm 筛的风干土样品 0.100～0.500g，放入干燥的硬质试管中，用移液管准确加入0.8000mol/L重铬酸钾标准溶液5.0ml，再用量筒加入浓硫酸5ml，小心摇动。在试管口加一小漏斗，以冷凝蒸出的水汽。

（2）样品的消煮。将试管插入铁丝笼内，放入预先加热至185～190℃间的油浴锅中，此时温度控制在170～180℃之间，自试管内大量出现气泡开始计时，保持溶液沸腾5min，取出铁丝笼，待试管稍冷后，用草纸擦净试管外部油液，冷却。

（3）消煮液的转移。经冷却后，将试管内容物洗入250ml的三角瓶中，使溶液的总体积达60～80ml，酸度为2～3mol/L，加入邻啡罗啉指示剂3～5滴，摇匀。

（4）样品的滴定。用标准的硫酸亚铁溶液滴定，溶液颜色由橙色（或黄绿色）经绿色、灰绿色，突变为棕红色即为终点。

在测定样品的同时，做两个空白试验，取其平均值，空白试验用石英砂或灼烧的土代替土样，其余步骤同土样测定。

（5）结果计算。

$$\text{有机质含量}(\%)=\frac{C\times(V_0-V)\times0.003\times1.724\times1.1}{m}\times100$$

式中：$C$——硫酸亚铁溶液的浓度，mol/L；

$V_0$——滴定空白试验溶液时所用去的硫亚铁溶液的体积，ml；

$V$——滴定土样消煮液所用去硫酸亚铁溶液的体积，ml；

0.003——1/4C的毫摩尔质量，g；

1.724——将有机碳换算成有机质的系数（按土壤有机质平均含碳量为58%计算）；

1.1——由于本法仅能氧化土壤有机质的90%，折合有机质应乘的系数；

$m$——所称风干土样换算为烘干土的质量。

$$m=\frac{\text{风干土质量}}{1+\text{风干土含水量}}$$

（6）注意事项

① 称土样时，必须根据土壤有机质含量的高低确定样品的重量。由于称样量少，称样时应用减重法。

② 在测定石灰性土壤样品，必须慢慢加入重铬酸钾-浓硫酸溶液，以防止由于碳酸钙的分解而引起激烈发泡。

③ 油浴锅预热温度，当气温低时应高一些。铁丝笼应该有脚，使试管不与油浴锅底部接触。

④ 也可用磷酸代替油浴，但必须用玻璃器皿加热。

⑤ 发现在试管内溶液表面开始出沸腾或有气泡时才开始计算时间，尽量计时准确。

⑥ 在滴定时样品消煮液消耗硫酸亚铁溶液量小于空白用量的三分之一时，有氧化不完全的可能，应弃去重做。

### 10.5.5 复习思考题

1．为什么重铬酸钾溶液需要用移液管准确加入？而浓硫酸则可用量筒量取？

2．以邻啡罗啉为指示剂，用硫酸亚铁溶液滴定样品消煮液过程中，溶液颜色是怎样变化的？并说明颜色变化的原因？

3．如果提高消煮的温度或延长消煮时间对测定结果分别有什么影响？

## 10.6 土壤酸碱度的测定

### 10.6.1 目的要求

土壤酸碱度是土壤的重要化学性质之一。它直接影响到土壤胶体的带电性和解离度，对土壤养分的存在状态、转化和有效性及土壤中的生物化学过程（包括酶活性、微生物与植物生长）都有巨大的影响。同时土壤的酸度还反映了母质风化和土壤形成过程的特征。因此，测定土壤的酸碱度是研究土壤发生发展及其肥力状况的重要项目之一，对合理布局作物、土类的划分以及土壤合理利用与改良等都有十分重要意义。

土壤酸碱度的测定方法有电位法和比色法两种，电位法的精度高，比色法快速简便。

### 10.6.2 测定方法

1. 电位法

（1）仪器与试剂。天平（感量0.1g），玻棒、50ml烧杯，洗瓶，25型酸度计（附玻璃电极和甘汞电极），排气蒸馏水等。

标准缓冲液配制：

① pH4.01。称取105℃烘干的苯二钾酸氢钾（$KHC_3H_4O_4$，分析纯）10.21g，用馏水定容至1L，即为pH4.01，浓度0.05mol/L的苯二钾酸氢钾溶液。

② pH6.87。称取在120℃烘干的磷酸二氢钾（$KH_2PO_4$，分析纯）3.39g和无水磷酸氢二钠（$Na_2HPO_4$，分析纯）3.53g，溶于蒸馏水中，定容至1L。

③ pH9.18标准缓冲液。称3.80g硼砂（$Na_2B_4O_7 \cdot 10H_2O$，分析纯）溶于无$CO_2$的蒸馏水中，定容至1000ml，此溶液的pH容易变化，应注意保存。

④ lmol/L氯化钾溶液。称取化学纯氯化钾（KCl）74.6g，溶于400ml蒸馏水中，用10%氢氧化钾和盐酸调节pH至5.5～6.0之间，然后稀释至1000ml。

（2）实验原理。用无$CO_2$的蒸馏水提取出土壤中水溶性的氢离子，用$H^+$敏感电极（常用玻璃电极）作指示电极与饱和甘汞电极（参比电极）配对，插入待测液，构成一个测量电池。其该电池的电动势 E 随溶液中 $H^+$或 $OH^-$浓度而变化，二者的关系符合伦斯特方程：

$$Eh = E^0 + \frac{0.059}{n}\log\frac{(\text{氧化态})}{(\text{还原态})} - 0.059\text{pH}$$

上式的意义：每当$[H^+]$改变十倍，电动势就改变 59mv（25℃），$[H^+]$上升。电动势也上升，若将$[H^+]$改用 pH 表示，则每上长一个 pH 单位，电动势下降 59mV（25℃）；每上升 0.1 个 pH 单位则电动势下降 5.9mV（25℃）。

酸度计算时根据上述原理设计的，可以直接从仪器上读出 pH 值。由于上列方程与温度有关，测量时注意调节温度补偿旋钮。

（3）实验步骤。称取通过 lmm 筛孔的风干土样 25g 于 50ml 干燥烧杯中，以 l：1 比例加入无 $CO_2$ 蒸馏水 25ml，间歇地搅拌或振荡 30min，放置平衡半小时后用 pH 计测定之。本次实验用 25 型酸度计测定，其用法如下：

① 接通电源，预热 25min。

② 将玻璃电极和甘汞电极插入已知 pH 值的标准缓冲液中（酸性土壤用 pH4.01，中性土壤用 pH6.87，石灰性土壤用 pH9.18 的缓冲液），轻轻摇动，使之均匀。

③ 将温度补偿器调节至与杯内缓冲液同一温度。

④ 将选择开关旋钮至 pH 处，将范围开关旋钮 0～7 位置，或 7～14 位置（根据土壤酸碱度小于或大于 7 而定），读电表的相应刻度。

⑤ 旋转零点调节器，使电表指针在 pH7 处。

⑥ 按下读数按钮，并稍微转动，使其固定在按下的位置。旋转定位调节器，使电表读数恰为所用标准缓冲液的 pH 值。

⑦ 放开读数按钮，电表指针应恢复在 7 处，否则应重复⑤、⑥、⑦三步骤，直至指针分别与缓冲液 pH 值及⑦符合为止。此后在测定过程中，应把定位调节器固定起来不再变动。

⑧ 取出电极，用蒸馏水分充分冲洗后，再用滤纸轻轻吸去水分，然后把电极插入泥浆或溶液中，轻轻摇动烧杯使泥浆和电极密切相接。这时务须加倍注意，稍疏忽即会将玻璃电极碰坏。

⑨ 未知液温度应与缓冲液相同，如不同，则将温度补偿器改指在未知液的温度处。

⑩ 让电极和泥浆或溶液接触 2、3min 后，按下读数钮（注意未按下前指针在 7 处，否则用零点调节器调至 7 处），这时电表所指读数即系未知溶液的 pH 范围以外，应转换范围开关的位置（例如从 7～14，或从 0～7 处转后再进行测定）。

⑪ 将稳定的 pH 计读数按钮放开，立即用蒸馏水充分冲洗电极，以免污染，pH 计不用时，可把电源关闭，把玻璃电极浸在蒸馏水中，把甘汞电极用橡皮套套好，如发现甘汞电极内无 KCl 结晶时，应从侧口投入若干 KCl 结晶体，以保持电极内 KCl 溶液的饱和状态，如须搬动 pH 计则应将 pH 计的范围开关钮至 0 处，以保护电表。

（4）注意事项：

① 玻璃电极在使用前，必须进行“活化”，可用0.1mol/LHCI浸泡12～24h或用蒸馏水浸泡24h。使用一定时间后，电极应校正（方法是用两个标准缓冲液，一个作定位，另一个作测定，测定值与理论值相差在允许范围内为正常，即pH相差小于0.1～0.2之内，若超过范围，则应作处理）。暂时不用的电极，应浸泡在蒸馏水中，若长期不用，应存放在盒中。

② 饱和甘汞电极使用前，应取下橡皮套，内充溶液应见KCl晶粒，无气泡，液面应接甘汞电极，不足时，应补充。暂时不用的电极应浸泡在饱和KCI溶液中，长期不用，应将橡皮塞、胶套上好，保存在盒内。

2. 简易比色法

（1）实验原理。利用指示剂在不同pH溶液中，可显示不同颜色的特性色与标准酸碱比色卡进行比色，即可确定土壤溶液的pH。表10-4为土壤酸碱度与试剂显色对照表。

（2）仪器与试剂。比色盘、标准比色卡、骨匙等。

① 混合指示剂一。称取溴甲酚绿0.2g，溴甲酚紫0.1g，甲基红0.2g放入乳钵中加入0.1mol的氢氧化钠（0.1 mol/L NaOH，即称4gNaOH溶于1000ml水中）1～2ml及蒸馏水2ml，研磨均匀，用水稀释至1升，然后用0.1 mol/L NaOH或0.1 mol/L HCl调节溶液呈灰兰绿色（pH约7左右）。

② 混合指示剂二。称取麝香草酚兰0.025g，溴麝香草酚蓝0.4g，甲基红0.066g，酚酞0.25g共溶于500ml 95%的酒精中，加等量蒸馏水，用0.1 mol/LNaOH滴至草绿色。

表10-4 土壤酸碱度与试剂显色对照表

| pH值 | | 3 | 4 | 5 | 6 | 7 | 8 | 9 |
|---|---|---|---|---|---|---|---|---|
| 显色 | 试剂一 | 黄 | 黄绿 | 浅绿 | 油绿 | 灰兰色 | 兰 | 兰紫 |
| | 试剂二 | | 红 | 橙 | 黄 | 草绿 | 兰绿 | 兰 |

（3）实验步骤　取混合指示剂5滴，放入清洁的比色盘孔中，加入待测土粒约黄豆大，用手轻轻摇动比色盘，使土粒与指示剂充分接触，静置1～2min后，倾斜比色盘，当盘孔边缘试剂显示颜色时，记下相当的pH值。

### 10.6.3 复习思考题

1. 测定土壤酸碱度的意义是什么？

2. 用电位法测定土壤酸碱度时，以蒸馏水和氯化钾作浸提剂分别测得的土壤酸碱度有什么不同？

# 10.7　水培营养液的配制

## 10.7.1　目的要求

通过实验，使学生掌握水培营养液的配制技术。

## 10.7.2　仪器用具

1. 仪器设备

天平（感量 0.01g，感量 0.1g）、台秤、铁锹、筐、烧杯（100mL、200mL）、容量瓶（1 000 mL）、贮液瓶（1 000mL，棕色）、贮液池（桶）

2. 试剂

以日本园试通用配方为例，准备下列大量元素和微量元素化合物。

（1）大量元素化合物　硝酸钙［$Ca(NO_3)_2\cdot 4H_2O$，化学纯］、硝酸钾（$KNO_3$）、磷酸二氢铵（$NH_4H_2PO_4$）、硫酸镁（$MgSO_4\cdot 7H_2O$）。

（2）微量元素化合物　乙二胺四乙酸二钠铁（$Na_2Fe$-EDTA）、硼酸（$H_3BO_3$）、硫酸锰（$MnSO_4\cdot 4H_2O$）、硫酸锌（$ZnSO_4\cdot 7H_2O$）、硫酸铜（$CuSO_4\cdot 5H_2O$）、钼酸铵［$(NH_4)_6Mo_7O_{24}\cdot 4H_2O$］。

## 10.7.3　方法原理

营养液：将含有植物生长发育所必需的各种营养元素的化合物和少量的为使某些营养元素的有效性更为长久的辅助材料，按一定的数量和比例溶解于水中所配制而成的溶液。营养液中必须含有植物生长发育所必需的全部营养元素，在水培中营养液是唯一的营养来源。现已明确的高等植物必需的 16 种营养元素中，除了碳、氢和氧外，其余的 13 种营养元素均由营养液来提供。营养液中的各种化合物都必须以植物可以吸收的形态存在，并且在植物生长发育过程中，能在营养液中较长时间地保持其有效性；各种营养元素的数量和比例应符合植物正常生长发育的要求，各种化合物组成的总盐分浓度及其酸碱度应适宜植物正常生长发育的要求。

营养液浓度：指在一定重量或一定体积的营养液中，所含有的营养元素或其化合物的量。其表示方法很多，有化合物重量/升（g/L 或 mg/L）表示法，即每升（L）营养液中含有某种化合物的重量；元素重量/升（g/L 或 mg/L）表示法，即每升营养液中含有某种营养元素的重量；摩尔/升（mol/L）表示法，即每升营养液含有某物质的摩尔数。此外，还有渗透压、电导率等间接表示法。

在一定体积的营养液中，规定含有各种必需营养元素盐类的数量称为营养配方。目前营养液配方有几百例。可根据配制目的确定一种配方，并适当加以调整，一般微量元素用量可采用较为通用的配方，先配制成母液，使用时再稀释成工作营养液。

## 10.7.4 操作步骤

### 1. 营养液配方的选用

营养液配方很多，表10-5是几个营养液配方举例，表10-6为营养液微量营养元素用量。本实验实训以日本园试配方为例。

表 10-5 营养液配方示例表

| 营养液配方名称及适用对象 | 盐类化合物（mg/L） | | | | | | | 元素含量（mmol/L） | | | | | | | 备注 |
|---|---|---|---|---|---|---|---|---|---|---|---|---|---|---|---|
| | 四水硝酸钙 | 硝酸钾 | 硝酸铵 | 磷酸二氢钾 | 磷酸二氢铵 | 硫酸钾 | 七水硫酸镁 | $NH_4$ | $NO_3$ | P | K | Ca | Mg | S | |
| 日本园试配方（通用） | 945 | 809 | | | 153 | | 493 | 1.33 | 16.0 | 1.33 | 8.0 | 4.0 | 2.0 | 2.0 | 用1/2剂量 |
| 山东大学（番茄、辣椒） | 910 | 238 | | 250 | | | 500 | | 10.11 | 1.75 | 4.11 | 3.85 | 2.03 | 2.03 | 本省可行 |
| 华南农业大学（叶菜） | 472 | 267 | | 100 | | 116 | 264 | 0.67 | 7.33 | 0.74 | 4.74 | 2.0 | 1.0 | 1.67 | 可通用 pH 6.4～7.2 |

表 10-6 营养液微量元素用量（各配方通用）

| 化合物名称 | 营养液含化合物（mg/L） | 营养液含元素（mg/L） |
|---|---|---|
| $Na_2Fe$-EDTA(含 Fe14.0%) | 20～40* | 2.8～5.6 |
| $H_3BO_3$ | 2.86 | 0.5 |
| $MnSO_4 \cdot 4H_2O$ | 2.13 | 0.5 |
| $ZnSO_4 \cdot 7H_2O$ | 0.22 | 0.05 |
| $CuSO_4 \cdot 5H_2O$ | 0.08 | 0.02 |
| $(NH4)_6Mo_7O_{24} \cdot 4H_2O$ | 0.02 | 0.01 |

* 易缺铁的植物选用高用量。

2. 母液配制

（1）母液的种类。母液分为 A、B、C 三种。

A 母液：以钙盐为中心，凡不与钙作用而产生沉淀的化合物可放置在一起溶解。一般包括 $Ca(NO_3)_2 \cdot 4H_2O$ 和 $KNO_3$。浓缩 120～200 倍。

B 母液：以磷酸盐为中心，凡不与磷酸根产生沉淀的化合物都可放置在一起溶解。一般包括 $NH_4H_2PO_4$ 和 $MgSO_4 \cdot 7H_2O$。浓缩 100～200 倍。

C 母液：由铁和微量元素合在一起配制而成。浓缩 1000～3 000 倍

（2）母液化合物用量计算。按日本园试配方，A、B、C 三种母液各配制 1000mL，其中 A、B 母液均浓缩 200 倍，C 母液浓缩 1000 倍。经计算各化合物用量为：

A 母液：$Ca(NO_3)_2 \cdot 4H_2O$ 189.00g，$KNO_3$ 161.80g。

B 母液：$NH_4H_2PO_4$ 30.60g，$MgSO_4 \cdot 7H_2O$ 98.60g。

C 母液：$Na_2Fe$-EDTA 20.0g，$H_3BO_3$ 2.86g，$MnSO_4 \cdot 4H_2O$ 2.13g，$ZnSO_4 \cdot 7H_2O$ 0.22g，$CuSO4 \cdot 5H_2O$ 0.089，$(NH_4)_6Mo_7O_{24} \cdot 4H_2O$ 0.02g。

（3）母液的配制。按上述计算结果，依据 A、B、C 母液种类，准确称取各种化合物用量，分别溶解，各定容至 1000，然后装入棕色瓶，并贴上标签，注明 A、B、C 母液。

配制时，肥料一种一种地加入，必须充分搅拌，且要等前一种肥料充分溶解后，再加下一种肥料，待全部肥料溶解后，加水至所需配制的体积。

3. 工作营养液的配制

用上述母液配制 50L 的工作营养液。

（1）在贮液池内先加入相当于预配工作营养液体积 40%的水，即 20L，再量取 A 母液 0.25L，倒入其中。

（2）量取 B 母液 0.25L，慢慢倒入其中，并不断加水稀释，至达到总水量的 80%为止。

（3）量取 C 母液 0.05L，加入其中，然后加水至 50L，并不断搅拌。

### 10.7.5 复习思考题

如果选用山东大学（番茄、辣椒）配方，将如何配制？

## 10.8 土壤全氮量的测定（半微量开氏法）

### 10.8.1 目的要求

土壤全氮量是评价土壤肥力的重要指标。通过实验要求掌握半微量开氏法测定土壤全

氮量的基本原理和操作技能。

## 10.8.2 仪器试剂

1. 仪器

分析天平（感量为 0.0001g）、通风橱、变温电炉、半微量定氮蒸馏器、半微量滴定管、三角瓶（150ml）、硬质开氏烧瓶（50m1）、扩散皿、移液管。

2. 试剂

（1）浓硫酸 比重 1.84 化学纯。

（2）0.lmol/LHCI 标准溶液。取比重 1.19 的浓盐酸（分析纯）约 8.4ml，用无离子水稀释 1000ml，用硼砂或标准碱标定其准确浓度，用时稀释 10 倍。

（3）10mol/LNaOH 溶液。称取工业用或三级固体氢氧化钠 400g，加水溶解并不断搅拌，再稀释至 1000ml，贮于塑料瓶中备用。

（4）混合指示剂。称取 0.099g 的溴甲酚绿和 0.066g 甲基红，溶解于 100mL 95%的乙醇中。

（5）2%硼酸—指示剂溶液。称取化学纯硼酸 20g，用热蒸馏水（60℃）溶解，冷却后稀释至 1000ml。使用前每升硼酸溶液中加 20ml 混合指示剂，并用稀碱调节至红紫色（pH 值约 4.5）。此液放置时间不宜过长，如在使用过程中 pH 值有变化，需随时用稀酸或稀碱调节。

（6）加速剂。称取硫酸钾（化学纯）1.00g、五水硫酸桐（化学纯）10g、硒粉 1g 于研钵中研细，必须充分混合均匀。

（7）5%高锰酸钾溶液。称取 25g（化学纯）高锰酸钾溶于 500m1 蒸馏水中，贮于棕色瓶中。

（8）1∶1 硫酸。

（9）还原铁粉。磨细通过孔径 0.15mm 筛（100 目）。

（10）辛醇。

## 10.8.3 方法原理

土壤中的含氮有机化合物在加速剂的参与下，用浓硫酸消煮分解，各种含氮有机化合物均转化为氨，并与硫酸结合生成硫酸铵，然后加浓碱使氨蒸馏出来并被硼酸吸收，再用标准酸滴定被吸收的氨，根据标准酸用量，可求出土壤全氮的含量。其主要反应式如下：

$$CH_2NH_2COOH + 2H_2SO_4 == NH_3 + CO_2\uparrow + 2SO_2\uparrow + 3H_2O$$

$$2NH_3 + H_2SO_4 == (NH_4)_2SO_4$$

$$(NH_4)_2SO_4 + 2NaOH == Na_2SO_4 + 2H_2O + 2NH_3\uparrow$$

$$NH_3 + H_2BO_3 == H_2BO_3 \cdot NH_3 \uparrow$$
$$H_2BO_3 \cdot NH_3 + HCl == H_2BO_3 + NH_4Cl$$

加速剂中的 $K_2SO_4$ 在消煮过程中起提高硫酸沸点的作用；$CuSO_4$ 和 Se 粉为催化剂。硒粉是一种高效催化剂，但硒是有毒元素，使用中注意不宜过多，尽量不接触人体。

### 10.8.4 操作步骤

1. 土样消煮

（1）不包括硝态氮和亚硝态氮的消煮。称取通过 0.25mm 筛的风干土样约 1.0000g，送入 50ml 干燥的开氏瓶底部，加少量无离子水（约 0.5～1 ml）湿润土样后，加入 2g 加速剂和 5ml 浓硫酸，轻轻摇匀。开氏瓶上放一弯颈小漏斗，将开氏瓶置于通风橱内 300W 变温电炉上，用小火加热，待瓶内反应缓和时（约 10～15min），加强火力使消煮液保持微沸。消煮的温度以硫酸蒸气在瓶颈上部 1/3 处冷凝回流为宜。待消煮液和土粒全部变为灰白稍带绿色后，再继续消煮 1h。消煮完毕，冷却，待蒸馏。

（2）包括硝态氮和亚硝态氮的消煮　称取通过 0.25mm 筛的风干土样约 1.0000g，送入 50ml 干燥的开氏瓶底部，加入 1ml 5%高锰酸钾溶液，摇动开氏瓶，缓缓加入 2ml 1∶1 硫酸，轻轻摇动开氏瓶，放置 5min，再加入 1 滴辛醇。通过长颈漏斗将 0.5g（±0.01g）还原铁粉送入开氏瓶底部，瓶口放一小漏斗，转动开氏瓶使硫酸与铁粉接触，待剧烈反应停止时（约 5min），将开氏瓶置于电炉上缓缓加热 45min（瓶内土液保持微沸，以不引起大量水分丢失为宜）。停火，待开氏瓶冷后，通过长颈漏斗加 2g 加速剂和 5ml 浓硫酸，摇匀。按上述步骤进行消煮，待土液全部变为黄绿色后，再继续消煮 1h，消煮完毕，冷却待蒸馏。

同时作空白测定。

2. 氮的蒸馏

（1）蒸馏前先检查蒸馏装置是否漏气，并通过水的蒸馏将管道洗干净。

（2）待消煮液冷却后，用少量无离子水将消煮液完全无损地转移到半微量蒸馏器的蒸馏室中，并用水洗涤开氏瓶 4～5 次（总用水量不得超过 30～35ml）。

（3）于 150ml 三角瓶中，加入 5ml 2%硼酸—指示剂混合液，将锥形瓶置于冷凝管末端，管口距硼酸液面 3～4cm。打开冷凝水，然后向蒸馏室内缓缓加入 20ml 10mol/L NaOH 溶液，通入蒸气蒸馏。待馏出液体积约 50ml 时（蒸榴 15min 左右），即蒸馏完毕。用少量无离子水冲洗冷凝管末端。

（4）用 0.01mol/L HCI 标准溶液滴定馏出液，馏出液由蓝绿色至刚变为红紫色即为终点。记录所用盐酸标准溶液的体积（ml）。

空白测定滴定用酸的标准溶液的体积，一般不得超过 0.4ml。

### 10.8.5 结果计算

$$土壤全氮(\%)=\frac{(V-V_0)\times C_{HCl}\times 0.014}{m}\times 100$$

式中：$V$——滴定待测液所用盐酸标准液的体积，ml；

$V_0$——滴定空白液所用盐酸标准溶液的体积，ml；

$C_{HCl}$——盐酸标准溶液的浓度，mol/L;

0.014——氮原子的毫摩尔质量，g；

$m$——烘干土样质量，g。

### 10.8.6 注意事项

（1）该方法为国家标准局批准的土壤全氮量测定的国家标准方法。

（2）平行测定的结果用算术平均值表示，保留小数点后三位。

平行测定结果的相差：土壤全氮量＞0.1%时，不得超过 0.005%；全氮量 0.1～0.06%时，不得超过 0.004%；全氮量＜0.06%时，不得超过 0.003%。

（3）消煮温度对测定结果有直接影响。消煮温度应控制在 360～410℃，若低于 360℃则消煮不完全，使结果偏低；温度高于 410℃则会造成氮素的损失。

消煮时硫酸蒸气在瓶内回流程度以高达瓶颈的 1/3 为宜，否则表示加热温度过高或过低。

（4）蒸馏时必须冷凝充分，冷凝管末端不能发热，否则会引起氨的挥发损失。

（5）混合指示剂最好在使用时与硼酸溶液混合，如果混合过久可能出现终点不明显的现象。

（6）在消煮过程中应经常转动开氏瓶，使喷溅在瓶壁上的土粒及早回流到酸液中去，特别是黏重土壤，飞溅现象严重，更应注意.

（7）工业用氢氧化钠常含有碳酸钠，新配制的 l0mol/L 的 NaOH 溶液不应马上使用，需放置一天，杂质下沉后再用，否则使用时可能产生猛烈气泡。

## 10.9 土壤碱解氮含量的测定

### 10.9.1 目的要求

土壤碱解氮的含量可以反映出近期内土壤中氮素的供应状况，对合理施用氮肥具有一定的指导意义。通过实验要求学生理解碱解扩散法测定土壤速效氮的原理，掌握其测定方法。

## 10.9.2 仪器试剂

1. 仪器用具

天平（感量0.01g）、半微量滴定管（5ml）、恒温箱、扩散皿、玻璃棒、橡皮筋、供试土样。

2. 试剂

（1）lmol/L氢氧化钠溶液 称40.0g氢氧化钠（NaOH，化学纯）溶于蒸馏水中，冷却后稀释至1L。

（2）2%硼酸—指示剂溶液。见土壤全氮量的测定。

（3）0.lmol/LHCI标准溶液。取比重1.19的浓盐酸（分析纯）约8.4ml，用无离子水稀释1000ml，用硼砂或标准碱标定其准确浓度，用时稀释10倍。

（4）碱性胶液。40g阿拉伯胶和50ml水在烧杯中，温热至70～80℃，搅拌促溶，约冷却1h后，加入20ml甘油和20ml饱和$K_2CO_3$水溶液，搅匀，放冷。离心除去泡沫和不溶物，将清液贮于玻璃瓶中备用。

（5）硫酸亚铁粉末。将硫酸亚铁（$FeSO_4{\cdot}7H_2O$，化学纯）磨细，装入密闭瓶中，存于阴凉处。

## 10.9.3 方法原理

土壤样品在碱性条件和硫酸亚铁存在下进行水解还原，使易水解态氮和硝酸态氮转化为氨，并扩散逸出，被硼酸溶液所吸收。硼酸溶液中所吸收的氨，用标准酸溶液滴定，由此计算碱解氮的含量。

## 10.9.4 操作步骤

（1）称样。称取风干土（过1mm筛）2.00g，置于扩散皿（如图10-5所示）外室，加入0.2g硫酸亚铁粉末于外室，轻轻地旋转扩散皿，使土壤试样均匀地铺平。

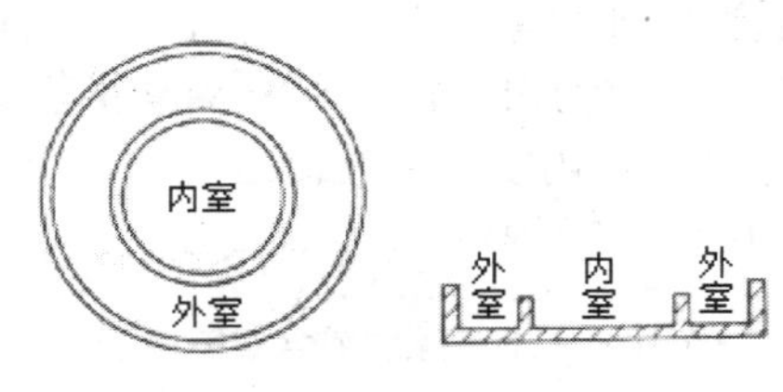


图10-5 扩散皿示意图

（2）样品处理。在扩散皿内室加2ml2%硼酸—指示剂溶液，然后在扩散皿外室边缘涂上碱性胶液，盖上毛玻片并旋转数次，使扩散皿外室边缘与毛玻片完全黏合。慢慢转开毛玻片一边，使扩散皿外室露出一条狭缝，迅速加入 lmol/L 氢氧化钠溶液 10.0ml，立即盖严，再用橡皮筋圈紧，使毛玻片固定，水平地轻轻旋转扩散皿使土壤与碱液充分混合。随后放入 40±1℃恒温箱中，碱解扩散 24±0.5h。

（3）滴定。从恒温箱中取出扩散皿，取下毛玻片，用 0.01mol 的盐酸标准溶液滴定内室吸收液中的 $NH_3$。溶液由蓝色突变为微红色为滴定终点。上述土样测定做 2 个平行。

在测定土壤样品的同时，必须做 2 个空白试验，取其平均值，校正试剂和滴定误差。空白试验不加土样，其余步骤与上述土样测定同步进行。

### 10.9.5 结果计算

$$\text{土壤碱解氮（mg/kg）} = \frac{(V-V_0)\times C\times 14}{W}\times 10^3$$

式中 $C$——盐酸标准溶液的浓度，mol/L；

$V$——样品测定时消耗盐酸标准溶液的体积，ml；

$V_0$——空白试验时消耗盐酸标准溶液的体积，ml；

14——氮的摩尔质量，g/mol；

$10^3$——换算为 mg/kg 的系数；

$W$——样品的烘干质量，g。

两次平行测定结果允许误差为 5mg/kg。

### 10.9.6 注意事项

1．扩散皿使用前必须彻底清洗。利用小毛刷去除残余后，冲洗，先后浸泡于软性清洁剂及盐酸中，然后以自来水充分冲洗，最后再用蒸馏水淋洗。

2．注意保持扩散皿水平，切不可将外室碱液倾入或溅入内室，由于碱性胶液的碱性很强，在涂胶液时必须特别细心，以防污染内室，否则会造成结果错误。

3．在 $NO_3^-$-N 还原为 $NH_4^+$-N 时，$FeSO_4$ 本身要消耗部分 NaOH，所以测定时所用 NaOH 溶液的浓度须提高或适当增加用量。例如，2g 土加 11.5ml NaOH 溶液。

4．滴定时要用小玻璃棒小心搅动内室，切不可摇动扩散皿。接近终点时，用玻璃棒在滴定管尖端蘸取酸标准液后再搅拌内室，以防滴过终点。

土壤碱解氮含量等级参考指标见表 10-7

表 10-7 土壤碱解氮含量等级表

| 等 级 | 丰 富 | 中 等 | 缺 |
| --- | --- | --- | --- |
| 有效氮的含量（mg/kg） | ＞100 | 45～100 | ＜45 |

### 10.9.7　复习思考题

1．碱解扩散法测定的土壤速效氮包括哪些形态的氮？
2．碱解扩散法测定不同土壤速效氮含量时，所用碱的浓度有何不同？为什么？
3．碱解扩散法在操作过程中应注意哪些问题？

## 10.10　土壤速效磷的测定

### 10.10.1　目的要求

土壤速效磷也称土壤有效磷，包括水溶性磷和弱酸溶性磷，其含量是判断土壤供磷能力的一项重要指标。

通过实验要求掌握 0.5mol/L $NaHCO_3$ 浸提—钼锑抗比色法的基本原理和操作技能，并能运用测定结果判断土壤供磷水平，为合理施肥提供依据。

### 10.10.2　仪器试剂

1. 仪器

天平（感量 0.01g）、往复式振荡机、分光光度计、pH 计、三角瓶（250ml 及配套瓶塞）、牛角勺、移液管（100ml），刻度移液管（25ml、l0ml、5ml）、漏斗、容量瓶（50ml），供试土样、方格坐标纸、无磷滤纸。

2. 试剂

（1）0.5mol/L 碳酸氢钠浸提剂。称取 42. 0g 碳酸氢钠（$NaHCO_3$，分析纯）溶于约 800ml 水中，稀释至约 990ml，用 4.0mol/L 氢氧化钠溶液调节 pH 至 8.5（用 pH 计测定）。最后稀释到 1L，保存于塑料瓶中，但保存不宜过久。

（2）无磷活性炭粉。将活性炭粉先用 1∶1HCl（V/V）浸泡过夜，然后在平板漏斗上抽气过滤。用蒸馏水洗到无 $Cl^-$为止。再用碳酸氢钠溶液浸泡过夜，在平板漏斗上抽气过滤，用蒸馏水洗去 $NaHCO_3$，最后检查到无磷为止，烘干备用。

（3）钼锑贮存溶液。浓硫酸（$H_2SO_4$，分析纯）153ml 缓慢转入约 400ml 蒸馏水中，同时搅拌。放置冷却。另外称取 10g 钼酸铵［$(NH_4)_6MoO_{24}\cdot 4H_2O$，分析纯］溶于约 60℃的 300ml 蒸馏水中，冷却。将配好的硫酸溶液缓缓倒入钼酸铵溶液中，同时搅拌。随后加入酒石酸锑钾[$\rho(KSbOC_4H_4O_6\cdot 1/2H_2O)$=5g/L，分析纯]溶液 100ml，最后用蒸馏水稀释至 1 000ml。避光贮存。

（4）钼锑抗显色溶液。称取 1.50g 抗坏血酸（$C_6H_8O_6$，左旋，旋光度＋21°～＋22°，分析纯）加入到 100ml 钼锑贮存溶液中。此溶液须随配随用，有效期 24h。

（5）磷标准贮存溶液。0.4390 g 磷酸二氢钾（$KH_2PO_4$，分析纯，105℃烘 2h）溶于 200ml 水中，加入 5ml 浓硫酸，转入 1000ml 容量瓶中，用水定容。此溶液可以长期保存。

（6）磷标准溶液[ρ(P)= 5mg/L]。取磷标准贮存溶液准确稀释 20 倍，即为磷标准溶液[ρ(P)=5mg/L]。此溶液不宜久存。

### 10.10.3 方法原理

用 $NaHCO_3$ 溶液（pH8.5）提取土壤速效磷，在石灰性土壤中提取溶液中的 $HCO_3^-$ 可以和土壤溶液中的 $Ca^{2+}$ 形成 $CaCO_3$ 沉淀，从而降低了 $Ca^{2+}$ 的活度，而相应的提高了磷酸钙的溶解度，由于浸提剂的 pH 较高，抑制了 Fe 和 Al 的活性，有利于磷酸铁和磷酸铝的提取。另外，在溶液中存在着 $OH^-$、$HCO_3^-$ 、$CO_3^-$ 等阴离子，也有利于吸附态磷的置换。浸出液中的磷，在一定的酸度条件下，用钼锑抗显色溶液还原显色成磷钼蓝，蓝色的深浅在一定浓度范围内与磷的含量成正比，因此，可用比色法测定其含量。

应用不同的测定方法在同一土壤上可以得到不同的速效磷含量。因此，应用土壤速效磷测定结果时，要特别注意其所采用的测定方法。

### 10.10.4 操作步骤

（1）待测液的制备。称取过 1mm 筛孔的风干土样 5.00g，置于 250ml 三角瓶中，加入一小匙无磷活性炭粉，准确加入 0.5mol/L 碳酸氢钠浸提剂 100ml，塞紧瓶塞，在 20～25℃温度下振荡 30min，取出后用干燥漏斗和无磷滤纸过滤于三角瓶中。同时做空白试验。

（2）定容显色。准确吸取滤液 10ml（含磷高时，可改吸为 2ml 或 5ml，但必须用 0.5mol/L 碳酸氢钠浸提剂补足 10ml），放入 50ml 容量瓶中，加钼锑抗显色溶液 5ml，充分摇动，赶净气泡后，加水定容，摇匀。在室温高于 15℃的条件下放置 30min 显色。

（3）比色。在分光光度计上在波长 660nm（光电比色计用红色滤光片）条件下比色，以空白试验溶液为参比液调零点，读取吸收值，在工作曲线上查出显色液的 Pmg/L 数。颜色在 8h 内可保持稳定。

（4）工作曲线的绘制。分别吸取磷标准溶液 0、1.0、2.0、3.0、4.0、5.0、6.0ml 放于 50ml 容量瓶中，加入与试样测定吸取浸出液量等体积的碳酸氢钠浸提剂和钼锑抗显色溶液 5ml，摇匀，用水定容。即得 0、0.1、0.2、0.3、0.4、0.5、0.6mg/L 磷标准系列溶液，在室温高于 15℃的条件下放置 30min 显色。与待测液同样进行比色，分别读取吸收值。在方格坐标纸上以 Pmg/L 数为横坐标，读取的吸收值为纵坐标，绘制成工作曲线。

### 10.10.5　结果计算

$$\text{土壤速效磷（P，mg/kg）}=\frac{\text{显色液P含量}\times\text{显色液体积}\times\text{分取倍数}}{\text{烘干土质量}}$$

式中：显色液 P 含量——从工作曲线查得显色液中磷（P）的浓度， mg/L；
显色液体积——本实验为 50ml；
分取倍数——浸提液总体积（ml）/吸取浸出液体积（本操作为 100ml/10ml＝10）。

### 10.10.6　注意事项

（1）浸提温度对测定结果有影响，因此必须严格控制浸提时的温度条件在 20～25℃。

（2）浸提过滤后浸出液尚有颜色，将干扰比色结果。原因是活性炭粉用量不足，特别是对有机质含量较高的土壤，应特别注意活性炭粉的用量。

（3）测定时吸取的浸出溶液体积应根据土壤速效磷的含量范围而定，土壤速效磷在 30～60mg/kg 之间者，吸 5ml；在 60～150mg/kg 之间者，改吸 2ml，并用碳酸氢钠浸提剂补足至 10ml。

（4）加入钼锑抗显色溶液量要基本准确，加入后必须充分摇动以赶净 $CO_2$，否则由于气泡的存在会影响比色结果。

0.5mol/L 碳酸氢钠浸提土壤速效磷含量等级参考指标见表 10-8。

**表 10-8　土壤速效磷含量等级表**

| 土壤供磷水平 | 低 | 中 等 | 高 |
| --- | --- | --- | --- |
| 土壤速效磷（mg/kg） | ＜10 | 10～20 | ＞20 |

### 10.10.7　复习思考题

1．根据实验结果判定土壤磷素丰缺水平。
2．用本方法测定土壤速效磷在操作过程中要注意什么？
3．为什么在报告土壤速效磷的测定结果时，必须同时说明所采用的测定方法？

## 10.11　土壤速效钾的测定

### 10.11.1　目的要求

土壤速效钾包括土壤溶液中的钾和土壤胶体表面吸附的交换性钾。它易被植物吸收利用，尤其对当季作物而言，速效钾和作物吸钾量之间往往有比较好的相关性，可以反映土壤供钾水平。因此，测定土壤速效钾的含量，可为合理分配和施用钾肥提供理论依据。

通过实验，使学生理解土壤速效钾测定的原理，掌握其测定方法。

## 10.11.2 测定方法

有火焰光度计和四苯硼钠比浊法测定。不同测定方法其所得速效钾含量的结果是不一样的。

1. 醋酸铵浸提—火焰光度计法

（1）仪器试剂

仪器：天平（感量 0.01g），往复式振荡机、火焰光度计、三角瓶（150ml，100ml 及配套瓶塞）、牛角勺、移液管（50ml）、漏斗、容量瓶（100ml）、方格坐标纸、滤纸、供试土样。

试剂配制：

① 1.0mol/L 醋酸铵溶液。称取 77. 08g 醋酸铵（$CH_3COONH_4$，化学纯）溶于近 1L 水中，用稀 $CH_3COOH$ 或稀氨水调至 pH7.0，然后定容至 1 000ml。

② 100mg/L 钾标准溶液　称取 0. 1907g 氯化钾（KCl，分析纯，在 110℃条件下烘 2h）溶于 1.0mol/L 醋酸铵溶液中，定容至 1L，即为钾标准溶液。

③ 钾标准系列溶液。吸取 100mg/L 钾标准溶液 0、2、5、10、20、40ml，分别放入 100ml 容量瓶中，用 1.0mol/L 醋酸铵溶液定容，即得 0 、2 、5 、10 、20 、40mg/kg 的钾标准系列溶液。

（2）方法原理。当中性醋酸铵溶液与土壤样品混合后，溶液中的 $NH_4^+$与土壤颗粒表面的 $K^+$进行交换，取代下来的 $K^+$和水溶性 $K^+$ 一起进入溶液。提取液中的 $K^+$ 可直接用火焰光度计测定。火焰光度法的原理是当样品溶液喷成雾状，以气—液溶胶形式进入火焰后，即有特定波长的光发射出来，成为被测元素的特征之一，用单色器或干涉滤光片把元素所发射的特定波长的光从其余辐射中分离出来，直接照射到光电池或光电管上，把光能变为光电流，再由检流计量出电流的强度。用火焰光度法进行定量分析时，若激发的条件保持一定，则光电流的强度与被测元素的浓度成正比，把测得的强度与一种标准或一系列标准溶液的强度比较，即可直接确定待测元素的浓度。

（3）操作步骤

① 待测液的制备。称取过 1mm 筛风干土样 5.00g，置于 150ml 三角瓶中，加入 1.0mol/L 醋酸铵溶液 50.0ml，用橡皮塞塞紧，在往复式振荡机上振荡 30min，振荡时最好恒温，但对温度要求不太严格，一般在 20～25℃即可。然后将悬浮液立即用干滤纸过滤，滤液承接于 100ml 三角瓶中。

② 火焰光度计检测。将滤液直接用火焰光度计测定钾。检测时以钾标准系列溶液中浓度最大的一个设定火焰光度计上检流计的满度（90～100），以 0mg/L 调仪器的零点，测

定滤液的检流计读数，并做好记录。

③ 工作曲线。绘制以钾标准系列溶液中浓度最大的一个定火焰光度计上检流计的满度（90～100），以 0mg/L 调仪器的零点。然后从稀到浓依次测定，记录检流计的读数。以溶液的钾浓度为横坐标，以检流计读数为纵坐标，绘制工作曲线。

（4）结果计算

$$\text{土壤速效钾，K（mg/kg）}=\text{测定液 K 含量值}\times\frac{\text{测定液体积}\times\text{分取倍数}}{\text{烘干土重}}$$

式中：测定液 K 含量值——从工作曲线上查得的测定液的 K 浓度，mg/L；

测定液体积——本例为 50ml；

分取倍数——原待测液总体积和吸取的待测液体积之比，以滤液直接测定时，此值为 1；

（5）注意事项

① 醋酸铵溶液必须是中性，加入醋酸铵溶液于土壤样品后，不宜放置过久，否则可能有一部分非交换态钾转入溶液中，使测定结果偏高。

② 浸出液和含醋酸铵的钾系列标准溶液不能放置太久，以免长霉影响测定结果。

③ 若浸出液中钾的浓度超过测定范围，应该用醋酸铵溶液稀释后再测定。

醋酸铵浸提—火焰光度计法测定土壤速效钾含量等级参考指标见表 10-9。

**表 10-9　土壤连效钾含量等级表（火焰光度法）**

| 土壤供钾水平 | 低 | 中　等 | 高 |
|---|---|---|---|
| 土壤速效钾（mg/kg） | ＜70 | 70～150 | ＞150 |

2. 四苯硼钠比浊法

四苯硼钠比浊法不能选用铵盐或碱性盐作为速效钾的提取剂，否则铵离子和有机质对测定有干扰。采用中性硝酸钠为提取剂，不仅能克服上述缺点，并具有较好的提取能力（仅次于醋酸铵）。此外，适用于各种土壤，即使对酸性土壤，只需加入固体碳酸钙使其呈中性便可测定，亦能使待测液中的活性铁、铝呈氢氧化物沉淀而加以消除。

本法适于含钾量少的速效钾测定。它比亚硝酸钴钠法优越，因四苯硼钾的溶解度极低，一般不受室温变化的影响，在不同季节的常温下均可进行测定，在每毫升 2～12μg 钾的范围内服从比耳定律。

（1）方法原理。四苯硼钠与待测液中的钾离子，在 pH8 的碱性介质中，形成溶解度很小的四苯硼钾微细颗粒，此微细颗粒在甘油保护剂存在下，呈悬浮状态，具有一定的稳定时间，反应式如下：

$$Na[B(C_6H_5)_4]+K^+\rightarrow K[B(C_6H_5)_4]+Na^+$$

铵离子与四苯硼钠作用也会生成白色的四苯硼铵沉淀。可在 pH8 的条件下，加入甲醛使铵离子形成六次甲基四胺而加以掩蔽。而钙、镁等离子（铁、铝离子在微酸性土壤中用碳酸钙固定）在碱性溶液中，为防止碳酸盐沉淀，则加入 EDTA（即乙二胺四乙酸）溶液消除干扰。

（2）仪器试剂

仪器：721 分光光度计、天平（感量 0.01g）、分析天平（0.000 1g）、振荡机、注射器（2m1）三角瓶（50ml）、容量瓶（50ml）。

试剂配制：

① 钾标准溶液。准确称取烘干的分析纯氯化钾 0.1907g，用蒸馏水溶解后，定容至 1000m1 容量瓶中，摇匀，即为 100mg/L 钾标准液。再用此溶液稀释配制成 10、20、30、40、50 和 60mg/L 等系列钾标准溶液。

② 10%硝酸钠。称取分析纯硝酸钠 100g 于烧杯中，加蒸馏水溶解后，定容至 1000ml 的容量瓶中，摇匀备用。

③ 3%四苯硼钠溶液。将 19.45ml0.2M 磷酸氢二钠与 0.55m10.1M 柠檬酸混合，即为 pH8 缓冲溶液。再称取 3g 四苯硼钠溶于缓冲溶液中，加蒸馏水稀释至 100ml，加热至 70℃，保持 1 分钟后过滤，放置过夜，贮于棕色瓶中备用。在暗处低温保存，数星期不会变质。

④ 甘油（分析纯）。

⑤ 甲醛—EDTA 混合掩蔽剂。称取 3gEDTA 二钠盐溶于 90ml 蒸馏水中，然后加 37%甲醛 l0ml，搅拌混合均匀备用。

⑥ 0.5%酚酞指示剂。称 0.5g 酚酞指示剂溶于 100ml 95%酒精中。

⑦ 固体碳酸钙（分析纯），以粉状为好。

⑧ 1%碳酸钠溶液。称取 1g 碳酸钠，用蒸馏水溶解后，定容至 l00ml。

⑨ 0.lmol/L 盐酸溶液。取 0.83ml 浓盐酸稀释至 100ml。

（3）操作步骤

① 称取通过 1mm 筛的风干土 5g 于 50m1 三角瓶中（若土壤为酸性土，应再加粉状碳酸钙 0.1g 左右，以固定铁、铝），再加 10%硝酸钠提取剂 15m1，用橡皮塞塞紧瓶口，在振荡机上振荡 20 分钟后过滤。

② 吸取滤液 5m1（或 1～5ml），含钾为 50～300μg，放入 25m1 容量瓶中（若待侧液不足 5m1 者，必须加 10%硝酸钠提取剂补足 5m1），再加 5 滴甲醛—EDTA 混合掩蔽剂，10 滴甘油和 1 滴酚酞指示剂，摇匀混合。如果无色，则滴加 1%碳酸钠调至微红色，再滴加 0.1mol/L 盐酸调至无色，反之，如显红色，则应加 0.1mol/L 盐酸调至无色。

③ 用带有针头的注射器吸取 pH8 的四苯翻钠沉淀剂 lml，快速有力地注入盛待测液的 25m1 容量瓶中，使四苯翻钾呈极细的粒子。放置 5～10 分钟，加蒸馏水定容至刻度，摇匀。立即用 721 分光光度计，选用波长 420 及 1cm 比色杯在 30 分钟内比浊完毕，同时作空白试验。

④ 钾标准曲线的绘制分别吸取标准钾溶液 10、20、30、40、50、60mg/kg 5ml 于 25ml 容量瓶中，此系列溶液钾的浓度分别为 2、4、6、8、10、12 mg/kg 。按以上操作步骤同样处理，最后进行比浊。以透光率为纵坐标，钾 mg/kg 数为横坐标，在方格纸上绘成标准曲线。根据待测液的透光率，即可从标准曲线中查得相应的钾含。

（4）结果计算。参照醋酸铵—火焰光度法测钾的结果计算。

（5）注意事项

① 在操作过程中，不能有氨气存在，否则会影响比浊测定。

② 本法的特点是在较小的一定待测液体积中，>5ml 使钾沉淀，然后再稀释到较大的一定体积（25ml）比浊，因此只有严格按照操作规程进行操作，才能得到良好的再现性。

四苯硼钠比浊法测—土壤速效钾含量等级参考指标见表 10-10。

**表 10-10　土壤速效钾含量等级表（四苯硼钠比浊法）**

| 土壤供钾水平 | 低 | 中 等 | 高 |
|---|---|---|---|
| 土壤速效钾（mg/kg） | ＜50 | 50～100 | ＞100 |

### 10.11.3　复习思考题

1. 配制系列钾标准溶液时，为什么要用乙酸铵溶液稀释、定容？
2. 火焰光度计读数的含义是什么？调检流计满度时为什么不应调至 100?
3. 影响四苯硼钠比独法的测定结果有哪些干扰因素？
4. 根据土壤速效性钾的测定结果，你认为该土壤是否需要施用钾肥？为什么？

## 10.12　化学肥料的定性鉴定

### 10.12.1　目的要求

化学肥料种类繁多，不同化肥其成分、性质、作用和施用技术各不相同，为了避免因包装、标签丢失或损坏等原因造成的肥料品名不清而误用，有必要以常用化肥进行定性鉴定。

通过实验练习，增强对常见化肥一般理化性质的感性认识，掌握常用化肥的定性鉴定方法。

### 10.12.2　方法原理

各种化学肥料都具有一定的化学成分、理化性质和外观形态。因此，可以通过观察其外形（颜色、结晶与否）、溶解性、水溶液的酸碱性、灼烧反应和离子化学鉴定等方法加以识别。

外形识别主要通过看、嗅来判断肥料的颜色、颗粒形状、吸湿性、气味等；溶解性识别，取肥料少许放于试管中，加入3～5倍的水，摇动，观察其溶解情况，将其分为易溶、部分溶解和难溶三类；水溶液的酸碱性识别是用广泛pH试纸检查溶液的酸碱性，区分为酸性、中性和碱性；对易溶于水的化学肥料取其水溶液加氢氧化钠溶液使其碱化，检查有无氨臭味发生；与酸作用，取肥料少许置于比色盘中，加入稀盐酸溶液，观察有无气泡发生；灼烧检查是把化学肥料样品放在烧红的木炭上或放在铁片上用酒精灯加热，观察其燃烧、熔化、焰色、烟味与残渣等情况；化学检查是分别用不同的试剂溶液与肥料样品反应，观察有无沉淀生成。

## 10.12.3 材料用具

1. 工具

木炭、铁片、火炉、纸条、试管、石蕊试纸、蒸馏水、酒精灯、烧杯等。

2. 试剂

（1）2.5%氯化钡溶液。将2.5g氯化钡（$BaCl_2$，化学纯）溶于蒸馏水中，稀释至100ml，摇匀，贮于试剂瓶中。

（2）1%硝酸银溶液。将1g硝酸银（$AgNO_3$，化学纯）溶于100mL蒸馏水，贮于棕色瓶中。

（3）稀盐酸溶液。取浓盐酸（化学纯）42ml，放入约400ml蒸馏水中，再加水至500ml，即配成约lmol/L的盐酸溶液，贮于瓶中。

（4）稀硝酸溶液。取浓硝酸（化学纯）31ml，放入400ml蒸馏水中，再加水至500ml，即配成约lmol/L的硝酸溶液，贮于瓶中。

（5） 10%氢氧化钠溶液。称10g氢氧化钠（化学纯）溶于100ml蒸馏水中，冷却后装入塑料瓶中贮存。

（6）广泛pH试纸。pHl～14。

3. 材料准备

常见化学肥料品种分别装入编号的小瓶中。

碳酸铵、硫酸铵、硝酸铵、尿素、氯化钾、硫酸钾、硝酸钾、过磷酸钙、重过磷酸钙、钙镁磷肥、磷矿粉、骨粉、氯化铵、磷酸二氢钾。

## 10.12.4 操作步骤

供试的化学肥料按下列步骤进行定性识别。

1. 外表观察

主要看肥料的颜色和结晶状态、吸湿性、气味。氮肥和钾肥一般为白色，属于这类肥料的有碳酸铵、硝酸铵、硫酸铵、尿素、氯化钾、硫酸钾、硝酸钾等。磷肥一般是非结晶体而呈粉末状、灰白色或灰黑色，属于这类肥料的有过磷酸钙、钙镁磷肥、磷矿粉等。

2. 加水溶解

取豆粒大小体积的各种肥料样品，分别放入已编有与化学肥料编号一致的试管中，加入 10ml 蒸馏水，摇动数分钟后，观察其溶解性（试管中溶液保留备用）。

（1）全部溶解于水的是硫酸铵、硝酸铵、碳酸铵、氯化钾、氯化铵、尿素、硫酸钾、磷酸二氢钾和硝酸钾等。

（2）大部分溶解于水的是磷酸铵和硝酸磷肥。

（3）部分溶解于水的是过磷酸钙和重过磷酸钙。

（4）不溶解或基本不溶解于水的是钙镁磷肥和磷矿粉。

3. 磷肥的识别

取少量磷肥放在铁片上，置于酒精灯上灼烧，根据所发生的下述现象识别。

（1）有焦臭味、变黑、冒烟的为骨粉。

（2）无焦臭味、比重大、褐色、有金属光泽的为磷矿粉。

（3）比重不大、灰色粉末，用 pH 试纸测试加水溶解后的水溶液，呈酸性的为过磷酸钙，呈碱性的为钙镁磷肥。

4. 氮、钾肥的识别

（1）将氮、钾肥的瓶塞逐个打开，嗅其气味，有刺激性氨臭味的是碳酸氢铵。

（2）将少量无刺激性氨味的固体肥料逐个放于铁片上，置于酒精灯上灼烧。肥料不熔融、残留跳动、有爆裂声的是钾肥；肥料全部熔融、无残留的是氮肥和氮、钾复合肥。

5. 钾肥的识别

对属于钾肥的肥料，从相应加水溶解后的试管中取 5ml 待测肥料的水溶液，移入另外的小试管中，分别加数滴 2.5%的氯化钡溶液，观察其反应。

（1）有白色沉淀生成者，再加入约 1mol/L 的盐酸溶液 1～2ml，摇动，沉淀仍不消失的是硫酸钾。

（2）不产生沉淀者，再加入 1%硝酸银溶液数滴，产生白色沉淀，加入 lmol/L 的硝酸溶液数滴，并不溶于硝酸的是氯化钾。

6. 氮肥和钾肥复混肥的识别

分别将剩余的肥料制成饱和水溶液，将滤纸条浸透饱和溶液并稍微晾干，然后点燃纸条，观察燃烧性和火焰的颜色。

（1）易燃，火焰明亮的是含 $NO_3^-$ 的肥料。

在该类肥料的水溶液中加入10%氢氧化钠溶液数滴，观察其反应。产生氨臭味的是硝酸铵；

无氨臭味、火焰颜色为黄色的是硝酸钠，火焰颜色为紫色的是硝酸钾。

（2）纸条燃烧不旺或易熄灭的化肥，在其水溶液中各加入数滴10%氢氧化钠溶液，无氨臭味的是尿素。

（3）在有氨味产生的肥料中，另取其水溶液约5ml，放入小试管中，滴加数滴2.5%氯化钡溶液，产生白色沉淀并不溶于稀盐酸溶液的是硫酸铵。加入1%硝酸银溶液产生白色沉淀，并不溶于稀硝酸溶液的是氯化铵。

化学肥料的识别程序（如图10-6所示）。

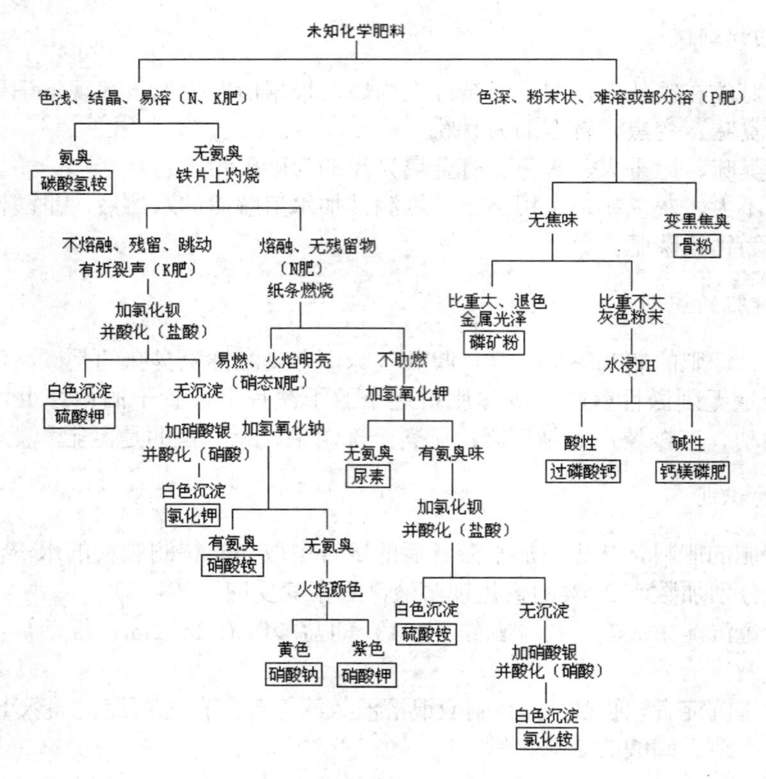


图10-6 常用化学肥料定性鉴定系统图

常见化学肥料的简易识别方法可参照《常用化学肥料的简易识别方法表》(见表 10-11)。

**表 10-11　常用化学肥料的简易识别方法表**

| 外形 | 气味 | 加石灰揉搓 | 灼烧，吸湿性，溶解及重量等情况 | 名称 |
|---|---|---|---|---|
| 结晶状 | 有氨臭 | 有氨臭 | 不熔化，不发火，但缓慢分解挥发，无残留物，有氨臭 | 碳酸铵 |
| | 无氨臭 | 有氨臭 | 熔化，发火燃烧，无残留物，有氨臭。易吸湿结块 | 硝酸铵 |
| | | | 熔化，不发火燃烧，无残留物，有氨臭。不易吸湿结块 | 硫酸铵 |
| | | | 不熔化，不发火燃烧，无残留物，有氨臭及刺鼻臭。不易吸湿结块 | 氯化铵 |
| | | 无氨臭 | 熔化，有氨臭，无残留物 | 尿素 |
| | | | 不熔化，无氨臭，有爆裂现象，有残留。1kg/L | 氯化钾 |
| | | | 不熔化，无氨臭，有爆裂现象，有残留。1.5kg/L | 硫酸钾 |
| 粒状 | 无氨臭 | 有氨臭 | 发火燃烧，有氨臭。易吸湿。与稀酸作用有气泡发生 | 硝酸铵钙 |
| | | | 不发火燃烧，有氨臭。不易吸湿。与稀酸作用无气泡发生 | 磷酸铵 |
| 粉状 | 有酸味 | 无氨臭 | 易吸湿结块。入水沉淀。投入碳酸钠溶液有气泡发生 | 过磷酸钙 |
| | 无气味 | 无氨臭 | 不易吸湿结块。入水沉淀。水溶液呈碱性 | 钙镁磷肥 |
| | | | 不易吸湿结块。入水沉淀。水溶液呈中性 | 磷矿粉 |
| | 有腥味 | 无氨臭 | 不易吸湿结块。入水漂浮。水溶液呈碱性 | 石灰氮 |

## 10.12.5　实验结果

每项操作步骤和现象要表述清楚，鉴定出各编号化肥的名称。将结果填入表 10-12。

**表 10-12　化学肥料鉴定结果表**

| 化肥编号 | 鉴定项目及结论 | | | | | | | | | | | |
|---|---|---|---|---|---|---|---|---|---|---|---|---|
| | 颜色 | 颗粒形状 | 溶解性 | 气味 | 酸碱性 | 灼烧现象 | 纸条燃烧 | 火焰颜色 | 加碱反应 | 加 $BaCl_2$ 反应 | 加 $AgNO_3$ 反应 | 化肥名称 |
| 1 | | | | | | | | | | | | |
| 2 | | | | | | | | | | | | |
| 3 | | | | | | | | | | | | |
| 4 | | | | | | | | | | | | |
| 5 | | | | | | | | | | | | |
| | | | | | | | | | | | | |

### 10.11.6 复习思考题

1．根据外表观察怎样区分化肥种类？

2．根据加水溶解情况怎样区分化肥种类？

3．怎样通过灼烧、pH 测试识别磷肥品种？

4．怎样区分氮和钾肥？

5．怎样区分氯化钾、硫酸钾、硝酸铵、硝酸钠、硝酸钾、碳酸氢铵、尿素、硫酸铵、氯化铵？

# 第11章　实　　训

## 11.1　土壤剖面观察及土体构造评价

### 11.1.1　目的要求

土壤剖面，反映了土壤实体形态，是土壤内在性质的综合表现。土壤剖面（是土壤自上而下挖掘的垂直切面）是环境条件长期作用下物质变化的结果。观察土壤剖面能了解土壤内在物质的转化，是研究土壤的形成、识别和评价土壤的重要方法之一。掌握剖面观察方法和技术，就能准确地鉴别土壤类型，找出土壤性状对农业生产的有利与不利因素，为制定合理的利用改良土壤措施提供依据。

通过实践，基本掌握土壤剖面坑的设置、挖掘和观察记载的一般技术。要求学会分析土壤剖面的性态与土壤发生发展的关系以及对农林业生产的影响，能根据观察分析结果对土体构造进行评价，提出土壤的利用和改良措施。

### 11.1.2　仪器用具

铁锹、土钻、剖面刀、卷尺、手罗盘、采样土盒、野外记录本及土壤剖面记载表、白瓷比色板、pH 指示剂、10%盐酸、酸碱混合指示剂等。

### 11.1.3　操作步骤

1. 土壤剖面位置的选择与挖掘

首先观察土壤自然环境、地形地貌、成土母质、植物等概况，其次应了解土壤耕作历史与目前植物生长情况和存在问题。选好剖面点，然后进行实地挖掘。

（1）选择原则。在成土因素的综合作用下，土壤外观表现大体一致，设置剖面要具有代表，只有在地形、母质、植被等成土因素一致的地段上设置剖面点，才能准确地反映出土壤的各种性状。此外，要避开特殊地物如道路、小溪、楞场等地，一般选择田块中心。

（2）剖面的挖掘。用来研究土壤的发生学等特征，确定土类及其特性。挖掘时先在地面画出大致形状，规格一般长 150cm，宽 80cm，深 100～150cm。若山区坡耕地挖深至母质或母岩，地下水位高的地方挖深至地下水位。挖掘时应注意以下几点：

① 观察面垂直向阳，山地则观察面朝坡上方。

② 观察面上部不要堆土和走动，以免影响和破坏土壤性质。

③ 挖出的表土和底土分别堆放在土坑两侧，以便于观察后分层回填（先填下层底土后填上层表土，且分层踏实），保证土层不乱。

④ 挖掘好的剖面坑观察面垂直向阳，和其相对的一侧则挖成阶梯状以便于上下。

⑤ 农田垄作，则要求挖掘好的剖面要垂直于垄作方向，使观察面能表现垄台和垄背的不同表层结构。

⑥ 剖面挖成后，将剖面的观察面分成两半，一半用土壤剖面刀自上而下地整理成毛面，另一半用铁铲削成光面，以便观察时相互进行比较（如图 11-1）。

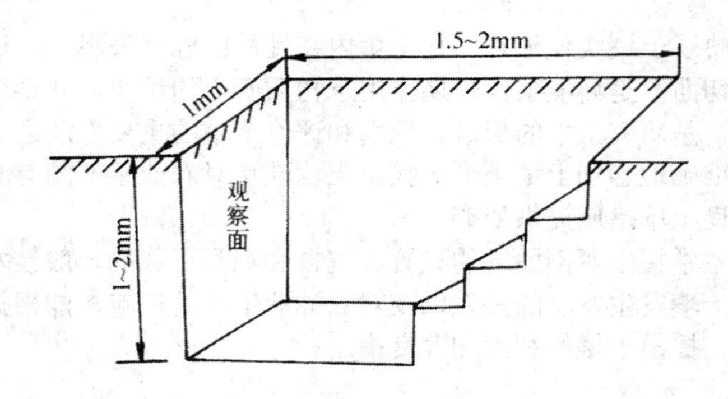


图 11-1 剖面挖掘示意图

⑦ 要详细记述剖面特征。

## 2. 土壤剖面性态的观察与记载

（1）土壤剖面层的观察。挖好剖面后修正，由上至下依土壤颜色、质地、结构、松紧度、新生体、侵入体等划分土壤层次。

自然土壤剖面层次的划分，是按发生层次划分土层，一般把它划分为 $A_0$（枯枝落叶层）、$A_1$（腐殖质层）、A（淋溶层）、B（淀积层）、C（底土层）等层次。

耕作土壤剖面层次划分，大体上分为 A（耕作层）、P（犁底层）、B（心土层）、C 或 D（底土层或母岩层）。

水稻土剖面层次一般分为 A（耕作层）、P（犁底层）、W（潴育层）、E（漂洗层）、G（潜育层或青泥层）、C（底土层）。

在一定条件下，有些层次并非在同一剖面中出现。

（2）土壤剖面性态的观察

① 土壤颜色。一般基本色有白、黑、红、黄四种，通常土壤颜色多是四色的混合色。

这样在描述时，先确定主要颜色和次要颜色，而且主要颜色放在后面，次要颜色放在前面。如灰棕色则以棕色为主，灰色次之。若土壤以一种颜色为主，但有程度上差异，则可用深、浅、暗、淡等描述，如暗棕色、浅灰色等。

② 土壤质地。根据卡庆斯基目视手摸法，按砂土、砂壤、轻壤、中壤、重壤、黏土六级记录。

③ 土壤结构。用取土工具取出后，让其自然散碎或小心掰碎，观察分散情况及碎块形状，定名记载，有粒状、团粒状、块状、核状等。

- 粒状：形状大致规则，有时呈圆状，有大粒状 5～3mm，粒状 3～1mm，小粒状 1～0.5mm 之分；
- 团粒状：表面圆而粗糙，近似球状；大团粒 20～10mm，团粒 10～1mm，小团粒 1～0.5mm；
- 块状：棱角不明显，形状不规则。大块状大于 100mm，小块状 100～50mm；
- 核状：棱角明显，形状大致规则。大核状大于 10mm，核状 10～7mm，小核状 7～5mm。

另外还有片状、柱状、棱柱状、团块状等不详细说明。

④ 土壤紧密度（松紧度）。按以下五级记录。

- 疏松：稍用力即可将小刀插入土层；
- 稍紧：用力不大，即可将小刀插入土层很深；
- 较紧：用力较大，小刀才插入土层 2～3cm；
- 紧：用力较大，小刀才插入土层 1～2cm；
- 极紧：用力很大，小刀才能插入土中。

⑤ 土壤干湿度。分五级如下：

- 干：土放入手中无凉感，嘴吹起尘土；
- 润：土放入手中有凉感，可捏成团；
- 潮：用手捏有湿痕；
- 湿：用手捏，手湿润，但挤不出水；
- 极湿：手捏可挤出水。

⑥ 新生体和侵入体。新生体是土壤形成过程中产生的物质，是物质运动，特别是淋溶与淀积、氧化与还原交替进行的产物，附于结构表面或填充于孔隙裂隙间。如铁子、铁锰胶膜、锈斑、结核，盐斑，石灰结核、石灰菌丝体等。新生体种类、数量及出现部位，对了解土壤形成和区别土壤类型及障碍因素有重要意义。侵入体是外界侵入土壤中的物体，如砖渣、瓦片等，有时能反映人类对土壤的影响状况。

⑦ 植物根。观察各层植物根系的分布密度，分多（根呈网状，或 10 条以上/$cm^2$）、中（适中，或 5～10 条/ $cm^2$）、少（根系稀疏，或 2 条左右/ $cm^2$）、无根四级记录。

⑧ 土壤石灰反应。将土粒放在比色盘上，滴加 10%稀盐酸，看泡沫反应。

- 无石灰质：无气泡、无声音，估计含量为 0。
- 少石灰质：徐徐产生小气泡，可听到响声，估计含量为 1%以下。
- 中量石灰质：明显产生大气泡，但很快消失，估计含量为 1～5%。
- 多石灰质：发生剧烈沸腾现象，产生大气泡，响声大，历时较久，估计含量为 5%以上。

⑨ 酸碱度鉴定。用混合指示剂测定，并与标准比色卡对照，确定 pH 值。

将土粒放在比色盘的一小孔中，加入混合指示剂，浸没土样，搅拌，一分钟后，与标准比色卡比色对照，确定 pH 值。

⑩ 潜育特征。土体呈兰或灰绿色。

取新鲜土样放入比色盘中，加 10%盐酸 1～3 滴，赤血盐 1～3 滴，出现深蓝或蓝色，则有潜育特征。

（3）土壤剖面性态的记载：

① 记载目录如下：

土壤剖面编号、地点、观察日期、观察人、当地名称、土壤名称（最后定名）。

土壤剖面的环境条件、地形、母质、植被类型或利用状况，土壤侵蚀、排灌情况，地下水位，农业利用状况。

土壤剖面性态，把观察研究过的土壤性态，分层加以记载到表 11-1。

② 土壤剖面的综合评述：

观察研究并详细描述土壤剖面之后，要将繁杂的土壤剖面观察资料加以归纳整理，进行综合评述。评述重点是土壤的发生特点、生产性能和障碍因素。应指明对生产的影响及改良利用的途径。

**表 11-1 土壤剖面记载表**

| 剖面编号 | | 土壤名称 | | | 剖面地点 | | | 调查时间 | | | 调查人 |
|---|---|---|---|---|---|---|---|---|---|---|---|
| | | | | | | | | | | | |
| 地形 | 成土母质 | 海拔 | 自然植被 | 利用方式 | 排灌条件 | 地下水位 | 地下水质 | 施肥状况 | 耕作制度 | 病虫情况 | 侵蚀情况 |
| | | | | | | | | | | | |
| 剖面图 | 层次 | 深度（cm） | 颜色 | 质地 | 结构 | 新生体 | 侵入体 | 干湿度 | 紧实度 | pH 值 | 石灰反应 |
| | | | | | | | | | | | |
| | | | | | | | | | | | |
| | | | | | | | | | | | |
| | | | | | | | | | | | |
| | | | | | | | | | | | |
| 土壤剖面综合评述 | | | | | | | | | | | |

3. 土体构造评价的结果与分析

调查结束后，应对调查获得的资料进行系统整理和全面分析，客观地进行评价，并按以下要求写出实习报告：

（1）土体构造的构型，各土层的特征特性以及利用现状或自然植被种类、覆盖度。

（2）对照高产旱田标准，结合调查情况，分析土体构造的优缺点。

（3）针对土体构造现状和存在问题，提出改良利用这种土壤的主要途径与措施。尤其要注重土壤的利用方式，是宜农、宜牧，还是宜林，提出挖掘土壤生产潜力的措施。

## 11.2　土壤类型的识别及肥力性状调查

### 11.2.1　目的要求

认识土壤，了解土壤性质是正确评价土壤的基础，同时也为合理利用和改良、培肥土壤提供了可靠依据。

了解当地成土条件，鉴定土壤的性质和类型，找出低产土壤的障碍因素，总结高产土壤的培育经验，是一项因地种植、合理施肥、熟化土壤、稳产高产不可缺少的基础工作。

通过实习，要求学生能正确识别当地主要土壤的类型，掌握其主要性质，并根据土壤中存在的问题，提出科学的改良和利用措施。

### 11.2.2　准备工作

（1）组织准备。将全班学生分为几个小组，确定小组负责人。

（2）物质准备。备好铁锹、土铲、米尺、剖面刀、放大镜、铅笔、白瓷比色板、土壤剖面记载表、10%盐酸、酸碱混合指示剂、比色卡、土色卡及 1.5%赤血盐等。

（3）现场准备。根据各校实际情况，选择好实习现场，既有荒山、林地，又有水田、旱田的场地最为适宜，以便在较短的时间内，认识较多的土壤类型和成土条件。

### 11.2.3 识别的内容与方法

首先在实习现场内选择一定路线进行概查，然后再选择有代表性的土壤类型进行调查，其内容主要包括：

1. 成土因素的调查与研究

（1）地形。对照地形划分标准，查明调查区内的大、中、小地形类型。对山地要查明高度、坡度及坡向；对丘陵地要注明丘顶、上、中、下坡或沟谷。水面还应根据小地形的差异，进一步划分为滩田、坪田、冲田、排田和高岸田。

（2）植被。调查自然植被和人工植被的种类、覆盖度及其对土壤肥力的影响。

（3）母质。调查当地成土母质的类型及其与形成土壤类型的关系。当剖面深度60～70cm范围内出现两种不同母质时，可按出现先后记入剖面表中。

（4）气候。通过当地气象部门，搜集降雨量、温度、无霜期、蒸发量等气象资料，分析其对成土过程及土壤性质的影响。

（5）土壤侵蚀情况。调查土壤被侵蚀的类型、侵蚀强度以及被侵蚀的原因，并总结群众保持水土的经验与教训。

（6）地下水与水质。调查地下水位和灌溉水源类型及水质。

（7）农业生产活动。通过座谈和访问，了解当地土壤的耕作、施肥、灌溉、轮作、改土等农业技术措施及其对土壤肥力变化的影响。

2. 土壤剖面的观察

（1）剖面的设置。根据地形、母质、植被、土类等，选择有代表性的各种土类分别设置主剖面点，以便进行土壤观察与分类。按照要求挖掘剖面，坑宽0.8m、长1.5m、深1～1.5m，若土层厚度不足lm，则以挖至母岩为准。具体挖掘方法同剖面层次观察。

（2）土壤剖面的观察。首先应根据土壤颜色、松紧度、质地、根系多少、新生体的有无、石灰反应等特征，划分出土壤层次，再根据土壤剖面观察的内容、方法、分层逐项进行观察并记载。有关观察项目，详见表11-2。

**表 11-2 耕作土壤基本情况记载表**

剖面编号：__________ 室内编号：__________ 代表面积：__________ 组名：__________

地点：__________县__________乡__________村__________组__________丘

时间：__________年__________月__________日

土壤名称：（当地名称）__________ （最后定名）__________

（一）土壤剖面环境

1、地形__________ 7、排水条件__________

2、海拔__________ 8、地下水水位__________

3、成土母质__________ 9、抗旱能力__________

4、自然植被__________ 10、地下水水质__________

5、农业利用方式__________ 11、侵蚀情况__________

6、灌溉方式__________

（二）土壤生产情况

1、耕作制度： 尿素__________

2、农作物常年产量（近三年平均）：（kg/667m²）

玉米____________

小麦____________

大豆____________

水稻____________

马铃薯__________

3、全年施肥水平：（kg/667m²）

有机肥__________

复合肥________

钾肥__________

磷肥__________

4、作物生长表现：

5、土壤供肥保肥能力：

6、耕作性能：

7、存在何种障碍因素：

8、土壤肥力等级：

（三）土壤剖面位置略图

（四）土壤剖面性态描述及野外理化测定

| 层次 | 土壤剖面图 | 层次代号 | 深度（cm） | 质地 | 新生体 | | | 紧实度 | 植物根系 | 侵入体 | 孔隙度 |
|---|---|---|---|---|---|---|---|---|---|---|---|
| | | | | | 类别 | 形态 | 数量 | | | | |
| 10 | | | | | | | | | | | |
| 20 | | | | | | | | | | | |
| 30 | | | | | | | | | | | |
| : | | | | | | | | | | | |
| 80 | | | | | | | | | | | |

| 层次 | 土壤剖面图 | 层次代号 | 深度（cm） | 亚铁反应 | 石灰反应 | pH | 全氮（%） | 碱解氮（mg/kg） | 速效磷（mg/kg） | 速效钾（mg/kg） | 有机质（%） |
|---|---|---|---|---|---|---|---|---|---|---|---|
| 10 | | | | | | | | | | | |
| 20 | | | | | | | | | | | |
| 30 | | | | | | | | | | | |
| | | | | | | | | | | | |
| 80 | | | | | | | | | | | |

（五）土壤剖面综合评述

（六）土壤剖面构型代号

（3）土壤标本和样品的采集：

① 纸盒标本。供室内土壤比较、识别、分类和陈列之用，每一种土类应采集 1～2 个纸盒标本。

② 分析样品。供系统分析土壤理化性质之用，一般采集耕作层（或表土层）混合样品。

（4）改良利用现状。通过座谈访问，结合现场调查，了解各类土壤近三年来的改良和利用情况：

① 作物种植制度。各种作物适种性与生长情况，如既发小苗又发老苗，或只发小苗、不发老苗等。

② 施肥与产量情况。土壤择肥性、施肥种类、数量、方法及肥效、作物产量水平。

③ 耕作与管理情况。耕作质量、宜耕期长短、管理水平等。
④ 改良措施。包括已采取的措施和今后的打算。

3. 调查结果与报告

通过野外土壤调查，对各种调查资料加以整理、分析并写出调查报告，其内容包括：
（1）调查的目的与要求，方法与经过，完成情况；
（2）调查区域内的成土条件；
（3）土壤类型及面积；
（4）分析土壤类型的理化性质；
（5）对各种土类的利用现状及存在问题加以分析归纳，提出切实可行的改良利用措施。

# 11.3 营养土的配制及处理

## 11.3.1 目的要求

花卉盆栽用土以及各类作物苗床用土要求制备物理性质良好的土壤。通过实训要求掌握营养土的制备与处理技术。

## 11.3.2 材料和用具

（1）器材用具。台秤、铁锹、塑料或废旧薄膜等。
（2）材料。菜园土、肥料（磷酸二铵）、腐熟猪粪肥（或厩肥）、农药、河沙、草炭等。

## 11.3.3 方法步骤

1. 营养土的配制（不同用途的营养土其配合比例不同）

（1）播种用营养土。菜园土（或田土）3 份，粪肥 5 份，砂质土 2 份；或 6 份田土，4 份腐熟粪肥，1m$^3$ 营养土加入复合肥 0.5kg。
（2）移植用营养土。菜园土 5 份，粪肥 3 份，砂土 2 份；1m$^3$ 营养土加入复合肥 1.0kg。
（3）定植用营养土。菜园土 5 份，粪肥 3 份，砂土 2 份。1m$^3$ 营养土加入复合肥 1.0kg。
上述配方中，菜园土可用山岗红土、塘泥、河泥或其他土壤代替，视各地材料情况及花卉植物要求而定，如喜酸的花卉可用红壤土代替菜园土等。同时每立方米可加入过磷酸钙 1～2kg，硫酸钾 0.5～1kg，以补充磷钾养分。

2. 营养土的消毒

（1）福尔马林消毒。用 0.5% 的福尔马林喷洒营养土，拌匀后堆积，再用塑料或废旧薄膜密封 5～7 天，然后撤膜，待药味挥发后使用。

（2）多菌灵消毒。用 50% 的多菌灵粉剂（1$m^3$ 营养土用药 100g）与营养土混合拌匀后，再用塑料或废旧薄膜覆盖 2～3 天，然后撤膜，待药味挥发后使用。

（3）日光消毒。将营养土薄摊在木板或清洁的水泥地上暴晒 2～3 天，第三天盖膜。

（4）加热消毒。将营养土加热至 80℃，持续 30min 即可。

# 11.4　肥料三要素用量试验

## 11.4.1　目的要求

通过肥料用量试验，求出参试肥料的效应函数、最佳施肥量，为配方施肥和确定当地作物的适宜施肥量提供依据。

在实习过程中，要求学生认真学习，积极实践，了解肥料用量试验的重要意义，掌握肥料田间试验的一般方法和各种操作技术。

## 11.4.2　准备工作

（1）资料与计划。收集有关试验的资料，并编写田间试验计划。

在计划中要写清试验题目、目的要求、试验方案（试验因素及其水平）、田间小区设计、主要农业技术措施、观察记载项目与标准等。

（2）仪器、药品及用具、肥料。准备好药品、仪器、记载本、测绳、皮尺、试验小区的编号木牌、参试肥料和作肥底施用的肥料等。

（3）选择试验地。试验地要符合下述条件：

① 试验地的土壤要具有代表性。

② 试验地要求平坦，以避免局部条件的不同，造成水分、养分、热量等差异。如山区、丘陵区的旱土，没有较大平坦地块，轻微倾斜的坡地也可入选。但在安排试验小区时，同一重复内的各小区，应排在同一等高线上，小区的长边和倾斜方向平行。

③ 试验地要注意表土、下层土壤、前作物和地力的一致性。地力是否一致，可观察前作物的生长是否整齐，如差异较大，要种植相同作物匀地，当地力基本一致后，方可使用。

④ 试验地要开阔，不能荫蔽，一般离林地 200～300m 左右，离建筑物 200m 左右。

⑥ 试验地周围要种植相同作物，因单独种植一种作物，易遭鸟兽为害。

⑦ 水稻试验地要求有较好的灌排条件，做到能灌能排。

### 11.4.3 试验设计

（1）试验处理设计。氮、磷、钾肥料中，可选任一种肥料进行用量试验。试验处理，要根据试验目的设计。如仅了解某种肥料在某种作物上的适宜用量，试验处理数根据需要设置。如要研究某种肥料的增产效应，设计处理时，则要注意处理数不能少于 5 个，肥料用量的级差要有一定规律性，如 5、10、15……等，以及试验处理与当地施肥水平相比，要包括低量、中量和高量。如进行氮肥试验，可设 $N_0$、$N_1$、$N_2$、$N_3$、$N_4$、$N_5$。其中 $N_0$ 为不施氮处理，$N_1$ 为当地一般施氮水平的处理。在试验中，三要素肥料的用量，分别以 N、$P_2O_5$、$K_2O$ 的含量表示。为了充分发挥试验因子的作用，要以不参与试验的两种肥料作底肥，例如氮肥用量试验，每小区要施等量的磷、钾肥料作底肥，以突出研究因子与作物产量之间的关系。

（2）试验方法设计。本试验的田间排列，采用随机区组法，重复 3 次。

（3）试验小区的设计、排列与制作。小区的面积、形状、排列和水田小区的制作方法、灌排系统的设计，可参考教材旱作试验，开沟作成小区，小区的边成直线，各小区要求整齐一致。在重复之间要留出适宜宽度的人行道。无论旱作或水稻试验，在试验区周围都要设置保护行。其保护行的宽度最少与小区宽度相等。

根据上述设计要求，绘制田间小区排列示意图，标出重复和小区的编号。

### 11.4.4 田间实施

（1）划分小区试验地。土壤耕翻整细之后，用测绳量出试验区范围，打好基线，插上标记，然后按田间小区示意图划分小区，分区画线、开沟或做埂（水田做埂）。沟与埂的宽度一致，小区面积大小与设计相符。小区作好后，插上小区编号牌。

（2）施肥各小区按设计施入作底肥的肥料，再按处理小区施入作基肥施用的参试肥料（一般以参试肥料总量 60%作基肥）。将底肥基肥均匀施入土壤，整平小区，使土肥混匀。

参试肥料作追肥的施用时期：水稻在分蘖期一次追施；玉米在大喇叭口期一次追肥；油菜在移栽后至发棵前施 1/2，薹花期施 1/2。

（3）作物播种或移栽。作物播种或移栽的规格，可根据具体情况确定，但各小区的播种或移栽密度要求一致，每穴播种量或每蔸苗数大致相等，并要保证种子和秧苗的质量，以减少试验误差。

（4）田间管理。除追肥外，其他管理按常规方法进行。

## 11.4.5　观察与记载

1．基本情况记载

作物品种、施肥的种类、数量和时期、中耕次数、灌水方法、病虫害发生情况和防治、土壤名称、成土母质、土壤质地、土壤有机质含量、土壤速效养分含量、土壤 pH 值、试验田翻耕情况等。

2．作物生育期的观察记载（见表11-3）

表11-3　不同作物生育期的观察记载表

| 作物名称 | 水稻 | 玉米 | 小麦 | 大豆 | 油菜 |
|---|---|---|---|---|---|
| 播种期（月、日） | | | | | |
| 播种量（kg） | | | | | |
| 株行距（cm） | | | | | |
| 粒数/穴（个） | | | | | |
| 出苗期（月、日） | | | | | |
| 分蘖期（月、日） | | | | | |
| 拔节期（月、日） | | | | | |
| 孕穗期（月、日） | | | | | |
| 抽穗期（月、日） | | | | | |
| 开花期（月、日） | | | | | |
| 成熟期（月、日） | | | | | |

3．作物经济性状调查（见表11-4）

表11-4　不同作物经济性状调查表

| 作物名称 | 水稻 | 玉米 | 小麦 | 大豆 | 油菜 |
|---|---|---|---|---|---|
| 株高（cm） | | | | | |
| 穗长（cm） | | | | | |
| 总粒数/穗（个） | | | | | |
| 实粒数/穗（个） | | | | | |
| 千粒重（g） | | | | | |
| 单株产量（g） | | | | | |
| $667m^2$产（kg） | | | | | |

注：取样方法要求在两个重复，每一小区要有代表性植物5～10株作为调查样本。

### 11.4.6 资料的整理与分析

试验数据整理，参考实验处理设计。

### 11.4.7 试验报告内容

（1）试验的目的、意义；

（2）试验材料和方法；

（3）试验结果：①、②、③……；

（4）讨论（存在问题和需要继续研究的问题）；

（5）试验结果中要写清适宜推广的肥料用量，不施肥的空白产量，参试肥料利用率等。另外，也可进行肥料效应函数的推导和最佳施肥量的计算。

## 11.5 配方施肥栽培试验

### 11.5.1 目的与要求

丰产栽培试验，是综合运用土壤肥料科学基本理论知识，协调土壤、肥料和作物之间的关系，探讨作物高产规律，以达到巩固课堂知识和实际运用“测土配方施肥”的目的。

要搞好丰产栽培试验，首先要收集有关“配方施肥”所需要的各种参数。通过本次试验，要求基本学会一种作物的一种配方施肥方法和丰产栽培技术。

### 11.5.2 准备工作

（1）制定试验计划

① 作物品种。主要作物任选一种；

② 目标产量。按配方施肥法确定；

③ 配方施肥方法。按养分平衡法；

④ 试验面积。在 $667m^2$ 以上。

（2）选好试验地。无论旱田或水田，都要地势平坦，通风向阳，土壤肥力中等，具有一定的代表性，排溉比较方便。

（3）备好肥料、种子和秧苗。备足有机肥，并要堆制腐熟，化学肥料在试验前备齐。选用适宜于当地的优良品种，种子要求去杂去劣，并及时培育壮秧。

（4）准备仪器、药品以及记载本、测绳等各种用具。

（5）资料准备收集和了解当地施肥水平、肥料种类、施肥方法、作物产量、生产措施以及其他生产条件和有关配方施肥所需要的参数。

### 11.5.3　计算养分需要量

养分需要量是目标产量和作物单位产量养分吸收量的乘积与土壤养分供应量之差。

（1）目标产量的确定，详见“配方施肥”。作物单位产量的养分吸收量见教材。

（2）土壤养分供应量的计算，详见“配方施肥”。

按表 11-5 计算施肥供应的养分数量。

**表 11-5　施肥供应养分计算表（kg）**

| 养分种类 | N | $P_2O_5$ | $K_2O$ |
|---|---|---|---|
| 目标产量吸收的养分 | | | |
| 土壤供应的养分 | | | |
| 施肥供应的养分 | | | |

### 11.5.4　制订施肥计划

根据施肥供应养分的数量、肥料的种类和数量、作物种类以及基肥和追肥的养分比例（一般为 6∶4），制定施肥计划如表 11-6。

**表 11-6　施肥计划表**

| 基、追肥的养分分配 | 肥料名称 | 肥料数量（kg） | 养分含量（kg） | | | 施肥时期 | 施肥方法 |
|---|---|---|---|---|---|---|---|
| | | | N | $P_2O_5$ | $K_2O$ | | |
| 养分供应量的 60%<br>N<br>$P_2O_5$<br>$K_2O$ | | | | | | | |
| 养分供应量的 60%<br>N<br>$P_2O_5$<br>$K_2O$ | | | | | | | |

注：如施种肥，把种肥记入基肥栏中，表中的施肥时期和施肥方法，要根据作物填写。

### 11.5.5　田间实施

（1）土壤耕作和作物移栽。水稻田施足基肥后，进行耕耙平整。插秧前，田中灌浅水，细整一次，然后插秧。插秧密度和每蔸株数，根据作物品种特性确实。

单作玉米田、麦田和大豆试验地，先施基肥，整细整匀，然后播种。播种时施入适量种肥，以促进幼苗生长。玉米和大豆的播种密度，根据品种特性确定。

（2）田间管理、作物施肥。按施肥计划表进行，其余管理措施同大田作物。

### 11.5.6 观察记载

参考肥料三要素用量试验。

### 11.5.7 收获计产

试验田单打单收，晒干称重，折算成 $667m^2$ 产量。

### 11.5.8 试验总结的写法

（1）试验的基本情况；

（2）试验结果 1、2、3……（包括产量及经济效益）；

（3）丰产原因分析 1、2、3……；

（4）存在问题和改进措施。

# 附　　录

## 附录 1　主要绿地植物生态条件及适生土壤

一、针叶树种

| 序号 | 绿地植物类型 | 生态条件及适生土壤 |
| --- | --- | --- |
| 1 | 马尾松<br>*Pinusmassoniana* | 主要适于长江以南地区。深根性，喜光而不耐荫，抗旱耐瘠力强，喜酸性土壤 |
| 2 | 水杉<br>*Metasequoia glyptostroboides* | 在我国从北到南广泛栽培。喜光、耐热、耐寒，宜土层深厚、肥沃及排水良好的土壤，土壤干燥或排水不良均生长差 |
| 3 | 水松<br>*Glyptostrobus pensilis* | 适于长江流域以南许多大城市。喜光，喜温暖湿润气候，耐寒冷与干燥，除盐碱土外均能生长。在水分充足时生长较好，且能在沼泽或浅水中生长 |
| 4 | 木麻黄<br>*Casaurina equisetifolia* | 我国南方，如福建、广东、广西、海南、台湾、四川、云南等地均有栽培。强阳性树种，亦稍耐荫，耐旱耐瘠，不耐湿与霜冻，抗风、抗盐、抗空气污染，是沿海地区优良的海岸固沙树种 |
| 5 | 东北红豆杉<br>*Taxus cuspidate* | 东北、华北及南方一些城市都可栽培。弱酸性、中性、弱石灰性土壤皆可 |
| 6 | 白杄<br>*Picea meyer* | 我国北方多有栽培。浅根性，不适渣砾土，不耐踏实 |
| 7 | 白皮松（白骨松）<br>*Pinus bungiana* | 在华北以南的广大地区栽培。喜光，对土壤要求不严，喜湿润又耐旱，喜钙质土，深根性，较耐踏实 |
| 8 | 北美香柏(美国香柏、香柏、美国侧柏、美国金钟柏、美洲金钟柏)<br>*Thuja occidentalis* | 适华北以南地区。喜光，耐寒、耐水湿，适于水湿地带或沼泽地生长 |
| 9 | 华山松<br>*Pinus armandii* | 沈阳以南至福建、云南皆可栽培，西北地区亦可。喜光，以深厚、肥沃、湿润、排水良好的中性或偏酸性土壤最适 |
| 10 | 红皮云杉<br>*Picea koraiensis* | 适于东北地区，北京至上海亦可栽培。较耐荫，对土壤要求不高，中性、石灰性及弱酸性土壤皆可。较耐旱，在原产地耐水湿。不适渣砾质土 |
| 11 | 红松<br>*Pinus koraiensis* | 主要在东北城市栽培。喜疏松、肥沃土壤，不耐旱，亦不耐湿，不适压实及渣砾质土壤 |
| 12 | 竹柏<br>*Podocarpus nagi* | 适于南方城市栽培。阴性树种，对土壤要求严格，在干旱与石灰土壤中生长不良 |
| 13 | 杉木<br>*Cunninghamia lanceolata* | 我国长江流域以南各地及河南、陕西均有分布与栽培。喜光，适深厚、肥沃、疏松的土壤 |

（续表）

| 序号 | 绿地植物类型 | 生态条件及适生土壤 |
|---|---|---|
| 14 | 杜松<br>*Juniperus rigida* | 适于北方城市栽培。在疏松、排水良好的中性和石灰性土壤上生长良好 |
| 15 | 青杆<br>*Picea wilsonii* | 适于北方，南方亦可栽培 |
| 16 | 柳杉<br>*Cryptomeria fortunei* | 南方各大城市及大连、泰安、郑州等地有栽培。稍耐荫，在深厚、肥沃土壤中生长良好。抗空气污染力强 |
| 17 | 金松（日本金松）<br>*Sciadopitys verticiUata* | 主要见于长江流域以南各城市。喜光，较耐寒，在青岛也能露地越冬。土壤太湿或含石灰者生长不良 |
| 18 | 油松<br>*Pinus tabulaeformis* | 最适于东北及华北地区，西北地区及南方部分城市亦可。阳性深根性，耐瘠耐旱，弱酸性、中性及弱石灰性土壤皆可。适于寒冷干燥的大陆性气候 |
| 19 | 侧柏（扁柏）<br>*Platycladus orientalis* | 适于沈阳以南各城市。适应力强，耐寒、耐旱，喜钙质土，中性土上生长好。在含盐 0.2%的土壤上亦能生存 |
| 20 | 金钱松<br>*Pseudolarix amabilis* | 主要适于长江以南，但北京，大连等许多北方城市亦有栽培。性喜光，喜温暖湿润气候，不耐旱亦不耐水湿，以深厚、肥沃、微酸性土壤生长良好，石灰性土壤亦可。播种繁殖 |
| 21 | 柽柳<br>*Tamarix chinensis* | 适于华北以南广大地区。耐寒又抗热，耐旱又耐水湿，尤耐盐碱。适于海边、盐碱地生长 |
| 22 | 圆柏<br>*Sabina chinensis* | 我国分布极广，除东北北部及西北北部外，其余地区皆适栽。适应力强，喜光又耐荫，耐寒又抗热，在酸性、中性、石灰性土壤中均能生长，但以微酸性或中性的深厚土壤中生长最好，对空气污染有一定抗性 |
| 23 | 雪松<br>*Cedrus deodora* | 最适于长江流域，华北地区亦可。喜光，浅根性，不耐水湿，宜植地形高燥处。弱酸性、中性、弱石灰性土壤宜可 |
| 24 | 落叶松<br>*Larix spp.* | 主要在东北及华北的一些城市栽培，有多个品种。喜光，耐寒，耐旱，有些情况下亦较耐水湿。适酸性至中性土壤，弱石灰性及弱盐碱性土壤上也能勉强生长。从砾质土到黏质土都能适应，但在建筑垃圾土及生活垃圾土上容易死亡。浅根性，耐表土踏实性较差 |
| 25 | 黑松（日本黑松）<br>*Pinus thunbergii* | 习见于南方城市，北方的沈阳、大连等市均有栽培。阳性树种，喜温暖湿润的海洋性气候，适于海岸生长，抗污染力较马尾松强 |
| 26 | 福建柏<br>*Fokenia hodginsii* | 福建柏适于长江（或淮河）以南地区。较耐荫，耐干旱与瘠薄，在石缝间亦能生长 |
| 27 | 榧树<br>*Torreya grandis* | 主要适于东南沿海城市。喜温暖多雨气候，较耐荫，适于深厚肥沃的微酸性土壤，耐水湿与黏重土壤，也耐空气污染 |

二、阔叶树种

| 序号 | 绿地植物类型 | 生态条件及适生土壤 |
|---|---|---|
| 1 | 七叶树<br>*Aesculus chinensis* | 主要分布在我国黄河流域各地。喜光，稍耐荫，在肥沃湿润的土壤中生长良好 |
| 2 | 小叶白蜡<br>*Frazinus sogdiana* | 别名欧洲白蜡。原产欧洲，“三北”地区都有引种。喜光，喜生长在深厚湿润肥沃的土壤上。耐盐能力较强，在西北内陆盐碱地土壤总盐量小于 0.37~0.46%时，幼树能正常生长 |

（续表）

| 序号 | 绿地植物类型 | 生态条件及适生土壤 |
| --- | --- | --- |
| 3 | 小叶杨<br>*Populus simonii* | 分布广，北自哈尔滨以南，南至长江流域，西至甘肃、青海、四川均有栽培。喜光，耐寒，要求湿润土壤，稍耐瘠薄，不适碴砾质土，在河岸湿地生长最佳 |
| 4 | 大叶白蜡<br>*Fraxinus amerwana* | 别名美国白蜡。原产北美，在我国主要生长于新疆天山南北，河北、江苏等地也有栽培。喜生于湿润肥沃的壤土和沙壤土，在新疆能生长在土壤含盐量为 0.5%的盐碱地上。天津市近海地区土壤含盐量为 0.2~0.5%的低湿轻、中盐碱地上大叶白蜡也能成活生长 |
| 5 | 女贞<br>*Ligustrum lucidum* | 适于秦岭、淮河流域以南广大地区。稍耐荫，在湿润肥沃的酸性土中生长良好，不耐干旱瘠薄，对有毒气体抗性强 |
| 6 | 山里红<br>*Crataegus pinnatifida* | 主要适于东北及华北地区。喜光、耐寒、耐旱、耐瘠，深厚肥沃的土壤中生长更佳 |
| 7 | 山樱花<br>*Prunus serrulata* | 适于华北以南地区。喜光，要求土壤深厚肥沃，忌盐碱及积水 |
| 8 | 无患子<br>*Sapindus mukorossi* | 适于我国淮河流域以南各地。喜光，在酸性土、钙质土上均能生长 |
| 9 | 木棉<br>*Gossampinus malabarica* | 适于亚热带南部地区。喜光。深根性，耐旱 |
| 10 | 木荷<br>*Schima superba* | 主要适于长江以南地区。喜光，幼时较耐荫，喜肥沃的酸性土 |
| 11 | 木犀（桂花）<br>*Osmanthus fragrans* | 适于淮河流域以南。耐荫，喜深厚肥沃土壤，忌低洼盐碱 |
| 12 | 毛白杨<br>*Populus tomentosa* | 辽宁南部，南至长江流域，西至甘肃乃至昆明附近都可栽培。喜光，稍耐盐碱，在土壤 pH 值 8~8.5 时能够生长，在土层深厚、湿润肥沃的土壤中生长良好、迅速 |
| 13 | 凤凰木（火树）<br>*Oelonix regta* | 适于南方城市。喜光，颇耐旱，旱季落叶休眠。对土壤要求不严，以排水良好的壤土为最佳 |
| 14 | 乌桕<br>*Sapium sebiferum* | 黄河以南及长江流域各地均有栽培。喜光，好生于土壤深厚、肥沃、湿润之地，在排水不良的低洼地及间断性水淹地均能生长。具有一定的耐盐性。对坚实土壤较敏感，不太适于做行道树 |
| 15 | 月桂<br>*Laurus nobilis* | 适于长江以南地区。喜光或稍耐荫。喜深厚、疏松肥沃的土壤 |
| 16 | 火炬树<br>*Rhus typhina* | 北方各地有栽培。适各种土壤，较耐盐碱 |
| 17 | 文冠果（文官果）<br>*Xanthoceras sorbifor* | 分布于淮河、秦岭以北的广大地区，最北可至哈尔滨。喜光。耐干旱瘠薄，在土层深厚的中性沙壤土中生长最佳 |
| 18 | 水曲柳<br>*Fraccinus mandshurica* | 适于东北地区。耐旱性较差，喜湿润肥沃的中性至弱酸性土壤 |
| 19 | 玉兰(木兰)<br>*Magnolia denudata* | 黄河流域以南广泛栽培，在北京、沈阳等地亦有栽培。喜光，要求肥沃湿润土壤，忌积水 |
| 20 | 石榴<br>*Punica granatum* | 黄河流域以南地区均有栽培。喜光，喜湿润疏松肥沃、排水良好的石灰质沙壤土，喜肥，稍耐盐碱 |

（续表）

| 序号 | 绿地植物类型 | 生态条件及适生土壤 |
| --- | --- | --- |
| 21 | 石楠 *Photinia serrulata* | 适于我国长江流域以南各地，甘肃、陕西南部亦可。耐荫或稍耐荫。对土壤要求不严，耐瘠薄，耐酸性 |
| 22 | 四照花 *Dendrobenthamia japontca* | 主要适于长江流域，华北至华南均可栽培。稍耐荫，喜湿润肥沃土壤 |
| 23 | 白桦 *Betula platyphylla* | 东北常见，具一定的耐旱、瘠及耐踏实性，耐水湿，适壤质至重壤质、中性至弱酸性土壤 |
| 24 | 白柳 *Salix alba* | 适于西北地区栽培。抗寒、抗热、耐大气干旱，也耐水涝，在黏重土壤上亦能生长。耐盐能力较强 |
| 25 | 白兰花 *Michelia alba* | 适于亚热带南部地区。喜光。要求排水良好的肥沃砂壤土，忌盐碱 |
| 26 | 白蜡树 *Fraxinus chinensis* | 适于华北至华南的广大地区。喜光，喜湿润肥沃的钙质土或砂壤土，在酸性、中性及轻盐碱土上均能生长。耐干旱瘠薄，抗尘烟 |
| 27 | 冬青 *Ilex purpurea* | 适于我国长江流域以南各省、自治区。耐荫，喜深厚肥沃土壤，深根性。对二氧化硫亦有一定抗性 |
| 28 | 台湾相思 *Acacia richii* | 华南地区普遍栽培。喜光，耐干旱，深根性，抗风力强，并耐盐碱，极适滨海城市 |
| 29 | 李 *Prunus salicina* | 全国各地有栽培。喜光，不择土壤，在酸性及石灰性土壤中均能生长。在湿润肥沃的黏壤中生长最佳 |
| 30 | 合欢（马缨花） *Albizia julibrssin* | 适于辽宁南部以南广大地区。喜光。对土壤无苛求，耐干旱瘠薄 |
| 31 | 杧果 *Mangifera indica* | 主要适于亚热带南部及热带地区。喜光或稍耐荫。要求深厚肥沃的砂质壤土，在黏质土壤中栽培应注意排水 |
| 32 | 灯台树 *Cornus controversa* | 适于辽宁南部以南广大地区。喜光或稍耐荫。喜湿润肥沃土壤 |
| 33 | 红豆树（鄂西红豆树） *Ormosia hosiei* | 主要适于长江以南地区。耐荫，对土壤要求不严，深厚肥沃湿润之地最佳 |
| 34 | 羊蹄甲（洋紫荆） *Bauhinia variegate* | 主要适于福建、广东、广西、云南等地。喜光或稍耐荫。对土壤要求不严，在酸性土、钙质土及瘠薄地均能生长 |
| 35 | 杜仲 *Eucommia ulmoides* | 适于栽于华北以南地区。喜光，在深厚肥沃的微酸、中性或微碱性钙质土壤中均能生长良好 |
| 36 | 杏 *Prunus armeniaca* | 除华南外，各地均有栽培。喜光，耐寒耐旱，耐瘠薄 |
| 37 | 旱柳 *Salix matsudana* | 分布我国淮河以北地区，北至东北，西至甘肃、青海。喜光，耐寒，耐干旱，耐水湿。在土壤深厚肥沃之地生长迅速 |
| 38 | 刺槐（洋槐） *Robinia pseudoacacia* | 主要适于辽宁南部至黄河流域及长江流域。极喜光，耐干旱瘠薄，在酸性土、中性土、轻盐碱及石灰性土壤中均能生长，在沿海地区可耐0.2~0.3%的土壤含盐量 |
| 39 | 枣 *Zizyphus jujube* | 主要适于我国黄河流域及长江流域各地，东北南部至华南都有栽培。喜光。在酸性土、钙质土及轻盐碱土上均能生长，耐干燥瘠薄，也能在河边及低湿地生长 |

（续表）

| 序号 | 绿地植物类型 | 生态条件及适生土壤 |
| --- | --- | --- |
| 40 | 枫香树<br>*Liquidambar formosana* | 分布于我国长江流域以南。极喜光。喜生于湿润肥沃土壤 |
| 41 | 枫杨<br>*Pterocarya stenoptera* | 适于东北南部、华北、华中、华南和西南地区。喜光，稍耐荫，对土壤要求不严，在酸性及微碱性土壤上均能生长。耐水湿，但不耐积水，亦有一定的耐旱力。耐寒性强 |
| 42 | 构树（楮）<br>*Broussonetia papyrifem* | 适于华北以南地区。喜光，适应性强，耐干冷又耐湿热，也耐瘠薄。喜钙质土，亦可生于酸性及中性土壤上。抗烟尘与污染力强 |
| 43 | 苦槠<br>*Castanopsis sclerophylta* | 主要适于长江以南的北亚热带地区。较耐荫，耐干燥瘠薄，但在深厚肥沃的中性或酸性土壤中生长更佳 |
| 44 | 垂柳<br>*Salix babylonica* | 以长江流域为中心，南至广东，西至四川，北至华北平原，东北南部有少量栽培。喜光，耐水湿，多生于水边或湿润之地，对土壤酸度不敏感，在石灰性土壤上亦能生长 |
| 45 | 皂荚（皂角）<br>*Gleditsia sinensls* | 适于黄河流域以南。喜光。不择土壤，能耐盐碱及石灰性土 |
| 46 | 油橄榄<br>*Olea europaea* | 长江以南常见栽培。土壤以排水良好、中性、肥沃的砂壤土为宜，忌积水洼地 |
| 47 | 泡桐<br>*Paulownia fortunei* | 分布于我国黄河流域及以南地区。极喜光。喜肥沃湿润砂壤土。稍耐盐碱 |
| 48 | 胡桃<br>*Juglans regia* | 东北南部、华北、西北、华中、西南及华南都有栽培。喜光，喜深厚肥沃的土壤，在瘠薄、盐碱、酸性较强及地下水过高处均生长不良 |
| 49 | 胡杨<br>*Populus euphratica* | 适于西北地区栽培。喜光、耐盐碱、耐旱、耐涝、耐热、抗寒 |
| 50 | 柘树（柘刺）<br>*Cudrania tricuspidata* | 适于华北以南地区。喜光，适应性强，耐干旱瘠薄，喜钙质土 |
| 51 | 柿<br>*Diospyros kaki* | 分布于我国黄河流域，华北平原及黄土高原。喜光。对土壤要求不严，耐瘠薄，抗旱性亦强，不耐盐碱。 |
| 52 | 树头菜<br>*Crateva unilocularis* | 适于华南地区。喜光。要求微酸性深厚肥沃土壤 |
| 53 | 荔枝<br>*Litchi chinensis* | 分布于福建东南部沿海、广东中部以南、广西南部、海南、云南南部、贵州南部及四川南部。喜光。喜深厚富腐殖质的土壤 |
| 54 | 香椿（椿）<br>*Toona sinensis* | 适于辽宁南部以南广大地区。喜光。在钙质土、中性土、酸性土上均生长良好，在深厚肥沃湿润的砂壤土中生长最好 |
| 55 | 臭椿<br>*Ailanthus altissima* | 辽宁以南地区广为栽培，是长江以北广大北方地区的城市绿化先锋树种。喜光。耐干燥瘠薄，能耐中度盐碱。对空气污染有较强抗性 |
| 56 | 秋枫<br>*Bischofia trifoliata* | 主要适于华南及云贵地区。喜光，要求热带湿热气候，耐水湿，通常生于河谷排水不良之地 |
| 57 | 珙桐（鸽子树）<br>*Davidia involucrata* | 主要分布在湖北、四川及云、贵一带。较耐荫。喜水肥条件较好的偏酸性土，畏碱性土、干燥 |

（续表）

| 序号 | 绿地植物类型 | 生态条件及适生土壤 |
|---|---|---|
| 58 | 梧桐<br>*Firmiana simplex* | 主要分布在我国长江流域及黄河以南，华北北部及华南亦有栽培。喜光。深根性，对土壤选择不严，喜钙，但在酸性土、中性土上亦能生长。忌积水 |
| 59 | 桤木<br>*Alnus cremastogyne* | 成都平原栽培较多。喜光，在中性、酸性及微碱性土壤上均能生长，耐水湿，有一定的耐旱及耐瘠薄能力，但以在深厚、肥沃、湿润的土壤上生长最佳。具根瘤，可自行固氮，能改良土壤 |
| 60 | 栓皮栎<br>*Quercus variabilis* | 适于东北南部、华北、西北、华中、华南和西南地区。喜光，耐干旱，对土壤适应力强，酸性、中性及石灰质土壤均能生长，但以在深厚、肥沃排水良好的壤土或沙壤土上生长最佳 |
| 61 | 橘（柑）<br>*Citrus reticulata* | 主产于我国长江以南。稍耐荫，喜温暖湿润的气候和深厚、肥沃的中性或微酸性土壤 |
| 62 | 盐肤木<br>*Rhus chinensis* | 我国分布很广。喜光。耐寒性较强，对土壤无苛求，耐干燥瘠薄 |
| 63 | 海棠花（海棠）<br>*Malus spectabilis* | 适于华北及华东地区。喜光，喜深厚肥沃湿润的土壤，忌积水 |
| 64 | 荷花玉兰（广玉兰）<br>*Magnolia grandifiora* | 我国长江流域中下游及华南均有栽培。稍耐荫，喜深厚肥沃土壤。抗污染能力强 |
| 65 | 栾树<br>*Koelreuteria paniculata* | 华北及长江流域广为栽培。喜光。对土壤要求不严，石灰性及弱酸性土壤皆可。较耐干燥瘠薄，耐土壤踏实 |
| 66 | 桑树<br>*Morus alba* | 我国南北各地广为栽培，以长江流域和黄河流域中下游栽培较多，越冬北界为哈尔滨市。喜光，耐干旱又耐水湿，耐瘠薄，在微酸性、中性、石灰质及轻度盐碱（含盐量0.2%以下）土上均能生长，但以深厚、肥沃的砂壤土上生长最佳。耐烟尘 |
| 67 | 梅（梅花）<br>*Prunus mume* | 适于黄河流域以南地区。喜光，对土壤要求不严，在排水良好的肥沃沙壤土中生长良好 |
| 68 | 梓树<br>*Catalpa ovata* | 适于长江流域及其以北地区。性耐寒，最北可至哈尔滨 |
| 69 | 黄葛树（大叶榕）<br>*Ficus virens* | 适于华中以南地区。较喜光，不耐干旱，在深厚肥沃略呈酸性的土壤上生长良好 |
| 70 | 黄檗<br>*Phellodendron amurense* | 适于东北地区。喜光。要求深厚肥沃的中性至弱酸性土壤 |
| 71 | 黄栌<br>*Cotinus coggygria* | 主要适于华北、华中地区。喜光。对土壤要求不严，耐干燥贫瘠，对二氧化硫有抗性 |
| 72 | 黄连木（楷树）<br>*Pistacia chinensis* | 适于黄河流域及其以南地区。喜光。耐干旱瘠薄，在湿润肥沃土壤上生长良好 |
| 73 | 菜豆树<br>*Radermachera sinica* | 喜光。要求热带、亚热带温暖气候，常生于石灰岩山地，在酸性红壤中亦可 |
| 74 | 悬铃木（英国梧桐、法国梧桐）<br>*Platanus acerifolia* | 北京以南各地广泛栽培。喜光，在深厚肥沃的土壤中生长迅速。对土壤要求不严，轻度盐化土壤亦可 |

（续表）

| 序号 | 绿地植物类型 | 生态条件及适生土壤 |
|---|---|---|
| 75 | 银杏<br>*Ginkgo biloba* | 沈阳为栽培北界，华北、华东、西南地区广为栽培。喜光，稍耐旱，不适于碴砾性土壤。在土层深厚、湿润肥沃、排水良好之地生长最佳 |
| 76 | 鹅掌楸<br>*Liriodendron chinensis* | 主要分布于长江以南地区，华北亦有栽培。喜光，要求深厚肥沃土壤 |
| 77 | 银白杨<br>*Populus alba* | 别名白杨。适西北及华北地区栽培。抗寒耐旱，适应性强，耐盐碱 |
| 78 | 紫楠<br>*Phoebe shearei* | 主要适于长江以南地区。耐荫，要求深厚肥沃、排水良好的微酸性或中性土壤。不耐空气污染 |
| 79 | 紫椴<br>*Tilia amurensis* | 适于东北、华北地区。喜光，稍耐荫。喜湿润、深厚、富腐殖质的土壤，不耐踏实 |
| 80 | 银桦<br>*Grevillea robusta* | 主要适于亚热带南部。喜光，较耐旱，在深厚肥沃排水良好的微酸性土壤中生长最佳。忌洼地积水。对烟尘及有毒气体抗性较强 |
| 81 | 紫薇<br>*Lagerstroemia indica* | 主要适于黄河流域以南地区。喜光。对土壤要求不严，耐干旱，在深厚、肥沃、湿润土壤上生长最好 |
| 82 | 番荔枝<br>*Annona squamosa* | 适于南亚热带及热带地区。喜温暖湿润气候，稍耐荫，对土壤要求不严格，而以排水良好的微酸性肥沃土最佳 |
| 83 | 番木瓜<br>*Carica papaya* | 我国福建、台湾、广东、广西、海南、四川、云南等无霜冻地区均有栽培，为黄河流域以南，特别是江南地区的重要城市绿化树种。喜光。忌积水，在土壤深厚肥沃处生长好 |
| 84 | 番石榴<br>*Psidium guajava* | 我国福建、台湾、广东、广西、海南、重庆、四川及云南等地有栽培。对土壤无苛求，惟忌过于黏重及积水 |
| 85 | 楝树（苦楝）<br>*Melia azedarach* | 适于华北南部至华南广大地区。极喜光。对土壤要求不严，在酸性土、中性土、钙质土、石灰岩山地及含盐量在0.35%以下的盐碱土地方均能生长。耐干燥瘠薄，耐尘烟 |
| 86 | 楸树<br>*Catalpa bungei* | 主要适于华北以南地区，辽宁南部亦有栽培。喜光。要求深厚、肥沃、湿润的土壤，耐轻盐碱 |
| 87 | 榆树（白榆、榆、家榆）<br>*Ulmus pumila* | 东北、华北、西北、华东、华中都有分布。喜光，耐寒，耐干旱瘠薄，不耐水湿，耐盐碱，在含盐0.3%的盐碱土上尚能生长。但以在土壤湿润、深厚、肥沃处生长快。耐烟尘 |
| 88 | 榉树（大叶榉）<br>*Zelkova schneideriana* | 分布于黄河流域以南、华中、华东、华南及西南。喜光，在酸性、中性及钙质土上均能生长，忌水湿，耐烟尘 |
| 89 | 槐树（国槐）<br>*Sophora japonca* | 华北以南地区广为栽培。喜光，稍耐荫。在石灰性土、中性土、酸性土上均能生长。以在深厚肥沃、排水良好之地生长最佳 |
| 90 | 蒲桃<br>*Syzygium jambos* | 我国广东、广西、海南、四川及云南有栽培。稍耐荫。要求深厚肥沃、中性或酸性土壤。不耐盐碱 |
| 91 | 蓝桉<br>*Eucalyptus globulus* | 适于云南、贵州、四川部分地区。喜光。不耐湿热。在肥沃湿润的土壤中生长良好，忌钙质土 |
| 92 | 榕树（小叶榕）<br>*Ficus mlcrocarpa* | 主要适于南亚热带地区。稍耐荫，喜暖热多雨气候，喜深厚肥沃的酸性土 |

（续表）

| 序号 | 绿地植物类型 | 生态条件及适生土壤 |
|---|---|---|
| 93 | 樟（香樟）<br>*Cinnamomum camphora* | 主要分布在我国南方。稍耐荫，喜温暖湿润气候。生于酸性的黄壤、红壤或中性土中，要求土层深厚，土质肥沃。不耐干旱瘠薄，石灰性土壤上时有黄化 |
| 94 | 橄榄（青果）<br>*Canarium album* | 稍耐荫，喜温暖湿润之热带、亚热带气候，在深厚肥沃的微酸性土中生长良好 |
| 95 | 檫木<br>*Sassafras tsumu* | 主要分布在长江以南。喜光，在土壤深厚、排水良好的红壤或黄壤中均生长良好 |

三、灌木、花木类

| 序号 | 绿地植物类型 | 生态条件及适生土壤 |
|---|---|---|
| 1 | 一品红<br>*Euphorbia pulcherrima* | 别名猩猩木。华南地区及云南南部常露地栽培，长江流域及以北地区多室内盆栽。喜光，对土壤要求不严，喜生于疏松、肥沃、排水良好的微酸性土壤 |
| 2 | 十大功劳（刺黄檗）<br>*Mahonia bealei* | 适于黄河以南地区。喜光耐荫，耐旱，较耐寒。对土质要求不严，以肥沃、湿润、排水良好砂质壤土为佳 |
| 3 | 七叶树<br>*Aesculus chinensis* | 别名娑罗子、桫椤树。原产于黄河流域，南北适栽。半阳性树种，较耐荫，幼树则喜阴。喜温暖、湿润气候，畏干热，较耐寒。不择土壤，但不耐瘠薄和水涝，深根性，宜在土层深厚、肥沃、湿润、排水良好的土壤中生长 |
| 4 | 七子花<br>*Heptacodium micronioides* | 主要适于南方栽培。半荫性树种，对土壤要求不严，能适应瘠薄的微酸性砂砾土，但最适宜在腐殖质丰富、潮湿的森林土中生长 |
| 5 | 三裂绣线菊<br>*Spiraea trilobata* | 产于我国华北、西北、东北地区。喜光，耐半荫，喜土壤肥沃湿润，耐寒、耐旱、耐瘠薄 |
| 6 | 山茱萸<br>*Comus officinalise* | 产于我国河南、山东、陕西、甘肃、湖北、安徽、浙江、四川等地，南北均可栽培。喜温暖、湿润及半荫环境，喜肥沃、湿润而排水良好的土壤 |
| 7 | 山茶花<br>*Camellia japonica* | 适于南方城市栽培。喜温暖、湿润、半荫环境。喜生于疏松、肥沃、富含腐殖质的酸性土壤，pH 值 4.5~6.5 的范围内都能生长，但以 pH 值 5.5~6.5 为佳 |
| 8 | 小檗<br>*Berberis thunbergii* | 各大城市有栽培。适应性强，耐寒、耐旱、喜阳、耐半荫。宜栽植在排水良好的沙质壤土中。对水分要求不严，苗期土壤过湿会烂根 |
| 9 | 小叶女贞<br>*Ligustrum quihoui* | 分布于我国中部、东部和西南部，北京可露地栽培。喜光，稍耐荫，较耐寒，土壤适应性强，以湿润、肥沃的微酸性土为最佳 |
| 10 | 小叶榕<br>*Ficus microcarpa* | 主要适于南方城市栽培，北方盆栽。喜光也耐半荫，不耐寒，喜生于疏松、肥沃的酸性土壤中。耐水湿，气生根能吸收空气中的水分补充植株生长之需要，畏干旱 |
| 11 | 无花果<br>*Ficus carica* | 主要适于南方栽培，北方多盆栽。喜光，较耐半荫，耐干旱，怕水涝。对土壤选择不苛刻，但以疏松、肥沃的壤土为佳 |
| 12 | 木芙蓉<br>*Hibiscus mutabilis* | 黄河流域以南广泛栽培。喜光略耐荫，不甚耐寒，忌干旱，耐水湿，在临水肥沃地生长最盛 |

（续表）

| 序号 | 绿地植物类型 | 生态条件及适生土壤 |
| --- | --- | --- |
| 13 | 五色梅（马缨丹）<br>*Lantana camara* | 适栽于华南地区，其余地区多盆栽。喜光，适应性较强，耐干旱瘠薄，适宜在疏松、肥沃、排水良好的砂质土上生长 |
| 14 | 木槿<br>*Hibiscus syrzacus* | 我国南方广有栽培。喜温暖湿润，较耐寒、耐旱、耐半荫。喜疏松、肥沃、排水良好的土壤，也耐瘠薄，对土壤适应性也很强，在 pH 值 5~8.5 的土壤中都能生长，在含盐 0.3%的盐碱地上也能生存，但有黄化现象，开花较小 |
| 15 | 元宝枫<br>*Acer truncatum* | 别名枫树、五角树、色树等。分布于黄河中下游各地以及东北地区的南部和江苏北部、安徽南部。喜温暖、湿润及半荫环境，喜肥沃、排水良好的土壤，有一定的耐旱能力，但不耐涝 |
| 16 | 太平花<br>*Philadelphus pekinensis* | 产于我国内蒙古、辽宁、河北、河南、山西、四川等地。喜光，耐半荫、耐寒、耐旱、喜湿润，好肥沃、排水良好的微碱性土壤 |
| 17 | 月季<br>*Rosa hybrida* | 我国南北广泛栽培。喜光照充足、空气流通但能避寒冷的环境和排水良好、疏松、中性或微酸性、富含有机质的砂壤土 |
| 18 | 火棘<br>*Pyracantha fortuneana* | 主要适于黄河以南地区栽培。喜光，较耐寒、耐旱、耐瘠薄。对土质要求不严，喜生于肥沃、排水良好的砂质壤土 |
| 19 | 六月雪<br>*Serissa foetida* | 长江流域以南广大地区常在园林中露地栽植，北方地区多盆栽。喜光，耐半荫，不耐严寒及干旱。对土壤要求不严，喜肥沃、疏松的砂质壤土，微酸性或中性均可 |
| 20 | 文冠果<br>*Xanthoceras sorbifolia* | 产于我国东北、华北一带，甘肃、河南等地也有分布。喜光，耐半荫、耐寒、耐旱。要求深厚、肥沃、排水良好的微碱性土壤 |
| 21 | 巴西木<br>*Dracaena fragrans* | 别名香龙血树。盆栽要求疏松、肥沃、富含腐殖质、排水良好的微酸性壤土 |
| 22 | 石榴<br>*Punica granatum* | 我国温带地区广泛栽培。喜阳光充足、肥沃而排水良好的砂土或壤土，耐干旱、瘠薄，不耐水湿 |
| 23 | 东北溲疏<br>*Deutzia amurensts* | 适栽于东北地区 |
| 24 | 叶子花<br>*Bougainvillea spectabilis* | 原产于巴西，现广泛栽培于热带、亚热带地区。喜光，对土壤要求不严，耐瘠薄，耐干旱，但忌积水，最适于疏松、肥沃、排水性好、富含腐殖质的砂质壤土 |
| 25 | 四季丁香<br>*Syringa microphylla* | 产于河北西南部、山西、陕西、辽宁、宁夏、甘肃、青海、四川等地。喜光，喜土壤深厚、湿润、排水良好，同时也耐寒、耐旱 |
| 26 | 四照花<br>*Dendrobenthamia japonwa* | 原产于我国河南、山西、陕西、甘肃东南部及长江流域各地。喜生于半荫环境和排水良好的土壤。适应性强，能耐一定程度的寒、旱、瘠薄 |
| 27 | 白玉兰<br>*Magnolia denudata* | 适于长江以南地区。不积水、排水良好的中性砂壤土为适。喜肥 |
| 28 | 白鹃梅<br>*Exochorda racemosa* | 原产于我国华中及华东地区，南北均有栽培。喜光，耐半荫，耐寒、耐旱，较耐瘠薄。对土壤条件要求不高，偏酸、偏碱性土均能适应，尤喜排水良好、深厚、肥沃而湿润的土壤 |

（续表）

| 序号 | 绿地植物类型 | 生态条件及适生土壤 |
| --- | --- | --- |
| 29 | 冬青卫矛<br>*Euonymus japonica* | 我国普遍栽培，长江流域城市尤多。喜光亦耐荫，要求肥沃土壤，较耐寒。抗有毒气体及烟尘 |
| 30 | 迎春花<br>*Jasminum nudiflorum* | 我国广泛栽培。选背风、高燥、排水良好处为佳，切忌植于雨后积水的低洼处 |
| 31 | 夹竹桃<br>*Nerium indicum* | 适于南方城市栽培，北方盆栽。喜光，耐寒性差，适应性强，对土壤要求不严，喜生于疏松、肥沃、排水良好的中性砂质壤土，对微酸性、轻碱性土壤也能适应 |
| 32 | 连翘<br>*Forsythia suspensa* | 原产于我国北部及中部，现各地均有栽培。忌涝，喜光，耐荫、耐寒。对土壤适应性强且耐瘠薄，宜植于中性、微碱性或微酸的土壤中。在向阳且排水良好的肥沃土壤中生长旺盛 |
| 33 | 合欢<br>*Albizia julibrissin* | 别名绒花树、马缨花、夜合欢、蓉花树等。我国广有栽培。喜光，喜温暖，耐寒、耐旱、耐土壤瘠薄及耐轻度盐碱 |
| 34 | 米兰<br>*Aglaia odorata* | 适南方城市栽培，北方盆栽。喜光，耐半荫，土壤以疏松、富含有机质的微酸性壤土或砂壤土为宜 |
| 35 | 灯台树<br>*Bothrocaryum controversum* | 产于我国长江流域及西南各省，北方亦有栽培。喜温湿气候及半荫环境，适应性强，较耐寒、耐热。宜在肥沃、湿润及疏松、排水良好的土壤上生长 |
| 36 | 红瑞木<br>*Cornus alba* | 产于我国东北、华北、西北、华东等地。半荫性树种，较耐寒、耐旱，也能在湿热的环境中生长。喜肥沃、湿润、排水良好的砂壤土或冲积土 |
| 37 | 红花忍冬<br>*Lonicera syringantha* | 产于我国西北及西南高山地区，适于北方城市栽培。喜半荫、冷凉、湿润的环境，耐寒但畏干旱炎热，喜肥沃、疏松、排水良好的砂质壤土。耐瘠薄，忌积涝 |
| 38 | 杜鹃花<br>*Rhododendron sinensis* | 起源于南方，北方亦有栽培。喜富含腐殖质、pH 值在 5.5~6.5 之间的疏松性土壤，忌黏重土和通气性差的土壤 |
| 39 | 花椒<br>*Zanthoccylum bungeanum* | 喜光，较耐寒、耐旱，不耐涝。对土壤要求不严，喜湿润肥沃砂壤土或钙质土 |
| 40 | 扶桑<br>*Hibiscus rosa-sinensis* | 别名朱槿。热带、亚热带地区普遍栽培。喜光，不耐荫，适应性强，喜疏松、排水良好的微酸性土和高燥地势 |
| 41 | 牡丹<br>*Paeonia suffruticosa* | 除海南外，各地均有栽培。喜温凉高燥，忌炎热低湿。耐寒、耐旱、喜光、稍耐荫。宜植于肥沃、疏松、排水良好的壤土或砂壤土，忌黏重土壤或低湿处，微酸、微碱亦能适应 |
| 42 | 含笑<br>*Michelia figo* | 适于南方城市栽培，北方盆栽。喜光，耐半荫，也耐曝晒和干燥。要求排水良好、肥沃的微酸性土壤，中性也可 |
| 43 | 沙枣<br>*Elaeagnus angustifolia* | 具有抗风沙、耐干旱、耐盐碱的特点，适西北干旱地区 |
| 44 | 郁李<br>*Prunus japonica* | 我国南北广泛栽培。喜光、耐寒，抗旱、抗湿力较强，对土壤要求不严，喜中性肥沃的砂壤土，但也能适应微酸、微碱性土壤 |
| 45 | 茉莉<br>*Jasminum sambac* | 适于南方栽培，北方盆栽。喜光，喜湿润温暖，喜肥沃、疏松的微酸性土壤 |

（续表）

| 序号 | 绿地植物类型 | 生态条件及适生土壤 |
| --- | --- | --- |
| 46 | 欧洲绣球<br>*Viburnum opulus* | 适应范围广，喜阳光，亦耐荫。喜温暖、湿润的气候，抗寒性强，也耐干旱。对土壤要求不严，微酸、微碱均可适应，但以深厚、肥沃、湿润、排水良好的壤土更为适宜 |
| 47 | 金橘<br>*Fortunella margarita* | 分布于华南地区。凡柑桔产区均能栽培，各地多盆栽。喜阳光充足。较耐寒，稍耐荫。要求深厚肥沃带酸性的砂质壤土 |
| 48 | 金丝桃<br>*Hypericum monogynum* | 适于南方地区，北方盆栽。喜光亦耐荫，适应性强，稍耐寒。喜肥沃中性壤土，忌积水 |
| 49 | 金缕梅<br>*Hamamelis mollis* | 分布于浙江、安徽、江西、湖北、湖南等省。喜光，耐半荫。对土壤要求不严，以排水良好而富含腐殖质为好，畏炎热水涝 |
| 50 | 金银忍冬（金银木）<br>*Lonicera maackii* | 我国产于东北、华北、华东、西北、西南及中南等地区。喜光，亦耐荫，耐寒，耐旱，耐瘠薄，在肥沃、深厚、湿润土壤中生长旺盛 |
| 51 | 金钟花<br>*Forsythia viridissima* | 适于长江以南地区，北方亦有栽培。喜光，耐半荫，较耐旱、耐寒、耐水湿。对土壤要求不严，在排水良好的肥沃土壤上栽植最佳 |
| 52 | 鱼鳔槐<br>*Colutea arborescens* | 喜光、喜湿润环境，耐寒、耐干旱，不耐水湿。适应性强，耐瘠薄，不择土壤，以排水良好的砂质壤土为宜 |
| 53 | 珍珠梅<br>*Sorbaria kirilowii* | 原产于我国华北、西北、华中等地区。适应性强，喜光略耐荫，耐寒，不择土壤，但以土层深厚、肥沃湿润的砂壤土生长更好 |
| 54 | 胡颓子<br>*Eleaegnus pungens* | 分布于长江流域以南。喜光耐荫，耐旱，耐湿，对土壤要求不严，耐烟尘 |
| 55 | 胡枝子<br>*Lespedeza bicolor* | 主要适于长江流域以北。喜光稍耐荫。耐寒、旱、寒、瘠薄。对烟尘及有害气体抗性较强 |
| 56 | 栀子花<br>*Gardenia jasminoides* | 原产于我国长江流域以南，主要适于南方城市栽培。喜光，但又畏强光直晒，较耐半荫。适生于湿润、疏松、肥沃、排水好的酸性土壤上。耐寒性较差 |
| 57 | 树锦鸡儿<br>*Caragana arborescens* | 产于黄河流域以北各地。耐旱，中性、石灰性土壤皆可 |
| 58 | 枸杞<br>*Lycium chinensis* | 广布全国各地。喜光亦耐荫，耐旱，耐碱，对土壤要求不严，忌黏质土和低洼地 |
| 59 | 南天竹<br>*Nandina domestica* | 喜半荫，较耐寒，黄河以南、我国中、西部及广西可露地种植。要求排水良好、肥沃土壤。较耐旱，耐弱碱 |
| 60 | 映山红<br>*Rhododendron mucronulatum* | 喜光，耐半荫，喜湿润冷凉气候 |
| 61 | 桂花<br>*Osmanthus fragrans* | 主要适于南方城市栽培。喜光，也耐半荫，喜温暖和通风良好的环境，但不耐寒，适宜生长在深厚、肥沃而排水良好的富含腐殖质的偏酸性砂质壤土上，忌碱性土质和积水 |
| 62 | 皱皮木瓜（贴梗海棠）<br>*Chaenomeles specisa* | 适于黄河流域以南地区。喜光，稍耐荫。较耐寒、耐旱，喜深厚肥沃、排水良好的微酸性至中性土壤。耐瘠薄、忌湿涝 |
| 63 | 栾树<br>*Koelreuteria paniculata* | 别名灯笼树。我国产于东北、华北、华东、西南和陕西、甘肃等地。喜光，喜温暖湿润，耐半荫，耐寒。对土壤要求不严，耐土壤干旱、瘠薄和短期积水，扎根力强，较耐踏实 |

（续表）

| 序号 | 绿地植物类型 | 生态条件及适生土壤 |
|---|---|---|
| 64 | 黄杨<br>*Buwus sinica* | 原产我国中部，现各地有栽培。喜肥沃湿润排水良好的土壤及庇荫环境，较耐碱，在山地、河边、溪旁及溪流石隙中也能生长 |
| 65 | 海棠花<br>*Malus spectabilis* | 我国广泛栽培。适应性强，喜阳，不耐荫，耐寒，耐旱，但不耐水湿。几乎可檀于从黏重到疏松的各类土壤，对土壤酸碱度适应范围也较广，对盐碱土有一定的适应能力，但在深厚、疏松、排水良好的微酸性（pH5.5~7）土壤中生长最好。宜选地势较高、背风向阳、土壤肥沃、土层深厚之处栽植 |
| 66 | 流苏<br>*Chionanthus retusa* | 适于华北以南地区栽培。喜光，耐寒、耐旱、耐瘠薄，但不耐涝。对土壤要求不严，中性、微酸及微碱性都能适应 |
| 67 | 黄荆<br>*Virex negundo* | 主要适于长江以南。喜光，耐半荫，喜肥沃土壤，亦耐旱，耐瘠薄 |
| 68 | 黄刺玫<br>*Rosa xanthina* | 适于广大北方地区栽培。强阳性树种，稍耐荫，耐寒、耐旱性强，对土壤要求不严，耐碱、耐瘠薄，但忌湿涝 |
| 69 | 黄栌<br>*Cotinus coggygria* | 产于我国西南、华北和浙江等地区。喜光，耐半荫、耐寒、耐干旱瘠薄和碱性土壤，不耐水湿。喜排水良好的砂质壤土 |
| 70 | 梅花<br>*Prunus mume* | 适栽于长江流域以南地区，北方亦有栽培。喜阳、较耐寒，具一定抗旱性，但花期忌暴雨、湿涝。几乎能在各类土壤中生长，且颇耐瘠薄，以中性至微酸性黏壤土或壤土为佳 |
| 71 | 梭梭<br>*Haloxylon ammodendron* | 是我国内蒙古干旱荒漠地区适应性强、抗旱、抗寒、耐盐碱、防风固沙能力强的优良树种 |
| 72 | 雪柳<br>*Fontanesia fortunei* | 南北均有栽培，尤以江苏、浙江一带普遍。喜光稍耐荫。较耐寒、耐旱。除盐碱地外，各种土均能生长 |
| 73 | 雪球荚莲（日本绣球）<br>*Viburnum plicatum* | 分布于黄河流域以南。喜温暖湿润，较耐寒，稍耐半荫。好生于富含腐殖质土壤 |
| 74 | 接骨木<br>*Sambucus williamsii* | 分布于我国东北、华北、西北、西南地区。喜光，较耐荫、耐寒、耐旱，忌水涝，适合种于肥沃、疏松、湿润的壤土或冲积土中 |
| 75 | 常春藤<br>*Hedera nepalensis* | 主要适于南方栽培，北方多盆栽。喜荫，对土壤要求不严，但以疏松、肥沃、中性偏酸性土壤为宜 |
| 76 | 银芽柳<br>*Salix gracilistyla* | 原产于我国东北地区，现已广泛栽培。喜阳光，喜湿润而肥沃的土壤。耐涝，对环境适应性强 |
| 77 | 鹅掌楸<br>*Liriodendron chinense* | 别名马褂木。主要分布于长江流域及秦岭淮河以南，华北地区亦有栽植。喜光，适宜在深厚、肥沃、疏松、排水良好的微酸性土壤上生长，在干旱、土层薄处生长不良。亦忌低湿水涝 |
| 78 | 溲疏<br>*Deutzia scabra* | 北京以南可露地栽培。阳性树种，稍耐荫。较耐寒、耐旱。喜含腐殖质的酸性和中性土 |
| 79 | 麻叶绣线菊<br>*Spiraea cantonensis* | 产于我国东部及南部。喜光，稍耐荫。较耐瘠、耐寒、耐旱，忌湿涝 |
| 80 | 棣棠<br>*Kerria japonica* | 适于华北以南及西北地区。喜阳，耐半荫，不甚耐寒。几乎可在各类土壤中生长，尤喜湿润、肥沃、排水良好的中性或微酸性砂质壤土，较耐瘠薄和水湿 |

（续表）

| | | |
|---|---|---|
| 81 | 紫荆<br>*Cercis chinensis* | 华北以南地区栽培。喜光，耐寒性较差。喜湿润、肥沃、排水良好土壤，微酸、微碱均能适应 |
| 82 | 紫丁香（丁香、华北紫丁香）<br>*Syringa oblate* | 适于广大北方地区栽培。喜光、耐寒、耐旱，于中性、偏酸、偏碱的土壤中都能生长。 |
| 83 | 紫玉兰<br>*Magnolia liliflora* | 在我国南北各地广泛栽培，适华北以南地区。喜光，稍耐荫，适宜在排水良好的酸性或中性砂壤土中，不耐碱性土壤，要求土壤 pH 值在 5.5~6.5。喜肥 |
| 84 | 紫珠<br>*Callicarpa dichotoma* | 我国产于中部、东部地区。喜温暖湿润的气候、疏松肥沃的土壤。喜光，耐荫，不耐寒 |
| 85 | 紫薇<br>*Lagerstroemia indica* | 主要适于南方城市栽培。喜阳，稍耐半荫，有一定的耐寒耐旱能力，并较耐水湿。喜生于肥沃、深厚的砂壤土和石灰性土壤，在黏质土地上也能生长 |
| 86 | 紫穗槐<br>*Amorpha fruticosa* | 我国广泛栽培。喜光，耐寒、耐旱，耐瘠薄和轻度盐碱。根系发达，有根瘤。抗烟尘 |
| 87 | 瑞香<br>*Daphne odorata* | 原产于长江流域，长江流域以南有栽培。喜阴凉通风环境，忌干旱与积水。适生于富含有机质、排水良好的酸性壤土 |
| 88 | 榆叶梅<br>*Prunus triloba* | 产于我国东北、西北、华北地区，南至江苏、浙江等。喜光，稍耐荫，耐寒，对土壤要求不严，以中性至微碱性肥沃而疏松的砂壤土为佳。耐旱，也耐土壤瘠薄，稍耐盐碱，不耐积水 |
| 89 | 锦鸡儿<br>*Caragana sinica* | 主要产于我国北部及中部，华南、西南有分布。喜光、耐寒。适应性强，耐干旱瘠薄，忌湿涝 |
| 90 | 锦带花<br>*Weigela florida* | 原产于东北、华北、江苏北部，各地有栽培。喜光，耐半荫。耐寒、耐旱，忌积水。对土壤要求不严，但以深厚肥沃壤土中生长最佳 |
| 91 | 蜡梅<br>*Chimonanthus praecox* | 北京以南露地栽培。喜光、能耐荫、耐旱，较耐寒，忌水湿。要求肥沃、深厚、排水良好的中性或微酸性砂质壤土，忌黏土、盐碱土 |
| 92 | 蜡瓣花<br>*Corylopsis chinensis* | 分布于长江流域以南。喜光，耐半荫，较耐寒。宜湿润而富含有机质的酸性、微酸性土壤，忌土壤干燥、排水不良 |
| 93 | 碧桃<br>*Prunus perstca* | 原产于我国华北、华中及西南各地。喜光、喜温暖，较耐寒、耐旱，但不耐水湿。要求土壤为肥沃、排水良好、中性或中性偏碱的砂壤土。忌在低洼积水处栽培 |
| 94 | 蔷薇<br>*Rosa multiflora* | 我国华北、华中、华东、华南及西南、自治区广泛栽培。喜光，耐半荫，较抗寒，对土壤要求不严。好肥耐瘠，在黏重土壤中也能正常生长．但在疏松、肥沃、深厚的土壤中生长最佳 |
| 95 | 樱花<br>*Prunus serrulata* | 我国原产于长江流域、华北、东北地区，南北均有栽培。喜光，适于在排水良好、肥沃、深厚、酸性或中性偏酸的土壤中生长，不耐盐碱土和湿涝 |
| 96 | 糠椴<br>*Tilia mandshurica* | 产于我国东北、华北及江苏省。喜光，较耐荫，喜湿润温凉气候及深厚、肥沃而湿润的土壤，在微酸、微碱性土上均能生长，但在干瘠、积水处生长不良。耐寒，不耐烟尘 |
| 97 | 糯米条（茶条树）<br>*Abelia chinensis* | 适南方城市栽培。喜温暖、湿润，具有一定的耐寒性。夏季喜冷凉，忌曝晒。耐瘠薄，对土壤要求不严，中性或偏酸性土都能适应 |

## 四、草本花卉类

| 序号 | 绿地植物类型 | 生态条件及适生土壤 |
|---|---|---|
| 1 | 一串红 | 别名西洋红、爆竹红等。各地广为栽培。不耐寒，喜向阳肥沃土壤 |
| 2 | 三色堇 | 喜凉爽气候和阴凉潮润土壤 |
| 3 | 三色苋 | 原产热带美洲。喜阳光，好湿润及通风环境。能耐旱、耐碱 |
| 4 | 大丽花 | 我国各地均有栽培。喜阳光充足、温暖的气候，不耐寒。宜栽植于排水良好的肥沃沙质土中，忌水涝，怕高温干旱 |
| 5 | 大花亚麻 | 别名花亚麻。原产南非北部，喜半荫，不耐肥，不耐湿，较耐寒，喜排水良好、富含腐殖质的砂质土壤 |
| 6 | 万寿菊 | 原产墨西哥，不耐寒，喜温热，对土壤要求不严 |
| 7 | 千日红 | 别名火球花、千年红等。原产亚洲热带地区，性强健，喜温暖、干燥，喜光。对环境要求不严，一般土壤均可栽培 |
| 8 | 马蔺 | 极耐干旱，可在砂土及重黏土中生长，喜光耐瘠，较耐水湿 |
| 9 | 天竺葵 | 别名绣球花、洋绣球。可露地栽培，各地多盆栽。喜温暖湿润气候，要求排水良好的土质，喜阳光，喜肥水 |
| 10 | 天人菊 | 原产北美，耐夏季干旱和炎热。不耐寒，但能耐初霜。喜阳，也耐半荫。要求土壤疏松，排水良好。是绿化美化的主导花卉 |
| 11 | 中国水仙 | 江南一带至华南可露地栽培，各地多盆栽。旱地栽培，喜湿润肥沃的砂质壤土。更适于有流水的水田或湿地栽培 |
| 12 | 勿忘草 | 别名毋忘草。原产欧亚大陆，喜光，能耐荫，耐寒性较强。喜凉爽气候、湿润土壤，忌积水。成片分布在林下、墙脚边、沟溪旁 |
| 13 | 风信子 | 别名洋水仙、五色水仙。适应性较强，颇耐寒，在中南一带可露地种植。要求排水良好的疏松肥沃土壤 |
| 14 | 风铃草 | 原产南欧，喜夏季凉爽、冬季温和的气候。喜疏松、肥沃而排水良好的土壤 |
| 15 | 凤仙花 | 各地都有栽培。不耐寒，对土壤适应性强，但喜潮润而排水良好的土壤 |
| 16 | 长春花 | 原产南亚、非洲东部及美洲热带。性喜温暖、阳光充足和稍干燥的环境。怕严寒，忌水湿，切勿栽于低洼积水处。以在富含腐殖质的疏松壤土中生长较好 |
| 17 | 文殊兰 | 别名十八学士。分布于我国广东、福建、台湾等地。性喜温暖、阳性，常生于海滨地区或河旁湿地 |
| 18 | 水飞蓟 | 原产南欧、北非。喜光、干燥凉爽气候，对土质要求不严，不耐高温高湿 |
| 19 | 玉簪 | 除西北外全国均有分布。性强健，耐寒冷。畏强光直射，好生阴湿之地，但栽培宜选土层深厚、排水良好、肥沃的砂质壤土，以荫蔽处为好 |
| 20 | 四季海棠 | 畏寒，怕旱，忌涝。在半荫湿温暖环境中生长最好 |
| 21 | 矢车菊 | 别名翠兰。长江流域能露地越冬，不耐酷暑。对土壤要求不严 |
| 22 | 冬珊瑚 | 原产欧亚热带，喜温暖向阳的环境和排水良好的土壤 |

（续表）

| 序号 | 绿地植物类型 | 生态条件及适生土壤 |
| --- | --- | --- |
| 23 | 半支莲 | 别名太阳花。原产南美巴西，喜温暖、阳光充足而干燥的环境，阴暗潮湿之地生长不良。极耐瘠薄，一般土壤都能适应，而以排水良好的砂质土最相宜 |
| 24 | 吉祥草 | 分布我国西南、华中、华南等地。地栽或盆栽均较粗放，庭院中可群植于荫湿窄狭的墙根、角落；或片植于林缘湿地；或植于山石之基，浅水池畔 |
| 25 | 地被菊 | 喜光、耐寒、耐旱、忌水涝，对土壤要求不严，可在瘠薄的坡地上生长 |
| 26 | 百合 | 除个别省市外，遍布全国各地。半阴性，以富含腐殖质、土层疏松深厚、能保持适当潮湿而又排水良好的土壤为宜。多数种类喜酸性土壤，忌连作 |
| 27 | 芍药 | 原产华北、华中各地，华北各地多露地栽培，华南一带则多作盆栽。疏松、排水良好的中性、石灰性、弱酸性土壤皆可 |
| 28 | 早小菊 | 喜光、耐寒、耐旱、忌水涝，对土壤要求不高，可在瘠薄的坡地上生长 |
| 29 | 朱顶红 | 华北以南地区可露地栽培。半荫生，稍耐寒，喜排水良好的砂质壤土 |
| 30 | 观赏椒 | 别名指天椒、五色椒等。原产美洲热带。不耐寒，喜温热、光照充足，在潮湿肥沃的土壤上生长良好 |
| 31 | 观赏葫芦 | 别名腰葫芦、小葫芦。原产欧洲热带地区，喜温暖、湿润、阳光充足的环境，不耐寒。要求肥沃、湿润而排水良好的中性壤土 |
| 32 | 羽衣甘蓝 | 原产西欧，耐寒，喜光，喜凉爽，极好肥 |
| 33 | 异果菊 | 原产南非，喜温暖，不耐寒，长江以北地区均需保护越冬。忌炎热，喜阳光充足、土壤疏松、排水良好的环境 |
| 34 | 红花烟草 | 原产南美，性喜温暖、向阳，为长日照植物。喜肥沃疏松而湿润的土壤 |
| 35 | 麦秆菊 | 原产澳大利亚，喜温暖和阳光充足的环境。不耐寒，忌酷热。喜湿润肥沃而排水良好的黏质壤土 |
| 36 | 花菱草 | 原产美国加利福尼亚州。喜冷凉、干燥的气候，耐寒。喜疏松肥沃、排水良好的砂质土壤。忌高温，怕涝 |
| 37 | 鸢尾 | 别名兰蝴蝶。原产北半球温带地区。颇耐荫、好湿、可栽于水湿地。在庭院中多布置于房屋四周较湿的空坪隙地，特别是墙根、坡下、林缘、池畔等 |
| 38 | 鸡冠花 | 各地广为栽培。喜干热气候、阳光充足，怕霜冻。要求疏松、肥沃、排水良好的土壤。喜肥，不耐瘠薄 |
| 39 | 轮锋菊 | 别名紫盆草、松虫草。原产南欧，喜向阳、通风。耐寒，忌炎热、高湿和雨涝。要求排水良好的壤土 |
| 40 | 金盏菊 | 别名金盏花、长生菊。各地广为栽培。耐寒，但不耐暑热。适应性强，耐瘠薄土壤。但喜向阳疏松土壤，在气候温和、土壤肥沃条件下，开花大而多 |

（续表）

| 序号 | 绿地植物类型 | 生态条件及适生土壤 |
| --- | --- | --- |
| 41 | 金鸡菊 | 原产北美，耐寒力强，冬季需冷床越冬，不喜酷热，耐干旱及瘠薄土壤 |
| 42 | 金莲花 | 原产南美，不耐寒，喜温暖湿润、阳光充足的环境和排水良好的肥沃土壤 |
| 43 | 金鱼草 | 各地广泛栽培。耐寒，喜疏松、肥沃、排水良好的土壤。不耐酷热，但耐半荫 |
| 44 | 韭　兰 | 别名红花葱兰、红花菖蒲。江南各省均有栽培。喜光，亦颇耐荫，喜肥沃土壤 |
| 45 | 香石竹 | 别名康乃馨。各地广泛栽培，喜冷凉气候，不耐寒，忌高温，喜光照充足和通透性好，富含腐殖质的黏壤土 |
| 46 | 香雪球 | 原产欧亚，性强健，忌炎热，稍耐寒。对土壤要求不严，但不可过湿 |
| 47 | 香豌豆 | 原产意大利西西里岛。忌干热风吹袭。要求土层深厚、高燥。不宜冬季阴冷及土壤过湿。生长期间要求阳光充足 |
| 48 | 美人蕉 | 原产东亚暖地，我国各地广为栽植。喜高温，阳性，畏冰霜和强风。适应性强，不择土壤，但以肥沃湿润而排水良好的土壤最佳 |
| 49 | 美女樱 | 别名铺地锦、四季绣球、美人樱等。原产巴西，喜光，不耐荫，喜温暖湿润，有一定的耐寒能力。不耐干旱。对土壤要求不严。但栽培美女樱应选择疏松、肥沃及排水良好的土壤 |
| 50 | 桂园菊 | 原产亚洲热带地区，喜温暖、湿润、阳光。忌干旱，不耐寒。喜疏松，肥沃的土壤 |
| 51 | 桂竹香 | 原产南欧，耐寒。喜向阳地势、冷凉干燥的气候和排水良好、疏松肥沃的土壤。畏涝忌热 |
| 52 | 荷　花 | 别名莲花。我国南北各地均有分布。生长于水泽、池塘、湖泊中。喜温暖湿润气候，适应性很强 |
| 53 | 荷兰菊 | 喜光、耐旱、耐寒、耐瘠薄 |
| 54 | 菊　花 | 全国各地均有栽培，对土壤要求不严，但低洼、盐碱地不宜栽种。性喜阳光，不耐荫蔽。最适于排水良好的肥沃砂质壤土。一般忌湿涝 |
| 55 | 唐菖蒲 | 别名扁竹莲。强阳性植物，喜肥沃、排水良好的砂质壤土 |
| 56 | 晚香玉 | 别名夜来香。温带地区广泛栽培。畏寒，喜阳光，宜排水良好的砂质壤质土，对肥水要求较高 |
| 57 | 银边翠 | 我国各地均有栽培。喜温暖、阳光，喜肥沃而排水良好的砂质壤土，忌湿涝 |
| 58 | 彩叶草 | 别名洋紫苏、锦紫苏。原产爪哇，性喜温热、向阳、湿润。要求疏松肥沃土壤，耐寒力较弱 |
| 59 | 葱　兰 | 我国华中、华东、华南、西南各地均有分布。性喜阳、湿润之地，但耐旱力很强，耐寒 |
| 60 | 萱　草 | 适应性颇强，耐瘠、耐旱力均强，只要排水良好，阳光充足，均可生长繁茂 |

（续表）

| 序号 | 绿地植物类型 | 生态条件及适生土壤 |
|---|---|---|
| 61 | 紫罗兰 | 原产地中海沿岸。喜凉爽气候，忌燥热。喜疏松肥沃、土层深厚、排水良好的土壤 |
| 62 | 紫茉莉 | 原产美洲热带，不耐寒，性喜疏松的土壤和稍有荫蔽环境 |
| 63 | 黑心菊 | 原产北美，适应性很强，耐寒，耐旱，较耐水湿，喜向阳通风环境。对肥水要求不高 |
| 64 | 蒲包花 | 原产墨西哥、秘鲁等地。喜温暖、凉爽、湿润而又通风良好的环境。不耐寒。忌湿，喜排水良好、富含腐殖质的土壤 |
| 65 | 虞美人 | 别名丽春花。原产欧亚。喜阳光以及通风良好的环境。耐寒。喜疏松肥沃、排水良好的砂质土 |
| 66 | 蜀　葵 | 耐寒、喜光，适于深厚肥沃的砂质壤土，有一定的耐荫能力 |
| 67 | 蛾蝶花 | 原产智利，性喜凉爽温和气候，喜光。要求肥沃、排水良好的土壤 |
| 68 | 矮雪轮 | 原产南欧和地中海区域。耐寒，喜疏松壤土，喜阳光充足、排水良好的环境 |
| 69 | 矮牵牛 | 原产南美，性喜温暖，不耐寒，忌积水，喜排水良好的砂质壤质土，喜阳光充足 |
| 70 | 雏　菊 | 别名延命菊。各地广为栽培。喜肥沃、湿润而排水良好的土壤 |
| 71 | 福禄考 | 别名草夹竹桃、洋梅花、桔梗石竹。原产北美南部，性喜温暖，稍耐寒，忌酷暑。在华北一带可冷床越冬。宜排水良好、疏松的壤土，不耐旱，忌涝 |
| 72 | 睡　莲 | 我国各地池沼自生。宜浅水，喜阳光。池塘栽培，早春应将池水放尽，将泥土疏松，并施入基肥，栽后灌水 |
| 73 | 翠　菊 | 各地广为栽培。耐寒性不太强，也不喜酷热，喜肥沃、潮润而又排水良好的壤土 |
| 74 | 霞　草 | 别名满天星、丝石竹等。原产高加索。耐寒、喜光，要求含石灰质、肥沃而排水良好的土壤。适应性强，但忌炎热和过于潮湿 |

## 五、草坪草类

| 序号 | 绿地植物类型 | 生态条件及适生土壤 |
|---|---|---|
| 1 | 小糠草<br>*Agrostis alba* | 适应性强，耐寒，亦能抗热，喜湿润土壤，具耐旱性。对土壤条件要求不高，以黏壤及壤土为佳，在较干的沙土上亦能生长，但此草不耐荫 |
| 2 | 无芒雀麦<br>*Bromus inermis* | 喜温耐寒，抗旱能力很强。耐践踏性弱。最适于在排水良好、肥沃、结构良好的土壤上生长，如有外源氮肥，也能于结构差的土壤上生长 |
| 3 | 巴哈雀稗<br>*Paspalum notatum* | 较耐寒，耐荫性和耐践踏性好，抗旱力强。对土壤要求不严，从干旱沙地到排水不良的土壤均能生长。适宜的土壤 pH 值为 6.5~7.5 |
| 4 | 加拿大早熟禾<br>*Poa compressa* | 耐寒，耐荫，耐踏，在草地早熟禾生长不良的贫瘠、较干旱土壤上能很好生长。其适宜的土壤 pH 值为 5.5~6.5 |
| 5 | 羊茅<br>*Festuca ovina* | 耐热性差，耐旱性中等。在酸性、肥力低下的土壤上也能生长 |

（续表）

| 序号 | 绿地植物类型 | 生态条件及适生土壤 |
| --- | --- | --- |
| 6 | 多年生黑麦草<br>*Lolium perenne* | 不能耐受极端的冷、热和干旱。在部分遮荫条件下生长较好。有一定的耐践踏性。适应的土壤范围广，但以微酸性、肥力中上的土壤为宜 |
| 7 | 地毯草<br>*Axonopus compressus* | 抗寒性极差，抗旱性相对较弱。有一定的耐荫性，耐践踏性差。最适宜在湿润、酸性、土壤肥力低的砂质或砂壤土上生长。最适土壤pH值为4.5~5.5 |
| 8 | 苏比纳早熟禾<br>*Poa supine* | 耐寒性很强，耐热性弱，较不耐旱，耐践踏性强，且耐荫 |
| 9 | 沟叶结缕草<br>*Zoysia matrelia* | 耐热性强，耐旱能力及耐践踏性也较强。此草对土壤要求不严 |
| 10 | 细弱翦股颖<br>*Agrostis tenuis* | 耐旱和耐热性差，耐寒性好，耐荫性中等，耐践踏性差，适应的土壤范围广，但以肥沃、潮湿、结构良好的土壤最为适宜 |
| 11 | 细叶结缕草<br>*Zoysia teauifolia* | 喜湿润土壤环境，也具较强的抗旱性，喜光而不耐荫，不耐寒。对土壤要求不严，以肥沃、pH值6~7.8最为适宜 |
| 12 | 狗牙根<br>*Cynodon dactylon* | 耐热和抗旱性很强，但耐低温能力差。适应各种土壤，耐受的土壤pH值为5.5~7.5。不耐荫 |
| 13 | 草地早熟禾<br>*Poa pratensis* | 耐寒性强，而耐旱性较差。喜光耐荫，喜排水良好、质地疏松的壤土，尤以富于腐殖质的土壤为宜 |
| 14 | 草地羊茅<br>*Festuca elatior* | 抗寒性较强，抗热、抗旱性优于猫尾草，但不及高羊茅。耐荫性很强，耐践踏性也强。对土壤要求不严，各种土壤都能生长，但以富含有机质的壤土和砂壤土为最好 |
| 15 | 匍匐翦股颖<br>*Agrostis palustris* | 喜湿，适宜潮湿地段。喜光，耐荫性强，以肥沃、结构良好的微酸性土壤最为宜。不耐践踏 |
| 16 | 扁穗冰草<br>*Agropyron cristatum* | 旱生植物，耐碱性很强，适于草原粟钙土上生长 |
| 17 | 结缕草<br>*Zoysia japonzc* | 喜光，不耐荫，耐热性和抗旱能力很强。对土壤要求不严，适应范围广，喜微酸性至中性土壤，并具有一定的抗碱性 |
| 18 | 格兰马草<br>*Bouteloua gracilis* | 良好的抗热性，抗旱性极强。不耐践踏。适应的土壤范围广，比野牛草更耐砂质土壤 |
| 19 | 绒毛翦股颖<br>*Agrostis canina* | 在酸性（pH 5~6）、砂质、排水良好的土壤上生长良好。耐旱和耐寒性都优于匍匐翦股颖和细弱翦股颖。耐荫性强 |
| 20 | 野牛草<br>*Buchloe dactyloides* | 抗热性极强，抗旱性极强，耐荫性极差。能适应的土壤范围较广，其中以重黏土最为适宜 |
| 21 | 假俭草<br>*Eyemoch ophiuroides* | 此草耐寒性较差，耐旱、耐热性强，耐践踏性差，有一定的耐荫性。适应的土壤范围较广，对酸性、肥力低但结构良好的土壤有良好的适应性，适宜的土壤pH值为4.5~5.5 |
| 22 | 粗茎早熟禾<br>*Poa trivials* | 耐寒，耐荫，能生长在潮湿、排水不良的土壤中。但不耐热，不耐践踏。耐旱性也较差 |
| 23 | 紫羊茅<br>*Festuca rubra* | 抗寒性强，但不耐热。耐荫性好，抗旱性超过草地早熟禾和匍匐翦股颖，耐践踏性中等 |

（引自《城市绿地土壤及其管理》）

# 附录 2 蔬菜及大田作物生态条件及适生土壤

| 序号 | 植物类型 | 生态条件及适生土壤 |
|---|---|---|
| 1 | 大白菜<br>*B.pekinensis Rupr* | 各地均有栽培。对土壤物理性和化学性有较严格的要求。最适宜的土壤是天然肥沃而物理性良好的粉砂壤土、壤土及轻粘壤土 |
| 2 | 萝卜<br>*Raphanus sativus L.* | 全国均有栽培。对土壤适应性较广，但仍以土层深厚，保水和排水良好，疏松通气的砂质壤土为最好 |
| 3 | 韭菜<br>*A.tuberosum Rottler exPrengel* | 各地均有栽培。对土壤的适应性较强，不过仍以表土深厚，富含有机质、保水力强的肥沃土壤为好 |
| 4 | 菠菜<br>*Spinacia oleracea L.* | 全国均有栽培。耐酸性较弱，适宜的土壤 pH 为 5.5~7。需要氮、磷、钾完全肥料 |
| 5 | 番茄<br>*Lycopersicum esculentum Mill* | 各地均有栽培。对土壤条件要求不太严格，为获得丰产，应选用土层深厚，排水良好，富含有机质的砂壤土及粘壤土，pH 为 6~7 为宜 |
| 6 | 黄瓜<br>*Cucumis sativus L.* | 全国均有栽培。选择富含有机质，透气性良好，既能保水又能排水的腐殖质壤土进行栽培，pH 为 5.5~7.6 均能适应 |
| 7 | 西瓜<br>*Citrullus lanatus (Th.) M.* | 各地均有栽培。以排水良好，土层深厚，透气透水性良好的砂质壤土或河滩地最为适宜，pH 为 5~7 |
| 8 | 菜豆<br>*Phaseolus vulgaris L.* | 菜豆对土壤条件的要求比其它豆类高，最适于腐殖质多，土层深厚，排水良好的壤土，pH 为 6.2~7。其耐盐碱能力较弱 |
| 9 | 马铃薯<br>*Solanum tuberosum L.* | 马铃薯喜 pH 为 5.6~6 的土壤疏松透气的微酸性砂壤土。马铃薯最喜有机肥 |
| 10 | 莲藕<br>*Nelumbo nucifera Gaertn.* | 北京海淀、南苑，河北白洋淀，山东微山湖，济南北园等地均有栽培。应选择能保蓄水分并富含腐殖质的粘壤土 |
| 11 | 黄花菜<br>*H.flava L.* | 黄花菜对土壤的适应性广，从酸性的红黄壤土到弱碱性土都能生长。但在土质疏松、土层深厚处其根系发育旺盛，故栽培地要深翻和多施有机肥料 |
| 12 | 香椿<br>*Cedrela sinensis Juss.* | 以河北、山东两省分布较多，对土壤适应性强，定植地点一般在房前屋后、田边地角、山沟坡地等闲散地 |
| 13 | 小麦<br>*Triticum L.* | 栽培遍布全国各地。对土壤的适应性强，一般以土壤容重在 1.2g/cm$^3$ 左右、孔隙度在 50%以上、有机质含量在 1%以上、pH 为 6.8~7 左右、氮磷钾营养元素完全而丰富、有效供肥力强的土壤，最有利于小麦高产 |
| 14 | 水稻<br>*Oryza sativa L.* | 水稻田要求土质肥沃，地势平坦，排灌方便的砂壤土为宜，砂性过大容易发生立枯病，土壤过粘容易发生黑根病 |
| 15 | 玉米<br>*Zea mays L.* | 玉米田要求活土层深，底土层厚，熟化的耕作层具有疏松绵软，上虚下实的土体构造。土壤容重在 1.1~1.3 g/cm$^3$ 左右，耕层有机质和速效养分高 |
| 16 | 高粱<br>*Sorghum bicolor（L.）Moench* | 我国各地均有栽培。为抗旱耐涝耐盐碱作物，在平原、山丘、涝洼、盐碱地均可种植 |

（续表）

| 序号 | 植物类型 | 生态条件及适生土壤 |
| --- | --- | --- |
| 17 | 粟<br>*Beauv* | 对土壤要求不甚严格，粘土、砂土都可种植。但以土层深厚、结构良好、有机质含量较丰富的砂质壤土或粘质壤土为最适宜。喜高燥、怕涝。pH为6.8~7左右 |
| 18 | 大豆<br>*Glycine max*（*L.*）*Merrill* | 大豆对土壤条件的要求不很严格，以土层深厚、有机质丰富的壤土最为适宜，pH为6.5~7.5之间，低于6的酸性土往往缺钼，高于7.5的土壤往往缺铁、锰。其不耐盐碱，需水较多 |
| 19 | 花生<br>*Arachis hypogaea L.* | 我国花生分布普遍。花生要求土质疏松通气，土层深厚，地力肥沃，pH为5.5~7之间，不耐盐碱 |
| 20 | 油菜<br>*Brassica campestris L.* | 是新垦地、休闲地、盐碱地的先锋作物。油菜要求土层疏松深厚，细碎平整，通气良好、肥沃、干湿适度和pH值中微酸的土壤条件 |
| 21 | 芝麻<br>*Sesamum indicum L.* | 我国各省都有芝麻栽培。属喜温短日照作物，要求疏松通气、排水良好、透水性强、土壤肥沃、保水肥力强的砂壤和轻壤土，pH为6~8之间为宜 |
| 22 | 向日葵<br>*Helianthus annuns L.* | 中国的向日葵分布在23~50° N之间。对土壤要求不严格，除了低洼地或积水地块不宜种植外，一般土壤均可种植。向日葵较耐盐碱 |
| 23 | 棉花<br>*Gossypium L.* | 棉花是喜温喜光性作物，适于种植在通透性较好的砂壤土上，其较耐盐碱，pH为5.2~8.5之间为宜 |
| 24 | 甜菜<br>*Beta vulgaris L.* | 主要产区分布于北纬$40^0$以北的东北、华北和西北地区。甜菜是深根喜肥作物，适于生长在地势平坦，排水良好、土质肥沃的平川或平岗地。黑土，特别是“黑油砂土”是栽培甜菜的理想土壤 |
| 25 | 烟草<br>*Nicotiana tabacum L.* | 烟草对土壤适应性广，除重盐碱土外几乎所有的土壤都能生长。一般要求有机质含量1~5%，pH为5.5~7.0的结构良好、通透性强的壤土或砂壤土对烟草的生长最为有利 |
| 26 | 苜蓿<br>*Medicago sativa L.* | 是世界栽培最早的牧草，在我国主要种植于“三北”、内蒙古等地区。适宜以排水良好，土层深厚富于钙质，pH为6~8的土壤上栽培。其最忌水渍 |
| 27 | 苏丹草<br>*Sorghum sudanense*（*Piper*）*Stapf* | 我国东北、华北、西北及南方热带、亚热带地区都有种植。苏丹草喜肥、喜温、抗旱力强。对土壤要求不严，砂壤土、重粘土、微酸性土和盐碱地均可种植 |
| 28 | 籽粒苋<br>*Amaranthus hypochondriacus L.* | 分布广，为粮饲兼用作物。耐盐碱能力强，适宜在旱、碱、薄地种植 |
| 29 | 多年生黑麦草<br>*Lolium perenne L.* | 是世界温带地区最重要的禾本科牧草。喜温暖湿润气候，适宜在肥沃、湿润、排水良好的壤土或粘壤土地上生长，亦可在微酸性土壤上生长，pH为6~7 |
| 30 | 裸燕麦<br>*Avena nuda L.* | 主要产区为内蒙古。为喜氮作物，对土壤要求不严格，以富含腐殖质的粘壤、壤土为宜，适宜pH为6~8 |

# 参考文献


[1] 陆欣．土壤肥料学[M]．北京：中国农业大学出版社，2002．

[2] 黄昌勇．土壤学[M]．北京：中国农业出版社，2000．

[3] 吴礼树．土壤肥料学[M]．北京：中国农业出版社，2004．

[4] 李法虎．土壤物理化学[M]．北京：化学工业出版社，2006．

[5] 李志宏，赵兰坡，窦森．土壤学[M]．北京：化学工业出版社，2005．

[6] 范业宽．叶坤合同．土壤肥料学[M]．武汉：武汉大学出版社，2002．

[7] 颜景芝．土壤肥料学[M]．北京：中国林业出版社，2000．

[8] 韩劲．土壤肥料学[M]．北京：气象出版社，2001．

[9] 谢德体．土壤肥料学[M]．北京：中国林业出版社，2004．

[10] 金为民．土壤肥料[M]．北京．中国农业出版社，2001．

[11] 沈其荣．土壤肥料学通论[M]．北京．高等教育出版社，2001．

[12] 上海园林学校．园林土壤肥料学[M]．北京：中国林业出版社，1988．

[13] 连兆煌．无土栽培原理与技术[M]．北京：中国农业出版社，1994．

[14] 郭世荣．无土栽培学[M]．北京：中国农业出版社，2003．

[15] 王华芳．花卉无土栽培[M]．北京：金盾出版社，1997．

[16] 吴国宜．植物生产与环境[M]．北京：中国农业出版社，2001．

[17] 李振陆．植物生产环境[M]．北京：中国农业出版社，2006．

[16] 王荫槐．土壤肥料学[M]．北京：农业出版社，1992．

[19] 宋志伟．土壤肥料[M]．北京：高等教育出版社，2005．

[20] 霍云鹏．土壤肥料学[M]．哈尔滨：黑龙江朝鲜民族出版社，1985．

[21] 林成谷．土壤学[M]．北京：农业出版社，1983．

[22] 江苏淮阴农业学校．土壤肥料学[M]．北京：中国农业出版社，1995．

[23] 土壤农业化学分析方法[M]．北京：中国农业科技出版社，2000．

[24] 毛知耘．肥料学[M]．北京：中国农业出版社，1997．

[25] 林启美．土壤肥料学[M]．北京：中央广播电视大学出版社，1999．

[26] 霍习良．土壤肥料学[M]．北京：地震出版社，2002．

[27] 孙祖琰．河北土壤微量元素研究与微肥应用[M]．北京：中国农业出版社，1990．

[28] 李仁岗．肥料效应函数[M]．北京：农业出版社，1987．

[29] 崔晓阳．城市绿地土壤及其管理[M]．北京：中国林业出版社，2001．

[30] 北京林业大学．土壤学[M]．北京：中国林业出版社，1981．
[31] 罗汝英．土壤学[M]．北京：中国林业出版社，1992．
[32] 张辉．土壤环境学[M]．北京：化学工业出版社，2006．